U0386974

"十三五"国家重点出版物出版规划项目

大气污染控制技术与策略丛书

排放源清单与大气化学传输模型的不确定性分析

郑君瑜　黄志炯　沙青娥　钟庄敏　徐媛倩 等　著

科 学 出 版 社

北 京

内 容 简 介

本书以大气污染物排放源清单和大气化学传输模型为对象,针对不确定性分析过程中的一系列问题,系统介绍不确定性分析的概念、排放源清单和大气化学传输模型的不确定性分析方法、关键不确定性来源识别、排放源清单 QA/QC 与质量评估等内容,为相关专业人员或管理人员认识和理解排放源清单编制和大气化学传输模型的不确定性、改进大气化学传输模型、提升排放源清单质量、科学利用排放源清单和模型研究结果制定政策措施提供参考和指导。本书构建的方法同样适合用于温室气体排放源清单的不确定性分析与改进,为量化和评估不同尺度的温室气体排放源清单不确定性,推动温室气体排放源清单编制的规范化提供借鉴和参考。

本书可供大气科学、环境科学、大气污染控制等领域的科研人员和广大师生,以及从事环境保护事业的管理人员等阅读参考。

图书在版编目(CIP)数据

排放源清单与大气化学传输模型的不确定性分析 / 郑君瑜等著. —北京:科学出版社,2022.3

(大气污染控制技术与策略丛书)

"十三五"国家重点出版物出版规划项目

ISBN 978-7-03-071848-8

Ⅰ.①排… Ⅱ.①郑…   Ⅲ. 大气污染物—总排污量控制—研究—中国②大气化学—研究 Ⅳ. ①X510.6 ②P402

中国版本图书馆 CIP 数据核字(2022)第 041389 号

责任编辑:郭勇斌 彭婧煜 / 责任校对:杜子昂
责任印制:张 伟 / 封面设计:黄华斌

科 学 出 版 社 出版

北京东黄城根北街 16 号
邮政编码:100717
http://www.sciencep.com

北京中科印刷有限公司 印刷

科学出版社发行 各地新华书店经销

*

2022 年 3 月第 一 版 开本:720 × 1000 1/16
2023 年 1 月第二次印刷 印张:22 1/2 插页:2
字数:450 000

定价:158.00 元

(如有印装质量问题,我社负责调换)

丛书编委会

主　编：郝吉明

副主编（按姓氏汉语拼音排序）：

柴发合　陈运法　贺克斌　李　锋

刘文清　朱　彤

编　委（按姓氏汉语拼音排序）：

白志鹏　鲍晓峰　曹军骥　冯银厂

高　翔　葛茂发　郝郑平　贺　泓

李俊华　宁　平　王春霞　王金南

王书肖　王新明　王自发　吴忠标

谢绍东　杨　新　杨　震　姚　强

叶代启　张朝林　张小曳　张寅平

朱天乐

丛 书 序

当前，我国大气污染形势严峻，灰霾天气频繁发生。以可吸入颗粒物（PM_{10}）、细颗粒物（$PM_{2.5}$）为特征污染物的区域性大气环境问题日益突出，大气污染已呈现出多污染源多污染物叠加、城市与区域污染复合、污染与气候变化交叉等显著特征。

发达国家在近百年不同发展阶段出现的大气环境问题，我国却在近 20 年间集中爆发，使问题的严重性和复杂性不仅在于排污总量的增加和生态破坏范围的扩大，还表现为生态与环境问题的耦合交互影响，其威胁和风险也更加巨大。可以说，我国大气环境保护的复杂性和严峻性是历史上任何国家工业化过程中所不曾遇到过的。

为改善空气质量和保护公众健康，2013 年 9 月，国务院正式发布了《大气污染防治行动计划》，简称为"大气十条"。该计划由国务院牵头，环境保护部、国家发展和改革委员会等多部委参与，被誉为我国有史以来力度最大的空气清洁行动。"大气十条"明确提出了 2017 年全国与重点区域空气质量改善目标，以及配套的十条 35 项具体措施。从国家层面上对城市与区域大气污染防治进行了全方位、分层次的战略布局。

中国大气污染控制技术与对策研究始于 20 世纪 80 年代。2000 年以后科技部首先启动"北京市大气污染控制对策研究"，之后在"863 计划"和科技支撑计划中加大了投入，研究范围也从"两控区"（酸雨区和二氧化硫控制区）扩展至京津冀、珠江三角洲、长江三角洲等重点地区；各级政府不断加大大气污染控制的力度，从达标战略研究到区域污染联防联治研究；国家自然科学基金委员会近年来从面上项目、重点项目到重大项目、重大研究计划各个层次上给予立项支持。这些研究取得丰硕成果，使我国的大气污染成因与控制研究取得了长足进步，有力支撑了我国大气污染的综合防治。

在学科内容上，由硫氧化物、氮氧化物、挥发性有机物及氨等气态污染物的污染特征扩展到气溶胶科学，从酸沉降控制延伸至区域性复合大气污染的联防联控，由固定污染源治理技术推广到机动车污染物的控制技术研究，逐步深化和开拓了研究的领域，使大气污染控制技术与策略研究的层次不断攀升。

鉴于我国大气环境污染的复杂性和严峻性，我国大气污染控制技术与策略领域研究的成果无疑也应该是世界独特的，总结和凝聚我国大气污染控制方面已有的研究成果，形成共识，已成为当前最迫切的任务。

　　我们希望本丛书的出版，能够大大促进大气污染控制科学技术成果、科研理论体系、研究方法与手段、基础数据的系统化归纳和总结，通过系统化的知识促进我国大气污染控制科学技术的新发展、新突破，从而推动大气污染控制科学研究进程和技术产业化的进程，为我国大气污染控制相关基础学科和技术领域的科技工作者和广大师生等，提供一套重要的参考文献。

2015 年 1 月

序　一

2020 年是人类发展历史中不平凡的一年，新冠肺炎疫情等"黑天鹅"事件的暴发让更多的人意识到世界的发展是不确定的。不确定性是客观世界的固有属性，人们对客观世界的认知也充满了不确定性，这是自然科学和社会科学领域对不确定性的基本认知。但是，人类从接纳到认知不确定性经历了一个漫长的过程。如同哲学家罗素所说，"对确定性的追求是人类的本性"。人们对不确定性的事物容易感到恐惧和怀疑。因此，为了减少不确定性，降低决策和预测的风险，人类永无止境地探索自然规律、建立语言和交流体系、制定一系列的规章制度，以期在不确定的世界中寻求确定的逻辑和规律。降低不确定性的另外一种途径便是认知和研究不确定性，提前知晓不确定性带来的决策风险。随着近代统计学科的建立，研究不确定性的方法科学逐渐演变成为一门交叉性极强的综合性学科，并受到众多国际研究机构的广泛重视。

相对于其他自然科学学科，大气污染防治研究是一门相对年轻的学科。1943 年的洛杉矶光化学烟雾事件和 1952 年的伦敦烟雾事件发生后，人们才开始重视大气污染问题，自此大气污染相关研究蓬勃发展。在随后 70 多年的发展过程中，人们对大气污染的认知和研究逐渐深入，关注的污染问题从最开始的燃煤污染和光化学烟雾污染慢慢过渡到更为复杂的气溶胶污染。我国的大气污染研究与防治随着经济发展的加速也得到了快速发展，经历了消烟除尘构建大气环境容量理论的初步阶段（1972～1990 年）、分区管控防治酸雨和 SO_2 污染的发展阶段（1986～2010 年）、总量控制二氧化硫和氮氧化物排放量实现"达峰"并进入下降通道的转型阶段（2001～2015 年）、以环境质量为核心打赢"蓝天保卫战"的攻坚阶段（2013～2020 年）。在这个过程中，基本形成了具有中国特色的大气污染防治理论与管理模式。2020 年，习近平主席在第七十五届联合国大会一般性辩论上提出了"二氧化碳排放力争于 2030 年前达到峰值，努力争取 2060 年前实现碳中和"的目标和愿景。"十四五"期间乃至今后较长的一段时间，中国大气污染防治和应对气候变化将进入"减污降碳协同增效"的新阶段。

不确定性分析不仅可以评估防控措施的决策风险和科学性，也能指导相关基础数据和分析模型的改进，在大气环境管理中占据重要地位，尤其是当研究成果用于政府决策和国际谈判时。实际上，不确定性分析很早就被引入大气环境管理中。在过去的 30 年里，联合国政府间气候变化专门委员会（IPCC）、美国环境保护署（U.S. EPA）和欧洲环境署（EEA）等机构陆续编制了针对大气污染物排放源清单和温室气体排放源清单的不确定性的指南。尽管如此，虽然大家逐步认识到研究过程与结果的不确定性，但并未对不确定性给予足够的重视。诸多排放源清单研究和编制工作缺失或者不够重视不确定性分析环节，国家以及各省（区、市）、地市编制污染防治和行动方案过程中也甚少评估排放数据或模型应用可能对决策带来的不确定性。为了加强不确定性分析在大气环境管理中的应用，提高大气环境管理的科学性，有必要从方法学角度对不确定性分析方法进行总结和归纳。然而，在国内外现有的文献中，还缺少一本系统研究排放源清单和大气化学传输模型不确定性分析方法的图书。

郑君瑜教授在美国北卡罗来纳州立大学攻读博士学位期间就开始从事排放源清单不确定性相关研究工作，对不确定性有很深的认识。2006 年他回国后，先后主持或参与了多个与不确定性分析有关的国家级和省部级项目，构建了大气排放源清单定量不确定性的方法框架和大气化学传输模型定量不确定性分析方法框架，编写了我国首份大气排放源清单不确定性分析指南，自主研发了定量不确定性分析软件——AuvToolPro。得知郑君瑜教授团队正在准备撰写一本关于不确定性分析的专著时，我就十分支持，并和他讨论将该书纳入"大气污染控制技术与策略丛书"。2020 年 11 月，"十三五"国家重点出版物出版规划项目"大气污染控制技术与策略丛书"编委会在广州召开了该书的大纲论证会，确定了《排放源清单与大气化学传输模型的不确定性分析》的结构和主要内容。

该书在内容上非常丰富，涉及排放源清单的不确定性分析方法学、不确定性来源、关键输入参数排放因子的不确定性分析、质量控制和质量保证、排放源清单编制质量评估方法，以及大气化学传输模型的不确定性来源、高效不确定性传递方法学和不确定性分析的框架体系等内容，并深入讨论了对不确定性的理解以及未来的发展方向。我相信该书的出版能够弥补我国大气环境领域不确定性分析著作缺失这一空白，为大气环境科研人员、管理人员、政府官员以及学生提供一本优秀的学术专著，使大家对不确定性及其分析方法有一个系统的认知和理解。随着我国"碳达峰和碳中和"研究工作的持续推进和深入，碳核算、碳减排和成效评估工作的不确定性问题在科学和决策层面的重要性将逐渐凸显，成为减污降碳政策不可忽略的重要问题之一。同时，该书建立的不确定性分析和质量评估方法学也能为开展"碳达峰和碳中和"相关工作的不确定性分析和评估提供方法学参考。

2021 年 6 月

序　二

自 20 世纪 70 年代以来，大气化学传输模型经历了 50 多年的迭代发展，已经发展成为大气污染防治中不可缺失的管理工具和研究手段，广泛应用于大气污染评估、空气质量预报、控制措施制定与优化等。依托"国家—区域—省级—城市"四级环境空气质量预报预警系统的布局，大气化学传输模型也已经下沉到我国城市尺度，成为各地市大气环境管理与决策平台中的重要组成部分。鉴于大气化学传输模型在大气污染防治中的重要地位，模型能否准确模拟和预报污染过程显得尤为重要。因此，模型改进和优化一直是国内外众多模型研究人员关注的工作目标和方向。在过去的几十年中，国内外研究学者在这方面开展了大量工作，从模型结构、模型输入数据和同化反演等方面对模型进行不断的完善，使得当前的主流模型逐渐拥有模拟光化学污染、酸雨、颗粒物形成、大气复合污染以及气象和污染双向反馈等能力，并内嵌了多种诊断工具，能够提供多种污染来源解析和过程分析等功能。

由美国环境保护署开发的 CMAQ 和 WRF-Chem，以及美国 ENVIRON 公司开发的 CAMx 模型是国内外较为广泛应用的大气化学传输模型。为了实现模型的自主化，提高我国大气污染的模拟能力，国内也发展了多个不同尺度的大气化学传输模型模拟体系。这些模型有中国科学院大气物理研究所研发的区域尺度的 RAQM 和嵌套网格空气质量预报模型系统（NAQPMS）以及全球尺度的 GNAQPMS，由中国气象科学研究院开发的城市空气质量模型 CAPPS 和区域模型 GRAPES-CUACE/Dust，由南京大学开发的城市空气质量模型 NJU-CAQPS 和区域模型 RegCCMS 等。其中，NAQPMS 是由我本人主导自主研发的，内嵌了适合研究我国北方黄沙输送模拟与预报的起沙机制模型，不但可以研究区域尺度的空气污染问题，还可以研究城市尺度的空气质量等问题的发生机理及其变化规律，已经成为国家环境质量预报预警中心，以及京津冀、长江三角洲和珠江三角洲等 40 多个区域或城市业务平台的核心预报工具。

然而无论模型如何发展，不确定性都是应用模型时无法逃避的话题。模型不确定性导致利用模型模拟诊断污染过程、评估减排政策和开展空气质量模拟存在或多或少的风险。可以说，不确定性是模型的固有属性，这已经成为所有模型研究人员的共识。为了降低模型的不确定性，评估模型的优劣，国际上陆续发起多个模型比较计划，包括由世界气候研究计划（WCRP）"耦合模拟工作组"

（WGCM）组织的国际耦合模型比较计划（CMIP）、中国科学院大气物理研究所领导的沙尘模型国际比较计划（DMIP）、由联合国欧洲经济委员会（UNECE）大气污染远程跨界输送公约组织（LRTAP Convention）赞助的北半球大气污染排放研究计划（HTAP）以及由中国科学院大气物理研究所和日本亚洲空气污染研究中心共同发起的亚洲空气质量模型国际比较计划（MICS-ASIA）等。我本人也是DMIP 和 MICS-ASIA Ⅲ模型比较计划的组织者和发起者。这些模型比较计划的主要目的之一就是评估现有模型在不同地区、不同季节的模拟优劣，寻找降低模型模拟不确定性的技术方案和方法手段。在空气质量预警预报中，为了降低不确定性带来的影响，大部分预报系统会采用多个模型的集合预报或者基于单一模型和蒙特卡罗模拟的集合预报来提高预报的准确性。

　　尽管如此，我们对模型不确定性依然缺乏足够的关注和认知。一方面原因是模型不确定性分析相关理论匮乏。这些理论知识包括模型的不确定性的定义、模型不确定性来源与分类、模型不确定性量化及影响评估的相关方法和技术、模型不确定性的表达以及如何向决策者传达。据我所知，目前国内外还没有一本著作对大气化学传输模型不确定性做全面的介绍。在这些理论中，最为关键的是模型不确定性如何准确和快速量化的问题，这也是当前模型不确定性分析研究的重点。模型结构本身庞大复杂，模型运行也需要消耗大量的资源，当前已经业务化应用的集合模拟方法虽然从一定程度降低了模型的不确定性，但还不是一种高效和准确的不确定性量化方法。另一方面，很少有空气质量预报和政策评估研究会去主动分析模型不确定性带来的风险，而这些风险分析往往又是决策人员最需要的决策辅助信息。可以说，量化模型不确定性并有效传达给决策者理论上应该是模型研究人员的责任和义务。而且，作为一种分析诊断工具，不确定性分析能够诊断模型的关键不确定来源，进而帮助模型改进，但相关应用和研究案例目前也非常少。

　　因此，《排放源清单与大气化学传输模型的不确定性分析》的出版就显得非常有意义。该书对模型不确定性的概念、来源与分类，模型不确定性的传递与评估以及模型关键输入数据排放源清单的不确定性来源等做了非常系统的介绍，能够为国内模型研究人员了解不确定性提供一手资料。同时，该书作者团队也从操作性角度出发，建立了大气化学传输模型定量不确定性分析方法框架以及多种较为高效的模型不确定性传递方法，能够为研究人员快速开展模型不确定性量化和诊断提供可行的方法参考。

2021 年 6 月 1 日

前　言

提笔想为《排放源清单与大气化学传输模型的不确定性分析》写前言，还是在 2020 年 2 月初，因为新冠肺炎疫情突发滞留在日本镰仓一个海边的小酒店里，面对何时是归期的不确定性行程，萌发了书稿还没完成就写前言的冲动。也许是契合了本书的主题，2020 年终究是充满太多不确定性的一年。在日本停留不久后，又阴差阳错去了美国，美国疫情的大暴发让回国的旅程充满了更大的不确定性。焦虑的心情和对归期的迷茫不仅推迟了书稿的进度，前言也是迟迟不能落笔成文。所幸的是在 2020 年 9 月初，终于结束长达 7 个多月的海外滞留和隔离生活，但是回国后各项急需推进的工作纷至沓来，"蓝天保卫战"广东省区域臭氧联防联控方案的编制、城市帮扶工作的对口支援、第二届中国大气臭氧污染防治研讨会还剩不到 3 周时间的筹备与组织以及年末自己的糊涂与忙乱，一直无法让自己静下心来为这本书稿写点什么。直到送走了充满不确定性的 2020 年后新的一年的第二天，一个人坐在因为假日倍显安静的办公室里，窗外阳光灿烂、蓝天宜人，是时候为这本关于不确定性的书稿开篇写点东西了，希冀今后这个世界无论如何前行都有更加确定性的未来。

尽管早在 20 世纪上半叶科学家就已经开始关注和研究大气污染了，经过几十年的努力，科学家对大气污染的成因和来源有了基本认知，但是仍然存在不确定性。例如，挥发性有机物和亚硝酸等关键二次前体物组分可能还存在未知来源；大气二次气溶胶的形成途径、细颗粒物的成核机制和硫酸盐的爆发性增长机制还需要进一步厘清；大气二次污染形成模拟与预警预报还存在很大的偏差；等等。作为开展大气污染防治最基础性的工作，排放源清单具有较大不确定性的属性早为大家所熟知。随着国家对大气污染治理的日益重视，过去十多年来，我国大气排放源清单相关研究和编制工作迅速发展，构建了排放源清单编制的技术方法体系，颁布了排放源清单编制指南等，极大地支撑了我国空气质量预报、达标规划、管控策略制定等大气环境管理工作的开展。近年来，大气排放源清单的核算与编制也已经成为我国各个地区和城市的常态化工作。然而，由于排放源清单的固有不确定属性，加之缺乏严格的、规范的排放源清单质量评估体系，排放源清单编制队伍缺乏行业准入机制，导致我国排放源清单编制工作的质量参差不齐，部分清单受到使用人员的质疑甚至批评，政府管理人员在运用排放源清单建立管控对策时也普遍信心不足。可以说，我国排放源清单研究工作已经从注重清单编制技术和方法建立到提升排放源清单质量的新阶段。如何降低排放源清单的不确定性，提升排放源清单编制质量是目前我国从事排放源清单编制研究和使用人员最为关注的问题之一。开展排放源清单的不确定性分析和质量评估是提供排放源清单准确性和可靠性的重要手段和途径。然而，虽然部分清单编制人员在清单编制过程中开展了不确定性分析，但由于对不确定性认识的局限性，大多分析要么比较片面，要么流于数字游戏，失去了开展排放源清单不确定性分析的本来目的。同时，大部分清单使用人员对不确定性的认识也局限在"准不准"的层面，要么由于不确定性而否定排放源清单在大气环境管理中的作用，要么由于忽略不确定性对管理或决策的影响，而忽视可能带来的决策风险，甚少将不确定性信息纳入大气污染防治措施的制定和管理工作中。

大气化学传输模型是大气复合污染防治研究和管理工作中最为常用的科学工具之一。数值模型本身是对自然界物理化学过程的数学描述或近似表达，同时受到排放源清单、下垫面地形和气象因素等输入的影响，大气化学传输模型不可避免地也存在不确定性。与排放源清单类似，大气化学传输模型的不确定性也同样被有意或无意地忽视。鉴于大气化学传输模型广泛应用在空气质量预报、污染防治措施制定与评估、污染过程形成分析中，在模型开发和应用中忽视不确定性本身就是不科学的。不确定性分析应该作为模型研发与应用中的重要环节，用于诊断模型缺陷和模型误差关键不确定性来源，指导模型改进，以及客观认识模型模拟结果偏差。相比排放源清单，大气化学传输模型的不确定性诊断分析更具有挑战性，需要消耗的计算资源更大。这也是尽管其不确定性研究早在 20 世纪 80 年代就有研究人员开始关注，但其方法建立以及应用方面发展较为缓慢的原因。近年来，随着计算能力的大幅度提高，以及模型不确定性传递方法的改进，制约模型不确定性分析的计算等难点逐渐被突破，模型的定量不确定性问题已经逐渐引起模型研发与使用人员的重视，利用不确定性分析指导模型改进以及分析模型不确定性的影响等相关研究也逐渐增多，世界气候研究计划（WCRP）、美国国家科学院（NAS）和国际地球化学协会（IAGC）等科研机构也将大气环境模型的不确定性诊断分析列为前沿科学问题之一。尽管如此，国内外目前还没有相关专著特别针对大气化学传输模型的不确定性分析和方法学进行总结和讨论。

对于大部分人而言，不确定性是一个比较抽象且难以准确理解的概念。要让大家了解、认识不确定性分析的重要性，需要更为系统地对不确定性的基本概念、分析方法和作用进行详细的介绍。虽然我们在 2013 年出版的《区域高分辨率大气排放源清单建立的技术方法与应用》一书中，已经简要地介绍了排放源清单不确定性的概念和分析方法，但由于篇幅的限制，很多内容没有详细展开，也无法进一步讨论排放源清单质量评估、大气化学传输模型不确定性分析等内容。随着排放源清单和大气化学传输模型在大气环境研究和管理中的作用越来越重要，分析、讨论排放源清单和大气化学传输模型的不确定性也愈发显得必要。为此，在完成国家杰出青年科学基金项目"大气污染源与模型的定量不确定性分析"后，便萌发出写一本关于排放源清单与大气化学传输模型不确定性分析专著的想法。虽然团队在排放源清单和大气化学传输模型不确定性分析方面已经有了 10 余年研究和成果积累，但撰写这本著作并非一件简单的事情。对于越熟悉的工作，越需要谨慎对待。专著中一些概念和方法需要反复推敲，一些新方法（如质量评估框架）和研究进展也要通过大量文献进行调研完善。在郝吉明院士和多位同行的大力支持下，经过历时近三年的筹备和撰写，其间受新冠肺炎疫情等的影响，到今天基本成形，也是来之不易。

全书共 10 章。从介绍不确定性分析的基本概念着手，较为系统地探讨排放源清单编制和大气化学传输模型的不确定性分析方法框架、开展不确定性分析的数据和分析方法，以及不确定性分析在排放源清单和大气化学传输模型的案例应用等。针对目前在排放源清单业务化编制过程中质量参差不齐的问题，提出排放源清单编制的质量评估方法。希冀能为相关的研究和从业人员较为系统地认识和理解排放源清单编制和大气化学传输模型的不确定性，以及为专业人员或者政府管理人员更好地提升排放源清单编制的质量、改进大气化学传输模型、科学利用排放源清单和模型研究结果制定政策措施提供参考和指导。

全书由郑君瑜负责总体设计、撰写、审阅与最终定稿工作，所在研究团队的主要骨干成员参与了书稿的材料准备、撰写、图表制作、审校与文献整理等工作。其中，第 1 章由郑君瑜负责，黄志炯、钟庄敏、巫玉杞等参与了书稿的撰写；第 2、3 章主要由黄志炯负责撰写，郑传增、史博文、王君驰等参与了材料的准备与部分撰写工作；第 4 章由钟庄敏、沙青娥负责撰写，黄志炯、巫玉杞等参与了数据准备和资料整理工作；第 5 章由钟庄敏、徐媛倩和沙青娥负责撰写，范小莉、吴杰等参与部分资料准备与撰写工作；第 6 章由沙青娥、徐媛倩负责撰写，巫玉杞、王毓铮等参与了资料准备和部分撰写工作；第 7～9 章主要由黄志炯负责撰写，于凯阳、贾光林等参与了部分材料的准备与书稿撰写；第 10 章由郑君瑜负责，黄志炯、沙青娥、钟庄敏、徐媛倩参与了讨论与书稿撰写工作。郑君瑜组织了所有章节的修改、审阅和定稿工作。此外，博士研究生陆梦华负责书稿中图表的制作与美化等工作，团队的刘俊文研究员参与了文献收录和书稿的审阅工作。团队很多在读的或者已经离校的研究生在实验室学习期间都对文稿涉及的研究工作做出了贡献，在此对团队每位成员的辛勤工作、努力付出和在书稿撰写期间克服的种种困难表示衷心的感谢，大家辛苦了！

本书的出版得到了众多前辈、同行和朋友的大力支持。特别感谢清华大学郝吉明院士的鼓励和支持，在百忙之中组织专家对本书编写大纲进行论证，将本书纳入"大气污染控制技术与策略丛书"，并为本书作序；感谢中国科学院大气物理研究所王自发研究员，在本书撰写过程中提出的宝贵建议，并为本书作序。感谢清华大学王书肖教授、南京大学赵瑜教授、广东省生态环境厅原大气环境首席专家钟流举教授在本书大纲论证中提出的宝贵意见。深切感谢中国科学院化学研究所王殿勋老先生，一路以来对学生的激励和提携，谨以此书献给您八十华诞，祝您健康长寿。感谢美国北卡罗来纳州立大学 H.Christopher Frey 教授——我的博士生导师，带我入门开启不确定性分析在环境科学中的应用研究，希冀您当前在担任美国环境保护署主管研究与开发助理署长的职位上，继续推动中美环境保护交流与科学研究的友好合作，为地球这个我们共同的家园一起努力，如您以前教导我们的一样，特别是在目前这个困难时期。

本书能够成形，离不开国家科研项目的资助和支持！特别感谢国家杰出青年科学基金项目和集成专项"中国大气污染排放源清单和来源解析的综合集成研究"的支持，使团队有机会将大气污染源与大气化学传输模型不确定性分析研究工作系统地开展起来，才有了本书的写作素材。同时，感谢科技部"863 计划"项目和香港环境保护署的支持，使我们有机会将大气污染排放源清单不确定性分析方法及实践应用在我们国家首先推动起来。

本书在撰稿过程中得到了家人的充分理解以及众多好友的关心支持，在此向他们致以诚挚的谢意。特别感谢科学出版社，为本书的出版起到了督促与激励的作用。在本书的撰写过程中，参考了众多国内外学者的优秀研究成果，也包括我们的前作《区域高分辨率大气排放源清单建立的技术方法与应用》。书中涉及的多项知识体系及架构都建立在参考和改善前人优秀研究成果的基础上，在此对国内外大气环境研究领域，特别是大气排放源清单领域孜孜不倦不遗余力刻苦钻研与奋斗的各位同行、各位前辈们致以真诚的感谢！对各位后起之秀致以诚挚的祝愿！

深知本书因本人的学术水平、学术视野的限制，以及对排放源清单与大气化学传输模型认识的高度与深度有限，难免存在不足之处，在此权作抛砖引玉，恳请各位专家学者、老师、广大读者批评指正。

2021 年 1 月

目　录

第1章 绪 论

1.1 不 确 定 性

在很长一段时间内，人类普遍认为客观世界是确定的，事物是按照一定的规律发展和变化的，在这个认知基础上，人类对世界的探索和实践活动主要追求规律性和确定性。自古希腊理性主义发展以来，从牛顿到拉普拉斯再到爱因斯坦，科学和哲学理论体系都是以确定性思想为主导。然而，自1927年德国科学家海森伯提出不确定性原理开始，人们越来越关注不确定性的思考和研究，涉及不同学科领域的各个方面[1]。人们也逐渐认识到，并不是对事物确定性的认识加深一分，不确定性就减少一分。确定性与不确定性不是单纯的此消彼长的关系，仅仅关注事物确定性的研究本身就存在认知的局限性。

早期，不确定性研究作为一种新的认识事物的方式，常常陷入与不可知论的争议中。然而随着人们对不确定性理解的加深，慢慢认识到不确定性并不是意味着对现实世界的不可知，而是客观事物本身具有不确定性的特点，自然界不是存在着，而是生成并消逝着，即世间万物都处在运动和变化之中。确定性是相对的，不确定性是绝对的，确定性和不确定性是对立统一的辩证关系，它们的矛盾和发展构成了人们认识客观世界的过程。在人们试图采用科学的手段观察和认识世界时，由于特定历史条件下人类的认知水平和认知方法的局限性，而客观世界本身又处于一个无限发展和变化的状态，因此在任何特定历史条件下对科学事实认知的本身具有不确定性。也就是说，在认知客观世界的过程中，任何阶段性的成果可能只是在不断地逼近真理，即对客观世界的认知充满了不确定性，不确定性在人类认知客观世界的过程中具有普遍性的特征。

人类对自然科学的认识是一个典型的从确定性到不确定性的过程。20世纪以前，人类在探索自然科学的实践中基本一直以确定性的认知方式认识和描述客观世界。牛顿力学的建立使人们在对事物确定性的理解上获得极大的提高，当时很多人都认为以经典物理为代表的科学原理和思想体系已基本建立，后人只剩下一些完善补充的工作。物理学家汤姆森在一次国际会议中提到："物理学大厦已经建成，以后的工作仅仅是内部的装修和粉刷，但是大厦上空还漂浮着两朵乌云。"之后，为了解决这"两朵乌云"，科学界引发了一场深刻的认知革命。量子力学所确立的不确定性原理冲击了传统的确定性观念，非线性科学和非平衡物理学等新兴学科所揭示的不确定性现象使越来越多的人相信不确定性是客观事物发展变化的普遍特征，是比确定性更为普遍和一般的规律。人们对同一事物掌握的认知随着信息的积累和科学的进步，在原有认知的基础上可能有新的认识和突破。因此，严格来说，人们对于客观世界的认识并不存在一个"终极"的真理，或者说对一个事件的发生在更长的认知维度上并没有确定的概率。按照贝叶斯理论，事件概率的大小不仅与事件本身有关，还与人们所掌握的信息和知识相关，当前处于研究前沿和热点的"机器学习"正是基于这一理论基础[2]。例如，在量子力学中，普朗克常数占有重要地位，而在客观世界中，质量单位"千克"（kg）的最新定义也是由普朗克常数决定的，其原理是将移动质量 1kg 物体所需的机械能换算成可用普朗克常数表达的电磁力，再通过质能转换公式算出质量。在此之前，"千克"这一质量单位一直由"国际千克原器"定义，但是因为其质量受空气污染和氧化等因素影响会发生细微变化，已经难以适应现代精密测量要求，所以科学界一直想用一种基于物理常数的定义来取代，直到 2018 年第 26 届国际计量大会通过"修订国际单位制"决议，才正式更新国际标准质量单位"千克"的定义[3]。这充分说明人们在一个阶段内对于客观事物的认识或描述并非是百分百确定的，而是会随着认识的深入不断地更新和完善。

社会科学也是经历了一个从确定性到不确定性的认知过程。社会科学的发展在相当长的时间里也深受牛顿力学所建立的确定性思想的影响。以经济学的发展为例，在早期的经济学理论中，一个主要的假设就是：参与经济活动的主体是完全理性的个体，可以理性地了解市场经济中的所有有效信息并且实现自身效益最大化。这种假设与近代自然科学的牛顿力学有共同的思想基础，即对确定性有很大的依赖性。这种假设在经济学理论构建上虽然便利但是却偏离实际，尤其随着计量经济学的兴起，这个假设的缺陷变得更加明显。由于经济活动的复杂性和人类理性认识的有限性，经济学家开始关注经济活动过程中的不确定性问题，以建立更能反映社会经济真实运行状况的理论。研究经济学不确定性的先驱之一弗兰克·H.奈特就认为：假设参与经济活动的个体完全理性进而实现市场的完全竞争是不可能的，面对一个充满不确定性的经济活动过程，只能利用不完全的信息和有限的方法与手段分析和解释这种不确定性，进而做出相对客观和确定的决策和判断[4]。

无论是自然科学还是社会科学，随着人们对客观世界的认识加深，都对不确定性给予了足够的重视，并且都认识到不确定性是客观事物认知过程中的固有属性。随着近代统计学科的建立，人们开始尝试用定性或定量的手段去描述或量化不确定性。尽管"不确定性"这个术语在各个学科或研究领域内经常被使用，但是目前对"不确定性"这个概念并没有统一的定义和表述。研究的对象、属性或目的的不同，定义的重点也存在差异。例如，在《钱伯斯英语词典》和《韦氏英语大词典》里，不确定性被解释为与一些存疑的、不被明确知道的或可变的东西有关；在统计学科里，不确定性常常被定义为一个统计量在某种置信水平下的置信区间或事件发生的概率大小[5]；在空间信息科学中，Heuvelink 等[6]将不确定性作为误差的同义词；Congalton 和 Green[7]则认为不确定性包括数据精确度、统计精度和偏差；在测量科学方面，不确定性是指对于某个未知量的认识或所掌握信息不完整性的量度，如果使用理想的测量方法和仪器，该未知量可以被确定[8]；在经济学领域，不确定性是指对于未来的收益和损失等经济状况的分布范围和状态不能确知[9]。2009 年，美国国家研究委员会（National Research Council，NRC）对"不确定性"给出的定义是"信息缺乏或不完整，取决于数据的质量、数量和相关度，以及模型和假设的可靠性和相关度"[10]。

　　具体到本书的主题，联合国政府间气候变化专门委员会（Intergovernmental Panel on Climate Change，IPCC）将排放源清单不确定性定义为对一个变量真实值缺乏认识，可采用概率密度函数（probability density function，PDF）或累积分布函数（cumulative distribution function，CDF）描述该变量可能的取值范围，且大小取决于分析者的认知程度，而后者又取决于可用数据的质量与数量以及对估算过程和推导方法的了解[11]。美国环境保护署（United States Environmental Protection Agency，U.S. EPA）、欧洲环境署（European Environment Agency，EEA）以及国内外的众多研究机构和学者基本都沿袭了 IPCC 对排放源清单不确定性的定义。北美对流层臭氧研究合作组织（North American Research Strategy for Tropospheric Ozone，NARSTO）在这个基础上做了进一步解读，将不确定性定义为一个涵盖系统偏差、随机误差和差异性（variability）影响等的术语。van Aardenne 和 Pulles[12]则将排放源清单不确定性分解为准确性的不确定性和可靠性的不确定性，前者是指不知道排放源清单的准确性或不准确性的来源，而后者是指对排放源清单质量是否满足用户规定的质量标准缺乏认知。根据以往各研究机构和学者给出的定义，结合对排放源清单的了解，本书将排放源清单不确定性定义为：由清单编制过程中基础数据缺乏、数据代表性不足等原因所导致的排放源清单估算存在一定的变化范围，可用概率密度函数、累积分布函数、置信区间或置信等级进行描述。

　　大气化学传输模型能够模拟污染物在大气中扩散、迁移、转化和沉降过程，是评估和预测污染变化和影响、开展空气质量预报以及制定大气污染防治措施的重要工具。受排放源清单、气象、边界条件和模型机制不确定性的影响，大气化学传输模型也常常具有较大的不确定性。就定义而言，大气化学传输模型的不确定性是指由于模型输入和模型结构的不确定性而引起的模拟值与观测值存在偏差的可能性与程度。一般而言，模型输入的不确定性主要指排放源清单、气象参数、边界条件、初始条件、化学反应速率等参数与数据的不确定性。模型结构的不确定性是由于对大气污染物物理化学形成机制认识的不足以及模型参数化过程对机制不可避免的简化处理所导致的。量化与识别模型的不确定性已经被国外众多研究机构列为亟待解决的大气环境前沿科学问题之一[11, 13, 14]。然而，由于大气化学传输模型不确定性研究的复杂性和对巨大计算资源需求，国内外在这方面的研究起步均较晚，国内目前只有少许零星的工作。

总体上，无论各个领域或者学科如何定义，不确定性都可以理解为事物、模型输出或实验结果是不能确切预测和量化的，或者说，缺乏原因和结果之间一一对应的关系。这两种表述反映了不确定性的两种基本特征：第一，客观事物本身就是不断发展变化的，且这一发展变化过程存在多种可能性或者随机性，导致客观事物本身具有不确定性，称为随机不确定性[15]。例如，如果一个系统是动态变化的，且变化速度大于仪器可测量的速度，测量的数据只能反映某一瞬时的状态而无法描述系统整体的变化情况，那么它是测不准的，也就是不确定的。第二，由于人们认知能力限制或信息不完整而无法对事物状态做出准确的描述和预测，可称为认知不确定性[16]。

关于不确定性定义，还有几点需要特别说明。第一，不确定性并不等于误差或偏差。偏差或者误差是测量值与真值之差，是一个确定值，并且在计算偏差或者误差时，真值或其理想的概念值是已知的。不确定性是对真值或者偏差可能取值范围的度量，因此理论上当测量值的所有不确定性来源都能被量化时，测量值的不确定性范围大概率包含真值。第二，不确定性是所有事物和模型的固有属性，只能够通过提高对事物和模型的认知能力、数据获取能力和数据质量保证等手段降低不确定性，但永远无法被消除。第三，对不确定性一般有两种认识，第一类不确定性因其具有不稳定性是无法用概率描述的，如无法利用历史资料统计得出的概率预测此类不确定事件在将来发生的可能概率；第二类不确定性是可以用概率描述其不确定性程度的[17]。尽管不同的学者对不确定性二分法持有不同意见，本书参考奈特的不确定性二分法，并且重点关注第二类不确定性。第四，针对不同模型，如排放源清单模型和大气化学传输模型，其主要不确定性来源存在明显差异，有关不确定性来源将在本书第 3 章和第 7 章进行详细介绍。

1.2　不确定性分析

1.2.1　不确定性分析的基本概念

不确定性是排放源清单和模型的固有属性。因为存在这样的属性，所以无论是排放源清单还是与模型相关的研究结果经常受到质疑。一些经常被质疑的问题包括：研究采用的参数或模型的代表性如何？模型和清单结果的准确性如何？能有多大的信心相信研究结果？能否进一步提高和改进？如何提高和改进？导致排放结果和模型模拟不确定性的主要来源是什么？是否存在系统偏差？这些都是研究人员和决策者最关心的问题，但同时也是最难回答的问题，而寻求这些问题的答案必须依赖于不确定性分析。Morgan 等[2]将不确定性分析定义为：根据模型输入和模型本身的不确定性，量化模型输出变量的不确定性，并利用敏感性进一步分析量化模型输出变量不确定性对单个模型输入和不同输入之间耦合作用的灵敏度，进而识别导致模型输出不确定性的重要模型输入。对于排放源清单而言，不确定性分析是通过对排放源清单建立过程中各种不确定性来源的定性或定量分析，确定排放源清单的不确定性大小或可能范围，并识别导致清单不确定性的关键不确定性来源，从而指导排放源清单改进与提高的手段和过程；对于大气化学传输模型，不确定性分析是量化排放源清单、边界条件、初始条件、化学反应速率等模型参数不确定性和物理、化学过程参数化方案等模型结构不确定性对大气污染模拟的影响，进而量化模型模拟的可能范围，并识别出哪些模型参数和过程是导致模型的关键不确定性来源[18]。在本书中，将不确定性分析的定义总结为：通过分析影响研究结果各种因素的不确定性，定性或定量地描述研究结果不确定性，识别影响研究结果的主要因素或者过程。

1.2.2 不确定性分析的作用和重要性

依赖于数学与统计方法的创新和计算机技术的进步，不确定性分析方法已经从最早单纯的概率论分析扩展到概率、模糊集、随机过程、贝叶斯分析、重要性抽样、非参数估算和多元分析，形成一门交叉性极强的综合性学科[19]。近年来，不确定性分析已经成为国际学术界最为活跃的前沿之一，受到众多国际研究机构的重视。世界气候研究计划在最新发布的 *WCRP Strategic Plan 2019—2029* 中指出：构建复杂模型评价与不确定性量化方法对复杂模型改进十分重要，这些工作需要模型研究人员共同推进[14]。2016 年，美国国家科学院、工程院和医学院联合发表了大气化学研究的总结报告，提出了五项优先科研发展方向，包括降低人为源、天然源排放清单以及气象模型的不确定性[20]。U.S. EPA、EEA、NARSTO、IPCC 和国际应用系统分析研究所（International Institute for Applied Systems Analysis，IIASA）等国际机构也将不确定性分析纳入到大气排放源清单编制中[21-23]。美国能源部（Department of Energy，DOE）的六个国家实验室（洛斯阿拉莫斯、桑迪亚、劳伦斯伯克利、橡树岭、阿贡、太平洋西北）甚至成立了跨专业、跨部门的不确定性分析量化团队。为了进一步推进不确定性分析的学科发展，美国 Begell 出版集团、美国工业与应用数学学会和美国统计学会先后于 2011 年、2014 年创办了针对不确定性量化的专业学术期刊：*International Journal for Uncertainty Quantification* 与 *SIAM/ASA Journal on Uncertainty Quantification*。美国机械工程师协会也创办了不确定性量化的新期刊 *Journal of Verification，Validation and Uncertainty Quantification*。此外，欧洲还举办了专门针对敏感性和不确定性方法以及其跨学科应用研究的国际学术系列会议"Sensitivity Analysis of Model Output"。

　　对于任何开展不确定性分析的研究，掌握不确定性信息对应用和改进模型都是极其重要的。总体上，不确定性分析的重要性主要体现在两个方面。第一，不确定性分析能够研究各类不确定来源对模拟或测量的影响，进而量化模拟或测量结果的可能范围，为管理人员制定政策提供更好的理解角度和辅助信息。例如，根据实验科学要求的标准流程，研究人员在提供实验结果的"最佳估计"之外，还需要明确描述模型或实验的随机和系统不确定性和局限性，并尽可能地量化结果不确定性范围。报告结果时忽略不确定性是不科学的，特别当结果用于决策时，不确定性分析尤为必要[24]。相关利益者在做判断时，需要对相关不确定性有清晰明确的认识，根据不确定性信息，可以判断模型模拟或者测量结果是否可靠，是否满足应用标准，做决策或判断时能有多大的信心。第二，结果的不确定性会影响决策的风险，量化风险的不确定性，可以告知决策者可能由该决策带来的潜在风险范围。管理人员在做决策时，更加看重决策的风险，对于高风险事件，决策的制定过程会选取更为可靠或严格的模型或者测量方法。例如，评估排放因子和排放源清单的不确定性可以回答清单估算结果的可能范围是多大、质量如何、能否满足决策的要求；评估大气化学传输模型的不确定性可以回答模型模拟结果是否可靠、能有多大的信心相信模型计算结果；应用模型评估污染减排控制措施的效益时，结合不确定性信息可以了解减排控制措施下空气质量是否还超标，其超标风险有多大。在部分情景下，基于模型"最佳估计"值的决策与考虑不确定性的决策可能截然相反（图1.1）。

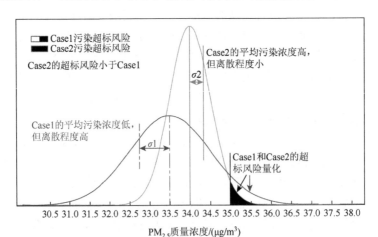

图 1.1　　两个大气污染控制情景的 $PM_{2.5}$ 质量浓度及不确定性范围[18]

Case1 的预测 $PM_{2.5}$ 质量浓度均值（最佳估计）为 33.5μg/m³，Case2 的预测 $PM_{2.5}$ 质量浓度均值为 34.0μg/m³。因此，Case2 更加接近 $PM_{2.5}$ 污染超标浓度限值（35.0μg/m³）。一般地，基于这种传统的"最佳估计"方法，可以认为 Case1 要优于 Case2，其 $PM_{2.5}$ 污染超标的风险可能更小。然而，当利用不确定性分析所得概率分布曲线量化 Case1 和 Case2 的超标概率时发现，尽管 Case1 的预测 $PM_{2.5}$ 质量浓度均值较低，但 $PM_{2.5}$ 质量浓度超标概率更大。因此，对于 $PM_{2.5}$ 质量浓度超标风险而言，Case2 反而是更好的选择。

空气质量管理中也常常采用不确定性分析辅助决策制定。例如，在 20 世纪 80 年代中期，美国环境保护署空气质量规划及标准制定事务处（Office of Air Quality Planning and Standards，OAQPS）对空气中的铅环境标准进行修订时，便将专家判断引导和不确定性分析正式纳入评估，最终给出 OAQPS 所推荐的铅环境标准范围。另外一个例子是美国国家科学院针对氯氟烃对臭氧损耗影响的评估研究，评估小组考虑了大气层传输过程、化学反应和损耗过程、紫外线辐射对人体健康影响等的不确定性，其中化学反应和损耗过程的不确定性还做了定量化。最终评估结果表明：在维持 1977 年的排放水平下，全球氯氟烃排放对平流层臭氧的损耗率大约是 16%，考虑各种因素的不确定性影响，评估小组非常有信心（95%）相信臭氧损耗率在 5%～28%[25]。此外，大气污染物排放源清单和温室气体排放源清单的不确定性评估也是一个很好的例子。

除了量化不确定性水平，不确定性分析还能识别不确定性的关键来源，有助于降低不确定性。对于排放源清单，能够通过评估排放因子、活动水平和排放模型其他相关参数对排放源清单不确定性的影响，或评估各排放源对总排放源清单不确定性的影响，识别排放源清单的关键不确定性来源或排放源，进而指导排放源清单下一步改进的方向。对于大气化学传输模型等环境模型，能够通过评估、对比模型输入不确定性对模型的影响，识别影响模型的关键不确定性来源，进而为模型优化和改进提供方向。随着计算机水平的发展和对环境系统认识的深入，环境模型变得日益复杂。模型结构的复杂化、输入参数的增加以及不同时空尺度的耦合无疑加剧了模型优化和改进的难度。在这种情况下，不确定性分析和敏感性分析成为模型诊断优化不可或缺的科学研究工具。结合不确定性和敏感性分析，研究人员能够了解：①哪些输入参数对模型输出不确定性的贡献最大；②模型中哪些参数非常重要，哪些参数影响较小；③模型的系统不确定性如何，是否存在系统偏差；④如何通过降低输入参数的不确定性，有效减少模型的输出不确定性。有学者指出在不确定性分析框架下，复杂环境模型的优化已经成为当今环境建模理论研究的热点[26]。例如，在水文学中，广义似然不确定性估计（generalized likelihood uncertainty estimation，GLUE）、模糊不确定性分析及贝叶斯估计等不确定性分析方法也被用于探索气象、地理环境、植被覆盖、水文循环等因素对水文模型和流量预测的影响，进而指导水文模型改进方向[27]。在大气污染领域，我国学者也尝试用蒙特卡罗或基于简化模型的不确定性分析方法改进气溶胶和臭氧污染数值模拟[28-30]。

1.2.3 关于不确定性分析需要特别说明的几点问题

（1）不确定性分析不一定得到量化的结果。在缺乏数据的情况下，不确定性可采用定性或半定量的分析方法进行评估。这种定性或半定量分析方法往往是对研究对象建立过程所涉及的模型、数据和文档等材料进行评估，根据约定俗成的评分规则，定性和半定量评估不确定性的大小，评估结果可采用等级或评分的形式进行量化。定性不确定性分析方法简单，但只能粗略评估不确定性大小，无法定量描述不确定性，也无法识别关键不确定性来源。早期，定性不确定性分析方法广泛应用在决策研究和大气排放源清单评估中，但现阶段已经越来越少。

（2）与定性不确定性分析方法相对的是定量不确定性分析方法。定量不确定性分析方法较为复杂，对数据要求高。例如，量化排放因子的不确定性，需要足够的排放因子测试数据或文献调研数据的支撑；量化排放源清单和大气化学传输模型参数的不确定性，需要获取各个不确定性来源的概率分布。但定量不确定性分析具有强大的模型诊断能力，能够识别模型的关键不确定性来源，因此是各学科不确定性分析研究的重点，也是本书的主角。如果不加特别说明，本书中提到的不确定性分析均为定量不确定性分析。

（3）对于不同学科、不同复杂程度的模型，采用的定量不确定性分析方法存在差异。本书重点围绕排放源清单和大气化学传输模型，系统介绍定量不确定性分析方法框架和应用。其中，排放源清单模型是较为简单的数学模型，其不确定性分析的难点在于基础数据的获取与输入参数不确定性的量化，特别是排放因子。针对这一点，本书第3、4章详细介绍排放因子不确定性数据集构建的重要性和方法。大气化学传输模型是复杂的数值模型，其不确定性分析的难点在于准确高效地进行模型不确定性传递。

（4）模型的不确定性来源众多。对于排放源清单，有排放因子、活动数据和估算参数的不确定性，也有排放模型参数化和排放源清单概念化的不确定性。对于大气化学传输模型，有排放源清单、气象参数、边界条件、化学反应速率等上百个输入参数的不确定性，也有不同参数化过程引入的不确定性。本书在第3章和第7章中详细探讨这些不确定性的来源和分类。但在实际的评估中，完整量化模型的不确定性是几乎不可能的，这是因为部分来源的不确定性难以量化，如模型参数化引入的不确定性和排放源清单概念化的不确定性，或者是存在还没有被认知到的不确定性来源。

（5）不确定性分析不等于准确性评估。在讨论结果的质量时，不确定性常常被用来作为质量的评估指标之一，但不是准确性的指标。准确性是估算值与真值的接近程度，评估准确性的前提是必须知道真值是什么。不确定性是量化估算值的可能取值范围或可靠程度，这两者并非对应的关系。以排放源清单为例，在基础排放数据缺乏的情况下，排放源清单的不确定性明显，但估算结果可能刚好与真值接近，也就是说准确性可能很高。另外，不确定性分析无法识别部分结构不确定性的影响，如排放源缺失或者化学机制缺陷。对于排放源清单质量评估，除了不确定性，还需要评估排放源清单的精细程度、合理性、排放源清单编制工作的完整性和规范性等。本书第 6 章专门探讨排放源清单编制工作中的质量评估方法。

1.2.4　与敏感性分析的联系与区别

根据本书中的定义，完整的不确定性分析包括两部分：第一，在考虑模型输入不确定性的作用下，对模型结果及概率分布进行度量，结果通常以概率分布的形式表示，可以是概率密度函数，也可以是累积分布函数；第二，量化输入不确定性对模型结果的贡献，进而识别导致模型不确定性的关键来源，通常可采用相关系数、回归分析和方差分析等敏感性分析方法来实现。因此，完整的不确定性分析实际上包含了敏感性分析，用于评估输入不确定性对模型输出的影响，即重要不确定性源度量或者不确定性溯源。

在通常的定义中，敏感性分析是评估模型输出对单个模型输入扰动的响应，以识别模型重要输入源。在这个定义中，敏感性分析独立于不确定性分析，而实际上这是敏感性分析的普遍应用场景。作为一种诊断手段，敏感性分析也常独立应用于排放源清单分析和大气化学传输模型诊断中。在排放源清单中，敏感性分析主要用于识别对排放总量有较大影响的排放源或排放模型参数。在大气化学传输模型中，敏感性分析能够量化某一个参数的扰动对模型模拟的影响，通常用于重要模型输入识别。也可以通过测试模型模拟对某一个输入参数的响应，将敏感性分析用于模型校验与优化。

为了区分不确定性分析和敏感性分析这两个概念，当提到不确定性分析时，本书主要指模型或测量的不确定性量化与关键不确定性来源识别；当提及敏感性分析时，主要指模型对输入扰动响应的度量。这两者的差异可通过图 1.2 进行说明。明确区分这点非常重要，因为在实际应用中，有不少研究人员会将敏感性分析与不确定性分析相混淆。例如，Saltelli 等通过审核多门学科与不确定性分析和敏感性分析的文章后发现，药理学和毒理学科中经常将敏感性分析当作不确定性分析进行报道[31]。

在方法层面，不确定性分析通常使用不确定性传递技术进行实现，包括分析泰勒级数展开、典型的蒙特卡罗模拟和简化模型方法等数值分析方法及其变体。敏感性分析方法有多种。根据考虑的模型输入变化范围，敏感性分析可以分为局部敏感性分析（local sensitivity analysis）和全局敏感性分析（global sensitivity analysis）。局部敏感性分析只量化在某一特定输入条件下模型输出对输入变化的响应，全局敏感性分析则计算在整个模型输入变化范围内的模型输出对输入变化的响应。根据算法，敏感性分析又可以分为基于统计（statistical）的方法和基于确定性（deterministic）的方法。其中，基于统计的方法包括随机抽样（random sampling）、响应曲面法（response surface method，RSM）、傅里叶幅度敏感性检验（Fourier amplitude sensitivity testing，FAST）、可靠性算法（reliability algorithms）、相关性分析和方差分析等；基于确定性的方法包括常见的强制法（brute force method，BFM）、直接法（direct method，DM）、直接解耦法（decoupled direct method，DDM）、伴随敏感性分析（adjoint sensitivity analysis）和格林方程法（Green's function method，GFM）等[32]。

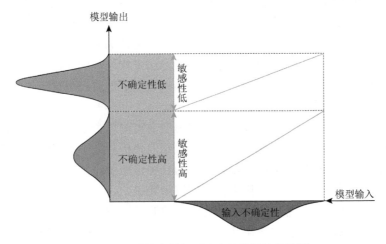

图 1.2　敏感性分析与不确定性分析的差异[24]

1.3　大气排放源清单及不确定性

1.3.1　大气排放源清单的基本概念

大气排放源清单是指某一特定地理区域在某一特定时期内，基于源分类的各种排放源排放到大气中的一种或多种污染物和温室气体的列表，分为天然源和人为源[33]。其中，天然源是指向环境排放污染或温室气体的自然活动。例如，在光合作用下会排放萜烯类等碳氢化合物的植被，会排放 N_2O 和 HONO 等的土壤。人为源主要是指人类社会活动形成的排放源，包括工业燃烧源、交通运输源、有机溶剂使用源、生物质燃烧源和生活源等，是大气污染排放控制和"碳达峰和碳中和"的主要对象。

大气排放源清单是研究大气复合污染问题和制定大气污染精准管控策略的关键基础数据，是实施空气质量改善计划的出发点。近年来，随着我国对空气质量问题的日益关注，大气排放源清单已经广泛应用在空气质量管理与研究的各个环节，主要包括：①识别污染物关键排放源。通过排放源清单，摸清污染物排放量和排放特征，量化不同排放源的排放贡献率，识别关键排放源。②提供污染排放源优先控制分级的依据。基于排放源清单中排放源对重要污染物的排放贡献，筛选优先控制污染排放源，制定污染物优先控制方案。③提供大气化学传输模型的网格化排放输入数据，支撑开展区域大气复合污染、空气质量预报预警以及控制对策制定。④评估污染控制对策及控制效果。基于对大气污染排放源的污染物排放特征识别和定量表征，综合制定有效的污染减排措施并评价空气质量的达标可达性和改善效果。⑤分析大气污染成因等。结合污染排放源清单信息，分析大气污染的成因与来源。

温室气体排放源清单是应对气候变化和发展低碳经济的基础性数据，是制定有效的可持续发展方案及国际谈判与博弈的重要依据。在全球积极应对气候变化和国家低碳发展的政策背景下，温室气体排放源清单的应用越加广泛。通过温室气体排放源清单可以清晰、准确地掌握各地区、各领域温室气体排放源和吸收汇的关键类别，把握排放现状与特征，识别出关键排放源；跟踪温室气体增减变化和其发展趋势，为气候模型的构建提供输入数据；制定切合实际的减排目标、任务措施和实施方案，为减排目标的分解和考核提供数据支撑，对发展以低能耗、低排放、低污染为标志的低碳经济具有重要意义和作用。

排放源清单的建立是一项十分庞杂且细致的工作，在国外尤其是欧美地区较早受到重视。排放源清单在数十年发展的进程中，逐步走向系统化和规范化，目前已广泛应用于政府管理部门制定大气污染控制对策，以及研究人员研究大气污染形成、大气污染和气候的双向耦合作用和气候变化应对等。与国外相比，我国学者对排放源清单的研究起步相对较晚，许多工作是随着我国区域大气污染问题的出现和认识的深入而展开的。从 20 世纪 80 年代后期到 90 年代末，排放源清单主要用于国家污染物总量控制，重点关注能源燃料燃烧排放的烟气、粉尘、二氧化硫、氮氧化物排放总量，结果较为粗糙，缺乏部分重要污染源、污染物以及时空与成分的特征表达。21 世纪以来，随着我国大气污染问题凸显，在国家"十五"科技攻关计划、"十一五" 863 计划重大项目、国家重点研发计划和大气重污染成因与治理攻关等项目的依托下，中国排放源清单研究与表征技术迅速发展，开发了包含更多污染物和排放源的国家和重点区域排放源清单，如清华大学建立的中国多尺度排放源清单（Multi-resolution Emission Inventory for China，MEIC）、珠江三角洲区域清单、长江三角洲区域清单等，建立了定期更新的机制，考虑了详细的时空特征和物种特征表达，并广泛应用到空气质量管理与研究中。2014 年，本书作者编著的《区域高分辨率大气排放源清单建立的技术方法与应用》系统总结了区域排放源清单建立的方法框架，受到研究机构和环境管理部门的广泛关注。近年来，排放源清单编制越来越多地应用于区域和城市的空气质量管理决策中，编制过程也逐步规范化和系统化。例如，环境保护部在 2014 年到 2016 年之间，陆续发布了九项大气污染物排放源清单编制技术指南，涉及 $PM_{2.5}$、VOCs、氨（NH_3）、可吸入颗粒物（PM_{10}）、道路机动车、非道路移动源、生物质燃烧源、扬尘颗粒物和民用煤燃烧[34, 35]。2015 年，《城市大气污染物排放清单编制技术手册》和《"2 + 26"城市大气污染防治跟踪研究工作手册》发布，规范了城市大气污染源排放分类和清单编制流程，部分地区城市排放源清单编制工作已纳入业务化管理，排放源清单的系统性和质量越来越高。目前，随着我国大气污染控制迈向精准施策阶段，以及大数据时代的到来，我国排放源清单编制技术也正在向精细化和动态化发展，排放源清单编制的精细程度和时效性不断提高。各类大数据如卫星火点数据、机动车交通大数据、船舶自动识别系统（automatic identification system，AIS）数据、重点行业实时排放检测数据等正在逐渐应用在城市或区域的精细化近实时排放源清单建立之中。

我国温室气体排放源清单的编制自 2001 年展开，分别于 2004 年、2012 年和 2017 年报告了中国 1994 年、2005 年和 2012 年的国家温室气体清单。同时，省级和企业清单编制工作也逐步开展。2011 年，国家发展和改革委员会气候司在 IPCC 清单指南的基础上，结合我国实际情况，充分考虑时空尺度和排放源、汇的区域分布特征，编写了《省级温室气体清单编制指南（试行）》，为省级清单编制的科学性、规范性和可操作性提供保障。2013 年、2015 年陆续发布了首批 10 个行业企业温室气体排放核算方法与报告指南（试行）和《中国城镇温室气体清单编制指南》，温室气体清单的编制逐渐走向精细化。自"十四五"以来，随着减污降碳协同增效的提出，大气污染物和温室气体同根同源排放源清单的建立也在积极探索中。

1.3.2　大气排放源清单建立及不确定性

大气排放源清单建立是一项复杂的系统工作，涉及多个学科理论、技术与方法的运用，总体上涵盖大气排放源分类建立、排放源清单定量表征、排放源清单时空特征识别及分配、大气排放源化学成分谱建立与物种分配、排放源清单评价与校验方法、排放源清单建立六个部分。在《区域高分辨率大气排放清单建立的技术方法与应用》一书中已详尽介绍了大气排放源清单的建立方法框架，这些方法和框架同样适用于温室气体排放源清单的编制。这里仅简单介绍大气排放源清单建立的主要过程。

排放源分类是排放源清单建立的基础，其本身就是对大气排放源特征的一个全面分析和识别的过程，是排放源清单建立的顶层设计。建立大气排放源分类需要结合研究区域的行业特点、统计分类口径等因素，特别是排放源清单编制的特点、目的和应用需求。考虑我国国民经济行业分类标准中对我国经济活动的划分，结合目前可获取的排放源信息详细程度、排放源清单建立和应用的数据需求以及排放源分类代码编制和使用特点等，国内研究通常从部门、燃料、技术、控制措施等角度出发，确立大气排放源分类体系的四级分类结构。

排放源清单的定量表征是区域大气排放源清单建立的核心工作，也是清单编制人员最为关注的内容之一。表征方法包括实测法、物料衡算法、模型估算法和排放因子法[33]。实测法通过对排放源气体排放口的污染物浓度、气体流速、流量等基础数据进行测量以获取相应排放信息。此方法数据精确度高，但由于成本高，一般只适用于具有大气污染物在线连续监测系统的排放源，如工业燃烧和电厂等。物料衡算法通过结合排放源的排放量、生产工艺、资源综合利用及污染控制措施，基于物料守恒原理，全面、系统地对生产过程中产生和排放的污染物进行量化研究，但该方法要求获取精确度较高的物料数据，且排放没有来自于其他化学过程。模型估算法将研究区域本地的输入参数与相应排放模型相结合以估算污染物的排放情况，较多地应用在道路移动源、天然源估算等排放影响因素较多、估算较复杂的排放源方面，其不确定性来源也因模型的不同而有所差异。排放因子法是欧洲环境署、美国环境保护署推荐的排放源清单表征方法，也是 IPCC 温室气体排放源清单编制指南推荐的表征方法。排放因子法是把人类活动程度的信息（即"活动水平数据"）与量化单位活动排放量的系数（即"排放因子"）结合起来，进而量化污染源排放量。排放因子法是多种表征方法中应用最广泛的方法，其准确性取决于排放因子的代表性和活动水平数据的翔实程度和质量的可靠性。

排放源清单的时空分配和物种分配是大气排放源清单的建立与应用过程中不可缺少的重要环节，同时也是构建满足数值模拟与预测研究对清单数据的要求。其中，时间分配是根据污染物的排放量或者采用与排放源有相同时间变化特征的数据，将年排放量逐步分解成月排放量、日排放量以及小时排放量；空间分配则是根据排放源的地理位置或者采用与排放源有相同空间属性特征的空间地理信息数据，将污染物排放量分配到一定精度的规则网格中，以研究排放源的排放空间特征；物种分配是根据模型所采用的化学机理和成分谱数据，将常规污染物转化为排放源物种或组分。大气排放源化学成分谱是物种分配的基础数据，同时也是建立组分清单、开展基于观测源解析等研究的重要基础数据，需要依赖于大量的源排放测试或文献调研。与排放源分类相匹配的具有代表性的化学成分谱是物种谱建立的关键，有助于减少物种分配过程的不确定性。

排放源清单的不确定性固有存在，我国的排放基础数据较为匮乏或质量的可靠性较低，排放源清单的不确定性更为明显。在国内较早开展大气排放源清单研究工作的广东省，其 NH_3 排放不确定性高达-50%～90%，炭黑（BC）和有机碳（OC）排放的不确定性更是分别高达-50%～120%和-55%～160%[36]。体现在排放量上，不同研究学者建立的排放源清单通常有几倍的差距，部分污染物甚至有量级的差距。具体到排放源，排放源清单不确定性更为明显，尤其是源排放特征较为复杂的有机溶剂使用源、扬尘源和生物质燃烧源排放。例如，中国生物质燃烧源 VOCs 和 $PM_{2.5}$ 排放不确定性普遍在 150%左右，有部分研究量化的不确定性更是达到 250%；有机溶剂使用源的 VOCs 排放不确定性普遍在 100%左右，有部分研究量化的不确定性更是达到 300%；扬尘源 $PM_{2.5}$ 和 PM_{10} 排放的不确定性最高也达到 250%[37]。

　　排放源清单不确定性主要来自排放因子、活动水平和分配因子等排放源清单基础数据的不确定性和排放源清单表征模型的不确定性等。排放因子一般是通过排放源测试获得一定数量的代表性源测试样品而计算出的具有统计特征的平均排放因子，不可避免地会由于测量方法不规范、仪器的测量误差、源测试的随机误差、测试样品的代表性等，导致排放因子具有一定的不确定性。例如，不同地区建立的工业锅炉排放因子可能存在量级差距。在当地排放因子缺乏的情况下，通常会采用其他地区或国家测试获取的排放因子编制排放源清单，这样也会带来不确定性。受到不同地区经济水平、生产工艺和排放控制水平的差异性影响，国外排放因子在表征国内污染源排放强度时，更容易存在较大的系统偏差。活动水平数据一般来自官方统计年鉴报告、行业报告等，通常认为相对较为确定，但由于在数据采集和统计过程中的人为误差、数据遗漏或重复等，活动水平数据也同样具有不确定性。尽管近年来基于大数据的机动车源、船舶源、生物质燃烧源和天然源等排放源清单动态表征方法以及基于在线实测的工业燃烧源和电厂排放源排放表征方法逐渐涌现[37]，但烟气排放连续监测系统(continuous emission monitoring system，CEMS)数据和大数据也会由于仪器的测量误差、运行故障或维护以及使用的排放因子不确定性等存在不确定性。例如，提高船舶源排放表征的 AIS 数据也存在内河船舶缺失信息严重、缺报漏报以及数据干扰等因素造成的数据缺失、AIS 数据与船舶信息无法匹配、远海区域数据分辨率明显下降甚至仅涵盖个别时段部分船舶的数据样本等问题。除此之外，排放源清单模型是对实际污染排放过程的参数化，不可避免的简化处理也导致排放源清单模型本身也存在不确定性。本书第 3 章将详细总结排放源清单建立过程中各种不确定性的来源。

　　总之，无论源表征方法如何改进，排放源清单的不确定性是无法被绝对消除的，这是排放源清单建立过程的基本客观事实。任何否认排放源清单不确定性存在的观点都是不客观和错误的。任何由于排放源清单具有不确定性而过度质疑排放源清单的质量，进而否定其在大气污染控制和空气质量管理中的不可或缺作用的观点也是片面的。因此，在应用中需要明确了解排放源清单的不确定性及其来源。如果排放源清单的不确定性因素不能被正确地识别和量化，可能导致对污染物排放趋势、排放源分配、重点污染源识别、重要不确定性源的识别以及污染源与空气质量关系等产生错误的认识，甚至导致不合理的空气污染控制策略的制定[38]。也正因如此，排放源清单的不确定性分析、质量保证和校验也开始得到逐步重视，针对排放源清单的校验与评估研究近年来逐渐成为大气环境科学研究的热点和前沿问题之一。

1.3.3　排放源清单不确定性研究进展

国外研究学者早在 20 世纪 80 年代就认识到大气污染物排放源清单不确定性分析的重要性。NRC 一直强调开展排放源清单不确定性分析的重要性，1991 年就指出，排放源清单的质量受到严重的不确定因素的制约[39]。加拿大、美国和墨西哥合作成立的研究机构 NARSTO 指出，排放源清单编制必须考虑排放因子和活动数据等的不确定性，不确定性分析应作为清单编制的常规过程之一[12]。联合国欧洲经济委员会在 2015 年发布了《长程跨界空气污染公约》，其中的排放和预测数据发布指南中也提到，建议使用适当方法量化排放数据估算过程中的不确定性[40]。

然而，早期的排放源清单不确定性评估主要以定性和半定量分析方法为主。其中，定性分析方法是通过对排放源清单编制过程中影响估算结果的可能因素进行讨论和识别，进而根据设定的评分等级定性评价排放源清单或输入参数的不确定性大小。不同于单纯的定性分析方法，半定量分析方法是根据排放源清单输入的不确定性分级，利用数值的评级方式，分析量化排放源清单的置信水平。定性分析方法只能大致评估排放源清单的不确定性等级。定性分析的代表性方法有U.S. EPA 为评估 AP-42 排放因子而建立的数据质量评级方法[41]、IPCC 在 1995 年的国家温室气体报告指南中建立的数据质量评估（data quality codes）方法和全球排放源清单活动机构小组（Global Emissions Inventory Activity，GEIA）提出的清单可靠性指数方法，这些方法均只能评估排放源清单的不确定性等级[42-44]。半定量分析的代表性方法是 U.S. EPA 建立的数据属性评级系统（data attribute rating system，DARS）方法，是将排放因子、活动数据和其他排放模型参数的数据质量评分合并，以大致量化排放源清单总体质量评分的方法。这几种方法的详细过程见本书第 3 章内容。

定性分析或半定量不确定性分析方法相对简单，但都依赖于分析人员对排放源清单编制过程中不确定性的判断与分析，具有一定的主观性。另外，这两种方法都难以定量识别导致排放源清单估算结果不确定性的关键不确定性来源，无法指导排放源清单的后续改进。由于这些不足，利用概率分析方法开展定量不确定性分析日益受到重视，并被越来越多地应用到排放源清单的差异性和不确定性的定量评估之中[21, 45]。

定量不确定性分析方法首先需要对排放因子、活动水平和排放模型其他参数的不确定性（即概率分布）进行量化，然后利用统计或数值模拟的方法将这些参数的不确定性传递到排放源清单中，进而实现排放源清单不确定性的量化。清单模型输入不确定性可通过基于概率统计分析方法或者专家判断法获取[7]。在这方面,美国北卡罗来纳州立大学的 Frey 博士与本书作者提出了以自展模拟(bootstrap simulation)为核心的模型输入不确定性量化方法,能够适应小样本和非正态数据的不确定性量化[46,47]。在源测试数据可获取的情况下,自展模拟方法已经广泛应用于排放因子不确定性的量化分析中。当数据缺乏或代表性不足时,可采用德尔菲(Delphi)法等专家判断法进行量化[48,49]。

　　针对不确定性传递方法,国外学者也提出了基于泰勒展示式的解析法和蒙特卡罗方法(Monte Carlo method, MCM)或拉丁超立方抽样(Latin hypercube sampling, LHS)等随机模拟方法。前者主要利用基于泰勒展开式的误差传递方程估算若干个不确定性个体共同作用下产生的不确定性[39,50]。例如,美国国家酸雨沉降评估计划(National Acid Precipitation Assessment Program, NAPAP)中的排放源清单不确定性就是采用解析法量化的[51]。然而,基于泰勒展示式解析法仅适合于输入参数不确定性具有正态分布的特征,且各参数之间相互独立的排放源清单不确定性量化。相比之下,蒙特卡罗方法和拉丁超立方抽样具有更高的灵活性,适合传递具有任何分布的不确定性,在抽样样本足够的情况下也是不确定性传递最为准确的方法。因此,蒙特卡罗方法已经成为排放源清单定量不确定性分析最为广泛应用的方法[52-54]。蒙特卡罗方法和拉丁超立方抽样的详细过程见本书第3章内容。除了以上介绍的方法,也有研究学者探索方差分析、时间序列分析和模糊分析等方法在排放源清单不确定性量化中的应用[55,56]。例如,Romano 等[57]采用了蒙特卡罗方法和模糊分析方法量化火电厂 SO_2、NO_x、CO 和 PM 排放的不确定性。

　　除了排放因子和活动水平,排放模型参数、时空分配因子、物种分配因子和烟囱参数等也是排放源清单的重要不确定性来源,尤其是应用于大气化学传输模型的网格化模型物种排放源清单。然而,现有大部分研究依然主要考虑了与排放因子和活动水平相关的排放源清单总量的不确定性,只有少量研究开始关注量化模型结构、时空分配因子和物种分配因子不确定性对网格化排放源清单的影响。例如,Super 等[58]采用蒙特卡罗方法定量分析了时空分配因子和排放因子不确定性对 CO_2 和 CO 网格化排放源清单建立的影响,发现时空分配因子是局部网格排放量的关键不确定性来源。

　　美国和欧洲在排放源清单不确定性分析规范化方面也开展了大量的工作。在20世纪90年代初,U.S. EPA、EEA 和 IPCC 等国外研究机构就已经陆续将不确定性分析纳入排放源清单编制流程,量化评估排放源清单的不确定性,并为决策者在应用排放源清单的过程中提供可靠的科学信息。例如,U.S. EPA 于 1993 年启动的排放源清单改进计划(Emission Inventory Improvement Program, EIIP)总结了当前排放源清单的不确定性分析方法,并建议在清单基础数据充足的情况下,推荐优先采用定量不确定性分析方法[42];2003 年开始采用定量不确定性分析方法对排放因子计划进行全面的重新评估，以提高排放因子的适用性，进而提高排放源清单编制的可靠性[20]。IPCC 一直走在排放源清单不确定性分析的前沿，在《1996 年 IPCC 国家温室气体清单指南》中强调了不确定性分析的重要性，并在 2001 年发布了一份关于不确定性分析方法的特别指南《国家温室气体清单优良作法指南和不确定性管理》，规定了排放因子、活动数据、排放源清单和趋势清单不确定性的量化方法[23]，发布的《2006 年 IPCC 国家温室气体清单指南》更为详细地规范了温室气体排放源清单的不确定性分析方法[11]。EEA 在 1996 年也将不确定性分析作为清单质量评估的重要手段纳入《大气污染排放清单指南》，并在 2001 年清单指南中规定了排放源清单不确定性量化方法，2009 年清单指南明确要求成员国使用指南中提供的最合适方法对排放估算的不确定性进行量化[45]。

　　总体上，在众多研究学者和研究机构的推动下，排放源清单不确定性分析已经形成了较为成熟的方法体系，涵盖排放因子和活动水平不确定性量化方法、不确定性传递方法和重要不确定性源识别方法等。因此，不确定性分析也成为美国和欧洲排放源清单建立过程中不可或缺的一环，特别是针对于温室气体排放源清单。这在一定程度促进了清单建立的标准化和规范化，提高清单质量的同时也降低了清单编制的不确定性。相比美国和欧洲，我国排放源清单不确定性研究开展较晚。相较而言，作者团队在国内较早开展不确定性分析研究。在国家"863 计划"重大项目的支持下，在分析我国区域大气排放源清单研究与编制现状，以及本书作者早期参与欧美清单编制及不确定性分析技术与方法研究的成果基础上，作者团队建立了一套适合我国的大气排放源清单不确定性分析方法[33]；为科学指导我国排放源清单的不确定性分析工作，起草了《排放源清单不确定性分析方法指南》，并开发了基于Windows 平台的 AuvToolPro 工具用于不确定性量化。2009 年，作者团队还联合香港科技大学，采用半定量和定量不确定性分析方法系统分析了香港的人为源和天然源排放清单的不确定性，并提出香港排放源清单的改进建议。除了作者团队，国内其他学者也逐渐采用半定量和定量不确定性分析方法评估国家、区域和城市尺度的排放源清单。例如，Zhao 等采用基于蒙特卡罗的定量方法先后评估了国家排放源清单、江苏省和南京市人为源排放清单的不确定性[59]。

　　总体来说，现阶段我国排放源清单不确定性分析仍然存在较大的不足，具体包括：

　　（1）排放源清单不确定性分析的覆盖率不高。近年来的大气污染物排放源清单研究工作不管从深度还是广度来讲，都大大超过了以往，但对排放源清单不确定性的研究工作依然不够重视。在统计的 600 篇中国排放源清单文章中，仅有 40%的排放源清单研究进行了定量不确定性分析，20%左右的研究仅仅定性讨论了排放源清单的不确定性。

　　（2）不确定性分析未纳入国家排放源清单编制指南。2014～2016 年，环境保护部陆续发布了九项大气污染物排放源清单编制技术指南，但这些清单指南对不确定性分析着墨不多。

（3）缺乏开展排放源清单定量不确定性分析的关键基础数据。活动水平数据和排放因子是定量不确定性分析的关键，其不确定性量化需要大量清单基础数据支撑。国内行业由于缺乏健全的数据统计体系，导致行业数据获取和统计难度大，大量基础活动数据缺失，活动数据不确定性难以定量评估；排放因子建立过程中缺乏对不确定性量化，虽然我国发布的编制指南和手册涵盖了排放因子相关的信息，但缺乏对这些排放因子的可靠性和不确定性描述；部分排放源的排放因子或系数与实际排放特征有较大的差异；这些问题直接制约了我国排放源清单不确定性的量化工作。

（4）不确定性分析过程缺乏可靠性。部分研究人员对可变性、测量精确度、数据代表性等引起排放源清单输入参数不确定性的来源缺乏认识，导致输入参数不确定性量化过程容易受主观性影响，不确定性分析结果缺乏可靠性；另外，排放模型参数、活动水平和排放因子等排放源清单重要输入参数的不确定性通常被低估或忽略，导致排放源清单量化的不确定性整体偏低。

（5）对排放源清单不确定性信息的利用率不高。目前有关排放源清单不确定性分析的研究主要集中在清单结果的评估上，大多研究人员和决策者只关心排放源清单的不确定性有多大，但很少利用这些不确定性信息指导排放源清单改进，在空气质量管理中也几乎不考虑排放源清单不确定性引起的决策风险，因此难以给环境管理决策者提供高质量的信息参考。

1.4　排放源清单编制的 QA/QC 与质量评估

排放源清单的不确定性分析主要是根据排放因子、活动水平、排放模型其他参数等排放计算相关基础数据的不确定性，量化排放源清单表征结果的可能取值范围，是评估排放源清单可靠性的重要手段之一。一般情况下，排放源清单不确定性越小，说明排放源清单基础数据代表性越好，表征的排放源清单结果也更为可靠。然而，不确定性分析仅仅是根据清单编制基础数据的来源，从概率学角度判断排放源清单的可能范围，无法评估排放源清单的质量结果是否准确、是否存在系统性偏差等。例如，对于不确定性很高的排放源清单，其表征结果可能刚好接近实际排放真值；相反，对于不确定性很低的排放源清单，其表征结果可能与实际真值有较大的差距，甚至没能涵盖在置信区间之内。此外，排放源清单不确定性分析难以评估测量误差、排放模型偏差、污染源遗漏、排放清单表征过程中的人为错误等因素造成的系统误差。例如，通过建立本地化排放因子和获取权威机动车保有量等数据能够使机动车 VOCs 排放量的不确定性相对较低，但早期研究基本都忽略了机动车 VOCs 蒸发排放的贡献，导致机动车 VOCs 排放量被严重低估，这种源缺失导致的排放低估基本无法通过不确定性分析识别出来。

质量保证（quality assurance，QA）与质量控制（quality control，QC）是质量管理中经常提及的两个概念，涉及环境监测、污染调查、环境建模、环境评价等多种环境数据活动。目前，国内外环境监测相关领域均形成了一系列 QA/QC 理论体系和指南规范，如美国各州政府设有环境监测 QA/QC 的法律规范，对有意违反 QA/QC 的行为都有明确的惩罚条例。国内也形成了涉及大气环境监测质量控制体系、土壤监测质量控制体系、海洋沉积物质量控制体系的《环境监测质量管理规定》等规范。排放源清单的编制过程涉及大量数据收集与处理、多种计算方法、多个子排放源清单结果以及文档管理，且通常需要多个人员参与协作完成。过程中容易出现数据誊写错误、数学逻辑不合理等问题，在数据、方法等选择方面也容易出现人为认知导致的偏差。严格执行排放源清单的 QA/QC 流程有利于降低清单编制过程中人为和系统误差。在排放源清单的 QA/QC 流程方面，自 20 世纪 90 年代起，IPCC、EEA 和 U.S. EPA 陆续提出了规范化的排放源清单 QA/QC 流程，并作为清单编制的重要环节广泛应用于欧盟各国及美国国家排放清单（National Emission Inventory，NEI）的排放源清单编制工作中。虽然国内研究机构也强调了排放源清单 QA/QC 的重要性，并在实际排放源清单建立过程也涉及部分 QA/QC 过程，但目前还缺乏一套完整的、针对国内排放源清单特征的规范化 QA/QC 流程。

排放源清单 QA 是指未直接参与清单编制的人员进行的排放源清单评审流程，而 QC 是指清单编制人员为评估和保障清单质量所采取的自审流程。排放源清单的不确定性分析和 QA/QC 均是排放源清单编制不可或缺的环节，但两者在概念、内容、重点和目标方面都有所区别，具体表现在：①分析对象不同。排放源清单的不确定性分析是通过量化排放源清单建立过程中各种基础数据可能范围以及识别导致清单不确定性的关键不确定性来源，从而指导排放源清单改进与提高的手段和过程。不确定性分析是对已建立排放源清单结果的可能误差范围进行分析，而排放源清单 QA/QC 则是贯穿于排放源清单建立的整个过程，包括对排放源分类、排放源计算基础数据选取、排放源计算方法、排放结果以及文档管理等方面的质量检查。②采用的方法与执行主体不同。排放源清单不确定性分析包括定性分析、半定量分析和定量分析方法，由清单编制人员执行，而排放源清单 QA/QC 是通过建立规范的质量控制和质量保证流程，检查包括不确定性分析的排放源清单编制各个环节，不仅由清单编制人员执行，还需要邀请未直接参与清单编制的第三方或专家执行。③目标不同。不确定性分析是量化排放源清单不确定性和可能的取值范围，指导在未来清单编制工作中优先开展或重点关注的排放源类型、本地化调查和源测试等工作方向。排放源清单 QA/QC 的目的是降低排放源清单编制过程中的系统偏差和人为认知偏差，从而保障编制的排放源清单质量。④描述方式不同。不确定性分析是对清单编制过程中可能导致排放源清单误差的来源进行分析或量化，不能直接回答排放源清单是否准确，也无法完全识别清单编制过程中的系统偏差。排放源清单 QA/QC 过程，通过采用独立、客观的检查手段，尽量降低编制过程的系统偏差，评估与验证清单的准确性、可靠性与合理性等。

一定程度上，QA/QC 是排放源清单不确定性分析的补充。但无论是排放源清单 QA/QC，还是不确定性分析，都仅针对影响清单质量的某一种或几种因素进行分析，而无法全面评估一份排放源清单的质量。虽然当前国内外还未建立起一套完整的针对排放源清单的质量评估方法体系，但根据本书作者团队在排放源清单方面的多年研究经验以及对其应用的了解，排放源清单编制的质量评估应该根据应用的场景需求，从数据来源、排放源清单精细程度、不确定性分析过程、QA/QC程序、排放源清单结果合理性等方面对排放源清单编制关键过程的质量进行评估。随着我国对"碳达峰和碳中和"的日益关注以及排放源清单业务化编制工作的推进，建立排放源清单编制的质量评估体系显得尤为重要。

虽然目前我国在排放源清单编制技术以及编制实践方面都取得了显著进展，但是排放源清单的编制质量由于缺乏规范的质量评估体系，还很难回答当前我国排放源清单的质量水平。可以说，目前我国排放源清单的编制工作正在经历从清单编制技术的研发到清单质量评估技术建立的需求转折。排放源清单的质量评估是通过建立一套规范的质量评估指标，采用层次分析等方法对不同维度上的指标进行评分和评价的一种方法体系。在遵循规范性、完整性、灵活性、代表性、客观性和时效性原则基础上，评估清单编制质量，并为排放源清单使用者提供排放源清单质量水平的参考依据，也可以为排放源清单的改进提供指导方向。同时，质量评估方法体系的建立，有助于推动我国于城市大气排放源清单编制的业务化工作以及建立规范化的温室气体核算体系，服务于我国"碳达峰和碳中和"的国家战略。

1.5　大气化学传输模型及不确定性

1.5.1　大气化学传输模型

大气化学传输模型（chemical transport model，CTM），又称为光化学空气质量模型（photochemical air quality model，PAQM）、光化学网格模型（photochemical grid model，PGM），是以大气物理和化学过程理论为基础，在给定的气象场、排放源数据以及初始和边界条件下，从水平和垂直方向对空气质量进行仿真模拟，再现污染物在大气中扩散、迁移、转化和沉降等物理化学过程的数值模型。部分研究人员经常将空气质量数值模型等同于大气化学传输模型，但实际上大气化学传输模型仅仅是空气质量数值模型的一种。根据美国环境保护署的定义，空气质量数值模型可分为大气扩散模型（dispersion model）、大气化学传输模型和受体模型（receptor model）。其中，大气扩散模型重点关注污染物的大气扩散过程，不考虑复杂的化学过程，通常作为法规模型用于小尺度的环境影响评价，如 AERMOD（American Meteorological Society and U.S. Environmental Protection Agency regulatory model）、CALPUFF（California puff）、CTDMPLUS（complex terrain dispersion model plus algorithms for unstable situations）、SCREEN3（screening version of ISC3 model）等。受体模型是基于观测的气体或颗粒物的化学和物理特征，通过统计分析识别与解析受体处大气污染物的来源及其贡献，如化学质量平衡法 CMB（chemical mass balance）、正定矩阵因子分析法 PMF（positive matrix factorization）和 UNMIX 模型等。此外，Seinfeld 和 Pandis[60]也将数学统计模型统称为空气质量数值模型。

不同于大气扩散模型和受体模型，大气化学传输模型包含更为复杂的化学反应和物理过程，能够模拟城市、区域以及大尺度一次和二次污染的生消过程，甚至多种污染物的耦合过程。这类模型大多都是欧拉模型，同时需要气象模型模拟的气象场和网格化排放源清单数据驱动。欧拉模型将模拟区域进行立体的网格化处理，然后模拟每个网格中的化学变化过程、云雾过程以及与周边网格的物理传输过程，这包括污染源对网格区域内的影响以及所产生的干、湿沉降作用等[61]。关于欧拉模型的详细描述可参考 Seinfeld 等编写的 *Atmospheric Chemistry and Physics*：*From Air Pollution to Climate Change* 著作。早期的大气化学传输模型以一些三维城市尺度的光化学污染模型、区域尺度光化学模型和酸沉降模型为主，这些模型通常不考虑各污染物之间的相互转化和相互影响[61]。实际大气中各种污染物之间存在着复杂的物理、化学反应过程，因此为了更为准确地模拟整个大气的污染生消过程，同时满足空气质量全面管理的需要，以"一个大气"为主要思想的综合性区域多尺度模型迅速崛起、发展，并取代之前只考虑单一污染物的城市或区域模型成为当前的模型主流。这些模型包括 U.S. EPA 开发的 CMAQ（community multiscale air quality）[62]和 WRF-Chem（weather research and forecasting model coupled with chemistry）[63]、美国 ENVIRON 公司开发的 CAMx（comprehensive air quality model with extensions）[64]、中国科学院大气物理研究所自主研发的 NAQPMS（nested air quality prediction modeling system）[65]等。关于这几个模型的介绍，具体见本书第 7 章。

目前，大气化学传输模型已广泛应用于空气质量预报、环境影响评价、政策评估与优化等研究中，成为研究臭氧、颗粒物等大气污染问题以及制定大气污染防治政策的重要手段之一。大气化学传输模型能够分析大气污染时空演变规律、内在机理和成因来源，弥补野外和现场观测容易受地形复杂、气候恶劣等条件影响而导致在时间和空间上难以连续开展的局域性。结合情景案例模拟和敏感性分析等技术，大气化学传输模型还能诊断污染来源，识别影响污染形成的关键因子，并评估大气污染减排措施的效益，进而为大气污染防治和应急措施的制定与优化提供科学指导。例如，在我国，大气化学传输模型已经广泛应用于北京奥运会、上海世博会和广州亚运会等大型赛事活动以及 G20 和 APEC 等大型会议活动的空气质量保障工作中。除此之外，大气化学传输模型已经成为空气质量预报的重要工具，目前已经应用在我国"国家—区域—省级—城市"四级环境空气质量预报预警业务体系中。而且，大气化学传输模型还能为大气污染人体暴露评估提供长时间多区域覆盖的污染浓度数据。

1.5.2 大气化学传输模型的不确定性

随着对污染物在大气中物理化学过程认识的不断加深和超级计算机运行能力的不断提升，以 CMAQ、CAMx、WRF-Chem 和 NAQPMS 为代表的大气化学传输模型对大气物理化学过程的描述越加详细[66, 67]。尽管如此，由于受到排放源清单、模型化学机制、初始与边界条件等因素的共同影响，再加上复杂且尚未清楚认识的化学形成机制，大气化学传输模型仍然具有很高的不确定性。即使在具有相对完善的数据积累、排放源清单，以及相对成熟的大气化学过程与污染源化学特征认识的美国，模型模拟结果仍然不尽如人意。Simon 等[68]总结了 2006～2012 年美国和加拿大地区的模型评价。在 69 个模拟研究中，臭氧日最大 8h 浓度模拟的 R^2 平均值为 0.48，小时臭氧浓度模拟的 R^2 平均值为 0.4。相比臭氧，PM$_{2.5}$ 模拟难度更高，尤其是组分模拟，如小时 OC 浓度的 R^2 仅有 0.2 左右。在我国，缺乏高质量、高时空分辨率前体物排放源清单而导致二次污染模拟结果与实际观测数据的偏差非常明显。表 1.1 总结了近年来国内 PM$_{2.5}$ 模拟评价部分结果，总体上大气化学传输模型普遍低估了 PM$_{2.5}$ 污染浓度。近期，我国学者 Huang 等[69]统计了中国 300 多篇模型评价结果，指出中国 PM$_{2.5}$ 污染模拟浓度普遍低于观测值，可能来自有机物和硫酸盐的系统性低估。在我国，在空气质量预警预报中污染物浓度模拟偏差所导致的结果表现为重污染天气漏报或者错报。例如，在 2013 年 11 月 27 日至 12 月 1 日，北京市出现持续 5 天重污染天气，但是由于空气质量数值模型对 PM$_{2.5}$ 模拟的低估，导致该次重大红色预警未能及时发布。

表 1.1 中国 PM$_{2.5}$ 模拟评价部分结果

模拟区域	模型	模拟时段	标准化平均误差（NME）/%	标准化平均偏差（NMB）/%	相关系数 R	文献
长江三角洲	WRF-Chem	2011-05-28～2011-06-06	—	—	0.36	[70]
长江三角洲	WRF-Chem	2007 年 10 月	—	—	0.34	[71]
全国	CMAQ v4.7	2005 年	46.00～55.00	−74.00	0.15～0.45	[72]

续表

模拟区域	模型	模拟时段	标准化平均误差（NME）/%	标准化平均偏差（NMB）/%	相关系数 R	文献
全国	CMAQ v5.0.1	2013 年	59.00~69.00[a]	0.00~−47.00[b]	—	[73]
珠江三角洲	CMAQ v4.7	2009 年 1 月，4 月，7 月，10 月	30.00~68.00	−8.00~−68.00	0.60~0.81	[74]
珠江三角洲	CMAQ v4.6	2004 年	36.00~77.00	−11.00~−74.00	—	[75]
长江三角洲	CMAQ v4.6	2010 年 11 月	35.00	−27.00	0.83	[76]
长江三角洲	CMAQ v4.6	2006 年	44.00	−17.00	—	[77]
珠江三角洲	CAMx 5.4	2011 年 11 月	32.00	0.00	—	[78]
珠江三角洲	CAMx 5.4	2012 年 4 月	37.00	8.00	—	[78]

a 指标为平均分数误差（FE）；b 指标为平均分数偏差（FB）。

大气化学传输模型不确定性是众多模型输入和模型结构不确定性共同影响的结果[54]。其中，模型结构的不确定性来自对真实大气物理化学过程的认知不足和参数化的简化处理，而模型输入的不确定性主要来自排放源清单、气象参数、初始条件、边界条件和化学反应速率等的不确定性。这些模型输入和模型结构的不确定性只能降低，无法消除。这意味着无论大气化学传输模型如何改进和升级，不确定性依然是模型本身固有的属性，是普遍存在的。特别需要注意的是，模型改进和升级能通过增加模型复杂性来降低模型结构的不确定性，但同时也会提高模型对输入参数的要求，进而增加模型输入的不确定性。例如，新版本 CMAQ 在气溶胶气–粒分配过程中增加了 Ca^{2+}、Mg^{2+}、Fe^{2+} 等 $PM_{2.5}$ 水溶性离子的反应过程，这在一定程度上提高了 CMAQ 在气溶胶方面的模拟能力，但复杂的化学过程需要更为详细组分清单数据的支持，这对于化学物种谱缺失的地区无疑会增加清单数据的不确定性。因此，在应用大气化学传输模型时，需要接受模型存在不确定性这一既定事实，并尽可能量化其不确定性，同时将量化的不确定性信息传递给模型的使用者。然而，大部分研究人员在使用模型时只关注模型的"最佳估计"值，有意或无意忽略了模型的不确定性及带来的决策制定和环境管理风险，无疑削弱了大气环境管理的科学性。对于模型开发者，认识和了解模型的不确定性也同等重要，通过不确定性分析和敏感性分析，能够识别导致大气化学传输模型不确定性的关键来源，进而指导下一阶段模型改进途径，但利用不确定性分析指导大气化学传输模型改进的应用案例还是非常匮乏。

　　虽然大气化学传输模型的不确定性是固有存在的，但这并不能否认大气化学传输模型改进的意义和作用。一方面，通过弥补模型中缺失的重要化学反应过程，提高现有物理化学过程的仿真精细程度，并结合更为精准的模型输入参数和数据，能有效降低大气化学传输模型的不确定性，提升模型模拟及相关模型应用研究的准确性和科学性，提高模型的模拟能力和分析能力，让模型更加"有用"，这也是诸多模型开发人员的使命。另一方面，有个观点本书是非常认同的：大气化学传输模型越来越复杂是发展规律，但并非大气化学传输模型越复杂越好。实际上，模型的重点不在于正确与否，而是针对特定的问题，模型是否实用，是否在诸多竞争的模型中表现最好。就如同乔治·博克斯（George Box）博士所说的：所有模型都是错的，但有些模型是有用的[79]。

1.5.3　大气化学传输模型的不确定性分析研究进展

　　空气质量数值模型不确定性分析这一概念最早在 20 世纪 80 年代初被提出，并随着空气质量数值模型的发展而逐渐完善。1981 年 8 月，由美国环境保护署举办的全国数值模拟大会就开始建议将不确定性分析作为模型评估的一部分纳入模型模拟中[52]，大会还讨论了模型不确定性的分析方法以及对决策者的支撑作用。在这一阶段，研究人员倾向于将模型不确定性分为可降低的不确定性来源和不可降低的随机不确定性来源，而主要方法是通过统计分析模型模拟值与观测值估算模型的不确定性。然而，这种方法只能对模型的不确定性进行简单的估算，无法追溯模型的关键不确定性来源。

　　在 80 年代后期，美国学者 Hanha[80]和 Freeman 等[53]开始尝试利用蒙特卡罗方法（MCM）实现模型输入不确定性到空气质量数值模型输出的传递，同时提出采用回归模型和相关性分析的手段对模型不确定性进行溯源的思路。随后，以 MCM 及其变种方法拉丁超立方抽样（LHS）为核心的模型不确定性分析方法迅速成为主流，并广泛应用在空气质量数值模型不确定性分析中，特别是在 2000 年之前。MCM 和 LHS 都是基于概率和统计理论的随机模拟方法，其基本原理是通过大量的抽样模拟估算事件发生的概率。因此，MCM 和 LHS 都需要运行一定数量的抽样模拟实现不确定性在模型中的传递。早期的空气质量数值模型的结构、内嵌的化学机制和输入参数都相对较为简单，上百次的 MCM 或 LHS 模拟能相对较好地传递模型不确定性，对计算资源需求量相对也较小。

　　但随着人们对大气物理与化学机理认识的加深，大气化学传输模型的结构和化学机制变得越来越复杂，需要的输入参数也越来越多。一方面，结构和化学机制的复杂化提高了模型运行对计算资源的需求；另一方面，复杂的模型结构和输入参数也增加了模型的不确定性来源。为了准确传递大气化学传输模型的不确定性，基于抽样的 MCM 和 LHS 至少需要上千次模拟，传递效率极其低下。为了提高大气化学传输模型不确定性的传递效率及准确性，国外学者相继提出基于简化模型的不确定性传递方法。这些方法的共同点都是通过运行一定次数的大气化学传输模型并构建其等效简化模型，然后利用简化模型作为代替开展基于蒙特卡罗方法的不确定性传递。这些方法使不确定性分析的计算效率显著提高，也更适合 CMAQ、WRF-Chem、CAMx 等复杂大气化学传输模型。在大气化学传输模型中，应用比较广泛的简化模型法包括高维模型表征（high dimensional model representations，HDMR）、随机响应曲面模型（stochastic response surface model，SRSM）、基于高阶直接解耦法的简化模型（reduced-form model based on the high-order decoupled direct method，HDDM-RFM）等方法。另外，也有学者将敏感性分析方法和简化模型传递方法相结合，利用敏感性分析提前筛选出对模型模拟有重要影响的不确定性来源，以降低简化模型构建的计算成本。

目前大部分研究集中在模型不确定性量化与关键不确定性来源诊断方面，不过这原本就是开展模型不确定性分析的主要目的。本书将近 30 年国内外开展的空气质量数值模型不确定性分析研究案例进行了总结（表 1.2）。有趣的是，有将近 75% 左右的研究主要针对臭氧模拟进行不确定性分析。原因可能有两点：第一，美国和欧洲等发达国家和地区早期就开始面临着光化学污染问题，因此臭氧也就成为大部分模型模拟的重点对象；第二，相比 $PM_{2.5}$ 污染，臭氧模拟相对更加简单，在计算机资源相对有限的情况下，优先开展臭氧模拟不确定性分析变得比较实际可行。

表 1.2 空气质量数值模型的不确定性分析研究总结

年份	采用方法	模型类型	分析的污染物对象	考虑不确定性来源	文献
1986	MCM	大气扩散模型（ISCST）	一次污染物	排放、风速、风向、扩散系数、源高和边界层高度	[53]
1988	LHS	拉格朗日光化学模型（PTM）	O_3	排放、边界层高度、边界层浓度、光解率、气象参数、沉降速率等	[86]
1991	MCM	一维光化学模型	O_3、OH	化学反应速率	[87]
1996	LHS	一维光化学模型	O_3、HNO_3、HCHO、PAN、H_2O_2	化学反应速率	[88]
1997	MCM	二维光化学模型（GSFC）	O_3	化学反应速率	[89]
1997	MCM	拉格朗日光化学模型（FLEXTRA）	O_3、NO_2、H_2O_2、PAN	气象输入不确定性和物理参数化方案	[90]
1998	MCM	大气化学传输模型（UAM-IV）	O_3	化学反应速率、气象输入、排放源清单、边界条件	[54]
1998	SRSM	光化学模型（RPM-IV）	O_3	排放源清单	[91]

年份	采用方法	模型类型	分析的污染物对象	考虑不确定性来源	文献
1999	LHS	二维光化学模型（GSFC）	O_3	化学反应速率（包括光解速率和非均相反应速率）	[92]
1999	LHS	大气化学传输模型（CIT）	O_3	化学反应速率、气象输入、排放源清单、沉降速率	[93]
2000	SRSM + 自动微分	光化学模型（RPM）	O_3	排放源清单	[94]
2000	MCM + 贝叶斯	大气化学传输模型（CIT）	O_3	化学反应速率、气象输入、排放源清单、沉降速率	[84]
2000	集合模拟	大气扩散模型（TRIAD）	H_2SO_4	气象输入、排放强度	[95]
2001	LHS	大气化学传输模型（UAM-IV）	O_3	化学反应速率、气象输入、排放源清单、边界条件	[96]
2001	MCM	大气化学传输模型（UAM-V）	O_3	化学反应速率、气象输入、排放源清单、边界条件、初始条件	[97]
2002	FOSM/MCM	大气扩散模型（ISCST）	一次污染物	排放源清单和气象输入	[98]
2003	MCM	大气扩散模型（ISCST/AERMOD）	一次污染物	排放源清单、时空分配、气象输入	[99]
2003	MCM + 贝叶斯	大气化学传输模型（CHIMERE）	O_3	排放源清单、化学反应速率、气象输入、沉降速率、光解速率	[85]
2003	集合模拟	气象-化学耦合模型	O_3	模型结构	[100]
2003	LHS	拉格朗日气溶胶模型（FLEXTRA）	$PM_{2.5}$	气象输入	[101]
2005	PCM	一维光化学模型	二甲基硫醚	化学反应速率	[102]
2006	集合模拟	气象-化学耦合模型	O_3	不同化学机制、干沉降、湍流闭合等参数化方案	[103]
2007	集合模拟	大气化学传输模型（CMAQ）	O_3	气象输入	[104]
2009	集合模拟 + HDDM-RFM	大气化学传输模型（CMAQ）	O_3	化学机制、排放源清单	[105]
2009	SRSM	大气化学传输模型（STEM-III）	O_3	排放源清单	[106]
2010	MCM	大气化学传输模型（SNAQPMS）	O_3	排放源清单、模型参数、气象输入、初始场和边界条件	[107]
2010	集合模拟	大气化学传输模型（ECHAM5）	O_3、CO	对流参数化方案	[108]
2010	HDDM-RFM	大气化学传输模型（CMAQ）	O_3、硫酸盐	排放源清单	[109]
2010	HDDM-RFM	大气化学传输模型（CMAQ）	O_3	排放源清单	[81]

续表

年份	采用方法	模型类型	分析的污染物对象	考虑不确定性来源	文献
2010	集合模拟	大气化学传输模型（WRF-Chem）	O_3	不同气象参数化方案	[110]
2011	HDDM-RFM	大气化学传输模型（CMAQ）	O_3、NO_x	垂直扩散参数化方案、干沉降速率和涡流扩散性	[111]
2011	HDDM-RFM	大气化学传输模型（CMAQ）	O_3 及对排放的响应	排放源清单	[112]
2012	SRSM	大气化学传输模型（CMAQ）	O_3	排放源清单	[30]
2012	HDDM-RFM + 贝叶斯	大气化学传输模型（CMAQ）	O_3	排放源清单和边界条件	[82]
2012	集合模拟	大气化学传输模型（WRF-Chem）	SOA	不同气象参数化方案	[113]
2013	集合模拟	大气化学传输模型（TM5）	O_3、CO	天然源排放清单	[114]
2014	集合模拟	拉格朗日光化学模型（FLEXPART）	CO	气象参数	[115]
2015	MCM	拉格朗日扩散模型（CALPUFF）	$PM_{2.5}$、PM_{10}、NO_x、SO_2、Pb	排放源清单	[116]
2015	BFM	大气化学传输模型（CMAQ）	VOCs、O_3	VOCs 排放源清单	[117]
2015	HDDM-RFM	大气化学传输模型（CMAQ）	$PM_{2.5}$	排放源清单和边界条件	[118]
2015	SRSM	大气化学传输模型（GEO-Chem）	PAH	排放源清单和化学反应速率	[119]
2016	MCM	大气化学传输模型（DAUMOD-GRS）	O_3	风速、风向、温度、云层覆盖率、大气稳定度、光照辐射、排放源清单和边界条件	[120]
2017	逐步 HDDM-RFM	大气化学传输模型（CMAQ）	$PM_{2.5}$	排放源清单和边界条件	[28]
2017	集合模拟	大气化学传输模型	O_3、$PM_{2.5}$、PM_{10}、CO、NO、NO_2、SO_2	不同模型系统（模型结构）	[121]
2017	LHS	拉格朗日光化学模型（ICARTT）	O_3	化学反应速率	[122]
2018	LHS	大气化学传输模型（FRAME）	NO_2、SO_2、二次无机气溶胶组分、HNO_3	SO_2/NO_x/NH_3排放源清单	[123]
2019	DDM-SRSM	大气化学传输模型（CMAQ）	$PM_{2.5}$、硫酸盐、硝酸盐和铵盐	排放源清单、边界条件和气象参数	[124]
2019	BFM	大气化学传输模型（WRF-Chem）	O_3	气象输入、排放源清单、初始条件和边界条件	[125]

续表

年份	采用方法	模型类型	分析的污染物对象	考虑不确定性来源	文献
2019	集合模拟	大气化学传输模型（CMAQ）	O_3	化学机制参数化方案	[126]
2019	高斯过程仿真 + LHS	大气化学传输模型（EMEP4UK）	O_3、$PM_{2.5}$、NO_2	排放源清单	[123]

　　此外，在本书整理的研究案例中，仅有 10% 左右的案例是针对我国区域，但是近年来大量有关模型的研究或应用却是来自我国区域。总的来讲，国外对模型不确定性分析十分重视，早在 20 世纪 80 年代就开展模型不确定性分析的方法学研究，探索不确定性分析在污染控制措施风险评估和空气质量概率预报中的应用。例如，Tian 等[81]量化了排放源清单不确定性对污染减排效益评估的影响；Foley 等[82]利用简化模型不确定性分析的手段评估了减排情景实施下 O_3 达标的概率；Delle 等[83]利用集合模拟手段研究臭氧概率预报的可行性。此外，国外学者尝试将贝叶斯统计和观测也纳入到大气化学传输模型不确定性分析中，使模型不确定性量化更为可靠，提高不确定性在概率预报应用的准确性[82, 84, 85]。相比之下，我国在 2006 年之后才开始关注空气质量数值模型的不确定性。

　　总体而言，国内外学者在大气化学传输模型不确定性分析研究方面已经开展了很多研究工作：建立了基于随机抽样法和简化模型法的不确定性传递方法，发展了以贝叶斯方法为核心的不确定性矫正方法，探索了不确定性分析在大气化学传输模型不确定性量化、关键不确定性来源识别和减排效益风险评估中的应用。尽管如此，现有研究还存在诸多不足：①缺乏模型不确定性分析方法框架。空气质量数值模型的不确定性分析是一个非常复杂的科学问题，涉及多学科理论与方法的运用，但从国内外现有的研究来看，目前尚缺乏一个完整实际可行的方法框架对空气质量数值模型定量不确定性分析进行整理、总结和指导。②不确定性传递方法的效率和准确性不高。不确定性传递方法是开展空气质量数值模型不确定性分析的关键，当前的不确定性传递方法在效率和准确性方面还有提升的空间。③空气质量数值模型的不确定性难以全面诊断。空气质量数值模型的参数型不确定性来源众多，而结构型不确定性又难以量化，且无法通过简化模型进行高效传递，现有研究还无法全面诊断模型所有不确定性来源的影响。④国内对空气质量数值模型不确定性分析不够重视。尽管本书作者和国内部分学者已经开始关注模型不确定性分析，但总体上国内研究学者和管理部门人员对模型不确定性还缺乏正确认识，相关研究和应用还十分匮乏。

参 考 文 献

[1]　雅默. 量子力学的哲学：量子力学诠释的历史发展[M]. 秦克诚，译. 北京：商务印书馆，1989.

[2] Morgan M G，Henrion M，Small M. Uncertainty：A Guide to Dealing with Uncertainty in Quantitative Risk and Policy Analysis[M]. New York：Cambridge University Press，1990.

[3] 国际计量大会. 全国科学技术名词审定委员会发布国际单位制 7 个基本单位中文新定义[J]. 中国科技术语，2019（3）：26-27.

[4] Knight F H. Risk，Uncertainty and Profit[M]. Chicago：Houghton Mifflin，1921.

[5] 韩明. 概率论与数理统计[M]. 2 版. 上海：同济大学出版社，2010.

[6] Heuvelink G B，Burrough P A，Stein A. Propagation of errors in spatial modelling with GIS[J]. International Journal of Geographical Information System，1989，3（4）：303-322.

[7] Congalton R G，Green K. Assessing the Accuracy of Remotely Sensed Data：Principles and Practices[M]. 2nd ed. Boca Raton：CRC Press，2019.

[8] Cullen A C，Frey H C. Probabilistic techniques in Exposure Assessment：A Handbook for Dealing with Variability and Uncertainty in Models and Inputs[M]. Berlin：Springer Science & Business Media，1999.

[9] 不确定视域下的战略管理[J]. 化工管理，2011（1）：84-88.

[10] National Research Council（NRC）. Science and Decisions：Advancing Risk Assessment[R]. Washington，D C：National Academies Press，2009.

[11] Intergovernmental Panel on Climate Change（IPCC）. 2006 IPCC Guidelines for National Greenhouse Gas Inventories[EB/OL]. [2021-12-23]. https://www.ipcc-nggip.iges.or.jp/support/Primer_2006GLs.pdf.

[12] van Aardenne J，Pulles T. Uncertainty in emission inventories：What do we mean and how could we assess it?[C]//11th International Emission Inventory Conference，2002.

[13] North American Research Strategy for Tropospheric Ozone（NARSTO）. Improving Emission Inventories for Effective Air Quality Management Across North America[R]. Pasco：NARSTO，2005.

[14] WCRPS. WCRP Strategic Plan 2019-2028[R/OL]. [2020-06-20]. https://www.wcrp-climate. org/wcrp-spoverview.

[15] Winkler R L. Uncertainty in probabilistic risk assessment[J]. Reliability Engineering & System Safety，1996，54（2-3）：127-132.

[16] Der Kiureghian A，Ditlevsen O. Aleatory or epistemic? Does it matter?[J].Structural Safety，2009，31（2）：105-112.

[17] Cacuci D G，Ionescu-Bujor M，Navon I M. Sensitivity and Uncertainty Analysis，Volume Ⅱ：Applications to Large-scale Systems[M]. New York：Chapman & Hall/CRC，2005.

[18] Yegnan A，Williamson D G，Graettinger A J. Uncertainty analysis in air dispersion modeling[J]. Environmental Modelling & Software，2002，17（7）：639-649.

[19] National Research Council. The Mathematical Sciences in 2025[M]. Washington，D C：National Academies Press，2013.

[20] National Academies of Sciences，Engineering，and Medicine. The Future of Atmospheric Chemistry Research：Remembering Yesterday，Understanding Today，Anticipating Tomorrow[M]. Washington，D C：National Academies Press，2016.

[21] Emissions Factor Uncertainty Assessment[R/OL]. [2020-06-20]. https://www3.epa.gov/ttn/chief/efpac/documents/ef_uncertainty_assess_draft0207s.pdf.

[22] United States Environmental Protection Agency（U.S. EPA）. Guidance on the Development，Evaluation，and Application of Environmental Models[R]. Washington，D C：United States Environmental Protection Agency，2009.

[23] Intergovernmental Panel on Climate Change（IPCC）. Good Practice Guidance and Uncertainty Management in National Greenhouse Gas Inventories[R]. Geneva：Intergovernmental Panel on Climate Change，2001.

[24] Henrion M，Fischhoff B. Assessing uncertainty in physical constants[J]. American Journal of Physics，1986，54（9）：791-798.

[25] 摩根，亨利昂，斯莫. 不确定性[M]. 王红漫，译. 北京：北京大学出版社，2011.

[26] 刘毅，陈吉宁，杜鹏飞. 环境模型参数优化方法的比较[J]. 环境科学，2002，23（2）：1-6.

[27] 王育礼，王烜，杨志峰，等. 水文系统不确定性分析方法及应用研究进展[J]. 地理科学进展，2011，30（9）：1167-1172.

[28] Huang Z J，Hu Y T，Zheng J Y，et al. A new combined stepwise-based high-order decoupled direct and reduced-form method to improve uncertainty analysis in $PM_{2.5}$ simulations[J]. Environmental Science & Technology，2017，51（7）：3852-3859.

[29] 唐晓，王自发，朱江，等. 蒙特卡罗不确定性分析在 O_3 模拟中的初步应用[J]. 气候与环境研究，2010（5）：541-550.

[30] 郑君瑜，付飞，李志成，等. 基于 CMAQ 模型的随机响应曲面不确定性传递分析方法实现与评价[J]. 环境科学学报，2012（6）：1289-1298.

[31] Saltelli A，Aleksankina K，Becker W，et al. Why so many published sensitivity analyses are false：A systematic review of sensitivity analysis practices[J]. Environmental Modelling & Software，2019（114）：29-39.

[32] Tatang M A，Pan W，Prinn R G，et al. An efficient method for parametric uncertainty analysis of numerical geophysical models[J]. Journal of Geophysical Research：Atmospheres，1997，102（D18）：21925-21932.

[33] 郑君瑜，王水胜，黄志炯，等. 区域高分辨率大气排放源清单建立的技术方法与应用[M]. 北京：科学出版社，2014.

[34] 环境保护部. 大气细颗粒物一次源排放清单编制技术指南（试行）[EB/OL].（2014-08-19）[2021-03-30]. https://www.mee.gov.cn/gkml/hbb/bgg/201408/W020140828351293619540.pdf.

[35] 环境保护部. 大气可吸入颗粒物一次源排放清单编制技术指南（试行）[EB/OL].（2014-12-31）[2021-03-30]. https://www.mee.gov.cn/gkml/hbb/bgg/201501/W020150107594587771088.pdf.

[36] Zhong Z M，Zheng J Y，Zhu M N，et al. Recent developments of anthropogenic air pollutant emission inventories in Guangdong province，China[J]. Science of the Total Environment，2018（627）：1080-1092.

[37] Li M，Liu H，Geng G，et al. Anthropogenic emission inventories in China：A review[J]. National Science Review，2017，4（6）：834-866.

[38] 钟流举，郑君瑜，雷国强，等. 大气污染物排放源清单不确定性定量分析方法及案例研究[J]. 环境科学研究，2007，20（4）：15-20.

[39] National Research Council（NRC）. Rethinking the Ozone Problem in Urban and Regional Air Pollution[M]. Washington，D C：National Academies Press，1992.

[40] United Nations Economic Commission for Europe（UNECE）. Guidelines for Reporting Emissions and Projections Data under the Convention on Long-Range Transboundary Air Pollution[R]. Geneva：UNECE，2015.

[41] United States Environmental Protection Agency（U.S. EPA）. Procedures for Verification of Emissions Inventories，Final Report[R]. Washington，D C：United States Environmental Protection Agency，1996.

[42] Emission Inventory Improvement Program（EIIP）. Evaluating the Uncertainty of Emission Estimates（Vol. VI）Final Report[R]. Washington，D C：The Emission Inventory Improvement Program and the U.S. Environmental Protection Agency，1996.

[43] Intergovernmental Panel on Climate Change（IPCC）. Guidelines for National Greenhouse Gas Reporting Instructions[R]. Geneva：IPCC，1995.

[44] Intergovernmental Panel on Climate Change（IPCC）. WGI Technical Inventories，Volume 1：Support Unit，

Bracknell, United Kingdom[R]. Geneva: IPCC, 1995.

[45] EMEP- European Environment Agency（EEA）. EMEP/EEA Air Pollutant Emission Inventory Guidebook[R]. Copenhagen: European Environment Agency, 2019.

[46] Zheng J Y, Frey H C. Quantification of variability and uncertainty using mixture distributions: Evaluation of sample size, mixing weights, and separation between components[J]. Risk Analysis, 2004, 24（3）: 553-571.

[47] Frey H C, Zheng J Y. Quantification of variability and uncertainty in air pollutant emission inventories: Method and case study for utility NO_x emissions[J]. Journal of the Air & Waste Management Association, 2002, 52（9）: 1083-1095.

[48] South Coast Air Quality Management District（SCAQMD）. 1979 Emissions Inventory for the South Coast Air Basin[R]. California: SCAQMD, 1982.

[49] South Coast Air Quality Management District（SCAQMD）. Uncertainty of 1979 Emissions Data, Chapter Ⅳ[R]. California: SCAQMD, 1982.

[50] Balentine H, Dickson R. Development of uncertainty estimates for the Grand Canyon visibility transport commission emission inventory[C]. Air & Waste Management Association Conference on the Emission Inventory, Research Triangle Park, NC, 1995.

[51] Irving P M. Acidic Deposition: State of Science and Technology[R]. Washington, D C: National Acid Precipitation Assessment Program, 1991.

[52] Fox D G. Uncertainty in air quality modeling: A summary of the AMS workshop on quantifying and communicating model uncertainty, Woods Hole, Mass., September 1982[J]. Bulletin of the American Meteorological Society, 1984, 65（1）: 27-36.

[53] Freeman D L, Egami R T, Robinson N F, et al. A method for propagating measurement uncertainties through dispersion models[J]. Journal of the Air Pollution Control Association, 1986, 36（3）: 246-253.

[54] Hanna S R, Chang J C, Fernau M E. Monte Carlo estimates of uncertainties in predictions by a photochemical grid mode（1 UAM-Ⅳ）due to uncertainties in input variables[J]. Atmospheric Environment, 1998, 32（21）: 3619-3628.

[55] Melorose J, Perroy R, Careas S. Statewide Agricultural Land Use Baseline 2015[EB/OL]. [2021-12-23]. https://hdoa.hawaii.gov/wp-content/uploads/2016/02/StateAgLandUseBaseline 2015.pdf.

[56] Abdel-Aziz A M O. Incorporating uncertainties in emission inventories into air quality modeling[D]. Raleigh: North Carolina State University, 2003.

[57] Romano D, Bernetti A, de Lauretis R. Different methodologies to quantify uncertainties of air emissions[J]. Environment International, 2004, 30（8）: 1099-1107.

[58] Super I, Dellaert S N, Visschedijk A J, et al. Uncertainty analysis of a European high-resolution emission inventory of CO_2 and CO to support inverse modelling and network design[J]. Atmospheric Chemistry and Physics, 2020, 20（3）: 1795-1816.

[59] Zhao Y, Zhou Y D, Qiu L P, et al. Quantifying the uncertainties of China's emission inventory for industrial sources: From national to provincial and city scales[J]. Atmospheric Environment, 2017（165）: 207-221.

[60] Seinfeld J H, Pandis S N. Atmospheric Chemistry and Physics: From Air Pollution to Climate Change[M]. Hoboken: John Wiley & Sons Inc, 2016.

[61] 薛文博, 王金南, 杨金田, 等. 国内外空气质量模型研究进展[J]. 环境与可持续发展, 2013, 3（1）: 14.

[62] Fahey K M, Carlton A G, Pye H O, et al. A framework for expanding aqueous chemistry in the Community Multiscale Air Quality（CMAQ）model version 5.1[J]. Geoscientific Model Development, 2017, 10（4）: 1587-1605.

[63] Peckham S E, Grell G A, McKeen S A, et al. WRF/Chem version 3.3 user's guide[Z/OL]. （2012-07-18）

[2020-06-22]. https://repository.library.noaa.gov/view/noaa/11119.

[64]   Nopmongcol U, Koo B, Tai E, et al. Modeling Europe with CAMx for the air quality model evaluation international initiative（AQMEII）[J]. Atmospheric Environment, 2012（53）: 177-185.

[65]   Ge B Z, Wang Z F, Xu X B, et al. Wet deposition of acidifying substances in different regions of China and the rest of East Asia: Modeling with updated NAQPMS[J]. Environmental Pollution, 2014（187）: 10-21.

[66]   Zhang Y, Seigneur C, Seinfeld J H, et al. Simulation of aerosol dynamics: A comparative review of algorithms used in air quality models[J]. Aerosol Science & Technology, 1999, 31（6）: 487-514.

[67]   Zhang Y, Seigneur C, Seinfeld J H, et al. A comparative review of inorganic aerosol thermodynamic equilibrium modules: Similarities, differences, and their likely causes[J]. Atmospheric Environment, 2000, 34（1）: 117-137.

[68]   Simon H, Baker K R, Phillips S. Compilation and interpretation of photochemical model performance statistics published between 2006 and 2012[J]. Atmospheric Environment, 2012（61）: 124-139.

[69]   Huang L, Zhu Y H, Zhai H H, et al. Recommendations on benchmarks for numerical air quality model applications in China-Part 1: $PM_{2.5}$ and chemical species[J]. Atmospheric Chemistry and Physics, 2021（21）: 2725-2743.

[70]   Cheng Z, Wang S X, Fu X, et al. Impact of biomass burning on haze pollution in the Yangtze River delta, China: A case study in summer 2011[J]. Atmospheric Chemistry and Physics, 2014, 14（9）: 4573-4585.

[71]   Wang T J, Jiang F, Deng J J, et al. Urban air quality and regional haze weather forecast for Yangtze River Delta region[J]. Atmospheric Environment, 2012（58）: 70-83.

[72]   Wang L T, Jang C, Zhang Y, et al. Assessment of air quality benefits from national air pollution control policies in China. Part Ⅱ: Evaluation of air quality predictions and air quality benefits assessment[J]. Atmospheric Environment, 2010, 44（28）: 3449-3457.

[73]   Hu J L, Chen J J, Ying Q, et al. One-year simulation of ozone and particulate matter in China using WRF/CMAQ modeling system[J]. Atmospheric Chemistry and Physics, 2016, 16（16）: 10333-10350.

[74]   Qin M M, Wang X S, Hu Y T, et al. Formation of particulate sulfate and nitrate over the Pearl River Delta in the fall: Diagnostic analysis using the Community Multiscale Air Quality model[J]. Atmospheric Environment, 2015（112）: 81-89.

[75]   Kwok R H, Fung J C, Lau A K, et al. Numerical study on seasonal variations of gaseous pollutants and particulate matters in Hong Kong and Pearl River Delta Region[J]. Journal of Geophysical Research: Atmospheres, 2010（115）: 1-23.

[76]   Li L, Huang C, Huang H Y, et al. An integrated process rate analysis of a regional fine particulate matter episode over Yangtze River Delta in 2010[J]. Atmospheric Environment, 2014（91）: 60-70.

[77]   Dong X Y, Li J, Fu J S, et al. Inorganic aerosols responses to emission changes in Yangtze River Delta, China[J]. Science of the Total Environment, 2014（481）: 522-532.

[78]   Wu D W, Fung J C H, Yao T, et al. A study of control policy in the Pearl River Delta region by using the particulate matter source apportionment method[J]. Atmospheric Environment, 2013（76）: 147-161.

[79]   Box G E P. Robustness in the Strategy of Scientific Model Building[M]. Pittsburgh: Academic Press, 1979: 201-236.

[80]   Hanha S R. Air quality model evaluation and uncertainty[J]. Japca, 1988, 38（4）: 406-412.

[81]   Tian D, Cohan D S, Napelenok S, et al. Uncertainty analysis of ozone formation and response to emission controls using higher-order sensitivities[J]. Journal of the Air & Waste Management Association, 2010, 60（7）: 797-804.

[82]   Foley K M, Reich B J, Napelenok S L. Bayesian analysis of a reduced-form air quality model[J]. Environmental Science & Technology, 2012, 46（14）: 7604-7611.

[83] Delle Monache L, Deng X X, Zhou Y M, et al. Ozone ensemble forecasts: 1. A new ensemble design[J]. Journal of Geophysical Research: Atmospheres, 2006 (111): 1-18.

[84] Bergin M S, Milford J B. Application of Bayesian Monte Carlo analysis to a Lagrangian photochemical air quality model[J]. Atmospheric Environment, 2000, 34 (5): 781-792.

[85] Beekmann M, Derognat C. Monte Carlo uncertainty analysis of a regional-scale transport chemistry model constrained by measurements from the atmospheric pollution over the Paris area(ESQUIF)campaign[J]. Journal of Geophysical Research: Atmospheres, 2003, 108 (D17): 1-18.

[86] Derwent R, Hov Ø. Application of sensitivity and uncertainty analysis techniques to a photochemical ozone model[J]. Journal of Geophysical Research: Atmospheres, 1988, 93 (D5): 5185-5199.

[87] Thompson A M, Stewart R W. Effect of chemical kinetics uncertainties on calculated constituents in a tropospheric photochemical model[J]. Journal of Geophysical Research: Atmospheres, 1991, 96 (D7): 13089-13108.

[88] Gao D, Stockwell W R, Milford J B. Global uncertainty analysis of a regional-scale gas-phase chemical mechanism[J]. Journal of Geophysical Research: Atmospheres, 1996, 101 (D4): 9107-9119.

[89] Chen L, Rabitz H, Considine D B, et al. Chemical reaction rate sensitivity and uncertainty in a two-dimensional middle atmospheric ozone model[J]. Journal of Geophysical Research: Atmospheres, 1997, 102 (D13): 16201-16214.

[90] Wotawa G, Stohl A, Kromp-Kolb H. Estimating the uncertainty of a Lagrangian photochemical air quality simulation model caused by inexact meteorological input data[J]. Reliability Engineering & System Safety, 1997, 57 (1): 31-40.

[91] Isukapalli S, Roy A, Georgopoulos P. Stochastic response surface methods (SRSMs) for uncertainty propagation: Application to environmental and biological systems[J]. Risk Analysis, 1998, 18 (3): 351-363.

[92] Considine D, Stolarski R, Hollandsworth S, et al. A Monte Carlo uncertainty analysis of ozone trend predictions in a two-dimensional model[J]. Journal of Geophysical Research: Atmospheres, 1999, 104 (D1): 1749-1765.

[93] Bergin M S, Noblet G S, Petrini K, et al. Formal uncertainty analysis of a Lagrangian photochemical air pollution model[J]. Environmental Science & Technology, 1999, 33 (7): 1116-1126.

[94] Isukapalli S, Roy A, Georgopoulos P. Efficient sensitivity/uncertainty analysis using the combined stochastic response surface method and automated differentiation: Application to environmental and biological systems[J]. Risk Analysis, 2000, 20 (5): 591-602.

[95] Dabberdt W F, Miller E. Uncertainty, ensembles and air quality dispersion modeling: Applications and challenges[J]. Atmospheric Environment, 2000, 34 (27): 4667-4673.

[96] Moore G E, Londergan R J. Sampled Monte Carlo uncertainty analysis for photochemical grid models[J]. Atmospheric Environment, 2001, 35 (28): 4863-4876.

[97] Hanna S R, Lu Z, Frey H C, et al. Uncertainties in predicted ozone concentrations due to input uncertainties for the UAM-V photochemical grid model applied to the July 1995 OTAG domain[J]. Atmospheric Environment, 2001, 35 (5): 891-903.

[98] Yegnan A, Williamson D, Graettinger A. Uncertainty analysis in air dispersion modeling[J]. Environmental Modelling & Software, 2002, 17 (7): 639-649.

[99] Sax T, Isakov V. A case study for assessing uncertainty in local-scale regulatory air quality modeling applications[J]. Atmospheric Environment, 2003, 37 (25): 3481-3489.

[100] Austin J, Shindell D, Beagley S R, et al. Uncertainties and assessments of chemistry-climate models of the stratosphere[J]. Atmospheric Chemistry and Physics, 2003, 3 (1): 1-27.

[101] Manomaiphiboon K，Russell A G. Effects of uncertainties in parameters of a Lagrangian particle model on mean ground-level concentrations under stable conditions[J]. Atmospheric Environment，2004，38（33）：5529-5543.

[102] Lucas D，Prinn R. Parametric sensitivity and uncertainty analysis of dimethylsulfide oxidation in the clear-sky remote marine boundary layer[J]. Atmospheric Chemistry and Physics，2005，5（6）：1505-1525.

[103] Mallet V，Sportisse B. Uncertainty in a chemistry-transport model due to physical parameterizations and numerical approximations：An ensemble approach applied to ozone modeling[J]. Journal of Geophysical Research，2006（111）：1-15.

[104] Zhang F Q，Bei N F，Nielsen-Gammon J W，et al. Impacts of meteorological uncertainties on ozone pollution predictability estimated through meteorological and photochemical ensemble forecasts[J]. Journal of Geophysical Research，2007（112）：1-14.

[105] Pinder R W，Gilliam R C，Appel K W，et al. Efficient probabilistic estimates of surface ozone concentration using an ensemble of model configurations and direct sensitivity calculations[J]. Environmental Science & Technology，2009，43（7）：2388-2393.

[106] Cheng H Y，Sandu A. Efficient uncertainty quantification with the polynomial chaos method for stiff systems[J]. Mathematics and Computers in Simulation，2009，79（11）：3278-3295.

[107] 蒙特卡罗不确定性分析在 O_3 模拟中的初步应用[J]. 气候与环境研究，2010，15（5）：541-550.

[108] Tost H，Lawrence M G，Brühl C，et al. Uncertainties in atmospheric chemistry modelling due to convection parameterisations and subsequent scavenging[J]. Atmospheric Chemistry and Physics，2010，10（4）：1931-1951.

[109] Digar A，Cohan D S. Efficient characterization of pollutant-emission response under parametric uncertainty[J]. Environmental Science & Technology，2010，44（17）：6724-6730.

[110] Bei N，Lei W，Zavala M，et al. Ozone predictabilities due to meteorological uncertainties in the Mexico City basin using ensemble forecasts[J]. Atmospheric Chemistry and Physics，2010，10（13）：6295-6309.

[111] Tang W，Cohan D S，Morris G A，et al. Influence of vertical mixing uncertainties on ozone simulation in CMAQ[J].Atmospheric Environment，2011，45（17）：2898-2909.

[112] Napelenok S L，Foley K M，Kang D，et al. Dynamic evaluation of regional air quality model's response to emission reductions in the presence of uncertain emission inventories[J]. Atmospheric Environment，2011，45（24）：4091-4098.

[113] Bei N，Li G，Molina L. Uncertainties in SOA simulations due to meteorological uncertainties in Mexico City during MILAGRO-2006 field campaign[J]. Atmospheric Chemistry and Physics，2012，12（23）：11295-11308.

[114] Williams J，van Velthoven P，Brenninkmeijer C. Quantifying the uncertainty in simulating global tropospheric composition due to the variability in global emission estimates of Biogenic Volatile Organic Compounds[J]. Atmospheric Chemistry and Physics，2013，13（5）：2857-2891.

[115] Angevine W M，Brioude J，Mckeen S，et al. Uncertainty in Lagrangian pollutant transport simulations due to meteorological uncertainty from a mesoscale WRF ensemble[J]. Geoscientific Model Development，2014，7（6）：2817-2829.

[116] Holnicki P，Nahorski Z. Emission data uncertainty in urban air quality modeling—case study[J]. Environmental Modeling & Assessment，2015，20（6）：583-597.

[117] Pan S，Choi Y，Roy A，et al. Modeling the uncertainty of several VOC and its impact on simulated VOC and ozone in Houston，Texas[J]. Atmospheric Environment，2015（120）：404-416.

[118] Zhang W X，Trail M A，Hu Y T，et al. Use of high-order sensitivity analysis and reduced-form modeling to quantify uncertainty in particulate matter simulations in the presence of uncertain emissions rates：A case study in

Houston[J]. Atmospheric Environment, 2015（122）: 103-113.

[119] Thackray C P, Friedman C L, Zhang Y, et al. Quantitative assessment of parametric uncertainty in Northern Hemisphere PAH concentrations[J]. Environmental Science & Technology, 2015, 49（15）: 9185-9193.

[120] Pineda Rojas A L, Venegas L E, Mazzeo N A. Uncertainty of modelled urban peak O_3 concentrations and its sensitivity to input data perturbations based on the Monte Carlo analysis[J]. Atmospheric Environment, 2016, 141: 422-429.

[121] Solazzo E, Bianconi R, Hogrefe C, et al. Evaluation and error apportionment of an ensemble of atmospheric chemistry transport modeling systems: multivariable temporal and spatial breakdown[J]. Atmospheric Chemistry and physics, 2017, 17（4）: 3001-3054.

[122] Ridley D, Cain M, Methven J, et al. Sensitivity of tropospheric ozone to chemical kinetic uncertainties in air masses influenced by anthropogenic and biomass burning emissions[J]. Geophysical Research Letters, 2017, 44（14）: 7472-7481.

[123] Aleksankina K, Reis S, Vieno M, et al. Advanced methods for uncertainty assessment and global sensitivity analysis of an Eulerian atmospheric chemistry transport model[J]. Atmospheric Chemistry and Physics, 2019, 19（5）: 2881-2898.

[124] Huang Z J, Zheng J Y, Ou J M, et al. A feasible methodological framework for uncertainty analysis and diagnosis of atmospheric chemical transport models[J]. Environmental Science & Technology, 2019, 53（6）: 3110-3118.

[125] Thomas A, Huff A K, Hu X M, et al. Quantifying uncertainties of ground-level ozone within WRF-Chem simulations in the mid-Atlantic region of the United States as a response to variability[J]. Journal of Advances in Modeling Earth Systems, 2019, 11（4）: 1100-1116.

[126] Kitayama K, Morino Y, Yamaji K, et al. Uncertainties in O_3 concentrations simulated by CMAQ over Japan using four chemical mechanisms[J]. Atmospheric Environment, 2019（198）: 448-462.

第 2 章　不确定性分析的相关概念与方法

不确定性分析是一门需要较强统计学基础的学科，涉及概率、随机过程、贝叶斯分析、抽样、非参数估算等方法和技术。为了方便读者理解本书后续章节提到的相关概念和不确定性分析方法，在正式介绍排放源清单和大气化学传输模型不确定性分析方法之前，本章重点对不确定性分析过程中涉及的相关概念和方法进行简要介绍。根据一般不确定性分析的流程框架，本章主要介绍不确定性的来源、不确定性的描述与量化、不确定性传递和重要不确定性源度量等的相关概念和方法。其中，不确定性的来源重点介绍输入参数不确定性和结构不确定性的定义和特征，不确定性的描述与量化主要介绍常见的描述方法（概率密度函数、累积分布函数、分位数和矩等）、概率分布模型（正态分布、对数正态分布、贝塔分布、伽马分布、韦布尔分布、均匀分布等）、参数估计方法（矩估计法和极大似然估计法）和分布拟合优度检验；不确定性传递方法主要介绍蒙特卡罗方法、拉丁超立方抽样、响应曲面法和泰勒级数展开分析法等；重要不确定性源（或关键不确定性来源）度量方法主要介绍相关系数法、线性回归分析方法和方差分析法。另外，对于本书涉及但未在绪论部分中提及的其他概念，本章也做简要介绍。本章涉及的相关概念和方法介绍只是一个简单介绍，其相关方法的详细过程和公式建议参考专业著作或教科书[1-8]。

2.1　不确定性来源的分类

在模型运行或者测试中，导致模型模拟结果或者测试结果不确定性的原因称为不确定性来源（source of uncertainty）。在具体的研究中，国外学者提了多种不确定性来源的分类方法。有根据不确定性来源在模型中的位置，将不确定性的来源分为模型结构不确定性、输入数据不确定性和模型参数不确定性[9-11]；有根据不确定性能否改进，将不确定性的来源分为可降低的不确定性（reducible uncertainty）与不可降低的不确定性（irreducible）[12]，或者分为随机不确定性（aleatory uncertainty）和认知不确定性（epistemic uncertainty）[13]。其中，随机不确定性也被称为内在不确定性、偶然不确定性和不可降低不确定性，是由真实系统中的自然变化和随机性引起，这种不确定性能够被量化，但无法被消除。例如，抛掷一颗骰子1000 次，就可以观察到随机不确定性，增加实验的数量并不能消除随机不确定性，但能更加准确地量化随机不确定性。认知不确定性是人类对真实系统或者现实现象认知不足而导致的不确定性，但随着知识的增加，认知不确定性会逐渐降低，因此也被称为可降低的不确定性。为了简化分类，同时方便不确定性量化与分析，本书将不确定性来源总结为输入参数不确定性和结构不确定性两大类，但需要说明的是，不同模型具体的不确定性来源有所差异，实际不确定性分类也有所不同。

1. 输入参数不确定性

输入参数不确定性（parametric uncertainty）在部分研究中又被称为模型输入不确定性，是指一切输入到模型中参数的不确定性，如有输入到大气化学传输模型中的气象场、边界场和初始场数据，也有输入到简单模型中的人口密度、经济水平、活动水平等参数。这些输入参数的精准值未知，只能通过统计方法或者测试等手段推断其大小，但通常由于测量误差、抽样误差或者使用替代数据等因素，导致对这些参数的推断存在不确定性[14]。输入参数的不确定性可以通过改进测量技术或者数据获取方法进行降低，但是无法完全消除。有部分学者建议将输入参数不确定性区分为数据不确定性和模型参数不确定性，其中数据不确定性仅仅指代输入到模型中的数据由于测量误差、估计误差和固有的差异性而引起的不确定性，而模型参数不确定性指建模过程中由于数据缺陷或者认知不足导致的模型参数化方案的不确定性[15]。然而对于一些复杂的模型，数据和参数本身就非常难以区分。例如，气象场是驱动大气化学传输模型的关键输入数据，同时也是非均相模块参数化方案中的重要参数。

2. 结构不确定性

结构不确定性（structural uncertainty）指的是由于建模过程的简化处理、对建模对象缺乏认识和建模数据的缺陷等导致的不确定性，部分学者也称之为模型不确定性（model uncertainty）。由于人类认知的局限性与差异性，不同研究人员对同一个真实系统或者过程通常会有不同的理解和建模方式，因此建立的模型也千差万别。另外，真实系统往往非常复杂，影响因素众多且有着千丝万缕的联系，但在建模的过程中会对考虑的影响因素和过程做一定程度的简化处理，进而引入不确定性。即使在计算资源允许的情况下建立了一个对真实系统的高度近似模型，也有可能因为人们的认知局限性而不能全面描述。

本节主要总结了一般不确定性的可能来源，但在实际的应用过程中，针对不同的分析对象，不确定性来源的分类可能不仅仅只是输入参数不确定性和结构不确定性两类。例如，对于排放源清单，国外学者还提出了概念化不确定性以描述排放源清单在研究范围和定义确定过程中可能由于遗漏部分排放源或者排放过程等引起的不确定性；对于大气化学传输模型，有部分学者在参数和模型不确定性的基础上，提出了计算不确定性。另外，引起输入参数不确定性的因素有很多，如测量的随机误差、变化性、随机性、测量仪器与估算模型的系统误差、研究人员的主观判断、描述语言的不精准等。但具体到某一个研究对象，引起输入参数不确定性的因素也有不同，不能一概而论，需要具体问题具体分析。对排放源清单和大气化学输入模型不确定性的分类和来源，详见本书第 3、7 章的内容。

2.2　不确定性的描述与量化

常见的不确定性描述与量化方法或者指标有等级评分（如 A，B，C，D，…）、不确定性评分（通常是 1～100）、分位数、矩、概率分布、概率函数、概率分布函数和概率密度函数等。在这些方法中，概率分布函数是定量描述模型输入参数不确定性和模型输出不确定性的优选方法，也是本书排放源清单和大气化学传输模型定量不确定性分析常用的描述量化方法。因此，本节重点介绍如何利用概率分布函数描述量化模型输入和输出不确定性，主要步骤基本包括：①根据变量的物理意义和特点，选择一个或多个候选的概率分布模型描述模型输入或者输出的不确定性；②对于选中的参数概率分布模型，采用合理的方法对概率分布模型的参数进行估计；③开展拟合分布模型的优度检验，以最终确定可代表模型输入或者描述输出的最合理的分布模型，量化描述一个变量的不确定性。

2.2.1　不确定性的描述

模型输入或者输出的不确定性可视为在一定概率分布中随机取值的变量，可分为离散型随机变量和连续型随机变量。如果随机变量的值都可以逐个列举出来，则为离散型随机变量；如果随机变量的取值无法逐个列举，则为连续型随机变量。例如，机动车国家排放标准等级可以逐个列出，属于离散型变量，而机动车的排放因子取值是一个范围，无法一一列出，属于连续型变量。无论是连续型随机变量，还是离散型随机变量，不确定性分析关注的都是该变量各种取值的概率[1]大小。离散型随机变量取某个值 x 的概率 $P(x)$ 是个确定的值，虽然很多时候并不清楚这个值是多少。然而对于连续型随机变量，"取某个具体值的概率"这种表达方式是没有意义的，因为连续型随机变量在一定范围内可取的值是无穷多个。对于连续型随机变量，有意义的表达方式是取值落在某个区间内的概率是多少。因此，离散型随机变量和连续型随机变量的不确定性描述方法在数学上是有些差异的。离散型随机变量通常用离散型随机变量的概率分布、概率函数和概率分布函数描述，而连续型随机变量的不确定性通常用概率密度函数、概率分布函数、分位数和矩描述。此外，当随机变量的取值概率无法确定时，一些文献也有用等级得分或者不确定性得分大致评估随机变量的不确定性程度。以下对这些描述方法进行简单介绍。

（1）概率分布：用表格给出所有取值及其对应的概率，只对离散型随机变量有意义。

（2）概率函数：用函数形式给出每个取值发生的概率，$P(X)(X=x_1,x_2,x_3,\cdots)$，只对离散型随机变量有意义，实际上是对概率分布的数学描述。概率函数一次只能表示一个取值的概率。

（3）累积分布函数（cumulative distribution function，CDF）：又称概率分布函数，是描述离散型或连续型随机变量 X 小于或等于实数 x 的概率，即 $F(x)=P(X\leqslant x),-\infty<x<\infty$。概率分布函数主要用于研究某个区间内取值的概率情况，一般用大写 CDF 标记，同一个随机变量 X 的 CDF 可由它的概率密度函数积分得到。概率分布函数能够直观体现随机变量在一定区间内的概率大小。在某区间$[A,B]$内，$F(x)$越倾斜，表示 x 落在该区间内的概率 P 越大。例如，图 2.1 标准正态分布的概率分布函数中，位于$[-1,1]$的概率最大。

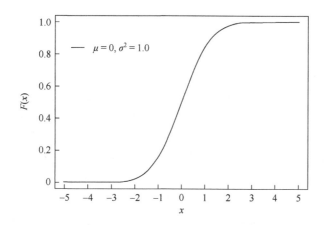

图 2.1　标准正态分布的概率分布函数图

（4）概率密度函数（probability density function，PDF）：是描述连续型随机变量在某个确定取值点附近的可能性函数，一般用 PDF 标记。概率密度函数的值不是概率，而是概率的变化率，概率密度函数下面的面积才是随机变量的取值落在某个区域之内的概率，即概率密度函数在这个区域上的积分（如图 2.2 零点 68% 置信区间取值的概率）。相比概率分布函数，概率密度函数在描述不确定性时相对更加直观，能够直接判断出不确定性分布的形状及取值区间[2,16]。

（5）分位数：也称为分位点，一个概率分布中的 p 分位数 X_p，即随机变量的真实值小于这个值的概率是 p。常见的分位数有中位数、四分位数（$X_{0.25},X_{0.75}$）和 95%的置信区间（$X_{0.025},X_{0.975}$）。这种方法能够简单快速描述随机变量的不确定性大小及取值范围，但难以描述变量的分布类型。分位数在测量实验报告结果中经常见到，如 95% 的置信区间和 68% 的置信区间。

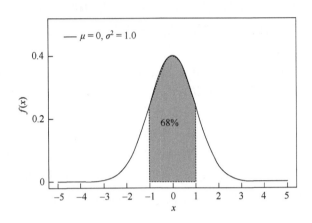

图 2.2   标准正态分布的概率密度函数图

（6）矩：是指随机变量幂函数的期望。部分研究中也用矩描述不确定性特征，最常用的是一阶矩和二阶中心矩，即分布的均值和方差 σ^2。另外，变化系数（原始数据标准差与原始数据平均值的比）也常用来描述不确定性的分散程度，定义为标准差与均值的比值。与分位数类似，矩能直接体现变量的离散程度，但难以描述变量的分布类型。

（7）等级得分/不确定性得分：是根据数据的来源途径、样本量大小、数据缺失情况等因素，基于专家判断的方式评估随机变量的不确定性程度，通常采用"高、中、低"、"A，B，C，D，…"或者"0～20，20～40，40～60，60～80，80～100"等多种得分体系进行定性或者定量评估，主要应用在一些定性或者半定量的不确定性分析中。

概率分布函数是定量描述模型输入参数不确定性的优选方法，但并非所有的输入参数不确定性都可以采用概率分布函数进行描述。实际上，有学者认为经验参数是唯一适宜用概率分布函数表示不确定性的输入参数，因为经验参数是唯一同时具备不确定性和真值的输入参数[17]。例如，某个污染源的排放因子和某个地区的污染物排放强度，其真值是存在的。但对于定义的常量、决策变量、标准和模型范围等参数，其值基本是确定的或者其不确定性无法通过概率分布模型进行描述。例如，元素中的原子数、每个月中的天数等数量定义是确定的，不存在不确定性。决策变量是决策者可以直接控制的变量，其值的确定依赖于决策者，不存在真值，量化其不确定性是没有意义的。相类似的还有决策者制定的标准，如果作为模型输入参数，分析其不确定性是没有任何意义的。模型范围参数包括模型时空分辨率和模拟域参数，是描述模型的具体空间和精细程度，旨在限制模型模拟的复杂性和精确度，不存在真值。

相比输入参数的不确定性，结构不确定性更是无法用概率分布模型进行描述。一方面，模型结构的不确定性大部分与认知有关，反映模型开发人员对真实系统的了解和解读存在差异，这取决于个人主观和对研究对象的认识程度，其不确定性难以量化；另一方面，量化离散型不确定性的前提是必须获取变量的可能取值及每个取值的概率，但对于模型结构，由于无法预测研究人员对真实系统的认知和模型构建过程，可能的取值基本无法准确获取。另外，也很难给每个模型指定一个概率，每个参数化方案的适应范围是固定的，在某种特定情况下，能够判断出一个模型比另外一个模型好，但很难量化这个模型[17]更优的概率是多少。

目前大部分研究仅关注输入参数的不确定性，对结构不确定性的关注较少，但这并非意味着模型结构的不确定性不重要。模型结构的不确定性对模拟结果的影响很大。当前量化模型结构不确定性的较好方法是收集描述同一个真实系统或者现实现象的多个参数化方案，将每个参数化方案看作一个特例，进而通过对比分析所有参数化方案的模拟结果，以大致量化模型结构的不确定性。

2.2.2　常见的概率分布模型

概率分布模型常用于描述模型输入或者输出的不确定性。概率分布模型可以是无参数的经验（empirical）分布，也可以是参数形式的概率分布模型，还可以是两者的结合。使用参数概率分布模型描述输入或者输出变量变化特征，就是用简洁的数学表达式描述一个模型变量输入或者输出的不确定性。例如，只要知道正态分布的平均值和标准偏差，其分布的特征就可以被确定下来。相对于经验分布，参数概率分布模型的另一个优点是它能够利用拟合的模型预测该分布的尾部（tail）变化特征。但这并不意味着参数概率分布模型就是最佳方法，特别是在量化模型输入不确定性时，如果观测数据较少，常用的参数概率分布模型都不能很好描述观测数据的统计特征时，使用经验分布模型能更好地描述变量的统计特征[18]。适用于连续型随机变量的常见参数形式的概率分布模型有正态（normal）分布、对数正态（lognormal）分布、贝塔（beta）分布、伽马（gamma）分布、韦布尔（Weibull）分布、均匀（uniform）分布、对称三角（symmetric triangle）分布、卡方（χ^2）分布、t 分布和 F 分布等[19]。其中，卡方（χ^2）分布、t 分布和 F 分布主要用于描述样本统计量的概率分布。适用于离散型随机变量的常见概率分布模型有伯努利（Bernoulli）分布、二项（binomial）分布、泊松（Poisson）分布和几何（geometric）分布等。选择合适的概率分布模型描述模型输入或者输出的不确定性，需要考虑观测样本的经验分布或频率分布形状，同时综合考虑输入和输出的物理特性和取值范围。例如，人均收入受人为因素影响呈现出明显的贫富差距，使用对数正态分布模型描述；产品寿命服从韦布尔分布或者指数分布；多数测量数据受随机误差影响趋向于正态分布等。以下对不确定性分析中经常使用的概率分布模型进行简单介绍（见表2.1）。

表 2.1　不确定性分析常用的概率分布模型及相应的概率密度函数[20]

分布名称	概率密度函数定义式	参数
正态分布	$f(x)=\dfrac{1}{\sqrt{2\pi\sigma^2}}\mathrm{e}^{\frac{-(x-\mu)^2}{2\sigma^2}}$	μ——x 的平均值 σ——x 的标准差
对数正态分布	$f(x)=\dfrac{1}{x\sqrt{2\pi\sigma_{\ln x}^2}}\mathrm{e}^{\frac{-(\ln x-\mu_{\ln x})^2}{2\sigma^2}}$　$(0<x<\infty)$	$\mu_{\ln x}$——$\ln x$ 的平均值 $\sigma_{\ln x}$——$\ln x$ 的标准差
贝塔分布	$f(x)=\dfrac{x^{\alpha-1}(1-x)^{\beta-1}}{B(\alpha,\beta)}$　$(0\leqslant x\leqslant 1)$	α——形状参数 β——尺度参数 $B(\alpha,\beta)$——贝塔函数
伽马分布	$f(x)=\dfrac{\beta^{-\alpha}x^{\beta-1}\mathrm{e}^{-x/\beta}}{\Gamma(\alpha)}$　$(0\leqslant x\leqslant\infty)$	α——形状参数 β——尺度参数 $\Gamma(\alpha,\beta)$——伽马函数
韦布尔分布	$f(x)=\dfrac{c}{k}(x/k)^{c-1}\mathrm{e}^{-(x/k)^c}$　$(0\leqslant x<\infty)$	k——尺度参数 c——形状参数
均匀分布	$f(x)=\dfrac{1}{b-a}$　$(a\leqslant x\leqslant b)$	a——最小可能值 b——最大可能值
对称三角分布	$f(x)=\dfrac{b-|x-a|}{b^2}$　$(a-b\leqslant x\leqslant a+b)$	a——均值 b——均值与最大和最小边界值间距离
卡方 (χ^2) 分布	$f(x)=\begin{cases}\dfrac{x^{\frac{n}{2}-1}\mathrm{e}^{-\frac{x}{2}}}{2^{\frac{n}{2}}\Gamma\left(\frac{n}{2}\right)}, & x>0 \\[2mm] 0, & x\leqslant 0\end{cases}$	n——样本数量 Γ——伽马函数
t 分布	$f(x)=\dfrac{\Gamma\left[\frac{(n+1)}{2}\right]}{\sqrt{\pi n}\,\Gamma\left(\frac{n}{2}\right)}\left(1+\dfrac{x^2}{n}\right)^{-\frac{n+1}{2}}$　$(-\infty<x<\infty)$	n——样本数量 Γ——伽马函数
F 分布	$f(x,n_1,n_2)=\begin{cases}\dfrac{\left(\frac{n_1}{n_2}\right)^{\frac{n_1}{2}}}{B\left(\frac{n_1}{2},\frac{n_2}{2}\right)}x^{\frac{n_1}{2}-1}\left(1+\dfrac{n_1}{n_2}x\right)^{-\frac{n_1+n_2}{2}}, & x>0 \\[2mm] 0, & x\leqslant 0\end{cases}$	n_1, n_2——自由度
经验分布	无参数分布类型	经验分布

1. 正态分布

正态分布又名高斯分布。自然界中的众多事件符合正态分布，同时正态分布是中心极限定理的理论基础，因此正态分布是所有概率问题和不确定性分析中最常见的分布。正态分布概率密度函数的参数 μ 表示总体的平均值，决定了分布位置；σ 表示总体的标准差，决定了分布的幅度。当 $\mu=0$，$\sigma^2=1$ 时，为标准正态分布。如果变量服从正态分布，根据经验法则大约有 68% 的数据分布在均值的第一个标准差范围之内，95% 分布在均值的两个标准差范围之内，99.7% 分布在均值的三个标准差范围之内。在严格意义上，正态分布不适用于描述非负变量，除非变量的变异系数足够小，正态分布才可用于描述非负变量。正态分布的概率密度函数图和累积分布函数图如图 2.3 所示。

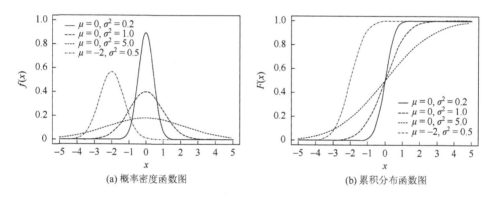

(a) 概率密度函数图　　　　　　　　　　　(b) 累积分布函数图

图 2.3　正态分布的概率密度函数图和累积分布函数图

2. 对数正态分布

对数正态分布是对数为正态分布的任意随机变量的概率分布。如果 Y 是正态分布的随机变量，则 $\exp(Y)$ 是对数正态分布。在现实生活中，有些随机变量并不服从正态分布，但是将其取对数后便会服从正态分布。对数正态分布具有非负性质，适用于描述具有非负性质的变量，如浓度变量等，因此在排放源清单和大气化学传输模型不确定性量化中经常使用。由于通过对数变换可将较大的数缩小为较小的数，这一特性可使较为分散的数据通过对数变换集中起来，因此常把跨 n 个量级的数据用对数正态分布去拟合。对数正态分布概率密度函数图和累积分布函数图如图 2.4 所示。

3. 伽马分布

伽马分布为两参数连续型概率分布，其概率密度函数定义如表 2.1 中所示，

其中 α 表示形状参数，β 表示尺度参数。从图 2.5 可以看出，不同参数之间的伽马分布概率密度曲线差异明显。伽马分布是一种较为灵活的分布模型，与对数正态分布类似，伽马分布也具有非负性，其随机变量的特点是只取非负值，适用于不确定分析中的非负性质的变量描述。

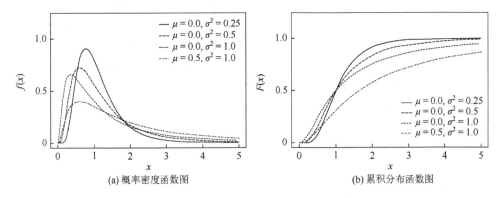

(a) 概率密度函数图   (b) 累积分布函数图

图 2.4   对数正态分布的概率密度函数图和累积分布函数图

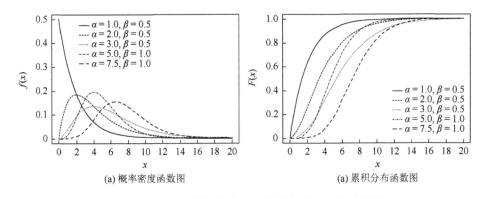

(a) 概率密度函数图   (a) 累积分布函数图

图 2.5   伽马分布的概率密度函数图和累积分布函数图

4. 韦布尔分布

韦布尔分布的概率密度函数定义如表 2.1 所示，其中 k 表示尺度参数，c 表示形状参数，其概率密度曲线如图 2.6 所示。当 c 越小时，其概率密度曲线越尖锐。该分布类型可用于描述非负数的概率分布范围，在对数正态分布不适用的情况下，韦布尔分布可以代替对数正态分布。韦布尔也可被假设成是负倾斜的、对称的或正倾斜等形状。当韦布尔分布是正倾斜的时候，韦布尔分布的形状与伽马分布类似。当形状参数等于 1 时，韦布尔分布与指数分布一致。

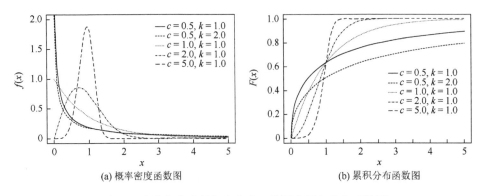

(a) 概率密度函数图　　　　　　　　(b) 累积分布函数图

图 2.6　韦布尔分布的概率密度函数图和累积分布函数图

5. 贝塔分布

贝塔分布有三种形式：双参数贝塔分布、三参数贝塔分布和四参数贝塔分布。双参数的贝塔分布（边界为 0 和 1）常用于描述比率或在一定区间范围（0~1）变化的变量，其概率密度函数定义如表 2.1 所示，其中 α，β 分别表示形状参数和尺度参数，它们取不同的值，其概率密度函数的图像会有较大的区别，如图 2.7 所示，α，β 分别决定峰部的锐度和尾部的粗度。因为服从贝塔分布的随机变量仅在区间 $[0,1]$ 取值，所以不合格率、去除效率、射击命中率等各种比率的不确定性常采用贝塔分布描述。

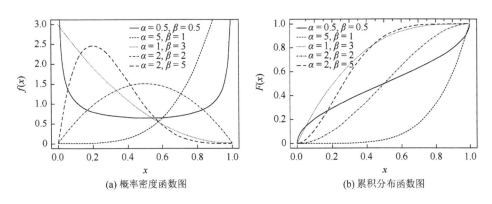

(a) 概率密度函数图　　　　　　　　(b) 累积分布函数图

图 2.7　贝塔分布的概率密度函数图和累积分布函数图

6. 均匀分布

在不确定性分析的实际应用中，当能够确定变量的范围，但又不清楚范围内哪一个值发生的可能性更大时，通过可以使用均匀分布。均匀分布概率密度函数的参数为分布的两个端点，即 a 和 b，分别代表最小和最大可能值，其假设变量在范围[min，max]内是均匀变化的。在均匀分布中，随机变量 x 在区间[min，max]中任意一个区间的概率只与区间长度有关，而与位置（具体的起止数值）无关，这反映了某种"等可能性"，即 x 在区间[min，max]上"等可能取值"。均匀分布在蒙特卡罗方法中占有重要地位，常用于专家判断的引出。均匀分布的概率密度函数图和累积分布函数图如图 2.8 所示。

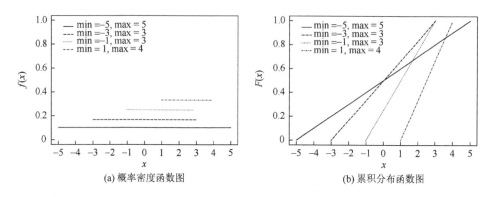

图 2.8　均匀分布的概率密度函数图和累积分布函数图

7. 对称三角分布

对于某些模型输入参数，中间部分值的出现率要高于两端极处值的出现率。在这种情况下，三角分布提供了一种表示不确定性的便利方法，当不确定性很大且不对称的时候，三角分布都可以通过修正产生对称三角分布。对称三角分布的参数是 a 和 b，其中 a 是均值，b 是均值与最大和最小边界值间距离，定义如表 2.1 所示，也常用于专家判断的引出。

8. 卡方（χ^2）分布

χ^2 分布是一种正偏态分布。如果一个数据集（包含 n 个数据）服从正态分布，那么这个数据集里每个数据的平方服从自由度为 n 的 χ^2 分布。其概率密度函数定义如表 2.1 所示，其中 n 代表样本数量，决定了分布的概率密度曲线的形状和位置。自由度越小，偏斜度越大，随着自由度的增大，它逐渐接近正态分布；当自由度趋于无限大时，它与正态分布相同。卡方分布在独立性统计检验和拟合优度检验中有重要的应用，其中前者是检验样本中两个类别之间是否相互独立（independence），后者是检验样本中各个类别的观察值与期望值是否有显著的不同。卡方分布的概率密度函数图和累积分布函数图如图 2.9 所示。

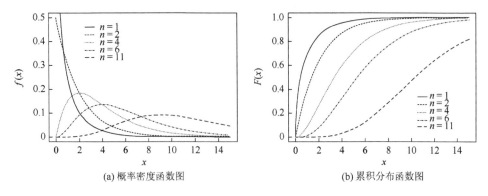

(a) 概率密度函数图　　　　　　　　　(b) 累积分布函数图

图 2.9　卡方分布的概率密度函数图和累积分布函数图

9. t 分布

t 分布又称为学生-t 分布，用于根据小样本来估计呈正态分布且方差未知的总体的均值。t 分布曲线形态与自由度 df 大小有关。与标准正态分布曲线相比，自由度 df 越小，t 分布曲线越平坦，曲线中间越低，曲线双侧尾部翘得越高；自由度 df 越大，t 分布曲线越接近正态分布曲线，当自由度 df = ∞ 时，t 分布曲线为标准正态分布曲线。t 分布在置信区间估计、显著性检验，尤其是小样本的检验问题计算中发挥着重要的作用。t 分布的概率密度函数图和累积分布函数图如图 2.10 所示。

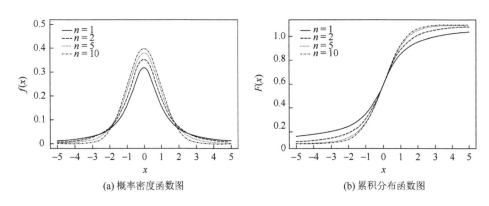

(a) 概率密度函数图　　　　　　　　　(b) 累积分布函数图

图 2.10　t 分布的概率密度函数图和累积分布函数图

10. F 分布

F 分布是两个服从卡方分布的独立随机变量各自除以其自由度后的比值的抽样分布，是一种非对称分布。F 分布作为三大采样分布之一，且是非负的，应用相当广泛。F 分布是方差分析等统计推断方法的基础。F 分布不以正态分布为其极限分布,它总是一个正偏分布。F 分布的概率密度函数图和累积分布函数图如图 2.11 所示。

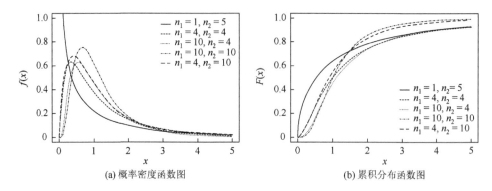

(a) 概率密度函数图　　　　　　　　　(b) 累积分布函数图

图 2.11　F 分布的概率密度函数图和累积分布函数图

11. 经验分布

经验分布是假设样本中的每个样品都具有相等概率($1/n$)的一种分布。经验分布的累积分布函数是一个关于原始数据集阶梯图,因此经验分布的最大值和最小值分别受限于已有观测数据的最大值和最小值,而当组成经验分布的观测数据增加时,最大和最小值也将随之改变。换而言之,因为经验分布的累积分布函数图受样本量 n 大小的影响,且即使样本数 n 相同,样本的数值特征差异也会导致累积分布函数图形状的改变。经验分布的累积分布函数图如图 2.12 所示。

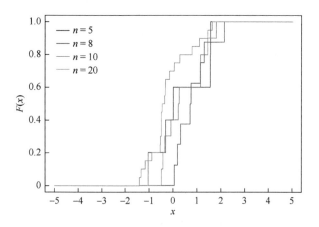

图 2.12　经验分布的累积分布函数图

2.2.3　参数估计方法

如何用一些随机变量的观测样本推断总体的概率分布,是参数估计的一般问题,也是不确定性量化的关键步骤之一。在不确定性分析中,有两种情况需要估计概率分布模型的参数。第一种是利用一些观测数据拟合描述模型输入变量的概率分布特征;第二种是描述模型输出变量的概率分布特征。参数估计是指根据样本推断总体分布模型的未知参数,包含点估计和区间估计两种类型。参数的点估计是找一个合适的统计量,将样本观测值代入该统计量得到的值作为该参数的估计,常用的方法有矩估计法和极大似然法;参数的区间估计则是找两个统计量,以其中一个作为左端点、另一个作为右端点,构成一个可能包含该参数的一个随机区间。不确定性分析中主要涉及点估计,因此本小节简要介绍点估计的两种常见方法:矩估计法和极大似然估计法。关于这两种方法的详细原理和分析过程见相关文献[2-4, 7]。

1. 矩估计法

矩估计法(method of match moment,MoMM)也称矩匹配法,是由英国统计学家皮尔逊(Pearson)在 20 世纪初提出来的一种应用广泛、使用方便、比较直观的经典参数估计方法[7]。矩估计法的理论依据是替换原理,即用样本矩去替换总体矩(这里的矩可以是原点矩,也可以是中心矩),以及用样本矩的函数去替换相应总体矩的函数。例如,可以用样本均值去推断总体均值,也可以用样本方差估计总体方差,以及用事件 A 的频率估计事件 A 的概率。使用矩估计法不需要对总体分布附加太多的条件,即使不知道总体分布究竟是哪一种类型,只要知道未知参数与总体各阶原点矩的关系就能使用矩估计法。矩估计法计算往往很简单,在工程技术上应用相当广泛。例如,对于正态分布、对数正态分布、伽马分布、贝塔分布、均匀分布和对称三角分布参数估值,矩估计法有很方便的估值公式[3, 5, 7, 19]。

但是相对其他估计方法,矩估计法没有充分利用总体分布所提供的信息,如分布类型,矩估计不一定是理想的估计。而且,矩估计法不能完全满足一个可靠估值方法应具备的一致性(consistency)、没有偏差(lack of bias)、有效性(efficiency)、充分性(sufficiency)、可靠性(robustness)和实用性(practicality)标准[21]。

矩估计法的具体步骤为:①求出总体 X 的前 k 阶原点矩,其中 k 为总体分布函数中所含未知参数的个数;②解含有 k 个未知参数的方程组;③由替换原则,用相应的样本矩代替总体矩。具体使用矩估计法的参数估值见相关文献[6, 21]。

2. 极大似然估计法

极大似然估计(maximum likelihood estimate)法是由英国统计学家菲舍尔

（Fisher）提出的一种应用非常广泛的参数估计方法[7]。它具有很多优良的性质，能充分利用总体分布函数的信息，克服了矩估计法的某些不足。极大似然估计法是基于极大似然原理进行的参数估计方法。极大似然估计法原理可直观地理解为：在事件已发生的条件下，它应该发生在概率最大的地方，因而应该寻找使事件概率最大的参数值作为未知参数的估计。例如，一个随机试验如有若干个可能的结果 $A, B, C, \cdots$，若在一次试验中，结果 A 出现了，那么可以认为实验条件对 A 的出现有利，也即出现的概率 $P(A)$ 较大。一般说来，事件 A 发生的概率与某一未知参数 θ 有关，θ 取值不同，则事件 A 发生的概率 $P(A|\theta)$ 也不同；当在一次试验中事件 A 发生了，则认为此时的 θ 值应是 t 的一切可能取值中使 $P(A|\theta)$ 达到最大的那一个，极大似然估计法就是要选取这样的 θ 值作为参数 t 的估计值，使所选取的样本在被选的总体中出现的可能性为最大[19, 22, 23]。

　　极大似然估计是寻找表征某一概率分布模型，使得似然函数乘积的可能性最大，因而极大似然估计法通常可以通过优化算法求解，通过改变参数的估值以改变似然函数的函数值，进而达到极大似然度以获得概率分布模型的参数估值大小。为了求解的方便，通常需要对似然函数进行对数转换，建立以似然函数自然对数和极大为目标函数，以输入参数的变量空间范围为约束条件的优化模型，并利用优化算法求解概率分布模型的参数估值。对于一些参数概率分布模型，如正态分布和对数正态分布，可以通过令似然函数的一阶偏导数等于 0，得到分布参数估值的解析优化解。然而，对于其他分布类型，没有参数估值优化解析解，在这种情况下，极大似然估计法可以应用数值优化的方法求解概率分布模型的参数估值[6, 7, 20, 24]。

　　矩估计法的优点是简单，只需要知道总体的矩，而不需要知道总体的分布形式，而极大似然估计法必须知道总体分布形式，并且在一般情况下，似然方差的求解较为复杂，需要在计算机上通过迭代运算才能计算出近似解[6]。对于大样本数据，极大似然估计法相较于矩估计法而言，具有较高的可靠性和效率。但对于小样本数据，极大似然估计法不会一直产生最小的方差或无偏差的估算值[25]。

2.2.4　分布拟合优度检验

　　参数估计本质上就是利用特定的分布拟合观测变量，进而推断总体分布的过程，在不确定性分析中，即为模型输入或输出不确定性的描述与量化。但在许多实际问题中，对总体分布知之甚少，很难对总体的分布形式做出正确的假设。通常一般做法是根据观测数据的经验分布或频率分布的形状等因素，提出可能适合描述观测数据的分布形式，然后利用参数估计获取概率分布函数的参数，以实现分布拟合。那么，如何确定概率分布模型是否合适、评价分布拟合的优劣？这便是拟合优度检验（goodness-of-fit test）的内容。拟合优度检验是采用假设检验的手段判定拟合的概率分布模型是否能合理描述样本观测数据或代表总体分布特征的重要依据。假设检验是先对检验的对象提出一个假设，然后利用小概率原理和样本信息去检验这个假设是否成立。不确定性分析中常用的分布拟合优度检验方法有皮尔逊 χ^2 检验、Kolmogorov-Smirnov 检验（K-S 检验）和 Anderson-Darling 检验（A-D 检验）等。

皮尔逊 χ^2 检验是皮尔逊 1900 年提出的检验方法，其原理是检查观测数据的频数与期望频数之间的差异显著性。由于皮尔逊 χ^2 检验要求对观测数据进行分类并计算频数，因此特别适用于离散型概率分布的检验。对于连续型概率分布，需要对资料分组而失去一些信息，并不建议使用。皮尔逊 χ^2 检验的优点是可以适用于检验任何分布[26]。

K-S 检验是比较一个频率分布 $f(x)$ 与理论分布 $g(x)$ 或者两个观测值分布的检验方法，适用于各种分布类型和样本数据较小的情形，能更好地检验选用的概率分布模型的中心拟合情况[27]。一般情况下，K-S 值越小，表示选择的概率分布模型越能较好地反映样本数据或总体分布特征。与皮尔逊 χ^2 检验相比，K-S 检验无须将样本分组，少了一个任意性，这是其优点。但缺点是只能用在理论分布为一维连续分布且分布完全已知的情形，适用性比皮尔逊 χ^2 检验小。即使如此，K-S 检验可用的场合下，其功效一般来说略优于皮尔逊 χ^2 检验。

A-D 检验是一个基于经验分布和拟合分布之间垂直距离加权平方的"两步"检验[28]。在 A-D 检验中，累积概率分布曲线尾部比中心的权重高，因而比 K-S 检验更能反映出拟合分布和经验分布在尾部的拟合情况。A-D 检验只适合特定的连续分布，如正态分布、对数正态分布、经验分布和韦布尔分布。A-D 检验是对 K-S 检验的一种修正，相比 K-S 检验加重了对尾部数据的考量。K-S 检验具有分布无关性，它的临界值并不依赖被测的特定分布，而 A-D 检验使用特定分布去计算临界值，因而比 K-S 检验更能反映出拟合分布和经验分布在尾部的拟合情况，这使得 A-D 检验具有更灵敏的优势。一般情况下，A-D 值越小，表示选择的概率分布模型拟合度越好。

此外，统计图形（如累积概率分布图等）可直观地反映选择的概率分布模型与样本数据的拟合情况，也常用于辅助判定和选择拟合的概率分布模型。例如，可通过 Q-Q 图去检验某数据是否服从正态分布。更多关于概率分布模型拟合优度检验可参阅相关文献[27, 28]。

2.3　不确定性的传递方法

不确定性传递（uncertainty propagation）是将模型输入不确定性传递到模型输出，进而量化模型输入不确定性对模型输出的影响，是定量不确定性分析的核心步骤。不同领域经常使用的不确定性分析方法有所差异，如排放源清单不确定性分析中经常使用蒙特卡罗随机模拟和误差传递方法，大气化学传输模型经常使用蒙特卡罗模拟、随机响应曲面模拟、基于敏感性分析的简化模型模拟和高斯过程等方法，水文模型参数不确定性分析中经常使用广义似然不确定性估计法、马尔科夫链蒙特卡罗（Markov chain Monte Carlo，MCMC）模拟方法、多目标方法和贝叶斯网络等[29, 30]。在决策不确定性分析中，也有用到直接分析法、决策树和概率树，在工程结构分析中使用混沌多项式展开和贝叶斯分析方法等。这些不确定性传递方法各有特点，但也有一定的共性。本节重点介绍常见的几类经典不确定性传递方法及其原理，包括蒙特卡罗方法、拉丁超立方抽样、响应曲面法和泰勒级数展开分析法。在实际的排放源清单和大气化学传输模型不确定性分析中，其衍生或改进的传递方法分别在本书第 3 章和第 7 章中详细讨论。后续章节介绍的传统 HDDM-RFM 和逐步 HDDM-RFM 是泰勒级数展开分析法的衍生，SRSM 和 HDDM-SRSM 则是响应曲面法的拓展和改进。

2.3.1　蒙特卡罗方法

蒙特卡罗方法（MCM）是一种随机模拟方法，由美国数学家冯·诺依曼和乌拉姆等于 1946 年提出，是一种基于概率和统计理论的随机模拟方法，其基本原理是事件发生的概率可以通过大量抽样统计估算，样本量越大，估算的概率也就越可靠。在一般的不确定性分析应用中，蒙特卡罗方法根据模型输入参数的概率分布，随机产生一组相互独立的数据作为模型输入，再通过相应的数值模拟，进而得到一组模型输出数据，最后对这组模型输出数据进行提取拟合，最终实现模型输入不确定性到模型输出的传递与量化。由于蒙特卡罗方法利用大量随机抽样模拟事件发生的概率，需要尽可能遍举所有模型输入在相应的概率分布范围内可能的取值，然后运行模型计算每次取值的模拟结果。这就决定了蒙特卡罗方法需要大量的运行模型模拟，尤其在一些模型输入复杂、不确定性来源众多的分析案例中。随机样本量越大，不确定性传递与量化的准确性就越高。一般情况下，当随机样本下模型输出值的平均值小于某种精度时，结束重复计算[31, 32]。

蒙特卡罗方法对模型输入个数没有限制，可以同时分析上百个不确定性来源对模型的影响；同时，方法的应用不受模型结构的影响，计算精度与模型复杂程度无关，只与随机抽样的样本量有关。因此，蒙特卡罗方法应用简单，且具有非常高的灵活性，在不考虑计算资源需求的前提下，几乎适用于任何模型的不确定性分析。

蒙特卡罗方法应用的第一个限制是每个模型输入本身是相互独立且不确定性的分布类型和取值范围已知。通常需要采用其他一些统计方法才能对分布类型和参数做出部分或全部估计。第二个限制是蒙特卡罗方法的准确性完全取决于随机抽样的次数。理论上，为了准确量化不确定性，蒙特卡罗方法至少需要上千次的模拟计算，不确定性传递效率低下。对于气象数值模型和大气化学传输模型等一些复杂的模型，需要的计算资源通常难以接受。因此，蒙特卡罗方法更适合用于一些较为简单的模型不确定性分析研究。

2.3.2　拉丁超立方抽样

拉丁超立方抽样（LHS）是由麦凯（McKay）等于 1979 年提出的，是一种均匀分层的抽样方法[33]。这种方法根据抽样对象的分布函数和定义域范围，采取等概率分层抽样获取随机样本，其过程为：首先确定模拟次数 N，然后根据模拟次数将模型输入的不确定性分布函数等分成若干个互不重叠的子区间，最后在每个子区间内分别进行独立的等概率抽样。根据采样方法的不同，LHS 又可分为随机 LHS 和中点 LHS。其中，中点 LHS 的样本量更为均匀。该方法是选取每个输入变量中的概率区间的中位数作为样本值，抽样将会在这 N 个样本值中随机抽取，如果随机抽取的这个样本值没有重复，则该样本为一种模拟情景，每个输入变量中抽取一个值，就可以产生 N 种模拟情景。在 LHS 中，由于样本广泛分布于输入参数的区间范围内，用这些输入变量所得到的样本量表示的均值、方差等会比不分层的随机抽样结果更准确。使用中点 LHS，样本均值和方差结果将会更准确。如果模型更接近线性，模拟结果将会更快地收敛。

LHS 仍然是基于抽样的不确定性分析方法。但与蒙特卡罗方法相比，LHS 能够通过较少次数的抽样准确地重建模型输入的不确定性分布范围，因此具有较高的不确定性传递效率。同时，分层抽样也能确保抽样样本中包含一定的低概率事件，而这种低概率事件往往决定模型输出的概率密度分布曲线的两端。因此，在一些较为复杂的模型不确定性研究中，LHS 比蒙特卡罗方法更受欢迎[34]。

2.3.3　响应曲面法

响应曲面法（response surface method，RSM）是指通过一系列确定性实验或模型模拟，构建多项式函数描述原始模型响应特征的方法[35,36]。RSM 不仅可以建立连续变量的曲面模型，而且能对多个影响因子及其交互作用进行评价，因此，目前主要应用是在模型响应分析或者试验优化设计等方面。除此之外，RSM 也应用于模型不确定性分析，其原理是利用响应曲面法构建仿真"模型输入-模型输出"响应特征的多项式函数，然后在不确定性分析中代替原始模型进行不确定性传递。

利用 RSM 开展模型不确定性分析有几点限制：第一，RSM 只能构建一个连续变量的曲面模型，因此利用 RSM 方法开展不确定性分析时，只能考虑连续型输入参数不确定性，无法考虑结构不确定性或离散型输入参数不确定性；第二，构建 RSM 多项式函数时，必须覆盖待分析的所有模型输入参数不确定性；第三，RSM 多项式函数实际上只是对原始模型在一定输入范围内的近似，因此在应用 RSM 建立多项式函数时，必须指定每个模型输入不确定性的分布类型和取值范围；第四，RSM 不适合分析输入参数太多的不确定性。RSM 构建多项式函数的复杂性随着考虑的输入参数增加而迅速上升，当模型非常复杂且待分析的输入参数不确定性较多时，利用 RSM 构建近似原始模型的多项式函数时需要开展大量的试验或模型模拟，计算资源剧增。因此，RSM 更适合应用于仅考虑少量不确定性来源的复杂模型不确定性分析研究中。

复杂模型的不确定性来源众多，应用 RSM 开展不确定性分析的一种可行方法是提前利用敏感性分析技术确定对模型模拟有较大影响且不确定性较大的模型输入。为了确定这些重要模型的不确定性来源，最简单的方法是对模型输入进行逐一模拟，即在忽略输入之间的非线性和交互作用的情况下，并且局限于模型设置的局部范围下进行分析。这种方法的效率非常低，至少需要运行与输入变量一样多的模型，才可以对结果有一个初步的判断。

一旦重要模型不确定性来源和不确定性范围确定下来，接下来的问题就是设计模拟案例或试验构建 RSM 多项式函数。对于简单的模型，普遍的方法是采用简单线性和二次回归模型进行近似拟合；对于较为复杂的模型，则需要拟合出更为复杂的多项式函数。二次多项式函数可以拟合部分曲面，提高多项式函数的最高阶数可以拟合更为复杂的模型响应。总体上，多项式函数越复杂、阶数越高，拟合效果也会越好。

构建 RSM 多项式函数的最后一步是对多项式函数的准确性进行评价。一般用于评价拟合优度的统计学指标，如 R^2、最大残差等通常会低估 RSM 多项式函数的误差。目前，应用比较广泛的方法是交叉验证法或外部验证法，即用少量独立的额外模拟与 RSM 多项式函数的预测结果作对比，以评估 RSM 多项式函数的可靠性。

2.3.4　泰勒级数展开分析法

泰勒级数展开分析法是由泰勒（Taylor）提出来的一种递归算法，目的是将模型局部响应展开为泰勒多项式逼近原模型，进而简化模型的一种手段。泰勒级数展开分析法的核心思想是泰勒公式[17, 37]。如果模型在某点的响应足够平滑的话，在已知模型在该点的各阶导数的情况下，便可以利用泰勒级数展开的方式构建一个多项式函数近似描述在这一点附近的模型响应特征。与响应曲面法类似，泰勒级数展开分析法在不确定性分析中也是通过构建一个能够仿真原始模型的多项式函数代替原始模型实现不确定性传递。在模型较为简单的情况下，能够利用泰勒多项式直接计算模型输出的不确定性。

泰勒级数展开式提供了一种简单的表达方式，可以将模型对输入变化的响应（$y-y^0$）用输入变量在初始值的扰动（$x_i-x_i^0$）表达[17]。式（2.1）展示了泰勒级数展开式的前三项：

$$
\begin{aligned}
y - y^0 = &\sum_{i=1}^{n}(x_i - x_i^0)\left[\frac{\partial y}{\partial x_i}\right]_{x_0} \\
&+ \frac{1}{2}\sum_{i=1}^{n}\sum_{j=1}^{n}(x_i - x_i^0)(x_j - x_j^0)\left[\frac{\partial^2 y}{\partial x_i \partial x_j}\right]_{x_0} \\
&+ \frac{1}{3!}\sum_{i=1}^{n}\sum_{j=1}^{n}\sum_{i=1}^{n}\sum_{j=1}^{n}(x_i - x_i^0)(x_j - x_j^0)(x_k - x_k^0)\left[\frac{\partial^3 y}{\partial x_i \partial x_j \partial x_k}\right]_{x_0} + \cdots
\end{aligned}
\tag{2.1}
$$

需要注意的是，所有导数都取初始响应点 X_0 处的估计值。如果模型输入值的扰动比较小，那么它的高阶幂会更小。当原始模型在研究区域内比较光滑时，其高阶导数也会很小。那么在这种情况下，泰勒级数就提供了一种很好的获得近似的方法，因为此时高阶项是可以忽略的。理论上，泰勒级数展开式的最高阶越高，越能准确描述模型在响应点附近的响应特征。泰勒级数、一级展开式只能够准确描述线性模型的响应特征或者非线性模型在很小邻域的响应特征，但如果加上了二阶项甚至是更高阶项，泰勒级数展开式就可以相对准确地描述模型在局部邻域的响应特征。

泰勒级数展开分析法和响应曲面法都是通过构建多项式函数近似原始模型，因此泰勒级数展开分析法在开展模型不确定性分析中的限制与响应曲面方法相同。但这两种方法在求解多项式系数方面，存在很大区别。响应曲面法是采用回归拟合的方式求解多项式，为了提高拟合的可靠性，通常需要通过运行大量模型进行求解；而泰勒级数展开分析法直接是利用敏感性技术或者代数运算直接计算响应点附近的多阶导数，进而确定泰勒级数展开的每一项系数。相比利用统计拟合求解，直接计算获取系数的方式更为高效。此外，泰勒级数展开分析法通过将每个输出变量的方差分解为多个输入变量贡献的方式，为不确定性分析提供了清晰的溯源思路。

当然，泰勒级数展开分析法也有一些不足。首先，随着模型复杂性的增加，代数运算的复杂性也大大增加，尤其是在需要高阶项时；其次，泰勒级数展开分析法通常只得到分布矩（通常是均值和方差），因此比较难以准确地估计输出变量分布的尾部；最后，泰勒级数展开式只是一种局部方法，如果整个模型的曲线不光滑（如响应曲面不连接）、不确定性很大或者是重要的协方差项缺失了，则估计是不准确的。因此，泰勒级数展开分析法更适合一些考虑不确定性来源较少、模型响应较为简单的不确定性研究。

2.4　重要不确定性源度量方法

不确定性源度量方法是利用敏感性的方法，评估输入不确定性对输出不确定性的影响，进而识别模型的关键不确定性来源的方法。该方法可以指导模型改进的方向与重点，降低模型模拟的不确定性和提高清单的质量。本节主要介绍三种常见的重要不确定性源度量方法：相关系数法、线性回归分析方法和方差分析法。有关这些方法的基本理论与具体实现过程可参考相关文献[38-40]。相关系数法和线性回归分析方法通常适用于线性模型。如果模型是非线性的，则可采用方差分析法或其他方法来处理其相互作用或影响。

1. 相关系数法

对于涉及离散化的样本点，相关系数法是识别关键不确定性来源的一种重要和常用的方法，该方法是重要不确定性源度量中最广泛使用的方法。相关系数法用于描述模型输入和输出的样本值之间的线性相关程度。相关系数趋近于 1.0 时，表示变量之间趋近于完全线性正相关；相关系数趋近于 –1.0 时，表示变量之间趋近于完全线性负相关；相关系数为 0 时，表示变量之间无相关关系。常用的相关系数方法包括皮尔逊相关系数（Pearson correlation coefficient）法和等级相关系数（coefficient of rank correlation）法[41]。

$$U_p(x, y) = \frac{\sum_{k=1}^{m}(x_k - \overline{x})(y_k - \overline{y})}{\sqrt{\sum_{k=1}^{m}(x_k - \overline{x})^2 \times \sum_{k=1}^{m}(y_k - \overline{y})^2}} \qquad (2.2)$$

式中，U_p 为模型输入样本不确定性的重要性；x_k 为模型输入样本；$\overline{x}$ 为模型输入 x_k 样本的平均值；y_k 为模型输出样本；$\overline{y}$ 为模型输出样本 y_k 的平均值。U_p 的绝对值越大，表明该模型输入与模型输出之间的相关关系越强，可被认为是模型不确定性的关键来源。相关系数法实际是通过联合概率分布对所有模型输入各自的效应进行平均，因而本质上是对不确定重要性的一个全局度量。

2. 线性回归分析方法

这种分析方法是对不确定性输入和相关的模型输出进行线性回归分析，采用一个最小二乘法回归模型描述模型输出 y 对模型输入 x_j 的响应，公式如下

$$y = b_0 + \sum_{j=1}^{n} b_j x_j \tag{2.3}$$

回归系数 b_j 是模型输出 y 对模型输入 x_j 线性敏感性的度量, b_0 为截距。同样,回归系数的绝对值越大,表明该模型输入的不确定性对模型输出的影响越大。然而,这种方法的缺点是依赖于 y 和 x 的单位或尺度,同时也忽略了模型输入不确定性的大小。在一些情景中,模型输入参数对模型输出有较大的影响,但假如其不确定性较小,最终有可能并非模型不确定性的重要来源。在这种情况下,标准回归系数(SRC)在测量不确定性重要性中更为有用。可以通过把每个回归系数乘以 x 与 y 的标准差之比得到标准化回归系数:

$$U_{\mathrm{SRC}}(x_j, y) = \frac{b_j \times s_j}{s_y} \tag{2.4}$$

相关系数(不管是否存在偏相关)和回归系数都是对输入与输出之间线性关联强度的度量。它们不能准确度量非线性相关变量的不确定性。如果输入与输出的分布远远偏离正态,尤其当它有长的单尾或者双尾时,那么它们就容易因受离散点的影响而变形失真。避免这一问题的一个方法是给每个输入量和输出量的样本值排序,然后进行秩相关检验。不管线性与否,该方法都能很好度量单调关系的强度。

3. 方差分析法

方差分析法也是重要不确定性源度量方法之一,其原理是将模型输出结果的方差用各个输入变量贡献的平方和估计。一般用 $\mathrm{Var}[x_1] = \sigma_1^2$ 表示各个输入变量的方差。例如,基于响应曲面法建立的多项式,可将模型输出结果的方差表达为

$$\mathrm{Var}[y] \approx \left[\frac{\partial y}{\partial x_1}\right]^2_{x^0} \mathrm{Var}[x_1] + \left[\frac{\partial y}{\partial x_2}\right]^2_{x^0} \mathrm{Var}[x_2] + \cdots \tag{2.5}$$

公式(2.5)用方差表示输出结果的总的不确定性,可以明确地分解为各个输入变量贡献的和,其中 $\dfrac{\partial y}{\partial x}$ 表示模型输出 y 对模型输入 x 的求导。

2.5　其他相关概念与术语

不确定性分析中涉及的相关概念与术语还有很多。在有限的篇幅中,本章及绪论只能讨论其中一些非常关键的概念、术语和方法。对于其他前面未提及的概

念和术语,在本节中进行简要的介绍[20]。

总体(population):一个统计问题中所涉及个体的全体。

总体分布(population distribution):当个体理解为定量特性值时,总体的每一个体可看成是某一确定的随机变量的一个观测值,称这个随机变量的分布为总体分布。

样本(sample):按一定程序从总体中抽取的一组(一个或多个)个体(或抽样单元)。样本中每个个体有时也称为样品。

准确度(accuracy):结果与真值或约定真值间的一致程度,或重复测量的观测值或变量估算平均值与真值的一致程度。

精确度(precision):在规定条件下,相互独立的测试结果之间的一致程度。精确度仅依赖于随机误差,与被测量的真值或其他约定值无关。精确度越高,随机误差越少。精确度独立于准确度。

偏差(bias)/系统误差(systematic error):观测结果与真值(或约定真值)之差的组成部分之一。在对同一被测量对象的多次测试中,它保持不变或按某种规律变化。偏差(系统误差)的产生原因可能是测量仪器无法捕捉所有相关过程,或者是可获得的数据无法代表所有真实情况,又或者是仪器误差。

随机误差(random error):观测结果与真值(或约定真值)之差的组成部分之一。在对同一被测量的多次测试中,受随机因素影响而以不可预知的方式变化。

差异性(variability):也称为变异性,是指研究对象在时间、空间或个体之间的差异。例如,不同发电机组,由于不同工艺水平或控制措施的差异,导致污染排放水平不同。由于差异性的存在,有限抽样样本或者观测数据是难以准确推断总体的情况,如均值,因此是导致模型输入不确定性因素之一。

置信区间(confidence interval):某一个特定置信水平下某未知量真值的范围。排放源清单不确定性分析中通常使用 95%置信区间。95%置信区间是指有 95%的概率覆盖该未知量真值。95%的置信区间为累积概率密度函数在第 2.5 个和第 97.5 个分位点之间的范围。

随机变量(random variable):在一定概率范围内按一定的概率分布随机取值的变量。

独立(independence):若两组随机变量有联合概率分布,且任何一组的条件分布都不随另一组的取值而变化,则称它们是独立的,否则它们是相依的。

均值(mean):均值通常是指样本的算术平均值,与期望同义。

中值/中位数(median):随机变量累积概率为 0.50 的随机变量的数值,一般也指第 50 个分位点。

众数(mode):一组数据中出现次数最多的变量值,密度函数或概率密度函数达到极大值的点。概率密度函数的局部最大值可以从概率密度函数分布图直接读出。

原点矩（moment about the origin）：随机变量 X 的 q 阶原点矩（q 是正整数）是指 X 的 q 次幂的期望，即 $E(X^q)$。

中心矩（central moment）：随机变量 X 的 q 阶中心矩（q 是正整数）是指 $E[(X - E(X))^q]$。

偏度（skewness）：随机变量概率分布的偏度是相应标准化随机变量的 3 阶原点矩，它描述了该分布的不对称程度。当偏度为零时，分布为对称；当偏度不为零时，分布为偏斜（为正时，称为右偏；为负时，称为左偏）。

个体（item，individual）：可以单独观测和研究的一个物体、一定量的材料或一个模型输入，也指表示上述物体、材料或模型输入的一个定量或定性的特征值。

参 考 文 献

[1] 陈希孺. 概率论与数理统计[M]. 合肥：中国科学技术大学出版社，1992.

[2] Cullen A C，Frey H C. Probabilistic Techniques in Exposure Assessment：A Handbook for Dealing with Variability and Uncertainty in Models and Inputs[M]. Berlin：Springer Science & Business Media，1999.

[3] 龙永红. 概率论与数理统计[M]. 2 版. 北京：高等教育出版社，2004.

[4] 同济大学概率统计教研组. 概率统计（工程数学）[M]. 上海：同济大学出版社，1994.

[5] 韩明. 概率论与数理统计[M]. 2 版. 上海：同济大学出版社，2010.

[6] 薛毅. 统计建模与 R 软件[M]. 北京：清华大学出版社，2007.

[7] 贾俊平，何晓群，金勇进. 统计学[M]. 7 版. 北京：中国人民大学出版社. 2018.

[8] 门登霍尔，辛西奇. 统计学（原书第 5 版）[M]. 冯梁珍，等译. 北京：机械工业出版社，2009.

[9] Isukapalli S S，Roy A，Georgopoulos P G. Stochastic response surface methods（SRSMs）for uncertainty propagation：Application to environmental and biological systems[J]. Risk Analysis，1998，18（3）：351-363.

[10] Sax T，Isakov V. A case study for assessing uncertainty in local-scale regulatory air quality modeling applications[J]. Atmospheric Environment，2003，37（25）：3481-3489.

[11] Tatang M A，Pan W，Prinn R G，et al. An efficient method for parametric uncertainty analysis of numerical geophysical models[J]. Journal of Geophysical Research：Atmospheres，1997，102（D18）：21925-21932.

[12] Isukapalli S S，Georgopoulos P G. Computational Methods for Efficient Sensitivity and Uncertainty Analysis of Models for Environmental and Biological Systems[R]. Washington，D C：United States Environmental Protection Agency，1999.

[13] Cacuci D G，Ionescu-Bujor M，Navon I M. Sensitivity and Uncertainty Analysis，Volume II：Applications to Large-Scale Systems[M]. Boca Raton：CRC Press，2005.

[14] Krieger R. Hayes' Handbook of Pesticide Toxicology[M]. Salt Lake City：American Academic Press，2010.

[15] Frey H C，Burmaster D E. Methods for characterizing variability and uncertainty：comparison of bootstrap simulation and likelihood-based approaches[J]. Risk Analysis，1999，19（1）：109-130.

[16] Frey H C. Quantitative Analysis of Uncertainty and Variability in Environmental Policy Making[EB/OL]. [2021-12-23]. https://web.iitd.ac.in/~arunku/files/CEL899_Y14/Quantitative%20analysis_FRey.pdf.

[17] 摩根，亨利昂，斯莫. 不确定性[M]. 王红漫，译. 北京：北京大学出版社，2011.

[18] Frey H C, Rhodes D S. Characterization and simulation of uncertain frequency distributions: Effects of distribution choice, variability, uncertainty, and parameter dependence[J]. Human and Ecological Risk Assessment, 1998, 4（2）: 423-468.

[19] Frey H C, Bharvirkar R, Zheng J Y. Quantitative Analysis of Variability and Uncertainty in Emissions Estimation: Final Report [R]. Prepared by North Carolina State University for U.S. Environmental Protection Agency, Research Triangle Park, North Carolina, USA, 1999.

[20] 郑君瑜，王水胜，黄志炯，等. 区域高分辨率大气排放源清单建立的技术方法与应用[M]. 北京：科学出版社，2014.

[21] Morgan M G, Henrion M, Small M. Uncertainty: A Guide to Dealing with Uncertainty in Quantitative Risk and Policy Analysis[M]. Cambridge: Cambridge University Press, 1990.

[22] Frey H C, Zheng J Y. Quantification of variability and uncertainty in air pollutant emission inventories: Method and case study for utility NO_x emissions[J]. Journal of the Air & Waste Management Association, 2002, 52（9）: 1083-1095.

[23] Zhong Z M, Sha Q E, Zheng J Y, et al. Sector-based VOCs emission factors and source profiles for the surface coating industry in the Pearl River Delta region of China[J]. Science of The Total Environment, 2017(583): 19-28.

[24] Cohen J T, Lampson M A, Bowers T S. The use of two-stage Monte Carlo simulation techniques to characterize variability and uncertainty in risk analysis[J]. Human and Ecological Risk Assessment, 1996, 2（4）: 939-971.

[25] Holland D M, Fitz-Simons T. Fitting statistical distributions to air quality data by the maximum likelihood method[J]. Atmospheric Environment, 1982, 16（5）: 1071-1076.

[26] 费鹤良. 分布拟合优度检验方法综述[J]. 上海师范大学学报（自然科学版），1982（2）: 132-145.

[27] Stephens M A. EDF statistics for goodness of fit and some comparisons[J]. Journal of the American Statistical Association, 1974, 69（347）: 730-737.

[28] D'Agostino R B. Tests for the normal distribution[M]// D'Agostino R B, Stephens M A. Goodness-of-Fit Techniques, Boca Raton: Routledge, 1986.

[29] 王文圣，张翔，金菊良，等. 水文学不确定性分析方法[M]. 北京：科学出版社，2011.

[30] 许月萍，田烨，张徐杰，等. 气候变化对水文过程的影响评估及其不确定性[M]. 北京：科学出版社，2015.

[31] North American Research Strategy for Tropospheric Ozone（NARSTO）. Improving Emission Inventories for Effective Air Quality Management Across North America[R]. Pasco: NARSTO, 2005.

[32] Emission Inventory Improvement Program（EIIP）. Evaluating the Uncertainty of Emission Estimates（Vol. VI）Final Report[R]. Washington, D C: The Emission Inventory Improvement Program and the U.S. Environmental Protection Agency, 1996.

[33] Mckay M D, Beckman R J, Conover W J. A comparison of three methods for selecting values of input variables in the analysis of output from a computer code[J]. Technometrics, 2000, 42（1）: 55-61.

[34] Moore G E, Londergan R J. Sampled Monte Carlo uncertainty analysis for photochemical grid models[J]. Atmospheric Environment, 2001（35）: 4863-4876.

[35] Box G E P, Wilson K B. On the experimental attainment of optimum conditions[J]. Journal of the Royal Statistical Society Series B（Methodological）. 1951, 13（1）: 1-45.

[36] Box G E P, Draper N R. Response Surfaces, Mixtures, and Ridge Analyses[M]. Hoboken: John Wiley & Sons Inc, 2007.

[37] Taylor B. Methodus Incrementorum Directa & Inversa[M]. London: Impensis Gulielmi Innys, 1717.

[38]　Saltelli A. Making best use of model evaluations to compute sensitivity indices[J]. Computer Physics Communications，2002（145）：280-297.

[39]　Saltelli A，Tarantola S，Campolongo F，et al. Sensitivity Analysis in Practice：A Guide to Assessing Scientific Models[M]. Hoboken：John Wiley & Sons Inc，2004.

[40]　Frey H C，Patil S R. Identification and review of sensitivity analysis methods[J]. Risk Analysis，2002，22（3）：553-578.

[41]　Nelsen R B. Properties of a one-parameter family of bivariate distributions with specified marginals[J]. Communication in Statistics：Theory and Methods，1986，15（11）：3277-3285.

第3章　大气排放源清单不确定性分析

大气排放源清单不确定性分析是通过对排放源清单建立过程中各种不确定性来源的定性或定量分析，确定排放源清单的不确定性大小或可能范围，识别关键不确定性来源，从而指导排放源清单改进与提高的手段和过程。鉴于不确定性分析在改进排放源清单质量、降低清单不确定性中的重要作用，联合国政府间气候变化专门委员会（IPCC）、北美对流层臭氧研究策略组织（NARSTO）、美国国家研究委员会（NRC）、美国环境保护署（U.S. EPA）、欧洲环境署（EEA）等重要机构和政府组织要求：不确定性分析过程与结果应作为排放源清单报告中的重要组成部分。国内各研究单位也慢慢意识到排放源清单不确定性的作用，逐渐在清单编制过程中考虑和分析不确定性的影响。本书作者研究团队是国内最早系统开展排放源清单研究的团队，在国家"863 计划"项目的支持下，提出我国大气排放源清单不确定性分析的技术框架体系，在一定程度上推动了不确定性在我国大气环保领域的应用。本章围绕排放源清单不确定性分析的技术框架体系，主要介绍排放源清单的不确定性来源和排放源清单不确定性分析方法，其中在不确定性分析方法部分重点介绍定量不确定性分析方法。在原始数据充足的情况下，定量不确定性分析方法能够量化排放源清单的不确定性和识别关键不确定性来源，在指导排放源清单改进的过程中能提供更有价值的详细参考信息。本章也总结了定性和半定量不确定性分析方法。在清单原始数据缺乏的情况下，这两种方法也能够大致评估排放源清单的不确定性，是当前排放源清单不确定性应用中依然广泛采用的方法。

3.1　排放源清单不确定性来源

在本书 2.1 节，介绍了模型不确定性来源的分类，即输入参数不确定性和结构不确定性，但具体到大气排放源清单，不确定性来源又有多种分类方法。例如，EIIP 报告中将排放源清单不确定性来源归纳为差异性（variability）、参数不确定性（parametric uncertainty）和模型不确定性（model uncertainty）。其中，差异性是指污染源排放过程在时间、空间或个体之间体现出来的差异，是污染源固有的属性。排放源清单编制中通常会利用一定数量的样本均值表征一个区域或者时间内某类污染源的整体排放特征，在这种情况下，差异性的存在会导致排放估算结

果存在不确定性。参数不确定性指排放因子、活动数据和排放参数等清单基础
数据的不确定性，与测量误差、采样误差和系统误差有关；模型不确定性是指
排放模型模拟污染源排放过程存在的不确定性，与排放模型构建时对复杂排放
过程做简化处理等有关[1]。IPCC 指南中则采用了不同的分类方法，将排放源清
单不确定性来源分为输入数据的不确定性、模型结构的不确定性和清单概念化
（conceptualization）的不确定性，其中，概念化是指对排放源清单覆盖范围、源类
别和污染物的界定过程[2]。如果清单概念化过程中未能包含所有相关排放过程和
满足评估目的所要求的污染物，会导致排放源清单存在不确定性。模型结构的不
确定性来自排放模型本身存在对排放特征描述的不恰当假设，以及在建立估算模
型时所使用的建模方法[3]。NARSTO 评估中采用与 IPCC 类似的分类方法，将排
放源清单不确定性来源分为数据相关的不确定性、模型结构的不确定性和情景不
确定性（scenario uncertainty）[4]。其中，情景不确定性与概念化不确定性基本一
致，是排放源清单在编制之前有关地理区域覆盖、时间覆盖、源类别、排放过程
和包含的污染物等一系列参数的定义的不确定性。为了方便读者理解，本书将概
念化不确定性和情景不确定性统称为排放源清单的定义不确定性。数据相关的不
确定性来自测量方法不够精确、数据代表性不足、缺乏考虑依赖性与相关性、基
础数据缺失和专家判断时意见分歧等。

　　虽然排放源清单模型简单，但排放源清单编制过程的不确定性来源是较为复
杂的。在开展排放源清单不确定性分析之前，必须对排放源清单的不确定性来源
有清晰的了解：哪些不确定性来源是能被量化的？哪些不确定性来源只能定性描
述？本次不确定性分析中量化的又是哪些来源？掌握这些信息是排放源清单不确
定性分析的基础，同时也能为后续排放源清单编制改进提供途径。以上提到的文
献较好地总结了排放源清单不确定性来源，但也存在部分遗漏，如 EIIP 报告中没
有考虑排放源清单定义不确定性。因此，本书在这些文献的基础上，将排放源清
单不确定性来源进行了更为全面的总结，根据排放源清单估算过程，将不确定性
来源总结为定义不确定性、参数不确定性和模型不确定性。

3.1.1　定义不确定性

　　建立排放源清单首先需要明确目标排放源清单覆盖的地理区域范围、时间窗
口、源类别、排放过程和所包含污染物。编制人员需要根据掌握的数据和排放源
清单编制经验，判断目标排放源清单结构是否完整、收集信息是否齐全、囊括的
污染物是否完整、排放源分类是否正确以及清单分辨率是否满足应用的需要。导
致定义不确定性的主要原因与清单编制人员对排放源清单的认知程度和数据熟悉
程度有关，具体可以体现为以下三类。

1. 排放源遗漏

由于对大气污染源排放过程的认识不全面或缺乏经验，目标排放源清单未能覆盖所需的时空范围、排放源、排放过程和污染物等，进而导致排放源清单编制存在系统偏差[3, 5]。例如，早期研究认为 SO_2 排放的主要来源是化石燃料燃烧，其他排放贡献较小，因此在估算 SO_2 排放量时通常忽略船舶排放，导致 SO_2 排放被低估。近年来的研究已经表明，船舶也是 SO_2 排放的重要来源，不可以忽略不计。另一个由于认识不全面引起定义不确定性的例子是 HONO 排放源清单。HONO 是大气中重要的自由基前体物，其来源有化学反应途径和直接排放途径，但目前 HONO 的来源仍未完全厘清，导致部分输入到大气化学传输模型中，排放源清单都忽略了 HONO 排放[6]。部分研究专门估算了 HONO 排放，但也仅考虑生物质燃烧排放和内燃机排放，忽略了土壤等其他排放源[7]。

2. 源分类不合理

合理的源分类必须尽可能涵盖研究区域内所有的排放源，且分类精细程度能够与当前的活动数据统计口径相匹配。源分类不合理可能导致排放源清单编制存在系统偏差。一方面，排放源的错分、漏分、多分可能会造成将某个分类的排放源遗漏或者重复计算，导致清单的高估或低估。在 NARSTO 报告中提到了这样一个例子：汽车加油过程中蒸发排放的源分类相对模糊，既可以归类到加油站的存储与蒸发排放，也可以当作汽车蒸发排放的一部分[4]。如果这部分排放的分类不明确，可能导致加油蒸发排放过程在机动车排放和存储运输排放被重复计算。再例如，在编制城市工业源排放源清单过程中，由于某些行业的交叉性问题不完全明晰，导致一些企业既被归类为 A 行业，又被归类为 B 行业，从而造成多同一个污染源被重复计算。

源分类过于粗糙是源分类不合理的另一表现。源分类的原则之一是尽可能将具有相同排放特征的污染源进行归纳，降低排放源清单编制过程同一分类污染源的差异性，提高清单估算的准确性。理论上，源分类越详细，排放源清单的不确定性就越小。然而，受制于活动数据和排放因子，实际排放源清单编制通常会将具有不同排放特征的源合并成一个更为粗糙的源分类进行统一表征。采用同一个排放模型描述排放特征各异的污染源时，自然会带来一定的不确定性。例如，不同机动车类型、燃油类型、排放标准和处理技术的机动车排放特征存在较大差异，但由于基础数据的缺失，早期研究难以将机动车排放源清单按照精细的源分类进行表征。

3. 排放源信息错误

排放源信息错误可能会让排放源清单编制人员采用错误的方法和数据编制排

放源清单，进而给排放源清单编制带来一定的不确定性[8]。检查源信息是否存在错误的有效方法是在排放源清单编制过程中引入严格的 QA/QC 程序。有关排放源清单 QA/QC 程序的详细介绍见本书第 5 章。

3.1.2　参数不确定性

排放源清单表征模型有仅考虑排放因子和活动水平数据的简单模型，也有考虑气象等环境影响参数的复杂模型，如天然源估算模型 MEGAN（model of emissions of gases and aerosols from nature）和 BEIS（biogenic emission inventory system），机动车排放模型 MOVES（motor vehicle emission simulator）、MOBILE（mobile source emission factor model）和 COPERT（computer programme to calculate emissions from road transport）等[1-4, 9-11]。但无论是简单的排放模型还是复杂的排放模型，都需要采用活动水平数据、排放因子和模型参数作为输入参数，而这些输入参数是排放源清单的重要不确定性来源，本书将其归纳为参数不确定性，定义为对活动数据、排放因子和模型参数的真值缺乏了解而引起的不确定性。参数不确定性与污染源自身的差异性、关键数据的缺失、测量的精确度和准确度不足、数据的代表性不足、不可预知性，以及时空分配和物种分配的不确定性等有关。

1. 差异性

在排放源清单基础数据的建立过程中，通常使用多次排放源测试的平均值代表某一类排放源的排放因子或者排放参数。由于排放个体工艺水平、燃料类型、控制水平等因素的差异，以及在不同时间和工况水平下，同一类源的不同排放个体的排放特征存在差异性。这种差异性和有限的测试样本导致排放估算存在不确定性，在一些报告和研究中又被称为采样误差（sampling error）[1, 12]。当总体的差异性较大或者样本个数较少时，差异性导致的不确定性会较为明显[13]。

排放源的差异性分为源间差异性（inter-variability）和源内差异性（intra-variability）。前者是指不同排放源个体之间的差异性。例如，同一行业内不同企业生产同一产品的排放水平存在差异，或者不同地区同一类型机动车排放特征存在差异。后者是指同一个排放源的排放时间差异性，如企业每天生产量与原料消耗量都有一定的波动变化，或者随着设备老化同一个企业的排放处理效率可能日趋下降[4]。

差异性是排放源的固有属性，无法消除，只能通过以下方法降低。针对源间差异性，尽可能考虑环境因素的影响，考虑排放源的技术差异性和地域差异性，在数据支持的情况下尽可能提高排放源分类的精细程度；针对源内差异性，确保排放源的平均排放因子和活动数据尽可能覆盖排放源清单的时间窗口，考虑设备的运行年龄和维护历史对排放的影响等。

2. 关键数据缺失

在清单编制过程中，有关活动水平数据和排放因子等的关键数据或信息（如处理效率、燃料特性、能耗、锅炉类型或参数、控制设备设施参数、车辆行驶里程等）缺失是不确定性的重要来源之一[14, 15]。NARSTO 的报告指出，对于缺乏完整的活动水平数据、合理的排放因子和排放参数，通常的解决方案是采用同类型或者相关的数据作为替代数据计算排放源清单[4]。这能够降低关键数据缺失带来的不确定性，但代替数据由于代表性不足等也会引入一定的不确定性。我国尤其是城市尺度的排放源清单估算，数据缺失是重要的不确定性来源，且在清单编制过程中经常出现。例如，在国家或地方等权威机构的统计报告中，经常缺失部分活动水平数据，需要采用其他已有的统计信息或者参数转化进行补充，但这些代替数据实际难以准确反映污染源的真实排放水平。由于本地排放因子缺失，早期我国大部分排放源清单编制研究经常使用美国 AP-42 数据库中的排放因子，但美国的生产工艺、处理技术和燃料类型与我国相比都存在较为明显的差异，导致国外排放因子在表征国内排放特征上存在偏差。

3. 测量的精确度和准确度

测量是了解排放特征、获取基础数据、建立排放模型的重要手段。然而，由于仪器的测量误差、源测试和统计处理的随机误差等，不可避免地会产生不确定性。在测量过程中，仪器的精确度和准确度是衡量测量的重要指标。其中，精确度可能导致排放因子、活动水平数据或排放模型其他相关参数的不确定性，这部分误差即为测量的随机误差。精确度越大，随机误差越小。测量导致的随机误差无法避免，只能尽量通过多次高精确度的测量减少。准确度是指在一定实验条件下多次测定的平均值与真值相符合的程度[3, 4]。在实际测量状况下，实测数据也会因为仪器精密程度、设备运行状况或测试环境条件的不同带来测量误差，从而引入不确定性，这部分误差即测量的系统误差。例如，样品中污染物的浓度可能低于分析设备的检测限值，或者排放设备运行出现故障时进行排放测量。在实测过程中，对测量设备进行校正或者采用符合检测限要求的设备，可降低测量带来的系统误差[3]。

4. 数据的代表性

如果活动水平数据、排放因子或排放参数不能合理地表征污染源的排放特征，将带来一定的不确定性[13, 16]。因此，选择更有代表性的数据能够有效降低排放源清单不确定性。通常优先采用本地测试获取的数据或者选择与污染源直接相关的活动水平数据，如连续在线监测数据、本地排放测试获取的行业排放因子数据以及行业原辅料使用量是计算工业排放的优选数据。但是这些优选数据也可能存在时间代表性问题，即数据的测试覆盖时段较短或者测试时间与目标排放源清单有较远差距。在优选数据缺失或者关键数据缺失的情况下，通常采用替代数据进行排放源清单编制，但替代数据容易存在更大的不确定性。

5. 不可预知性

在建立未来排放情景清单时，需要预估未来排放因子和活动水平变化。但在当前科学技术下，还无法完全了解未来污染源的发展情况，因此未来排放情景清单很难是准确的[4]。例如，在预测能源行业污染物排放趋势的研究中，预估的未来活动数据存在不确定性，其原因在于未来的污染物排放量的估算是基于现有的能源消费需求和污染物控制策略，而非未来的需求与污染物控制策略。另外，未来经济增长、能源效率提高或使用清洁燃料方面的发展也不清楚。因此，未来排放情景清单的建立通常具有较大的不确定性。不可预知性的另外一种情况是缺失数据的估算，即根据观测到的趋势预测缺失数据的可能取值。例如，在编制非道路源趋势排放源清单时，可借助农村统计年鉴获取农用机械各年的保有量，但现实中容易出现因统计范围或历年统计标准不同而出现"断档"的情况。此时，一般做法是通过已有的数据推算"断档"年份的保有量，但这个推算过程存在不确定性。

6. 时空分配和物种分配的不确定性

构建满足大气化学传输模型模拟需求的网格化排放源清单数据，需要对排放源清单进行时空分配和物种分配处理。其中，时间分配利用一些产品产量等表征数据，将以年为统计量的排放量分配到月份、天和小时尺度上；空间分配根据人口密度、道路网、土地利用类型和经纬度等空间表征数据，将面源排放量和点源排放量进行网格化处理；物种分配根据源成分谱信息将 NO_x、VOCs 和 PM 污染物继续分解为模型能够识别的物种。同样，排放源清单的时空和物种分配过程也存在明显不确定性[17]。关于空间分配，企业、火电厂等点源依赖于自身的经纬度坐标信息实现排放量网格化，准确性高。相比之下，面源通常依赖于权重表征数据（surrogate data）进行网格化处理，通常存在代表性不足和数据缺失等问题，不确定性相对较大[18]。例如，人口密度数据常常用于表征一些与人类活动密切相关的排放源的空间分布特征，前提是假设人为排放源的排放强度与人口密度线性相关，但实际上并非完全如此。除了水平网格化处理，点源排放处理还需要考虑烟羽抬升过程，但点源的烟囱高度、排放速率、烟囱直径和烟气温度等信息通常缺失或者存在测量偏差，因此点源的烟羽抬升过程往往存在很大的不确定性[19-21]。物种分配的不确定性同样与数据缺失、代表性不足和测量偏差等有关[22]。例如，由于本地物种谱缺失，VOCs 物种分配通常采用其他地区或者其他污染源的物种谱进行分配。

7. 专家判断不一致

在排放源清单开发中，会借助专家判断等手段解决诸如"排放因子或活动水平数据等关键信息缺失"等问题。专家判断是根据专家自身对排放源的认识水平和经验，判断合适的取值。这一判断带有主观性，本身就具有很高的不确定性。为了降低主观性的影响，通常可通过综合考虑多位专家的判断结果。

3.1.3　模型不确定性

对污染源排放过程缺乏认识导致排放模型建立时采用不合理的模型结构、模型参数、模型数据和假设或模型遗漏重要排放过程，是导致排放模型不确定性的关键原因[1, 4]。例如，错误地假定排放量和排放活动之间存在线性关系，但实际上呈现的是非线性关系。在 NH_3 排放表征方面，以往大部分研究认为农牧源是区域人为 NH_3 排放的重要来源，机动车尾气中有 NH_3 排放，但排放强度不高。近年来随着监测设备的发展，有研究发现机动车也有可能是城市 NH_3 排放的重要来源，说明以往的估算方法很有可能低估了机动车 NH_3 排放[23, 24]。

排放模型的简化处理也是排放模型不确定性的另一关键原因。影响污染源排放的因素与过程众多，考虑到排放源清单计算的可行性和数据的可获取性，通常排放模型构建过程中需要进行理想状态假定、忽略影响较小的排放参数和过程以及简化排放模型。这导致排放模型与实际排放过程有差异，进而带来一定的不确定性。例如，农田施肥 NH_3 排放受土壤类型、土壤含水量、土壤 pH、风速、温度、降水、农作物类型、施肥种类、施用率、施肥时间和施肥方式等环境因素和人为因素的影响，但当前使用的施肥 NH_3 排放表征大多引用国外的模型估算，对相关参数进行初步本地化修正，活动水平来自统计年鉴中化肥总量，因此农田施肥 NH_3 排放表征具有较高的不确定性[25]。

排放模型的结构与简化程度不仅依赖于数据的翔实程度，也取决于模型的应用需求。在编制排放源清单过程中，如果选择不合适的排放模型，也会带来不确定性。例如，机动车排放模型可以分为宏观、中观、微观尺度机动车排放模型。宏观层次的排放源清单的计算通常通过统计或调查的手段获取当地机动车的年均行驶里程、机动车保有量并结合宏观排放因子模型（如 MOBILE 模型）计算得到机动车排放源清单，其研究尺度通常为国家、区域和城市。中观层次的排放源清单通常以城市路网为基础，研究城市交通系统对机动车排放的影响，通常应用于城市尺度。微观层次的排放源清单以单辆机动车为基础，采用基于工况的机动车排放因子（如 MOVES 模型）及机动车的逐秒运行特征研究交叉路口、峡谷街区或某一路段的污染物浓度特征，通常应用于街区尺度的排放研究。宏观和中观尺度排放模型都无法精准表征机动车在街区尺度上的排放时空变化特征，因此如果在建立街区尺度机动车排放源清单时采用大尺度排放模型，则会由于时空精度问题引入较高的不确定性。相反，如果在区域尺度上采用微观尺度排放模型，则大概率会因为精细数据缺失等问题导致表征结果也存在较大的不确定性[26, 27]。

3.2　排放源清单不确定性分析方法的分类

排放源清单不确定性分析是通过对排放源清单建立过程中各种不确定性来源的定性或定量分析，确定排放源清单的不确定性大小或可能范围，识别关键不确定性来源，从而指导排放源清单改进与提高的手段和过程。排放源清单不确定性分析方法有多种，包括基于随机模拟的蒙特卡罗或拉丁超立方抽样方法、自展模拟（bootstrap simulation）、基于自展模拟的置信区间量化法（bootstrap confidence interval）、情景模拟（scenarios modeling）分析法、模糊分析（fuzzy analysis）法、NUSAP（numeral unit spread assessment pedigree）、直接分析法（analytical method）、基于敏感性分析的误差传递（SA-propagation）法、专家判断法（expert judgement method）以及一系列等级评估方法（如 DARS、DQI）[28-35]等。根据不确定性的分析程度和量化水平，这些方法可以总结为定性分析方法、半定量分析方法和定量分析方法。

EIIP 报告将定性不确定性分析定义为讨论排放源清单编制过程的可能不确定性来源及影响，并尽可能描述排放源清单是否高估或者低估。但 NARSTO 报告认为定性不确定性分析的结果应该给出排放源清单不确定性大小的评估，通过对排放源清单编制过程中影响估算结果的可能因素进行识别，利用等级评分定性评价排放源清单估算的不确定性大小[1, 4]，如设定为"高"、"中"和"低"。应用在美国 AP-42 数据库中的数据质量评级方法便是其中一种定性分析方法。该方法采用 A 到 E 五个级别对排放因子或其他参数的不确定性进行评级分析[36, 37]。相类似的方法还有 IPCC 推荐使用的数据质量评估和 GEIA 采用的可靠性等级分类等。定性不确定性分析方法简单，并不需要大量的资源，但其最大的缺点是不能对排放源清单不确定性大小进行定量的分析。因此，定性不确定性分析方法不能用于涉及不确定性传递的排放源清单不确定性评估，也不能用于帮助定量识别排放源清单编制过程中的重要不确定性来源。

为了更为明确地评估排放源清单不确定性，国外学者在定性不确定性分析的基础上提出了半定量不确定性分析方法。与单纯的定性不确定性分析方法不同，半定量不确定性分析方法先对排放源清单模型输入进行分级评分，然后对所有模型输入的评分分级进行综合评估，最终通过获取排放源清单的"绝对"得分量化其不确定性大小。

相较于定性不确定性分析方法，半定量不确定性分析方法主要有两点改进：①定性不确定性分析方法直接根据数据来源和模型可靠性等因素定性判断清单的等级评分，而半定量不确定性分析方法则先详细地对排放因子和活动水平等不确定性来源进行定性等级评分，再通过合并的方式综合量化排放源清单的不确定性大小，评分过程和结果相对更有据可依；②定性不确定性分析方法主要采用等级评价指标评估不确定性大小，而半定量不确定性分析方法则主要采用数值或者得分的评估方式评估不确定性大小，相比之下能大致量化排放源清单的置信水平，快速评价清单不确定性的大致范围，提供更具有说服性和意义的量化信息。目前应用在排放源清单的半定量不确定性分析方法有 U.S. EPA 建立的数据属性评级系统（data attribute rating system, DARS)[1, 36, 38]、生命周期排放评估中经常使用的数据质量指数（data quality indicators, DQI）方法[32]、NUSAP。半定量不确定性分析方法的优点包括操作相对简单，不需要复杂的设计和数据需求，能够评估众多参数和模型结构，甚至可以评估定义不确定性的影响。尽管如此，半定量不确定性分析方法还是需要依靠专家判断或工作人员对不确定性来源进行等级评分，容易受到评估人员主观影响。

定性或半定量不确定性分析方法存在不容忽视的缺陷：一方面，不确定性评估中不考虑清单输入参数所用数据之间的内在离散度，导致评级不能明确指出每个清单输入数据的统计误差范围或置信区间，因此排放源清单的不确定性无法准确定量化，不能满足排放源清单在科学研究和决策上的应用需求；另一方面，定性和半定量的评估结果也无法定量识别导致排放源清单估算结果不确定性的重要不确定性来源，因此难以指导排放源清单的后续改进。由于这些不足，利用概率分析方法开展定量不确定性分析日益受到重视，并被越来越多地应用到排放源清单的差异性和不确定性的定量评估之中。定量不确定性分析通常涉及排放因子、活动数据等相关模型输入的定量不确定性分析及其在排放源清单估算模型中的定量传递，涵盖的方法有基于蒙特卡罗或拉丁超立方抽样的随机模拟法、自展模拟、情景模拟分析法和基于敏感性分析的误差传递法等。通过定量不确定性分析，可以直观地量化排放源清单的不确定性范围，结合敏感性分析还能识别关键不确定性来源。这是定量不确定性分析方法的优点，但缺点是分析过程需要大量的数据资源和分析手段，操作难度大。此外，定量不确定性分析方法也无法考虑排放源清单定义、部分模型结构和系统偏差等本身难以定量化的不确定性来源。

定性、半定量和定量这种三种方法各有优缺点。在实际的应用中，采用哪种分析方法需要取决于数据的翔实程度、考虑的不确定性来源以及不确定性分析的目的。在原始数据较为充足且考虑的不确定性来源能定量化时，优先选择定量不确定性分析方法；如果数据较为匮乏或者考虑的不确定性来源多数难以定量化时，优先采用半定量的分析方法；如果仅仅是大致评估排放源清单的不确定性，也可以采用定性的分析方法进行评估与讨论。本书将分别针对这三类方法进行详细介绍。

3.3 定性不确定性分析方法

在定性分析排放源清单不确定性时，要求对于每个排放因子或活动水平数据的不确定性进行分析，并判断每个不确定性来源的偏差方向（高估或者低估）以及对估算结果的影响程度。从形式上，定性分析可分为直接描述和定性分级，总体而言，无论采用哪种表达方式，排放源清单定性不确定性分析方法都可以按照以下流程来展开：①数据收集过程中，活动水平数据的获取途径、可靠性及准确性如何？②排放因子的来源及能否代表估算对象的排放特征和水平？③排放源清单估算模型的适用性、代表性如何？相关参数数据的确定和来源如何？④与其他相关排放源清单的可比性如何？⑤这些不确定性来源对排放源清单编制的影响如何？下面重点以直接列举法和数据质量评级方法（data quality rating，DQR）方法为例，介绍定性不确定性分析方法在排放源清单中的应用。

3.3.1 直接列举法

最简单的定性分析是定性描述，或者叫直接列举，即定性描述排放源清单中每一项可能产生的不确定性来源及影响，如清单结构、模型结构、活动水平与排放因子等的定性描述。在实际的排放源清单不确定性定性分析过程中，直接列举法是采用最多的方法。首先，定性分析清单编制过程中采用的参数，如活动水平和排放因子的来源和质量，对是否本地化、数据是否完整、有无替代数据、是否具有代表性、其准确度和精确度如何等问题进行分析。例如，在城市排放源清单编制过程中，可能出现排放因子非本地化的情况，而替代数据的来源是旧标准、国外数据、往年数据与外推数据等，这些数据的代表性与完整性都值得商榷，可能都会带来不确定性。其次，针对清单排放的结构是否完整、分类是否准确等问题进行分析。若清单编制过程中使用了模型，也需要讨论描述模型参数、建模过程的数据缺陷与架构简化等问题。最后，结合以上的不确定性来源的讨论及影响，判断排放源清单的不确定性程度。直接列举法的优点是简单，只要在清单编制过程中发现的问题或者缺陷都可以进行列举，但缺点是太过于松散，条理不清，且无法在文献中体现列举出来的问题对不确定性有多大影响，参考价值往往最弱。

3.3.2 数据质量评级方法

除了直接列举，定性不确定性分析也能够采用表格的方式进行评估，这种方式更为系统和简明，更加方便不同排放源清单之间不确定性横向对比。数据质量评级（DQR）方法便是其中的代表，其核心思想是建立一套严格的评级系统，从数据来源的途径、代表性、差异性和可靠性等方面，采用专家判断法对评估对象的不确定性进行等级划分，通常采用 A 到 E 五个级别（A 表示数据质量最优，E 表示数据质量最差）[28, 39]。这种方法不仅能用于评估排放源清单的不确定性，也能用于评估排放因子和活动水平的不确定性。例如，U.S. EPA 采用了 DQR 定性直观地评价 AP-42 数据集中排放因子的不确定性，其建立的排放因子评级系统中考虑了排放测试数据等级、数据代表性、差异性等多种因素[37]（表 3.1），而排放测试数据的等级则是根据测试条件、测试方法和测试数据记录的翔实程度进行等级划分。在 AP-42 数据集中，每个排放因子都赋予 A 到 E 的评级，其中 A 等级的排放因子具有最小的不确定性。一般来说，基于合理的测试方法和丰富的测试样本获取的排放因子会被赋予较高的等级；相反，测试方法和测试样本都存疑的，或从另一个具有类似过程的因子推断出的排放因子，通常评级要低得多，如表 3.2 所示。另外，如果将评定的等级转化为不确定性范围，表 3.1 的评级系统也能够用于半定量不确定性分析。

表 3.1　AP-42 排放因子评级系统[37]

等级评定	质量等级	说明
A	优	因子来自 A 级和 B 级测试数据，测试样本能够代表行业的基本特征，个体污染源之间具有较小的差异性
B	高于平均水平	因子来自 A 级或 B 级测试数据，但测试样本量较少，不能够确定是否代表行业的基本特征，个体污染源之间具有较小的差异性
C	平均水平	因子来自 A 级、B 级和/或 C 级测试数据，但测试样本量较少，不能够确定是否代表行业的基本特征，个体污染源之间具有较小的差异性
D	低于平均水平	因子来自 A 级、B 级和/或 C 级测试数据，但测试样本量少，基本能判断无法代表行业的基本特征，个体污染源之间具有一定的差异性
E	差	因子来自 C 级和 D 级测试数据，测试样本量少，基本能判断无法代表行业的基本特征，个体污染源之间具有一定的差异性

表 3.2　排放测试数据的等级说明[37]

等级	说明
A	测试采用合理可靠的方法，并且有足够详细的报告提供验证
B	测试采用一般合理的方法，且缺乏足够的细节提供验证
C	测试采用未经证实或新的方法，或缺乏大量背景信息
D	测试采用一种不可接受或者不准确的方法

这里采用 AP-42 数据集中无烟煤燃烧排放因子的不确定性评估说明定性不确定性分析方法的判断过程[37]。数据评级结果由表 3.3 所示。燃煤锅炉的数据来源于宾夕法尼亚州一工厂燃煤锅炉多次的 SO_2 和 NO_x 排放测试数据，属于对燃煤锅炉排放物测试的常规方案，按照 AP-42 数据集评级为 B，但因测试方法和数据可靠性问

题，NO$_x$排放因子数据评级有所下降。与之相反的是，其中的流化床燃烧锅炉的数据来源于原型设计的理论数据，并不是严格意义上的流化床燃烧锅炉的多次测量数据，但可以作为流化床燃烧器锅炉的数据使用，因此评级为 E。

表 3.3 无控制无烟煤燃烧室内 SO$_x$和 NO$_x$化合物的排放因子[37]

源类别	SO$_x$		NO$_x$	
	排放因子/(lb/t)*	排放因子评级	排放因子/(lb/t)	排放因子评级
燃煤锅炉	39S	B	9.0	C
流化床燃烧锅炉	2.9S	E	1.8	E
煤粉锅炉	39S	B	18	B
住宅用暖炉	39S	B	3	B

注：①资料来源于 AP-42。②S 表示含硫率。
* 1 lb≈0.4536kg。

AP-42 数据集中大部分排放因子都包含了不确定性等级信息，但在实际的排放源清单不确定性评估中并不能直接采用这些不确定性信息，还需要考虑实际排放特征与 AP-42 数据集中排放因子的差异对不确定性信息进行调整。例如，国内早期的排放源清单研究通常采用 AP-42 数据集中的排放因子估算排放源清单，但考虑到国内污染源排放特征与美国存在差异，评估排放因子的不确定性过程通常需要涉及两个步骤：第一步是根据 AP-42 数据集获取排放因子的基准不确定性；第二步是根据该因子代表本地相关污染源排放特征的能力，对基准不确定性信息进行分析与修订。另外，虽然 AP-42 数据集中等级不确定性信息作为衡量排放源清单质量的指标具有一定的价值，但是充其量只能对原始数据的质量进行评级，且完全没有考虑活动数据的质量问题，因此在实际中通常需要结合半定量分析方法或者定量分析方法完成排放源清单的不确定性评估。

3.4 半定量不确定性分析方法

半定量不确定性分析方法是基于排放源清单建立过程中不确定性来源的等级评估信息，通过对排放源清单评定的"绝对"得分量化其不确定性大小或者范围，以提供更多有意义的信息。与单纯的定性分析方法不同，半定量分析过程相对更为严格与复杂，其主要步骤可以简述如下：①根据排放源清单的编制流程，制定每一个可能不确定性来源的等级（评分）标准；②根据制定的等级（评分）标准，对排放源清单计算中涉及到的输入参数（如排放因子）和模型结构等不确定性来源进行评定等级（评分）；③利用一定的公式或者模型分析不同排放源清单计算结果的不确定性大小或者评分；④将各个排放源的不确定性信息进行合并计算，从而获得整个排放源清单的不确定性范围。简而言之，半定量不确定性分析方法能够把代表排放因子、活动水平和排放模型其他相关参数等输入参数或模型结构的不确定性等级（评分）结合起来，从而得到排放源清单的不确定性大小或评分。本节以 DARS、DQI 和 NUSAP 方法为例对半定量不确定性分析方法进行详细介绍。

3.4.1 数据属性评级系统

数据属性评级系统（DARS）是一种基于排放源清单参数数据质量分数的排放源清单不确定性评估方法，最初由 U.S. EPA 开发，用于评估国家温室气体排放源清单的不确定性[40, 41]。DARS 方法将排放源清单的不确定性分解为排放因子、活动水平和排放模型其他相关参数等模型输入不确定性来源，然后分别为这些模型输入赋予一个数值评分。每个评分都是基于对排放因子、活动水平和排放模型其他相关参数的来源信息进行确定，考虑的因素包括排放源类别、时间和空间的代表性以及所使用的测量技术等。在此基础上，将所得到的排放因子、活动水平和排放模型其他相关参数等模型输入的数值分数合并起来，得出各个污染源或者所有污染源整体排放源清单的评分等级或者置信区间，其具体的一般步骤如下：

第一步，制定评分标准（或等级标准）。根据数据的来源、数据的代表性及方法的合理性等信息制定描述数据优劣程度的评分标准。例如，可以设 A 为最优，A>B>C>D>E，五个等级。同时，可根据专家判断和清单估算过程的数据来源等分析，赋予各个等级相对应的不确定性范围，如可设 A 等级对应的不确定性范围为 0～20%。例如，EEA 大气排放源清单指南中根据排放测试的翔实程度界定了排放因子的质量等级及相应的不确定性范围（表 3.4）。对于活动水平数据，本书作者团队也根据数据的来源定义了活动水平数据的质量等级和相应的不确定性范围（表 3.5）。除此之外，我国学者在参考 TRACE-P（Transport and Chemical Evolution Over the Pacific）排放源清单研究的基础上定义的活动水平和排放因子质量等级及不确定度也可提供参考[42]（表 3.6 和表 3.7）。

第二步，根据估算方法或模型和已评定等级的模型输入（如活动水平、排放因子和排放参数）不确定性，计算某一类排放源清单估算的不确定性等级。

第三步，分析不同排放源清单估算的不确定性等级，获得各个类别排放源清单的不确定性等级分析结果。

第四步，合并各类别排放源清单的不确定性等级，得出研究对象排放源清单总的不确定性评分，并按照一定的规则转为相应的不确定性范围，对其不确定性进行描述与定量。

表 3.4 欧洲环境署排放因子的质量等级及相应的不确定性范围

等级	分级说明	典型误差范围/%
A	基于大量的排放测试，选择的测试对象多，能够完全代表该源/部门的排放源特征	10~30
B	基于大量的排放测试，选择的测试对象多，能够代表该源/部门的大部分排放源特征	20~60
C	基于一定数量的排放测试，但选择的测试对象少，仅能够代表该源/部门的少部分排放源特征	50~200
D	基于单个测量值的估计，或根据一些相似的数据估算获取	100~300
E	基于大量假设或者专家判断获取	视数量级而定

表 3.5 活动水平数据质量等级分类及不确定性范围

等级	编制方法	活动水平数据来源	可靠性	不确定性范围/%
A	合理	来自权威统计，95%以上代表该类源	信息足以校验	不考虑不确定性
B	合理	来自权威统计，90%以上代表该类源	信息足以校验	<5
C	较合理	来自权威统计，95%以上代表该类源	信息足以校验	5~<10
D	较合理	来自权威统计，90%以上代表该类源	信息足以校验	10~<15
E	较合理	来自权威统计，80%以上代表该类源	缺乏足够信息校验	15~<30
F	较合理	来自一般统计，由推测得到，80%以上代表该类源	缺乏足够信息校验	30~<40
G	新方法或未经验证	来自一般统计，由推测得到，50%以上代表该类源	缺乏足够信息校验	40~<60
H	未受普遍接受	来自一般统计，由推测得到，50%以上代表该类源	仅有较少信息	60~100

表 3.6 活动水平质量等级及不确定度[42]

等级	获取方式	评判依据	不确定度/%
I	直接源于统计数据	—	±30
II	分配系数、分配统计数据依据其他统计信息，利用转化系数估算而出	分配系数可靠度高①依据的统计信息相关度高；②转化系数可靠度高；③估算结果得到了验证	±80
III	分配系数、分配统计数据依据其他统计信息，利用转化系数估算而出	分配系数可靠度低①依据的统计信息相关度高；②转化系数可靠度高；③估算结果未得到验证	±100
IV	依据其他统计信息，利用转化系数估算而出	①依据的统计信息相关度高；②转化系数可靠度低；③估算结果未得到验证	±150
V	依据其他统计信息，利用转化系数估算而出	①依据的统计信息相关度低；②转化系数可靠度低	±300

表 3.7　排放因子信息不确定性等级分类[42]

等级	获取方式	评判依据	不确定度/%
I	现场测试	① 行业差异不大； ② 测试对象可代表我国该类源平均水平； ③ 测试次数>10 次	±50
II	现场测试	① 行业差异不大； ② 测试对象可代表我国该类源平均水平； ③ 测试次数 3～10 次	±80
II	公式计算	① 行业差异不大； ② 经验公式得到广泛认可； ③ 公式参数准确性和代表性高	±80
III	现场测试	① 行业差异大； ② 测试对象可以代表我国该类源平均水平； ③ 测试次数>3 次	±150
III	公式计算	① 行业差异大； ② 经验公式得到广泛认可； ③ 公式参数准确性和代表性高	±150
IV	法规限制	法规实施效果好	±300
IV	现场测试	① 行业差异大； ② 测试对象不能代表我国该类源的平均水平	±300
IV	公式计算	① 行业差异大； ② 经验公式得到广泛认可； ③ 公式参数取自国外参考文献	±300
V	法规限制 未知情况	法规实施效果差 无排放因子，参考了相近活动部门的排放因子	±500

　　虽然 DARS 使用的数值分数是定量的，但是其评分是基于定性的判断，带有一定的主观性。这意味着，DARS 方法不能保证总体得分较高的排放源清单具有更好的质量、更准确或更接近真实值。评估结果只能说明总体得分较高的排放源清单很可能具有比较好的表征结果。实际上，这也是大部分定性和半定量不确定性分析方法所能提供的判断。除了排放因子、活动水平和排放模型其他相关参数的数据，DARS 还能将清单建立时使用的方法或模型纳入评估，使排放源清单不确定性评估更为全面。

3.4.2　数据质量指数

　　数据质量指数（DQI）是一种广泛应用在生命周期评价（life cycle assessment，LCA）中的数据质量评估方法[43]。与 DQR 方法类似，DQI 方法是在充分考虑影响数据质量的各种因素的基础上，利用专家判断法对 LCA 或排放源清单建立过程中的每一个数据或参数进行不确定性评估，形成单项 DQI 评分，结合排放模型，对所有数据和参数的单项 DQI 评分进行合并，最终形成排放源清单的不确定性评分。

　　DQI 评价的主要步骤：首先，对所有排放因子和活动水平数据等相关的所有数据或参数进行罗列；其次，采用评分谱系矩阵（pedigree matrix）对罗列的每一个数据或参数，按照各项数据质量指标评分标准进行分别赋值（得分为 1~5），DQI 评分谱系矩阵从测量方法、数据源、地理因素、技术因素和时间因素这五方面分别对每一个数据或者参数进行单独评分，然后汇总成每一项数据的单项评分；最后，根据每一个数据或参数的评分结果，量化清单的整体不确定性。

　　评分谱系矩阵是 DQI 方法用来评价每个数据或者参数质量的依据。它将影响数据不确定性的因素分为数据来源可靠性和数据代表性，其中数据代表性又可细分为时间相关性、空间相关性、技术相关性和数据采集方式。这 5 个指标相互独立。每个指标按照一定的规则定义，可划分为 5 个等级，表示从低到高的不确定性，1 最低，5 最高。DQI 评分谱系矩阵及赋值标准如表 3.8 所示。对于可靠性，实测数据被认为是比模型计算和估算更可靠的数据生成来源，因此经过校验的实测数据的可靠性等级最高，校验过的模型计算数据或者未校验的实测数据次之，未校验过的模型计算数据可靠性较差，而估算数据的可靠性最低。时间相关性根据数据来源的年代定义，数据建立的时间与研究目标的时间越接近，时效性越高，数据越能体现研究期间排放源的现状。空间相关性根据数据来源与研究目标的地理和尺度进行定义，数据来源区域和空间分辨率与研究目标的区域和尺度越接近，代表性越高，如当地城市尺度的数据最能代表该城市排放现状，不确定性最小。技术相关性考虑了数据来源的企业与研究对象在技术方面的相似性，包括技术过程、原辅料使用、运行条件和规模程度等，技术越接近，数据的代表性越高。数据采集方式和可靠性考虑了数据获得的样本大小和时间覆盖范围，认为有充足的样本和合适的时间覆盖范围的数据质量最好，获取的样本量能匹配排放源的差异性，即能代表污染源的平均排放水平，赋值为 5，而样本量小且时间覆盖范围窄的数据，代表性也低，赋值 1。DQI 评分谱系矩阵采用 5 个指标对每个数据或参数进行评分，每个指标分为 5 个等级，相比仅有单一指标的 DARS 评级体系，更为复杂但也更为客观[32, 44]。

表 3.8　DQI 评分谱系矩阵及赋值标准[43]

指标	代表性				可靠性
	时间相关性	空间相关性	技术相关性	数据采集方式	
等级 1	差距小于 3 年	来自同一个的研究区域，尺度相同	采用相同的技术类别	样本能够代表 80%的总体，采样时间覆盖合理	验证过的测量数据
等级 2	差距小于 6 年	来自相似的研究区域，但尺度相差一个等级	至少有三个技术类别是相同	样本能够代表 60%~<80%的总体，采样时间覆盖合理/样本能够代表 80%的总体，但采样时间短	验证过的计算数据或未经验证的测量数据

指标	代表性				可靠性
	时间相关性	空间相关性	技术相关性	数据采集方式	
等级 3	差距小于10 年	来自相似的研究区域，但尺度相差两个等级	其中两个技术类别是同等的	样本能够代表 40%～<60%的总体，采样时间覆盖合理/样本能够代表 60%～<80%的总体，但采样时间短	未经验证的计算数据
等级 4	差距小于15 年	来自相似的研究区域，但尺度相差超过两个等级	只有一个技术类别是同等的	样本能够代表<40%的总体，采样时间覆盖合理/样本能够代表 40%～<60%的总体，但采样时间短	验证过的估计结果
等级 5	数据年龄未知或大于15 年	来自完全不同区域的结果	没有任何一个类似的技术是相同的	未知方式或者站点数据量小并且采样时间短	未经验证的估计结果

以上提到的 DQI 评分谱系矩阵只能评估数据和参数相关的不确定性，忽略了模型结构和排放源清单定义的不确定性。因此，U.S. EPA 在 2016 年发布的《生命周期清单数据质量评估指南》对 DQI 评分谱系矩阵进行了改进，新增了有关清单数据建立过程的严谨性和完整性评估。其中，严谨性是指清单数据建立过程是否经过同行专家评审，至少通过两位第三方专家评审的清单数据最为严谨，得分最高，而未经专家评审的清单数据得分最低；完整性是指清单数据建立过程考虑的参数、过程、污染物和输入等是否完整，重点在于评估排放源清单定义的不确定性。

3.4.3　NUSAP

NUSAP 是由丰托维茨（Funtowicz）和雷夫茨（Ravetz）提出的一种从定性和定量维度相结合的不确定性分析和诊断方法，最早应用在科学研究中为决策者提供不确定性方面的判断依据。NUSAP 的基础思想认为对一个量的描述可以分解为五个维度，即数字（numeral）、单位（unit）、离散度（spread）、评估（assessment）和谱系（pedigree）。其中，"数字"是分析中使用的数字，如排放量；"单位"是数字的单位；"离散度"是模型输出因输入不确定性而产生的方差，代表能够被定量描述的不确定性，通常与测量技术误差或者采样方法相关；"评估"是针对模型中相关假设的定性判断，与模型结构或者方法的不确定性相关；"谱系"定性评估对研究对象所掌握的认知情况，与认知的不确定性相关。谱系这两类不确定性通常难以量化，在 NUSAP 中是采用专家判断和谱系评估系统进行评估。通过结合"数字-单位-离散度-评估-谱系"，NUSAP 方法将可被量化和不可被量化的不确定性综合考虑，使评估结果更加合理和完善。国外有学者已经将 NUSAP 方法应用在排放源清单不确定性评估中。例如，van der Sluijs 等[35]研究了 NUSAP 方法在工业 VOCs 排放量不确定性分析中的适用性，指出与蒙特卡罗模拟相比，NUSAP 对清单不确定性来源的评价更为完善，能够考虑模型结构和相关设定的不确定性。

　　NUSAP 方法根据谱系矩阵对排放源清单中认知相关的不确定性来源进行等级评估。不同的研究对象，谱系矩阵的内容可以是不同的。例如，Risbey 等提出了针对 VOCs 排放表征不确定性评价的谱系矩阵。该矩阵从数据代表性、经验、方法和验证过程四个方面进行评定，其每一项的评分一般从 4 到 0，数字越小不确定性越大[35, 45]（表 3.9）。Funtowicz 和 Ravetz[46]则是从理论框架、数据输入、方法成熟度和研究者对问题的认识四个方面建立谱系矩阵。另外，根据谱系矩阵评估每一个数据的不确定性时，可综合多位专家或评估人员的结果，以降低主观性对评估结果的影响。

表 3.9　排放源清单数据谱系矩阵[35]

分数	代表性（proxy）评分	经验（empirical）评分	方法（method）评分	验证（validation）评分
4	足够数量的精确测量	来自条件可控的实验以及足够样本的直接测量	采用成熟学科中最好的方法	与长时段/大范围第三方数据进行对比
3	数据拟合性好/测量数据	历史/现场数据/条件不可控的实验以及小样本测量	采用成熟学科中可靠的方法或者新兴学科中最好的方法	与短时段/小范围第三方数据进行对比
2	测试对象与研究目标相关	模型估算/衍生数据，间接测量	可接受的方法，但对可靠性有争议	与长时段/小范围非独立数据进行对比
1	测试对象与研究目标相关性弱，只在度量上有共性	有根据的专家判断数据，间接近似经验法估计的数据	可靠性未知的方法	薄弱且间接的验证
0	不相关，也不清楚	简单粗暴的估计	不严谨的方法	缺乏验证

　　通过对比模型每一个输入参数的离散度和谱系评分，可定性识别对模型模拟结果有较大影响的不确定性输入，并以此为依据采取措施降低模型的不确定性。NUSAP 方法认为，单独使用模型离散度或谱系评分都难以有效衡量模型不确定性输入的影响。即使不确定性输入的谱系评分低（即不确定性高），但如果该不确定性输入对最终模拟结果的影响较小，同样判定这一不确定性输入的综合不确定性较小。当模型对某个输入参数不敏感时，即使该输入参数的不确定性较大，也很难对模型模拟造成较大影响。换而言之，模型对该参数有较高的宽容度。

　　应用在排放源清单中，NUSAP 方法的过程可以简单总结如下：①针对排放源清单建立合适的评分谱系矩阵；②明确排放源清单建立的所有不确定性输入，如各类源的活动水平数据、排放因子和排放参数；③对不确定性来源进行分类，根据情况采用统计方法或谱系矩阵等方法进行量化，分别获取各输入参数的不确定性；④根据离散度和谱系评分识别重要不确定性来源。

3.4.4　半定量不确定性分析方法的优势与不足

半定量不确定性分析方法的优点是能够在基础数据和文档资料有限的情况下，快速评估排放源清单各不确定性来源对排放源清单的影响，并提供一个数值，有效地描述排放源清单的不确定性大小。依赖于评级体系或者评分谱系矩阵，不确定性分析过程有迹可循，在较大程度上降低了主观判断对不确定性评估的影响，相比定性不确定性分析结果更具有参考价值。相比定量不确定性分析方法，半定量不确定性分析方法对基础数据和文档资料的依赖性较低，评估过程相对较为简单。

半定量不确定性分析方法的另一个优点是能够对排放源清单建立过程中众多不确定性来源进行评级。除了排放因子、活动水平和排放模型其他相关参数等不确定性来源影响，排放源清单还受到排放模型结构、排放源清单定义过程、数据代表性、关键数据缺失等不确定性的影响。这些不确定性来源往往难以定量化，但对排放源清单而言也是重要的不确定性来源。虽然各种定量分析方法能够量化不确定性来源对排放源清单的贡献，但定量分析往往忽略了不可量化的不确定性来源。相比之下，半定量不确定性分析方法能将排放模型结构、排放源清单定义过程、数据代表性等通常难以量化的不确定性也纳入评估中，使排放源清单不确定性评估更为全面。

半定量不确定性分析是一种高度依赖于专家判断的评估方法，其输入的不确定性基本采用专家判断法进行评估，导致半定量不确定性评估或多或少受到主观判断的影响。这种影响程度与评级体系或评分谱系矩阵的复杂性、基础数据相关文档的丰富程度、专家自身经验和认知的影响。在以上介绍的三种方法中，DARS方法的评分依据最为简单，仅仅根据样本量或数据获取方法进行单层次评估，因此最容易受到主观性的影响，评估得到的等级或者评分结果基本不能清晰描述一个清单不确定性的范围，也不能识别出排放源清单不确定性的关键来源。DQI和NUSAP方法采用谱系矩阵从多个方面综合评估一个模型输入的不确定性，降低了主观性的影响，评估结果也相对而言更为可靠。利用这一点，国外学者将模型输入的数值评估结果转化为概率分布结果，在此基础上还可以利用蒙特卡罗等随机模拟方法实现模型输入不确定性在模型中的传递，进而获取模型输出的概率分布。从这个角度而言，与随机模拟相结合的DQI和NUSAP方法已经非常接近定量不确定性分析方法。

尽管如此,主观性对 DQI 和 NUSAP 方法的影响依然无法消除。基于同一个谱系矩阵和文档材料[43],不同专家对模型输入不确定性的评价结果还可能出现明显差异,因此这也难以保证评价结果的等级顺序是绝对的。例如,A 级一定优于 B 级,而 B 级一定优于 C 级。U.S. EPA 曾经做了一项内部实验,要求 12 名行业专家使用多个谱系矩阵评估周期评价清单数据集的数据质量,结果发现 12 名专家对同一个数据的评分结果一致性非常差。其原因可以总结为以下几点:①谱系矩阵的描述不够精确;②基础数据和文档材料不完善;③专家对评分推导过程的思路或逻辑存在差异。为了进一步提高 DQI 和 NUSAP 方法的评估质量,U.S. EPA 建议可以采用多名专家同时进行评估或者提高谱系矩阵的描述精细程度。

3.4.5 半定量不确定性分析方法案例

本小节采用作者研究团队和香港科技大学共同编制的《香港大气污染物排放源清单可变性与不确定性分析研究报告》[47]中的一个研究分析作为案例,展示如何开展排放源清单的半定量不确定性分析。该案例采用半定量方法分析了香港特别行政区内燃型固定燃烧源排放源清单的不确定性。

1. 案例介绍

在香港特别行政区的排放源分类中,固定燃烧源涵盖工业类的燃烧排放,包括工业用途的燃油发电、商业用途的燃烧排放、居民燃烧排放、非道路机械排放、废弃物燃烧和工业园区内非道路机械内燃机燃烧等。其中,废弃物燃烧包括工业废弃物燃烧、医院废弃物燃烧、生活垃圾燃烧、人体火化等。这些燃烧源采用的燃料主要是蒸馏燃油、煤气、石油气和煤油。固定燃烧源排放采用排放因子方法进行表征,其排放因子主要来自 U.S. EPA 的 AP-42 和欧洲 CORINAIR 等文献。

2. 排放源清单输入数据的不确定性评估

固定燃烧源表征采用的大部分活动水平数据来自相应的政府部门和公司企业收集统计的数据。作为商业用途和政府部门管理用途,这些活动水平数据基本上是可靠的,其不确定性可以忽略不计。少量活动水平数据,如燃烧消耗,主要来自调研或者可靠的统计结果,因此也不考虑其不确定性。

本案例采用的排放因子来自 AP-42 和 CORINAIR 等文献,这些排放因子本身就具有较高的不确定性,并且基于国外排放源测试获取的排放因子也无法较好地反映香港特别行政区固定燃烧源的排放特征。然而,这些排放因子的不确定性难以采用定量手段进行量化，其主要原因如下：①香港特别行政区部分固定燃烧源有当地现场的实测排放因子，但可用于量化排放因子不确定性的详细测量数据量有限；②AP-42 和 CORINAIR 只提供了其他排放源排放因子的等级评价结果（A～E），缺乏定量化结果。基于这些限制，本案例参考 AP-42 提供的不确定性信息（表 3.1），采用定性的方法评估固定燃烧源中各类子级排放源排放因子的不确定性（表 3.10）。在此基础上，利用半定量不确定性分析方法评估每一类子级排放源的不确定性，最终汇总累积形成整个内燃型固定燃烧源的不确定性。

表 3.10　固定燃烧源的活动水平、排放因子及不确定性等级

一级排放源分类	二级排放源分类	排放因子不确定性等级				
		PM_{10}	SO_2	NO_x	VOCs	CO
工业	工业（不包括非制造业、焚烧和水泥生产）	A	A	A	A	A
	煤气	E	E	E	E	E
非制造业	非制造业	B	B	B	B	B
铁路	广九铁路（主线）	B	B	B	B	B
	地铁（并联）	B	B	B	B	B
机场及货运站	货物码头：设备	B	B	B	B	B
	货运站：非道路车辆	E	E	E	E	E
	机场：设备	B	B	B	B	B
	机场：非道路车辆	E	E	E	E	E
商业	工业柴油	A	A	A	A	A
	液化石油气	E	E	E	E	E
	煤油	A	A	A	A	A
	煤气	E	E	E	E	E
居民燃烧	液化石油气	E	E	E	E	E
	煤油	A	A	A	A	A
	煤气	E	E	E	E	E
居民煤气生成	居民煤气生产	A 或 B	A	A 或 B	A	A
工业废物（除燃烧外）	垃圾	D	D	D	E	
	柴油	A	A	A	A	
	医院废物	B	B	A	B	E
	尸体	E	E	E	E	E

注：A＝1，B＝2，C＝3，D＝4，E＝5；对于来自 AP-42 和 CORINAIR 等参考文献中未进行加权评分的部分排放因子，采用 E 评级[36, 37]。

3. 排放源清单的不确定性分析结果

各类子级排放源排放因子的不确定性存在差异。为了量化固定燃烧源排放的不确定性，需要综合考虑不同子级排放源排放强度和不确定性大小的贡献。基于以上获取的排放因子不确定性等级，本案例对每一类子级排放源排放因子的等级评价结果进行赋值（A＝1，B＝2，C＝3，D＝4，E＝5），赋值后的数值与每一类子级排放源的排放强度相乘，得到每一类子级排放源的额定累积排放量。累积排放量结果越大，其对整体排放总量不确定性的影响越大。最终汇总所有排放源的累积排放量，再与所有排放源的排放总量对比（额定累积排放量/排放总量），便可获取排放总量的累积评分值及等级（表 3.11）。从表 3.11 中看出，每种污染物的累积评级结果都为 B，根据等级评价界定的不确定性大小，判定每种污染物的不确定性范围约为 20%～60%。

表 3.11　其他燃料燃烧排放的不确定性

污染物	排放总量/t	额定累积排放量/t	累积评分值	累积评级	不确定性/%
SO_2	3 177	4 895	1.54	B	20~60
NO_x	12 318	28 390	2.30	B	20~60
PM_{10}	1 360	2 855	2.10	B	20~60
CO	3 747	8 227	2.20	B	20~60
VOCs	1 552	3 374	2.17	B	20~60

3.5　定量不确定性分析方法

相比定性和半定量不确定性分析方法，定量不确定性分析方法是一种更为有效、客观的不确定性分析方法。它能够量化排放因子、活动水平等排放模型参数不确定性对排放源清单编制的影响，结合敏感性分析还能够识别导致排放源清单不确定性的关键来源，进而在指导排放源清单改进的过程中能提供更有价值的详细参考信息。在基础数据足够详细的情况下，输入不确定性的量化更多依赖于数据本身，而非评估人员的主观判断，分析结果更为可靠。同时，定量不确定性分析方法也是一种更为复杂的不确定性分析方法。它要求对纳入分析的排放源清单输入的不确定性有一个详尽的定量描述，包括不确定性的概率分布模型及相关的分布参数。实现输入不确定性定量描述的关键前提与难点是要具有足够的测试数据，或者相关基础数据要满足不确定性量化的需求。这往往是阻碍评估人员开展排放源清单定量不确定性分析的主要原因。本节主要围绕定量不确定性分析的方法与流程，重点介绍排放源清单输入参数的不确定性量化方法、清单不确定性传递方法和关键不确定性来源识别方法，并采用案例展示如何利用定量不确定性分析法量化识别排放源清单的不确定性及关键来源。

3.5.1　定量不确定性分析的框架

排放源清单通常是由排放因子、活动水平等排放模型参数构成的数学模型计算得到的。根据 3.1 节中的分类，排放源清单的不确定性来源包括定义不确定性、参数不确定性和模型不确定性。但实际上，当谈及排放源清单定量不确定性分析时，更多是指量化由于研究对象差异性、有限测试数据的随机误差、测量的随机误差或者专家判断所带来的排放因子、活动水平等排放模型参数的不确定性，可通过统计手段或者专家判断进行量化。相较之下，排放源清单定义和排放模型结构的不确定性量化难度高，基本不纳入定量不确定性分析中，通常只在描述清单结果中进行定性讨论。据此，本书将清单定量不确定性分析的框架归纳为三个主要步骤：①排放因子和活动水平等排放源清单输入参数的不确定性定量化；②清单输入参数不确定性在排放源清单模型中的传递和排放源清单输出不确定性量化；③基于敏感性分析的重要不确定性来源识别[3, 5, 48-50]。

清单输入参数的定量不确定性分析是利用统计分析方法或者专家判断等方法量化排放因子、活动水平和排放模型其他相关参数的不确定性，并获取其不确定性的概率分布，为后续的排放源清单不确定性传递提供基础输入。这一步也是区别半定量不确定性分析的关键。排放源清单的不确定性量化需要收集足够数量的样本数据，以反映不同测试条件、工艺水平、排放标准等因素带来的个体污染源排放差异性。正因如此，排放源清单定量不确定性分析的大部分工作花在数据收集和清单输入参数不确定性量化上，半定量不确定性分析只需根据数据的来源或者测试等信息评估排放源清单模型参数的不确定性等级，其结果不考虑不确定性的概率分布特征，无法用于准确量化清单结果的不确定性及概率分布特征。排放源清单定量不确定性分析需要量化排放因子和活动水平等清单输入参数的不确定性。其中，排放因子的不确定性量化可以采用概率统计分析方法或者专家判断等方法进行量化，选择哪一种方法取决于数据的收集情况。活动水平通常来自部门统计数据，相对排放因子而言不确定性较小，实际应用中通常采用专家判断法简单量化。除了排放因子和活动水平，排放源清单模型中还有其他参数，如工业源排放模型中的废气收集率、污控装置去除率、运行率等，以及天然源模型中的温度、湿度和降雨量等气象因子，也存在较大的不确定性。如果涉及组分清单和网格化清单，成分谱和时空分配谱也是清单输入参数，也需要在不确定性分析中进行考虑。这些模型参数的不确定性也可采用与排放因子相同的方法进行量化。

不确定性传递是基于排放模型输出对输入扰动的响应特征，利用随机模拟或者误差传递的方法将排放源清单输入不确定性传递到排放模型输出，进而量化排放源清单的不确定性。排放源清单模型基本上都是一些简单的数学模型，其不确定性传递相较于本书后续介绍的大气化学传输模型不确定性传递要简单很多。IPCC 中推荐的不确定性传递方法有基于泰勒展开式的解析方法以及基于随机模拟的蒙特卡罗方法等[5]。解析方法要求描述清单输入参数的概率分布模型为正态分布，且无法应用于结构稍微复杂的排放模型中，在实际的不确定性传递方法模型中很少使用。相比之下，蒙特卡罗方法应用简单，可靠性与灵活性高，且适应于所有排放模型，是排放源清单不确定性分析中使用最为广泛的方法，也是本书推荐的方法。

排放源清单定量不确定性分析的最后一步是利用敏感性分析识别导致排放源清单不确定性的重要清单输入参数，以指导排放源清单改进的方向与重点，从而降低排放源清单的不确定性和提高清单的质量，常见的方法有相关系数法和方差分析等。敏感性分析是排放源清单定量不确定性分析框架体系中不可或缺的一环。缺少敏感性分析，不确定性传递和输出不确定性量化本身无法识别影响排放源清单不确定性的关键来源。同时，敏感性分析在排放源清单建立和改进中发挥着重要作用。现有排放源清单研究通常使用敏感性分析方法确定差异性和不确定性的关键来源。即使排放源清单可能涉及许多不确定性输入，但往往只有少数几个输入参数对总不确定性有很大贡献。因此，敏感性分析可以识别模型的关键不确定性来源，指导模型输入参数改进的优先顺序。排放源清单定量不确定性分析方法流程如图 3.1 所示。

3.5.2　清单输入参数不确定性的量化

排放因子、活动水平或排放模型其他相关参数的不确定性定量分析均可以通过概率统计分析方法或专家判断法进行。一个排放源清单输入参数，如果有相应的测试样本数据，通常可利用统计分析方法定量分析排放模型输入参数的不确定性大小。这些统计分析方法有基于"中心极限理论"的经典置信区间量化法、自展模拟或者直接拟合法。如果没有测试样本数据或测试数据很少（如少于三个），则可以通过专家判断的方法和流程来量化模型输入的不确定性范围和分布特征。

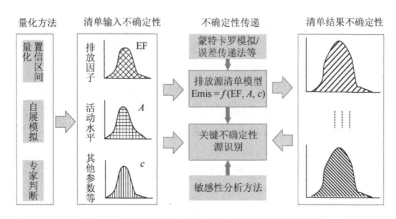

图 3.1　排放源清单定量不确定性分析方法流程

　　利用统计分析方法量化排放源清单输入参数不确定性需要分为两种情况。这里以排放因子为例进行说明。用于计算排放因子的数据通常是对同一类源多个排放个体进行测量获得的，这些数据代表了同一类源多个排放个体之间的差异性。例如，研究人员在建立家具制造行业的 VOCs 排放因子时，通常会选取多个家具制造企业进行排放测试，以尽量获取由于工艺水平、原辅料使用和处理设施差异导致的家具制造 VOCs 排放差异性。假设需要计算一个城市所有家具制造企业的 VOCs 排放量，通常会采用多个家具制造企业的测试排放均值作为行业 VOCs 排放因子进行估算。本质上，是用有限的测试样本数据均值去推断总体的均值。城市内所有的家具制造企业是总体，而作为测试对象的多个家具制造企业是测试样本。对于这种情况，需要量化的是排放因子均值的不确定性，即由于差异性和有限测试样本导致的随机误差。可采用的不确定性分析方法有基于"中心极限理论"的经典置信区间量化法和自展模拟。采用多个测试排放因子均值计算排放源清单也是实际应用的常规做法。这种处理方式能够在一定程度上提高排放因子的代表性，降低排放源清单表征的不确定性。因此在排放源清单不确定性分析中，如果可以获取某一类排放源的原始测试数据，通常是量化平均排放因子的不确定性。

　　但在实际研究工作中，常常遇到这样的情况：对于缺乏本地排放因子测试数据的某一类排放源，通常采用不同文献或地区来源的排放因子计算清单。这些排放因子基本是排放测试数据的均值，大小不尽相同，已经代表了这一类排放源测试样本均值的不确定性。可以假设本地排放因子均值与从其他研究或者地区收集的排放因子均值具有相同的概率分布特征，因此当地的排放因子均值不确定性可用文献或其他地区来源的排放因子均值的概率分布模型进行描述，即直接拟合法。这种方法主要涉及概率分布模型的选取、分布参数的估计和拟合优度评价，其简要过程参考本书第 2 章,本小节不再重复介绍。

除了以上介绍的方法,本章介绍的定性和半定量的方法也能用于量化输入参数的不确定性。在实际研究工作中,有很大一部分活动水平的不确定性是采用定性或者半定量的方法进行量化。定性或者半定量评估的不确定性等级转化为不确定性分布范围,并根据数据的特点假设一个合适的概率分布模型。从本质上讲,定性与半定量方法其实就是对排放因子进行"人工评级",可以理解为依靠一套完整成熟体系进行的专家评定。定性/半定量评级有一套基于某种算法或规则的、完整的、公认的评价标准与体系,相对一名或多名专家据经验的主观评定更加精准。然而,因为其本质上仍属于规则更复杂的主观评定,因此仍具有专家评定的局限性,结果需要进行进一步的修正。

本小节重点介绍经典置信区间量化法、自展模拟和专家判断法这三种方法。

1. 经典置信区间量化法

经典置信区间量化法是一种基于中心极限定理的排放因子均值不确定性量化方法。中心极限定理是统计学中的一个基本定理,定义为从均值为 μ、方差为 δ^2 的任意一个总体中抽取样本量为 n 的样本,当 n 足够大时,样本均值 $\overline{X}$ 的抽样分布近似服从均值为 μ、方差为 δ^2/n 的正态分布。其中,样本均值的方差也称为标准误差(standard error of the mean,SEM)。在总体样本方差 δ^2 未知的情况下,一般采用样本方差 S^2 进行代替。在排放源清单研究中,如果测试数据是随机的、独立的样本,并且 SEM 足够小(或者一般要求样本量大于 30),测试数据均值的分布接近正态分布,其不确定性的 95% 置信区间可以采用 $\overline{X} \pm 2SEM$ 进行估算。

经典置信区间量化法虽然简单,但应用条件也非常苛刻。基于中心极限定理的置信区间量化法通常要求样本数据足够多,同时样品总体的概率分布类型应服从正态分布等严格要求,从而使得在实际不确定性分析中的应用受到限制,而牵强使用则会带来不确定性分析结果的不合理或偏差。由于经典方法的这些限制,目前,模型输入定量不确定性分析通常使用新颖灵活的自展模拟量化模型输入变量的不确定性大小。

2. 自展模拟

自展模拟又称为自举法,是最初由美国斯坦福大学统计学教授埃弗龙(Efron)在 1977 年提出的一种用原样本自身的数据抽样得出新的样本及统计量的方法。其基本思想是在全部样本未知的情况下,对样本数据进行多次重抽样,形成自展样本(bootstrap sample),通过分析自展样本获取某个估计的置信区间。抽象地讲,自展模拟利用重抽样方法榨干样本中的信息，把样本的剩余价值发挥在估计的置信区间的构建上。自展模拟由于其通用性和易操作性而被广泛使用，只要有少量的样本数据就可以开展自展模拟。应用在不确定性分析中，自展模拟能够量化模型输入参数的不确定性置信区间[51]。

　　根据自展样本的获取方式，自展模拟可以分为参数自展模拟和非参数自展模拟。如果自展样本是从原始样本数据有放回的多次抽样，则为非参数自展模拟（也称为自展重抽样）；如果是从原始样本拟合的分布模型中多次随机抽样获取，则为参数自展模拟。本节以参数自展模拟为例介绍自展模拟的基本过程：通过对描述样本数据的拟合概率分布模型（包括有参数的概率分布模型和非参数的经验分布模型）进行随机自展抽样，得到样本容量为 n（一般为样本数据的个数）的自展样本；对自展样本进行统计分析，可以获得均值、标准差、中位数等统计量，这些统计量也称为自展复制值。通过反复进行随机自展抽样，从而得到 N 个自展样品，对 N 个自展样品的统计量（如均值、标准差、概率分布模型参数、中位数等）即自展复制值进行统计分析，则可量化不同统计量的置信区间范围（或不确定性大小）和拟合描述这些统计量的概率分布模型，用来代表模型输入的不确定性。一般情况下，常用模型输入参数平均值这个统计量的置信区间或分布模型代表模型输入的不确定性。自展模拟量化模型输入不确定性的主要优点是：与中心极限定理强烈依赖模型拟合分布要求为正态分布的假设不同，它不依赖于描述输入变量的概率分布模型类型，因而更为灵活和实用。

　　如图 3.2 所示，基于自展模拟的定量不确定性分析一般涉及以下三个步骤。①模型输入变量样本数据的概率分布模型拟合：确定代表样本数据的概率分布模型类型，以描述模型输入的差异性；②自展样本建立：从拟合的概率分布模型中随机抽取与原始样本同等数量的自展样本，模拟原始样本的随机抽样过程；③输入参数不确定性量化：对自展模拟获得的自展样本进行统计分析，通过拟合代表统计量（一般使用平均值）的概率分布模型，用以描述模型输入变量的不确定性。其中，步骤①和步骤③使用的分析方法、技术和分析过程一样，主要涉及概率分布模型的拟合参数估值和拟合优度检验，以确定代表模型输入参数的差异性和不确定性的概率分布模型。其不同点在于：步骤①是直接对模型输入变量样本测试数据（样本数据为 n）进行概率分布模型拟合，用以描述输入变量的差异性；而步骤③是对自展样本统计量（样本数据为重抽样的模拟次数）进行概率分布模型拟合，用以描述输入参数的不确定性。这里简要介绍自展样本建立和输入参数不确定性量化的详细过程。利用自展模拟进行模型输入不确定性量化的详细方法、过程与讨论可参阅相关文献[2, 19, 28, 51-53]。另外，步骤①和③中的概率分布拟合主要涉及参数估计和拟合优度检验，其简要过程可参考本书第 2 章或者其他统计书籍[2]。

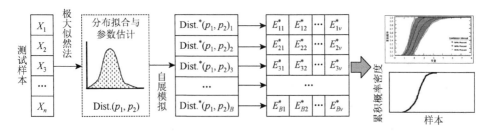

图 3.2　基于自展模拟的清单输入不确定性量化

在确定描述测试数据差异性的概率分布模型（包括非参数经验分布模型）以后，可以利用自展模拟分析手段分析输入变量相关统计量的不确定性。自展模拟通过对代表测试数据拟合分布，进行自展抽样量化测试输入变量由于随机误差导致的不确定性。其模拟过程为：首先假设样本大小为 n 的测试数组 x 是分布 $\hat{F}$（一般为拟合的代表变量的概率分布模型）的随机抽样，然后重复提出问题："假如同一分布 $\hat{F}$ 有一组个数同为 n 的不同的随机样本数据，将会怎么样？"这一问题可通过重复生成"自展样本"解决。自展样本 x^*，定义为由分布 $\hat{F}$ 抽样的大小为 n 的随机样本，自展样本的模拟方法采用蒙特卡罗模拟方法。大量的独立的自展样本 B（$x^{*1}, x^{*2}, \cdots, x^{*n}$）从分布 $\hat{F}$ 中随机抽样产生。从每一个自展抽样样本 B 可计算出一个新的统计量 $\hat{\theta}^*$，计算公式如下

$$\hat{\theta}^{*i} = f(x^{*i})\,(i = 1, 2, \cdots, B) \tag{3.1}$$

式中，$\hat{\theta}^*$ 可视为 $\hat{\theta}$ 的自展复制（bootstrap replicates）向量，$\hat{\theta}$ 可代表平均值、中位数、拟合分布模型参数等统计量。

自展复制（$\hat{\theta}^{*1}, \hat{\theta}^{*2}, \cdots, \hat{\theta}^{*B}$）是每一个统计量 θ 的独立实现。自展复制值的离散度反映出由于随机抽样误差引起的统计量估算的不确定性，因而自展复制向量描述的是统计量抽样分布的估算样本空间。由于统计量是根据随机抽样的自展样本数据计算得到的，其本身就是一个随机变量。大量的自展样本能更合理、近似地获得统计量的真实抽样分布。一般来讲，自展样本的数量需要达到一定数量才能更准确地反应统计量的不确定性变化，Efron 推荐至少要 200～2000 个，在实际应用中，自展样本数据通常确定为 500 或更多[54]。

通过分析自展模拟抽取的自展样本，相关统计量（一般是均值）的不确定性可以使用置信区间或概率分布模型来描述或量化。95%置信区间常被用于描述变量的不确定性范围，通过建立相关统计量的累积分布函数，利用 Hazen 方法求出第 2.5 个和 97.5 个分位点对应的值，即可以确定该统计量的不确定性范围（95%置信区间）[55]。

3. 专家判断法

当数据缺乏，难以使用统计分析方法进行不确定性分析和量化时，可采用专家判断（expert judgement）帮助定量分析排放源清单模型输入参数的不确定性[4]。使用专家判断法开展排放源清单不确定性分析时，需考虑以下关键因素：①如何制定合理的判断准则和原则供专家判断遵循？②是否需要召集专家对判断对象进行讨论？③如何记录或解释每个专家的判断依据？④如何识别与评价专家判断的相似点与不同点及其缘由？⑤是否需要反馈初步判断结果，让专家再次判断，以进一步确定模型输入的不确定性范围？

专家判断通常通过专家引出（expert ecilitation）方法来完成。专家引出是将专家的判断转化成量化概率密度函数的过程。在不确定性分析中，专家引出的关键是获取某一变量的可能变化，从而确定研究对象的概率密度函数，因此，专家引出中无须要求专家达成一致的判断；在两个或两个以上专家对同一个变量进行判断时，重点需要分析他们对同一个变量判断的差异及原因。

专家判断的最常用方法是德尔菲法（Delphi method）[56]。在这种方法中，分别将所需判断的问题单独发送到各个专家，征询意见，然后回收汇总全部专家的意见，并整理出综合意见。随后，将该综合意见和预测问题再分别反馈给专家，再次征询意见，各专家依据综合意见修改自己原有的意见，然后再汇总。这样多次反复，最后汇总成专家基本一致的看法，作为预测的结果。这种方法具有广泛的代表性，较为可靠。德尔菲法不需要假设基础排放数据的独立性或分布，这种方法简便易行，具有一定的科学性、实用性以及一定程度综合意见的客观性，在一定条件下是一种最为有效的判断预测法。但是，德尔菲法的应用受到所选专家的水平和所遵循的分析协议的限制，而且过程比较复杂，花费时间较长。

斯坦福/SRI 规则是专家引出的另一种经典方法。该规则将利用专家判断进行定量不确定性分析过程概述为 5 个步骤[3, 57, 58]：①确定研究对象，邀请专家。研究人员根据研究对象的特征和目的，邀请相关专家，并向专家阐明研究目的、需求与使用专家判断之间的关系。②明确不确定量和定义。对要求专家判断的模型输入不确定变量，研究人员提供的定义必须足够明确，使得专家可以做出最可靠的判断。如果相关定义过于复杂，则应考虑简化定义。③创设条件，让专家掌握所有相关资料。提供给专家所有相关资料（如现有数据资料）和研究对象背景知识，以便专家能够充分分析所有相关资料，做出专业判断。④引出，对专家判断进行量化。对专家判断结果进行分析，确定最能反映专家判断结果的可能性范围或概率分布类型。⑤校正，复核结果。对引出阶段所得的概率分布类型进行测试，以确保根据专家判断引出的概率分布模型能够正确反映专家的观点。研究人员可将初步引出的专家判断结果反馈给专家，以确定选用的概率分布类型（或输出结果）的代表性。

常用于引出专家判断的方法包括：①固定值法。让专家判断研究变量高于或低于某一固定值的概率，通常可重复 3~5 次。例如，某一排放源类别其排放因子小于 100 的概率有多大？②固定概率法。研究变量某一特定概率下的数值是什么？例如，在 2.5%累积概率的排放因子是多少？③区间方法。这种方法强调中位数和四分位数的判断。通常要求专家判断研究变量在特定概率空间的变化范围，以及可能的中位数是多少。例如，可以要求专家判断某一排放源排放因子在 95%置信区间下的变化范围以及中位数大小等。④图表方法。专家自行绘制自己判断的概率密度分布，但是使用时必须谨慎，因为有些专家对自己概率密度函数的知识可能过于自负。使用哪种方法取决于专家对概率分布的熟悉程度，一般来说上述几种方法可以综合使用。

如何使用专家判断结果，IPCC 推荐了下列处理方法：①如果专家只提供研究变量上、下限值时，一般可假设概率密度函数是均匀分布，变化范围与 95%置信区间对应；如果专家同时提供了最可能值，一般可假设使用最可能值作为众数的三角分布概率密度函数，并且高值和低值与 95%置信区间对应。②当专家对研究变量有不同判断时，可以使用不同专家的判断分别描述研究变量的不确定性，并对结果进行评价，或者请专家对其判断的准确度进行评分，作为权重，通过加权运算合并不同的专家判断。

需要指出的是，专家判断是一种带有主观性的方法，可能存在由于主观性因素引起的偏差，专家引出方法的设计应该能够克服由于专家在形成判断时单凭经验（rules of thumb/heuristics）所造成的偏差，因而使用该方法时必须考虑专家判断引起的偏差。专家判断偏差可分为：①非由专家主观意愿所形成的偏差，称为无意识偏差；②由专家主观意愿所形成的偏差，称为有意识偏差。在利用专家判断进行不确定性分析时，可通过建立合理的引出规则避免代表性偏差等无意识偏差，以及在选择专家方面采取更加严谨、客观的方式，严格、仔细地筛选专家，必要时可咨询同行专家，对已选择专家进行评价，以避免由于专家的主观动机或偏好等带来的有意识偏差。

同时，应对专家判断过程进行归档，包括专家判断协议、专家判断引出规则制定、专家判断结果及校验结果等，形成数据库，以便于清单编制者或审计者对基于专家判断的不确定性定量分析进行评价与审核。有关利用专家判断量化分析不确定性可以参阅文献[48]。

3.5.3　排放源清单不确定性传递方法

前面介绍了模型输入参数的不确定性定量方法，在清单编制过程中，排放源清单通常是由排放因子、活动水平数据等模型输入参数构成的数学模型计算得到的。不确定性传递是将模型输入的不确定性传递到模型输出，从而量化排放源清单的不确定性。目前，广泛应用的排放源清单不确定性传递方法主要有基于泰勒展开式的解析法以及基于随机模拟的蒙特卡罗方法。本节主要简单介绍这两种不确定性传递方法，更为详细的资料请参见相关文献[2, 3, 59]。

1. 解析法

解析法是一种基于泰勒展开统计的模型输出不确定性的估算方法。假设 $x_1, x_2, x_3, \cdots$ 是模型 $E = f(x_1, x_2, x_3, \cdots)$ 的输入参数，且参数之间相互独立，则模型输出的误差可采用以下一阶泰勒展开式进行估算：

$$\Delta E = \left| \frac{\partial f}{\partial x_1} \Delta x_1 \right| + \left| \frac{\partial f}{\partial x_2} \Delta x_2 \right| + \left| \frac{\partial f}{\partial x_3} \Delta x_3 + \cdots \right| \tag{3.2}$$

在不确定性分析中，模型输入参数及输出的不确定性可用方差进行表示。根据式（3.2），模型输出的不确定性可近似分为各个输入参数不确定性贡献的和，见式（3.3）。这也是在物理学和工程学上广泛使用的多种误差传递的基本公式。

$$\mathrm{Var}[E] \approx \left(\frac{\partial f}{\partial x_1} \right)^2 \mathrm{Var}[x_1] + \left(\frac{\partial f}{\partial x_2} \right)^2 \mathrm{Var}[x_2] + \left(\frac{\partial f}{\partial x_3} \right)^2 \mathrm{Var}[x_3] + \cdots \tag{3.3}$$

为了方便使用误差传递公式，IPCC《温室气体排放清单编制指南》和欧洲环境署《排放清单编制指南》将排放源清单输入参数的不确定性描述简化为 2 倍于标准差与均值的比值，即 $U = \dfrac{2\delta}{\bar{x}}$，并根据清单的建立过程，将排放源清单不确定性传递分解为两种情况进行计算。①单个排放源不确定性计算。简单的排放模型通常是排放因子、活动水平和其他输入参数的乘积。在这种情况下，单个排放源的不确定性 U_{total} 可采用各个输入参数不确定性 U_i 的平方和进行计算[式（3.4）]。②综合排放源清单不确定性计算。综合排放源清单是多类排放源排放量的加和，其总体的不确定性可采用式（3.5）进行计算，其中 x_1 为各类排放源的排放量。

$$U_{\mathrm{total}} = \sqrt{U_1^2 + U_2^2 + \cdots + U_n^2} \tag{3.4}$$

$$U_{\mathrm{total}} = \frac{\sqrt{U_1^2 x_1^2 + U_2^2 x_2^2 + \cdots + U_n^2 x_n^2}}{|x_1 + x_2 + \cdots + x_n|} \tag{3.5}$$

解析法在部分特殊情景中能够快速准确计算排放源清单输出的不确定性。例如，当模型输入的不确定性都呈正态分布时，其模型输出也呈正态分布，利用解析法能够准确计算模型的分布特征。然而，解析法难以应用于排放模型较为复杂的不确定性计算。例如，由于排放源清单通常包括乘法项（如单个源类别的排放

乘以活动系数）和加法（如单个源类别之间的排放量总和），清单中总不确定性的
结果可能不完全呈现正态或者对数正态分布。如果输入的不确定性 $U_i \leqslant 60\%$（即
标准偏差除以平均值要小于 0.3），解析法的准确性还可以接受。然而，如果排放
源清单不确定性 U_i 超过 60%，那么解析法就会产生较大的偏差。虽然这种偏差可
以被纠正，但是随着排放源清单复杂性的增加，蒙特卡罗方法更容易实现。

2. 蒙特卡罗方法

蒙特卡罗方法的主要原理在本书第 2 章中已经进行了详细介绍，这里主要介绍
蒙特卡罗方法在排放源清单不确定性定量分析应用中的一般步骤。①利用统计分析
或专家判断量化模型输入不确定性，包括分析排放因子、活动水平和排放模型其他
相关参数等模型输入的不确定性以及确定描述这些输入变量不确定性的概率分布
模型。②根据输入变量的概率分布类型，进行模型输入变量的随机抽样，产生代表
每个模型输入的随机值[60]。③计算排放量。利用步骤②每个模型输入的随机抽样值，
代入相应的排放源清单模型，计算在该组抽样下的排放量大小。④循环并分析模型
输出（排放源清单）的不确定性。循环步骤②及步骤③，计算出一系列的不同抽样
组合下的排放量大小，并对这些结果进行统计分析，从而量化模型输出或排放源清
单的不确定性。蒙特卡罗方法应用难点在于：必须了解模型输入不确定性分布信息，
用概率分布模型定量描述模型输入不确定性分布，并根据分布类型，采用适当的抽
样方法，完成模型的抽样计算。同时，蒙特卡罗方法也要求模型输入变量之间相互
独立，如果模型输入存在相关性，则需要通过一定的数学手段，消除输入变量之间
的相关性。与所有方法一样，蒙特卡罗方法只有在正确实施的情况下才能得到满意
的结果。这要求评估人员对排放源清单建立方法有足够的认识和理解。

3.5.4　关键不确定性来源的识别方法

敏感性分析方法是常用的进行关键不确定性来源的识别方法，识别排放源清
单关键不确定性来源有助于指导排放源清单改进的方向与重点，从而提高排放源
清单的质量。基于蒙特卡罗方法或其他类似数值分析方法量化的排放源清单不确
定性分析结果，可以利用敏感性分析方法定量识别排放源清单编制过程中的关键
不确定性来源或输入参数。常用的敏感性分析方法包括相关系数法、回归模型、
方差分析等。有关这些方法的基本理论与具体实现过程可参考本书第 2 章或者其
他文献[59, 61, 62]。在这些方法中，相关性分析和回归分析方法通常适用于线性模型。
如果模型是非线性的，则可采用方差分析或其他方法量化。

除上述分析方法以外，统计图形技术也是快速直观识别排放源清单关键不

确定性来源的有效手段。进行敏感性分析和关键不确定性来源识别的常用辅助图形包括散点图和散点图矩阵等。其中，散点图表达敏感性是最简单，可以直观描绘清单输入不确定性与清单结果不确定性之间的关系。另外，也可以把不同清单输入与输出不确定性描绘在矩阵上，形成散点图矩阵，比较分析不同输入参数不确定性对输出不确定性的贡献大小，以确定关键不确定性来源。

3.5.5　不确定性分析工具 AuvToolPro 2.0 介绍

AuvToolPro 软件是一款基于 C/S 架构的数据差异性与不确定分析工具软件，能够对用户导入或直接输入的数据进行差异性和不确定性分析，通过用户自主的建模，利用蒙特卡罗方法和敏感性分析方法，模拟计算建模输出结果的差异性或不确定性，量化各类输入参数差异性或不确定性对建模输出结果的影响。AuvToolPro 将复杂的不确定性分析简单化，用户无须编写任何代码，即可开展复杂的不确定性分析。整个软件以项目的思想进行管理，自主建模的模型信息可以保存和修改，差异性与不确定性分析获取的参数能够以图形或表格的形式进行显示和导出。AuvToolPro 2.0 是 AuvToolPro 1.0 版本的最新升级版本，内置了本书第 4 章建立的中国排放因子不确定性数据集，新增了模型输入不确定性数据集管理、中英文切换、用户登录与管理等功能，同时专门针对建模过程和模型运分析结果等进行了优化，提高了软件工具的易用性和兼容性，适用于 32 位和 64 位的计算机系统。

具体的新增或完善的功能包括：①新增用户登录功能，用户可在官网（www.auvtool.com）免费注册；②新增不确定性数据集管理功能，将模型输入的不确定性数据进行统一管理，为用户提供不确定性数据录入、编辑、查询、筛选、统计分析等功能；③内置基于源分类的大气污染源排放因子不确定性数据集，为用户开展排放源清单不确定性定量分析提供默认基础数据，降低排放源清单的不确定性分析门槛；④允许用户将个人建立的排放源清单不确定性数据集上传到官网服务器，通过管理员核实确认后更新至内置排放因子不确定性数据集，共享给其他用户使用；⑤新增中英文切换功能，用户可通过菜单栏"语言"进行中文和英文切换；⑥优化了原变量编辑窗口的不确定性信息，删除了原变量编辑窗口的三个组合按钮（手动输入差异性信息，自动填充参数，自定义输入），优化了手动输入的分布信息，新增了不确定性分布图形展示；⑦优化了建模流程，允许用户直接调用排放因子不确定性数据集进行不确定性赋值，也可通过调用变量编辑窗口进行不确定性赋值，提高变量和常量的赋值效率；⑧优化不确定性传递与结果展示窗口，新增变量、常量和模型检查功能，强化不确定性分析的 QA/QC 过程。有关 AuvToolPro 2.0 软件的详细更新功能见本书的附录。

3.5.6　定量不确定性分析方法案例

1. 案例介绍

有机溶剂使用源是指在溶剂使用过程中由于溶剂挥发导致的 VOCs 排放。它涉及的行业非常广泛，包括涂料和胶黏剂的使用、印刷等工业及家庭溶剂清洗等。有机溶剂使用源是最为复杂的人为排放源之一。由于本地化排放因子缺失、详细活动水平（尤其是无组织部分）获取难度高等原因，有机溶剂使用源排放估算通常存在较大的不确定性。因此，本书以"自下而上"方式表征的 2017 年广东省有机溶剂使用源 VOCs 排放为案例，利用建立的定量不确定性分析方法对各行业 VOCs 排放量表征进行不确定性分析，并识别导致其不确定性的关键不确定性来源。

2. 有机溶剂使用源 VOCs 排放清单估算模型与数据来源

有机溶剂使用源分为工业溶剂使用源和非工业溶剂使用源，包括汽车制造、船舶制造、集装箱制造、电子产品制造、家具制造、制鞋、家电涂层、印刷、织物涂层、人造板等工业溶剂使用源以及家用溶剂使用源、建筑涂料使用源、农药使用源、沥青铺路和去污脱脂等非工业溶剂使用源。其中，工业溶剂使用源主要采用基于原辅料消耗量为主和基于产品产量为辅的估算方法，建筑涂料使用源基于建筑涂料消耗量进行估算，家用溶剂使用源和去污脱脂采用基于人口数据的方法，农药使用源基于农药施用量进行估算，沥青铺路则基于新建道路沥青使用量进行估算。该清单活动水平数据主要来自广东统计年鉴和《2017 年广东省环境统计公报》数据。

VOCs 排放因子主要来源于国家/省市技术指南、公开发表研究和国内外数据库，个别排放因子来源于本地化实测。根据表征方法的差异，船舶、集装箱制造、印刷印染行业和农药使用采用基于原辅料使用的 VOCs 排放因子；建筑涂料使用、车辆和家电制造、家具制造、制鞋行业采用基于产品产量的 VOCs 排放因子；其他溶剂使用采用人均消费产品对应的 VOCs 排放因子。

3. 排放模型输入数据的不确定性量化

有机溶剂使用源 VOCs 排放清单不确定性分析采用定量分析方法，依据不确定性分析软件工具 AuvToolPro2.0 和 R 语言来实现不确定性分析建模、输入参数（活动数据、排放因子）分布特征分析以及蒙特卡罗传递的计算（图 3.3 和图 3.4）。有机溶剂使用源 VOCs 排放清单的不确定性来源有活动数据、排放因子和 VOCs 去除率。受到数据来源和质量等因素的影响，针对这些参数进行不确定性量化时所采用的方法也有所区别，针对样本数品有限（小于 3 个）的数据，如本案例的活动水平数据，根据魏巍等[42]的研究工作，结合专家判断构建活动数据的质量等级评估指标，在充分考虑各排放源的实际排放情况并且结合已有的相关研究[63, 64]的基础上，确定各排放源活动水平数据的质量等级和不确定性范围，详细数据质量等级分类情况如表 3.5 所示。本案例的活动水平数据基本来自权威的官方统计年鉴和环境统计数据，数据信息较为充足，因此将本案例的活动水平数据的不确定性定为±10%，呈正态分布。针对样本数量充足（大于或等于 3 个）的数据，如本案例利用文献调研和实地测试收集的排放因子及有机溶剂使用源去除率，则利用自展模拟的方法进行定量分析。结果如表 3.12 和表 3.13 所示。

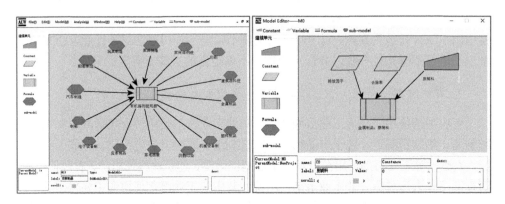

图 3.3　VOCs 溶剂使用源不确定性分析建模（以金属制品为例）

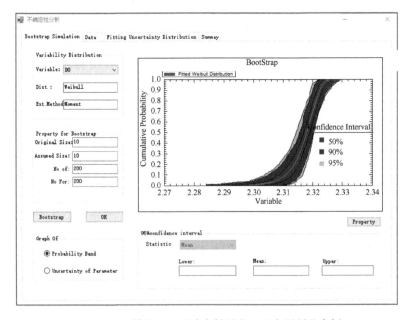

图 3.4　VOCs 排放因子不确定性量化（以金属制品为例）

表 3.12　有机溶剂使用源排放因子不确定性分布

行业	分布类型	参数 1	参数 2	均值	不确定性范围/%
汽车制造（基于溶剂型涂料）	伽马分布	41.19	0.07	597.72（kg/t）	−28～33
汽车制造（基于水性涂料）	对数正态分布	3.93	0.44	56.40（kg/t）	−62～116
船舶制造（基于原料）	对数正态分布	6.16	0.28	492.15（kg/t）	−44～65
电子设备制造（基于原辅料）	韦布尔分布	1.54	598.40	539.10（kg/t）	−89～158
电子设备制造（基于产品产量）	对数正态分布	−2.85	0.78	0.08（kg/m²）	−84～241
机械设备制造（基于原辅料）	韦布尔分布	2.89	688.88	614.18（kg/t）	−79～106
机械设备制造（基于产品产量）	对数正态分布	−0.71	0.30	0.52（kg/件）	−46～71
家具制造（基于原辅料）	韦布尔分布	2.31	574.16	508.75（kg/t）	−77～98
家具制造（基于产品产量）	韦布尔分布	2.28	1.32	1.17（kg/件）	−77～100
印刷（基于原辅料）	韦布尔分布	2.16	570.45	505.88（kg/t）	−79～106
金属制品（基于原辅料）	韦布尔分布	2.32	648.87	575.65（kg/t）	−76～97
金属制品（基于产品产量）	韦布尔分布	8.33	1.5	1.42（kg/件）	−32～124
塑料制品（基于原辅料）	对数正态分布	6.13	0.25	472.03（kg/t）	−41～58
织物印染（基于原辅料）	伽马分布	1.75	0.00	450.01（kg/t）	−90～192
织物印染（基于产品产量）	韦布尔分布	2.49	27.86	24.71（kg/m² 布）	−74～90
家电涂装（基于原辅料）	对数正态分布	6.19	0.53	558.32（kg/t）	−68～144
家电涂装（基于产品产量）	对数正态分布	−1.54	0.49	0.24（kg/件）	−66～130
皮革制品（基于原辅料）	对数正态分布	5.76	0.59	377.28（kg/t）	−73～167
皮革制品（基于产品产量）	对数正态分布	−1.17	1.03	0.52（kg/t 产品）	−92～342
制鞋（基于原辅料）	韦布尔分布	3.15	804.5	721.18（kg/t）	−65～68
制鞋（基于产品产量）	韦布尔分布	2.03	0.02	0.02（kg/双）	−82～114
玩具制造（基于原辅料）	韦布尔分布	1.72	699.34	621.40（kg/t）	−86～139
家用溶剂使用	对数正态分布	2.37	0.53	12.28[kg/(人·a⁻¹)]	−69～144
建筑涂料使用	韦布尔分布	3.27	364.76	326.73（kg/t）	−63～66

表 3.13　有机溶剂使用源 VOCs 去除率不确定性分布

行业	分布类型	参数 1	参数 2	均值	不确定性范围/%
汽车制造	韦布尔分布	2.53	0.23	0.21	−73～89
船舶制造	韦布尔分布	9.19	0.27	0.26	−29～21
电子设备制造	韦布尔分布	4.49	0.17	0.15	−51～46
机械设备制造	韦布尔分布	11.96	0.27	0.25	−23～16
家具制造	韦布尔分布	4.70	0.16	0.15	−50～44
印刷	对数正态分布	−2.06	0.32	0.13	−49～78.4
金属制品	韦布尔分布	3.13	0.21	0.19	−65～69

续表

行业	分布类型	参数 1	参数 2	均值	不确定性范围/%
塑料制品	韦布尔分布	4.59	0.17	0.16	−50~45
织物印染	对数正态分布	−1.50	0.10	0.22	−18~21
家电涂装	韦布尔分布	8.54	0.27	0.26	−31~23
皮革制品	韦布尔分布	4.47	0.16	0.14	−51~46
制鞋	韦布尔分布	4.47	0.16	0.14	−51~46
玩具制造	韦布尔分布	9.39	0.26	0.25	−28~21

4. 清单结果不确定性

如表 3.14 所示，广东省 2017 年有机溶剂使用源 VOCs 排放的不确定性为−47%~76%。在所有行业中，皮革制品行业的不确定性最大，为−68%~222%，电子设备制造行业次之，为−89%~182%，这是因为案例采用的多种来源排放因子之间的差异。相对而言，汽车制造、机械设备制造和塑料制品排放不确定性较小，分别为−38%~43%，−50%~56%，−40%~63%。这可能是因为它们的排放因子不确定性较小。

表 3.14 有机溶剂使用源排放清单估算不确定性分析结果

行业	估算值/(t/a)	95%置信区间	不确定性范围/%
汽车制造	13 955	8668~19946	−38~43
船舶制造	8 002	4667~13839	−42~73
电子设备制造	30 529	3480~86165	−89~182
机械设备制造	57 822	29072~90302	−50~56
家具制造	48 435	16425~88917	−66~84
印刷	62 469	15007~144386	−76~131
金属制品	104 091	41006~192634	−61~85
塑料制品	51 113	30857~51113	−40~63
织物印染	33 359	11633~78093	−65~134
家电涂装	18 496	7999~45918	−57~148
皮革制品	4 551	1456~14649	−68~222
制鞋	10 626	4300~18210	−60~71
玩具制造	2 425	324~6245	−87~158
工业溶剂使用	461 013	244336~811382	−47~76

5. 关键不确定性源识别/排放源清单改进建议

有机溶剂使用源不同行业对 VOCs 污染排放总量不确定性影响相关系数如图 3.5 所示。有机溶剂使用源中的电子设备、家具制造、印刷、金属制品等行业对 VOC 污染排放总量不确定性的贡献较大，其相关系数分别是 0.35、0.25、0.56 和 0.62。虽然有机溶剂使用源尽量以点源的形式计算 VOCs 排放量，减少由面源估算导致的不确定性，但是 VOCs 排放行业的活动数据来自环境统计数据的填报信息，仍存在部分企业数据的关键信息如产品产量、原辅料信息、污染控制设备信息等的缺失情况，无法全面客观地反映实际的生产和污染排放情况，因此这些行业的活动数据仍存在一定的不确定性。另外，对于缺乏原辅料信息的企业，采用基于产品产量的排放因子估算 VOCs 排放量时，由于不同工厂的生产工艺和原辅料存在差异，采用基于产品产量的排放因子，忽略了不同工厂生产过程使用的溶剂类型、溶剂使用比例和原辅料等之间的差异，因而利用基于产品产量的排放因子估算的 VOCs 排放源清单结果具有较大不确定性。通过上述分析可知，有针对性地对 VOCs 溶剂使用的重点行业如印刷、金属制品等行业进行企业调研，获取详细的原辅料和溶剂使用信息，同时对排放因子开展实地测试等，能够有效地减少有机溶剂使用源重点行业的 VOCs 排放不确定性。

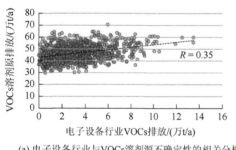

(a) 电子设备行业与VOCs溶剂源不确定性的相关分析

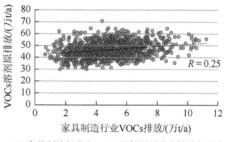

(b) 家具制造行业与VOCs溶剂源不确定性的相关分析

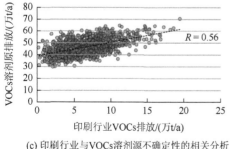

(c) 印刷行业与VOCs溶剂源不确定性的相关分析

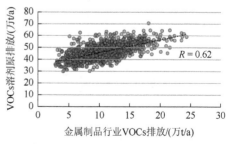

(d) 金属制品行业与VOCs溶剂源不确定性的相关分析

图 3.5　有机溶剂使用源不同行业不确定性与 VOCs 溶剂源不确定性的相关性

3.6　排放源清单不确定性沟通

不确定性分析不仅仅是量化研究对象的不确定性，如何将不确定性结果有效传达给决策者也至关重要，否则，相关研究结果的价值将变得十分有限，甚至可能会导致决策者做出错误的判断。以排放源清单为例，决策者需要了解排放源清单的不确定性大小，这些不确定性的意义以及对决策有什么样的影响[65]。然而，大部分决策者对概率、分布模型和不确定性等概念缺乏认识。对于部分行业专家，不确定性也是一个非常晦涩难懂的概念。在以往提供给决策者的研究报告中，不确定性部分的信息内容总是容易被决策者忽略。这就意味着专业人员有责任找到一种合适的方法，以最清晰地传达不确定性分析的结果，并帮助决策者快速理解不确定性的含义及对决策的影响。这一过程便是不确定性沟通（uncertainty communication），它旨在于改善"科学-政策"和"科学-社会"交流壁垒，是所有学科将不确定性分析结果有效传达给大众面临的核心问题之一[66]。

不确定性沟通并非一个简单的工作，经过近几十年的不断发展，已经成为一门涉及统计学、心理学、社会学等多门学科的研究方向。学者普遍认为良好的不确定性沟通需要利益相关者参与，涉及多方面的沟通。继续以排放源清单为例，利益相关者包括地方环境管理部门、可能受到减排影响的行业或企业以及排放源清单不确定性评估人员和专家。为此，美国国家研究委员会建议在决策中不要忽略不确定性的存在，不要规避科学上的判断分歧，并将不确定性沟通定义为"个人、团体和机构之间信息和意见交流的互动过程"。不确定性沟通的相关概念已经被纳入 U.S. EPA 关于风险沟通的指导文件中[67]。本书主要在参考国外文献的基础上，简要介绍不确定性沟通的主要内容、不确定性沟通的表达方式以及不确定性沟通时需要注意的要点。所介绍的不确定性沟通内容不仅应用于排放源清单，也适用大气化学传输模型等所有不确定性分析。有关不确定沟通更为详细的内容可参考荷兰环境评估机构（Netherlands Environmental Assessment Agency）编制的《评估和沟通不确定性指南》和美国国家科学院出版的《面对不确定性的环境决策》等[68, 69]。

3.6.1　不确定性沟通的主要内容

剑桥大学 van der Bles 等学者将不确定性沟通总结为 5 个方面，分别为确定不确定性沟通的主体（who）、明确待沟通的不确定性内容（what）、确定不确定性沟通方式（in what form）、了解不确定性沟通的受众（to whom）以及预估不确定性沟通效果（to what effect）[70]。

　　不确定性沟通的主体可以是评估不确定性的技术专家或者研究结构，也可以是专门负责进行不确定性沟通的专业人员、记者或者咨询机构。评估和传达不确定性的人多种多样，他们可能是做这两个任务的同一个人或者机构，也可能是密切参与或不参与彼此任务的不同人或机构。不同人或机构沟通不确定性将产生非常不同的效果。一方面，个人能力和研究机构的专业水平决定不确定性能否准确、有效地传达给决策者；另一方面，不确定性沟通的主体与对象可能存在信任或者不信任的关系，进而影响决策者接纳不确定性信息的程度。例如，大部分决策者更容易相信教授或者专业人员传达的不确定性信息，而对学生传达的不确定性信息可能会报以怀疑的态度。

　　不确定性沟通内容包括确定不确定性评估的对象、导致不确定性的来源、不确定性水平、不确定性大小程度或者水平等。其中，不确定性评估的对象分为发生的事件（facts）、数字（numbers）和科学假设（scientific hypotheses）三类。以排放源清单为例，事件可以是广东省 VOCs 排放量是否超过 100 万 t、机动车是最大的 NO_x 贡献源；数字则是各污染物、排放源的排放量；科学假设则表现为变量之间的结构模型，对于排放源清单而言则是排放模型。对于不同研究对象，其不确定性来源存在差异，如排放源清单的不确定性来源可以分为排放因子、活动水平、排放模型其他相关参数等的清单输入参数不确定性，排放源清单定义不确定性和排放模型的不确定性。

　　不确定性沟通方式有多种，从信息丰富程度上有包含全部信息的概率分布模型、包含部分信息的分布模型总结、不确定性范围和不确定性等级以及只提到是否存在不确定性的简单方式；从表达的形式上可以分为数字、图形和口头陈述；从媒介上可以划分为纸质、广播、口头报告和视频等。至于采用哪种表达方式，则取决于不确定性沟通的内容和不确定性沟通的目标受众。

　　不确定性沟通的效果不仅取决于不确定性沟通的主体和方式，还取决于目标受众的特点。个人之间专业知识水平、已有的认知、数学水平、教育程度、情感和性格等因素的差异都较大影响受众对不确定性信息的吸收和接纳程度。例如，研究表明人们更容易相信与他们认知相一致的信息或者选择，排除与认知不一致的信息或选择。这种现象称为认知偏差[71]，在 3.6.3 节中有更加详细的讨论。因此，了解不确定性受众的特点是开展不确定性沟通的关键。在实际应用中，往往需要通过充分了解受众的特点，有意调整不确定性沟通的方案，包括确定合适的沟通主体和方式。

　　预估不确定性沟通效果旨在评估不确定性沟通是否达到了预期的目标，以及是否可能产生了意想不到的结果，这对不确定性沟通十分重要。根据预估的结果，沟通人员可以适当对不确定性沟通的细节进行调整，以逐渐达到沟通人员预设的沟通效果。不确定性沟通的目的千差万别，但有效的沟通都应该能够为决策者提供有用的见解，帮助他们做出决策，而并不是告诉决策者应该做什么、不做什么。荷兰环境评估机构编制的《评估和沟通不确定性指南》中列出了有效不确定性沟通的标准，具体为包括：①提供受众需要了解的不确定性信息；②受众知道在哪里可以找到更详细的不确定性信息；③不同表达方式和传达主体提供的不确定性信息具有一致性；④不确定性信息应位于报告中最有可能被受众阅读的位置；⑤受众能够理解不确定性信息，尽可能地减少误解、偏见以及认知偏差；⑥受众理解不确定性信息不需要花太多的时间和精力；⑦不确定性信息能够用于帮助受众做出决策判断或者形成个人意见。

3.6.2　不确定性沟通的表达方式

不确定性沟通中最广泛使用的不确定性表达方式是概率，然而，通过概率将不确定性信息有效传递给决策者和外行听众是一件极具挑战的事情。国外研究学者指出，不确定性沟通更多的是艺术而不是科学，因为在实际的应用中通常依赖于直觉而不是深入的研究[72]。概率信息以及相关的不确定性信息可以通过数字、口头陈述或图形来传达。每种表达方法都具有各自的优缺点，但缺点的存在并不意味着方法不能使用，而是在制定政策时应该考虑和调整这些方法的缺点。在实际的应用中，选择合适的方法取决于应用场景和传达的对象。

一般来说，用数字表示概率信息（如百分比、频率表、置信区间等）比用口头表达和图形形式表示不确定性更准确。与图形和口头表达不同，数字可以放在表格中，以便在演示中展示大量信息。例如，大部分排放源清单不确定性分析研究会采用表格形式描述各污染源、污染物排放的不确定性范围，通常做法是列出排放基准值或者排放不确定性均值以及排放的 95%或 68%置信区间（以 95%居多）。这对于具有较少技术背景的人员来讲是一种直观的不确定性表达方式，能够直接告知决策者大气污染物排放量在一定区间范围内的取值和不确定性大小。然而，受个人喜好和认知的影响，不同的人对置信区间背后所代表的分布类型解释存在差异。Dieckmann 等[73]的研究显示，如果只给出一个区间范围但又不告知分布类型时，大多数人会认为该区间是一个均匀或正态分布，有些人认为是 U 形分布。另外，相较于口头陈述和图形演示，数字表示难以引起人们的注意力。

口头陈述（如采用"可能"、"不太可能"或者等级评估等定性信息）也可以用来传达不确定性。由于人们通常更加熟悉日常语言的口头表达，这种方式比数字表示更能够吸引人们的注意力，也可以更好地适应个人或群体的理解水平，而且还能有效地描绘方向性。实际上，很多排放源清单定性分析研究就采用类似的定性信息传达清单不确定性，如"清单表征结果存在较高的不确定性"，并通常会从排放因子、活动水平数据获取等排放模型参数确定等方面陈述不确定性的可能来源。为了提高定性信息的客观性，国外研究机构会采用定性表格或者质量评级方法（如 3.3.2 小节）的方法描述不确定性。例如，IPCC 根据决策依据证明材料是否充足和专家对结论判断的一致性程度描述报告结论的不确定性[74, 75]。然而，口头陈述采用的定性信息在传达不确定性方面还是较为模糊[76]。一方面，定性信息的含义通常取决于其使用的上下文，即在什么情况下，不确定性被归为哪一类等级取决于研究领域的固定评级或上文规定的定义，决策者以及缺乏技术背景的人员在阅读材料时可能会忽略上下文这些信息。另外，对"可能""非常可能""高一中一低"等词背后所代表的概率在理解上因人而异，这可能会降低这种宽泛的分类评级或口头陈述的传达效果。例如，有学者研究了人们对 IPCC 报告中口头陈述的理解，发现人们总是曲解 IPCC 不确定性表达的预期幅度，大部分人理解的概率比 IPCC 指南规定的要低。例如，IPCC 使用"常有可能"一词表示 90% 或更高的概率，而大部分读者认为概率只有 50%～75%[77]。此外，不同的群体对这些口头陈述的解释存在差异。对于 IPCC 报告中"一半一半（50% 概率）"的表达，学生群体普遍认为估值的中位数处于 45%～55%，而政策制定顾问群体则认为中位数应该处于 35%～65%[78]。

相比口头表达和数字形式，图形能够展示更多不确定性的信息，包括不确定性的分布特征和局部细节。排放源清单研究常用来表达不确定性的图形有概率密度函数（PDF）、累积分布函数（CDF）和箱形图等[80, 81]。研究表明，图形也能够很好地向非专业人员传达不确定性信息，但不同的图形传达的信息存在各自的优缺点，适用于不同的场合。PDF 用曲线下面积表示概率分布，可以作为概率密度变化的敏感指标，能够突出不同取值范围的相对概率和微小变化，缺点是随机抽样引起的微小变化可能导致曲线出现噪声，并且对应的概率需要用曲线、面积计算，不直观。CDF 能够较好地显示分位数和间隔的概率，不受噪声影响，分布形状更加平滑，但很难判断其分布的形状，因此读者也较难直接理解其传达的不确定性信息。箱形图能够直接、准确地标注分布的中位数、范围等分位数，但没有提供分布形状的信息。此外，不同的图形也会诱导不同人员根据自己对图表内容的熟悉程度和理解做出不同的决策。例如，根据 PDF 判断最佳估计时，受试者倾向于选择曲线的峰值，而并非不确定性平均值（如果没有在曲线标记出来）[79]，而根据箱形图判断最佳估计时，受试者倾向于选择中位数。

总体上，选择哪一种不确定性表达方式取决于排放源清单使用对象的背景知识水平以及其需要提出的哪些不确定性信息，因此在不确定性沟通过程中，了解数据使用对象的信息也非常重要。Krupnick 等[80]的研究结果表明，向高级别决策者传达不确定性最适合的方式是表格和 PDF，表格信息能够记录很多不确定信息，容易对比且易于理解，而 PDF 是大部分人最熟悉的不确定性图形显示方式。另外，在使用 PDF 传达不确定性时，建议把平均值的位置也在图形中标注上。Ibrekk 和

Morgan[79]也建议在使用 PDF 传达不确定性时，把平均值的位置也在图形中标注上。然而，没有技术背景的人员很难从表格和 PDF 中摘取准确的不确定性信息，在这种情况下，需要采用更为直观和简单的方法传达不确定性，如口头陈述或者简单的数字表述。

3.6.3　不确定性沟通的注意要点

除了不确定性表达方式，排放源清单不确定性沟通过程中也还有一些因素需要考虑，包括：①了解决策的目的和背景；②明确不确定性的类型和来源，以及不确定性分析方法；③不确定性沟通对象的知识水平；④不确定性结论在报告中的位置和表达方式。最好的不确定性沟通方式就是不确定性评估人员参与整个决策过程。一方面，评估人员能够了解决策的目的和背景，进而更好地将不确定性分析重点和细节放在决策人员关注或者容易摇摆的排放源和污染物，同时明确决策人员主要关心的不确定性来源，进而在不确定性分析阶段纳入考虑；另一方面，评估人员全程参与决策过程，也能够及时地向决策人员传达和解释不确定性信息，说明这些不确定性信息可能会给决策的判断依据带来哪些影响，也能根据决策人员的问题制定不确定性表达和沟通的最佳方式。不确定性沟通对象的知识水平决定了不确定性沟通的表达方式，如果沟通主要对象是缺乏专业知识背景的人员，则建议采用口头陈述以及简单的数字表格方式（如含不确定性范围和分布类型等）传达不确定性信息；如果沟通主要对象是专业人员，则建议采用数值表格以及图形结合方式传达不确定性信息。在报告或者期刊论文中，不确定性分析结果的位置也十分重要。为了节省排版空间，有部分报告和论文会将不确定性分析结果置于附录中，但大部分读者并不会翻阅附录中的信息，进而容易让读者忽略排放源清单结果的不确定性。

不确定性沟通会受到偏差的影响。第一种偏差为"框架偏差"（framing bias）[81, 82]，即不确定性信息构建的方式会给决策者甚至专家留下不同的印象，从而影响决策者的信息。最简单的一个例子就是根据不确定性量化结果，声称"某区域 VOCs 排放量超过 100 万 t 的概率为 15%"可能会给不同人留下不同的印象，有高估偏好的决策者可能更加认同 VOCs 排放量有 100 万 t 以上，但低估偏好的决策者可能会认为这是一种低概率事件；相反，另外一种表达"某区域 VOCs 排放量低于 100 万 t 的概率为 85%"，大部分决策者会偏向选择较低的排放量。实际上，这两种表达包含了相同的信息，但决策者收到的信息则存在明显差异。第二种偏差为"主观偏见"，即不确定性信息容易受决策者和专家的偏见影响。如果决策者对不确定性的判断存在偏见时，不确定性沟通的效率则相对有限，这种偏见无法消除，只能通过调整不确定性传达的方式降低。第三种偏差为是"信心偏好"，即决策者倾向于对他们基于启发式做出的判断过于自信。当人们判断他们对一个不确定性数据的了解程度时,他们可能将不确定性的范围设置得过于狭窄,也就是说,人们可能会根据自信程度高估或低估自己的判断,这种倾向被称为过度自信偏见。

　　不确定性沟通的一个难题是,决策者并不欢迎不确定性。现有研究普遍表明,许多研究人员认为传达不确定性可能会产生负面后果,使公众和决策者对研究结果的信心下降。虽然告知不确定性信息对于决策或判断非常重要,然而由于决策者和大众对不确定性概念和来源的不理解,决策者和大众在面对不确定性时可能会感到失望。在他们眼中,专家和科研人员提供的排放源清单是通过多种方法进行表征校验的,其结果理应准确无误,不确定性的来源是专家和科研人员的工作不够深入。因此,如何向决策者和大众科普不确定性也是不确定性沟通的重要工作内容之一。研究人员有义务引导决策者和大众了解不确定性以及不确定性对决策的影响。另外,在报告和期刊论文中,通过与其他研究或同地区研究的不确定性对比,能让沟通对象快速了解相较于同期或者历史研究,本研究结果的不确定性的水平和改进情况如何。

　　在不确定性沟通过程中也有必要向决策者和大众说清楚排放源清单不确定性分析的局限性。其中非常重要的一点是,不确定性分析只是根据排放源清单基础数据来源情况量化的结果,排放源清单定义、排放模型结构以及人为误差等方面带来的不确定性难以仅仅通过不确定分析完全捕捉,这在很大程度上导致排放源清单不确定性量化结果存在被低估,排放源清单的真实值不一定落在结果不确定性范围之内。此外,不确定性分析并非评估排放源清单质量的唯一指标。影响排放源清单质量和准确性的来源是多方面的,包括排放源清单的时空分辨率是否满足应用需要、编制过程是否规范、是否有经过第三方数据验证和评估等,其中不确定性只是评估排放源清单质量的一部分内容。换而言之,不确定性小的排放源清单不一定有很高的准确性和质量,反之亦然。有关排放源清单质量评估的内容本书在第 6 章中进行详细的讨论。

参 考 文 献

[1]　Emission Inventory Improvement Program（EIIP）. Evaluating the Uncertainty of Emission Estimates（Vol. VI）Final Report[R]. Washington，D C: The Emission Inventory Improvement Program and the U.S. Environmental Protection Agency，1996.

[2]　Cullen A C，Frey H C. Probabilistic Techniques in Exposure Assessment: A Handbook for Dealing with Variability and Uncertainty in Models and Inputs[M]. Berlin: Springer Science & Business Media，1999.

[3]　Intergovernmental Panel on Climate Change（IPCC）. 2006 IPCC Guidelines for national greenhouse gas inventories[R]. Geneva: IPCC，2006.

[4]　North American Research Strategy for Tropospheric Ozone（NARSTO）. Improving Emission Inventories for Effective Air Quality Management Across North America[R]. Pasco: NARSTO，2005.

[5]　Intergovernmental Panel on Climate Change（IPCC）. Good Practice Guidance and Uncertainty Management in National Greenhouse Gas Inventories[R]. Geneva：IPCC，2001.

[6]　Czader B H，Choi Y，Li X，et al. Impact of updated traffic emissions on HONO mixing ratios simulated for urban site in Houston，Texas[J]. Atmospheric Chemistry and Physics，2015（15）：1253-1263.

[7]　Porada P，Tamm A，Raggio J，et al. Global NO and HONO emissions of biological soil crusts estimated by a process-based non-vascular vegetation model[J]. Biogeosciences，2019（16）：2003-2031.

[8]　United States Environmental Protection Agency（U.S. EPA）. Guiding Principles for Monte Carlo analysis[R]. Washington，D C：United States Environmental Protection Agency，1997.

[9]　Ntziachristos L，Gkatzoflias D，Kouridis C，et al. COPERT：A European Road Transport Emission Inventory Model[M]. Berlin：Springer，2009.

[10]　Abou-Senna H，Radwan E. VISSIM/MOVES integration to investigate the effect of major key parameters on CO_2 emissions[J]. Transportation Research Part D，2013（21）：39-46.

[11]　United States Environmental Protection Agency（U.S. EPA）. User's Guide to MOBILE6. 1 and MOBILE6. 2[R]. Washington，D C：United States Environmental Protection Agency，2003.

[12]　Frey H C. Quantification of Uncertainty in Emission Factors and Inventories[EB/OL]. [2021-12-23]. https://www3.epa.gov/ttn/chief/conference/ei16/session5/frey.pdf.

[13]　National Research Council. Modeling mobile-source emissions[M]. Washington，D C：National Academies Press，2000.

[14]　Zhao Y C，Frey H C. Development of probabilistic emission inventories of air toxics for Jacksonville，Florida[J]. Journal of the Air & Waste Management Association，2004（54）：1405-1421.

[15]　Cohen A C，Whitten B J. Parameter Estimation in Reliability and Life Span Models[M]. Boca Raton：CRC Press，1988.

[16]　National Research Council. Air Quality Management in the United States[M]. Washington，D C：National Academies Press，2004.

[17]　Byun D W，Kim S. Uncertainties in emissions processing：Effects of using different emissions processing tools and surrogate data inputs[C]//The 13th International Emission Inventory Conference Working for Clean Air in Clearwater，2004.

[18]　Zheng B，Zhang Q，Tong D，et al. Resolution dependence of uncertainties in gridded emission inventories：a case study in Hebei，China[J]. Atmospheric Chemistry and Physics，2017（17）：921-933.

[19]　de Meij A，Krol M，Dentener F，et al. The sensitivity of aerosol in Europe to two different emission inventories and temporal distribution of emissions[J]. Atmospheric Chemistry and Physics，2006（6）：4287-4309.

[20]　Pozzer A，Jöckel P，van Aardenne J. The influence of the vertical distribution of emissions on tropospheric chemistry[J]. Atmospheric Chemistry and Physics，2009（9）：9417-9432.

[21]　Bieser J，Aulinger A，Matthias V，et al. Vertical emission profiles for Europe based on plume rise calculations[J]. Environmental Pollution，2011（159）：2935-2946.

[22]　Huang Z J，Zhong Z M，Sha Q E，et al. An updated model-ready emission inventory for Guangdong Province by incorporating big data and mapping onto multiple chemical mechanisms[J]. Science of The Total Environment，2021（769）：1-13.

[23]　Pan Y P，Tian S L，Liu D W，et al. Fossil fuel combustion-related emissions dominate atmospheric ammonia sources during severe haze episodes：Evidence from 15N-stable isotope in size-resolved aerosol ammonium[J]. Environmental Science & Technology，2016，50（15）：8049-8056.

[24] Chang Y H，Zou Z，Zhang Y L，et al. Assessing contributions of agricultural and nonagricultural emissions to atmospheric ammonia in a Chinese megacity[J]. Environmental Science & Technology，2019，53（4）：1822-1833.

[25] Zhu L，Henze D，Bash J，et al. Global evaluation of ammonia bidirectional exchange and livestock diurnal variation schemes[J]. Atmospheric Chemistry and Physics，2015，15（22）：12823-12843.

[26] 霍红，贺克斌，王歧东. 机动车污染排放模型研究综述[J]. 环境污染与防治，2006，28（7）：526-530.

[27] Yang D Y，Zhang S J，Niu T L，et al. High-resolution mapping of vehicle emissions of atmospheric pollutants based on large-scale，real-world traffic datasets[J]. Atmospheric Chemistry and Physics，2019，19（13）：8831-8843.

[28] Frey H C，Zheng J Y. Quantification of variability and uncertainty in air pollutant emission inventories：Method and case study for utility NO$_x$ emissions[J]. Journal of the Air & Waste Management Association，2002，52（9）：1083-1095.

[29] Wu X C，Huang W W，Zhang Y X，et al. Characteristics and uncertainty of industrial VOCs emissions in China[J]. Aerosol and Air Quality Research，2015（15）：1045-1058.

[30] Tong L I，Chang C W，Jin S E，et al. Quantifying uncertainty of emission estimates in National Greenhouse Gas Inventories using bootstrap confidence intervals[J]. Atmospheric Environment，2012（56）：80-87.

[31] Liu H J，Tian H Z，Hao Y，et al. Atmospheric emission inventory of multiple pollutants from civil aviation in China：Temporal trend，spatial distribution characteristics and emission features analysis[J]. Science of the Total Environment，2019（648）：871-879.

[32] Hong J K，Shen G Q，Peng Y，et al. Uncertainty analysis for measuring greenhouse gas emissions in the building construction phase：A case study in China[J]. Journal of Cleaner Production，2016（129）：183-195.

[33] Romano D，Bernetti A，de Lauretis R. Different methodologies to quantify uncertainties of air emissions[J]. Environment International，2004（30）：1099-1107.

[34] van der Sluijs J P，Kloprogge P，Risbey J S，et al. Towards a synthesis of qualitative and quantitative uncertainty assessment：Applications of the numeral，unit，spread，assessment，pedigree（NUSAP）system[C]//The International Workshop on Uncertainty，Sensitivity and Parameter Estimation for Multimedia Environmental Modelling，2003.

[35] van der Sluijs J P，Risbey J S，Ravetz J. Uncertainty assessment of VOC emissions from paint in the Netherlands using the NUSAP system[J]. Environmental Monitoring and Assessment，2005（105）：229-259.

[36] Saeger M. Procedures for Verification of Emissions Inventories[R]. Durham，N C：Science Applications International Corp，1996.

[37] United States Environmental Protection Agency（U.S. EPA）. Compilation of Air Pollutant Emission Factors. Volumes I and Ⅱ. Fifth Edition with Updates [EB/OL]. [2020-06-30]. https://www.epa.gov/air-emissions-factors-and-quantification/ ap-42-compilation-air-emissions-factors.

[38] Beck L，Peer R，Bravo L，et al. A data attribute rating system[C]//AWMA conference，The Emissions Inventory：Aplications and Improvement. Raleigh，NC，1994.

[39] Pouliot G，Wisner E，Mobley D，et al. Quantification of emission factor uncertainty[J]. Journal of the Air & Waste Management Association，2012（62）：287-298.

[40] Ritter K，Lev-On M，Shires T. Understanding Uncertainty in Greenhouse Gas Emission Estimates：Technical Considerations and Statistical Calculation Methods[EB/OL]. [2020-06-30]. https://www3.epa.gov/ttnchie1/conference/ ei19/session3/shires.pdf.

[41] Frey H C，Li S. Methods for quantifying variability and uncertainty in AP-42 emission factors：Case studies for natural gas-fueled engines[J]. Journal of the Air & Waste Management Association，2003（53）：1436-1447.

[42] 魏巍，王书肖，郝吉明. 中国人为源 VOC 排放清单不确定性研究[J]. 环境科学，2011，32（2）：305-312.

[43] Edelen A，Ingwersen W. Guidance on Data Quality Assessment for Life Cycle Inventory Data[R]. Washington，D C：United States Environmental Protection Agency，2016.

[44] Zhang X C，Zheng R Y，Wang F L. Uncertainty in the life cycle assessment of building emissions：A comparative case study of stochastic approaches[J]. Building and Environment，2019（147）：121-131.

[45] Risbey J，van der Sluijs J，Ravetz J. Protocol for the Assessment of Uncertainty and Strength in emission monitoring[R]. Utrecht：Utrecht University，2001.

[46] Funtowicz S O，Ravetz J R. Uncertainty and Quality in Science for Policy[M]. Berlin：Springer Science & Business Media，1990.

[47] Zheng J Y，Lin B，Chan J，et al. Analysis of Variability and Uncertainty for Hong Kong Air Pollutant Emission Inventories[R]. Final Report .Version 3.0. Submitted to the Environmental Protection Department，HKSAR for Provision of Serviceunder Tender Reference AS 06-298，2009.

[48] EMEP- European Environment Agency（EEA）. EMEP/EEA Air Pollutant Emission Inventory Guidebook 2009[R]. Copenhagen：European Environment Agency，2019.

[49] RTI International. Emissions Factor Uncertainty Assessment[R]. Washington，D C：United States Environmental Protection Agency（Issue February），2007.

[50] Frey H C，Bammi S. Probabilistic nonroad mobile source emission factors[J]. Journal of Environmental Engineering，2003（129）：162-168.

[51] Frey H C，Burmaster D E. Methods for characterizing variability and uncertainty：Comparison of bootstrap simulation and likelihood-based approaches[J]. Risk Analysis，1999，19（1）：109-130.

[52] Frey H C. Quantitative Analysis of Uncertainty and Variability in Environmental Policy Making[EB/OL]. [2020-06-23]. https://web.iitd.ac.in/~arunku/files/CEL899_Y14/Quantitative%20 analysis_FRey.pdf.

[53] Frey H C，Zhao Y C. Quantification of variability and uncertainty for air toxic emission inventories with censored emission factor data[J]. Environmental Science & Technology，2004，38（22）：6094-6100.

[54] Efron B，Tibshirani R J. An Introduction to the Bootstrap[M]. New York：Chapman & Hall/CRC，1993.

[55] Hazen A. Storage to be provided in impounding municipal water supply[J]. Transactions of the American society of Civil Engineers，1914，77（1）：1539-1640.

[56] Linstone H A，Turoff M. The Delphi Method[M]. Boston：Addison-Wesley Reading，1975.

[57] Intergovernmental Panel on Climate Change（IPCC）. 2006 IPCC guidelines for national greenhouse gas inventories[R]. Geneva：IPCC，2006.

[58] Intergovernmental Panel on Climate Change（IPCC）. Updating IPCC Guidelines for National Greenhouse Gas Inventories[R]. Geneva：IPCC，2019.

[59] Frey H C，Mokhtari A，Zheng J Y. Recommended Practice Regarding Selection，Application，and Interpretation of Sensitivity Analysis Methods Applied to Food Safety Process Risk Models[R]. Washington，D C：US Department of Agriculture，2004.

[60] Morgan M G，Henrion M，Small M. Uncertainty：A Guide to Dealing with Uncertainty in Quantitative Risk and Policy Analysis[M]. Cambridge：Cambridge university press，1990.

[61] Saltelli A. Making best use of model evaluations to compute sensitivity indices[J]. Computer Physics Communications，2002（145）：280-297.

[62] Saltelli A，Tarantola S，Campolongo F，et al. Sensitivity Analysis in Practice：A Guide to Assessing Scientific Models[M]. Hoboken：John Wiley & Sons Inc，2004.

[63] 余宇帆. 基于专家判断的排放源清单的不确定性分析与案例研究[D]. 广州：华南理工大学，2008.

[64]　Zhao Y, Nielsen C P, Lei Y, et al. Quantifying the uncertainties of a bottom-up emission inventory of anthropogenic atmospheric pollutants in China[J]. Atmospheric Chemistry and Physics, 2011 (11): 2295-2308.

[65]　Stirling A. Keep it complex[J]. Nature, 2010 (468): 1029-1031.

[66]　Pereira Â G, Vaz S G, Tognetti S. Interfaces Between Science and Society[M]. New York: Routledge Press, 2017.

[67]　National Research Council (NRC). Improving risk communication[R]. Washington, D C: National Academies Press, 1989.

[68]　Petersen A C, Janssen P H, van der Sluijs J P, et al. Guidance for Uncertainty Assessment and Communication[R]. Den Haag: PBL Netherlands Environmental Assessment Agency, 2013.

[69]　Institute of Medicine of the National Academies. Environmental Decisions in the Face of Uncertainty[M]. Washington, D C: National Academies Press, 2013.

[70]　van der Bles A M, van der Linden S, Freeman A L J, et al. Communicating uncertainty about facts, numbers and science[J]. Royal Society Open Science, 2019 (6): 1-42.

[71]　Han P K, Klein W M, Lehman T C, et al. Laypersons' responses to the communication of uncertainty regarding cancer risk estimates[J]. Medical Decision Making. 2009, 29 (3): 391-403.

[72]　Spiegelhalter D, Pearson M, Short I. Visualizing uncertainty about the future[J]. science, 2011 (333): 1393-1400.

[73]　Dieckmann N F, Gregory R, Peters E, et al. Seeing what you want to see: How imprecise uncertainty ranges enhance motivated reasoning[J]. Risk Analysis, 2017, 37 (3): 471-486.

[74]　Moss R H, Schneider S H. Uncertainties in the IPCC TAR: Recommendations to Lead Authors for More Consistent Assessment and Reporting[R]. Geneva: WMO, 1999.

[75]　Pachauri R, Taniguchi T, Tanaka K. Guidance Papers on the Cross Cutting Issues of the Third Assessment Report of the Intergovernmental Panel on Climate Change (IPCC) [R]. Geneva: IPCC, 2000.

[76]　Wallsten T S, Zwick R, Forsyth B, et al. Measuring the Vague Meanings of Probability terms[EB/OL]. [2020-06-23]. http://citeseerx.ist.psu.edu/viewdoc/download; jsessionid=5027AEC FC58A04FA6A92602C74977913?doi= 10.1.1.451.9473& rep=rep1&type=pdf.

[77]　Budescu D V, Wallsten T S. Processing linguistic probabilities: General principles and empirical evidence[J]. Psychology of Learning and Motivation, 1995 (32): 275-318.

[78]　Wardekker J A, van der Sluijs J P, Janssen P H, et al. Uncertainty communication in environmental assessments: views from the Dutch science-policy interface[J]. Environmental Science & Policy, 2008, 11 (7): 627-641.

[79]　Ibrekk H, Morgan M G. Graphical communication of uncertain quantities to nontechnical people[J]. Risk Analysis, 1987, 7 (4): 519-529.

[80]　Krupnick A, Morgenstern R D, Batz M, et al. Not a Sure Thing: Making Regulatory Choices Under Uncertainty[EB/OL]. [2020-06-23]. https://media.rff.org/archive/files/sharepoint/WorkImag-es/Download/RFF- Rpt-RegulatoryChoices.pdf.

[81]　Kahneman D, Slovic P, Tversky A. Judgment Under Uncertainty: Heuristics and Biases[M]. Cambridge: Cambridge University Press, 1982.

[82]　Slovic P, Fischhoff B, Lichtenstein S. Facts and fears: Understanding perceived risk[J]. Health Physics, 1980, 39 (6): 1005-1006.

第 4 章 排放因子不确定性数据集

排放因子（emission factor）又称排放系数，是指特定污染源在某种工况下产生的大气污染物经末端治理设施削减后的残余量，通常表示为大气污染物的质量除以排放源活动的单位质量、体积、距离或持续时间[1, 2]。排放因子一般是通过排放源测试获得一定数量的源测试样品而计算出的具有统计特征的平均值，在源测试实验设计合理的情况下，基于排放源测试获取的排放因子具有较高的代表性和可信度。然而，由于存在仪器的测量误差、源测试的随机误差、样本数量不足等原因，排放因子往往具有一定的不确定性，并且通常是导致排放源清单不确定性的主要来源之一。当本地测试排放因子缺乏时，通常会采用其他地区或国家测试获取的排放因子编制排放源清单。受不同地区的经济水平、生产工艺和排放控制水平差异性的影响，排放因子的不确定性往往会更为明显。排放因子不确定性的定量化是开展排放源清单定量不确定性分析的关键基础性工作，但要准确量化某个排放源的排放因子不确定性需要对排放源的排放特征以及排放因子获取过程不确定性的主要来源有一定的了解，并收集一定样本数量的源测试数据或者文献数据，为利用统计手段量化不确定性提供足够的样本数据。分析单个排放源排放因子的不确定性简单，但是综合源排放清单涉及的排放源种类众多，量化所有排放源排放因子的不确定性需要收集大量的排放因子测试数据或者文献数据，消耗大量的人力物力，是开展排放源清单定量不确定性分析的难点之一。排放因子不确定性数据集在很大程度上能够降低排放源清单定量不确定性分析的难度，推动排放源清单不确定性分析的应用和发展。基于此，本章重点介绍相关数据集的现状以及存在的问题，提出建立符合我国国情的排放因子不确定性数据集的方法思路，并介绍重点源排放因子不确定性数据集的情况，最后以广东省排放源清单不确定性分析为例，介绍排放因子不确定性数据集在区域排放源清单定量不确定性分析中的应用。

4.1 排放因子数据集及其问题

排放因子不确定性数据集对定量分析排放源清单不确定性十分关键。特别是在排放源清单编制水平参差不齐、基础数据积累薄弱的地区，排放因子不确定性数据集能为研究人员量化城市或者地区排放源清单的不确定性提供统一、规范的基础数据参考，推动我国排放源清单不确定性分析逐渐从定性水平过渡到定量水

平，提高排放源清单在业务化应用的科学性。另外，构建基于源分类和统一方法
建立的排放因子不确定性数据集，通过识别与国外排放因子有明显差距的排放源，
也能用于识别我国需要优先开展排放因子本土化测试的排放源，提高本土排放源
清单基础数据质量。排放因子不确定性数据集也能辅助排放源清单建立，提高排
放源清单编制质量。根据排放因子的不确定性信息，排放清单编制人员不仅能够
获取研究对象排放因子的均值，也能了解排放因子的可能取值范围。在编制排放
源清单过程中，可根据排放源的实际排放特征和不确定性信息，对每一个排放源
排放因子进行修正，提高排放因子的合理性和代表性。

　　然而，建立排放因子不确定性数据集并非一项简单的工作，需要收集大量的
排放因子测试数据和文献数据。实际上，建立排放因子不确定性数据集的最佳途
径是将定量不确定性分析纳入排放因子建立工作，通过合理设计测试实验，利用
获取的翔实测试数据，逐一量化各个排放源排放因子的不确定性，进而建立排放
因子不确定性数据集。欧洲和美国等发达地区和国家对排放因子的研究起步较早，
为建立可靠、权威和具有公信力的排放源清单，20 世纪 70 年代，它们就已经开
展了大量的排放源测试工作，陆续建立了与各地区源结构相匹配的排放因子数据
集，并或多或少地对其中部分排放因子进行定性或者定量分析，对提高排放源清
单质量提供了重要的数据支撑。目前较为成熟的排放因子数据集包括：EEA 的
EMEP、IIASA 排放因子集、U S. EPA 的 AP-42 数据集、IPCC 的温室气体排放因
子数据集等[3-6]。尽管如此，这些已有的排放因子数据集普遍缺乏不确定性信息。
虽然更新后的 AP-42 数据集中引入了排放因子的不确定性分析，但只有约 10%的
排放因子采用了定量分析方法，其余 90%只采用了半定量分析方法[7]。在我国，
目前排放因子及不确定性量化研究主要还是以单一排放源或者污染物为主，鲜有
建立规范的、包含不确定性信息的综合性排放因子数据集。本书以下简单介绍当
前国际上广泛使用的排放因子数据集，并总结排放因子不确定性研究方面存在的
问题。

1. 美国 AP-42 排放因子数据集

　　U.S. EPA 从 20 世纪 60 年代开始开展排放因子的测试与规范研究，在 1968
年颁布了全球首个排放因子数据库手册《大气污染物排放因子汇编》，即 AP-42
数据集[8]。之后至少每三年会根据环境信息办公室（Office of Environmental
Information）所提供的文献、测试等数据，对 AP-42 数据集排放因子进行完善
并对涉及的排放源和污染物类型进行扩充。自 1968 年至今，U.S. EPA 共对
AP-42 数据集进行过 20 多次修订和 4 次版本更新，分别在 1973 年、1977 年、
1985 年、1995 年推出了更新版本的 AP-42 数据集。当前，最新的 AP-42 修订
版本是 2011 年发布的版本。

AP-42 数据集是国内外使用较为广泛的排放因子数据集，也是目前信息最为全面的一个排放因子数据集。如表 4.1 所示，数据集包括外部燃烧源、固体废物处置排放源、固定内部燃烧源、蒸发挥发排放源、石油工业排放源、有机化工行业排放源、储液罐排放源、无机化学排放源、食品和农产品行业排放源、木制品行业排放源、矿物制品业排放源、冶金工业排放源、杂项源、温室气体的生物源、军事爆炸源共 15 个重点一级污染源和 160 多个行业，涵盖的污染物有 200 多种。如表 4.2 所示，除了 SO_2、NO_x、CO、VOCs、$PM_{2.5}$、PM_{10} 等常规大气污染物，还囊括了多氯代二噁英（polychlorinated dibenzodioxin，PCDD）、多氯代二苯并呋喃（polychlorinated dibenzofurans，PCDFs）、多环芳烃（polycyclic aromatic hydrocarbons，PAHs）、氯化氢（hydrogen chloride，HCl）等众多有毒有害物质，砷、铅、铬和镉等痕量金属物质以及 CO_2、CH_4 和氟化氢（hydrogen fluoride，HF）等温室气体。

表 4.1　AP-42 数据集排放源分类[1]

一级排放源	二级排放源
外部燃烧源	烟煤和亚烟煤燃烧、无烟煤燃烧、燃油燃烧、天然气燃烧、液化石油气燃烧、锅炉中的木屑燃烧、褐煤燃烧、制糖厂的蔗渣燃烧、住宅壁炉燃烧、住宅木炉燃烧、废油燃烧
固体废物处置排放源	垃圾燃烧、污泥焚化、医疗废物焚化、城市生活垃圾填埋场、露天燃烧、车身焚化、锥形燃烧器
固定内部燃烧源	固定式燃气轮机、天然气往复式发动机、汽油和柴油工业发动机、大型固定式柴油和所有固定式双燃料发动机
蒸发挥发排放源	干洗、表面涂层、废水收集、处理和储存、聚酯树脂塑料制品的制造、沥青摊铺作业、溶剂脱脂、废溶剂回收、储罐和桶清洁、印刷、商业/消费溶剂的使用、纺织面料印花、橡胶制品制造
石油工业排放源	炼油、石油液体的运输和营销、天然气加工
有机化工行业排放源	炭黑、己二酸、炸药、油漆和清漆、邻苯二甲酸酐、塑料、印刷油墨、肥皂和洗涤剂、合成纤维、合成橡胶、对苯二甲酸、烷基铅、药品生产、马来酸酐
储液罐排放源	有机储液罐
无机化学排放源	合成氨、尿素、硝酸铵、硫酸铵、磷肥、盐酸、氢氟酸、硝酸、磷酸、硫酸、氯碱、碳酸钠、硫回收
食品和农产品行业排放源	生产运作、收割运作、畜禽饲料运作、动物和肉制品制备、天然和加工奶酪、轧花、果脯和蔬菜、谷物加工、糖果产品、植物油加工、饮料或其他同类型产品加工、皮革鞣制
木制品行业排放源	再生木制品、木炭、防腐木、工程木制品
矿物制品业排放源	热拌沥青设备、屋顶铺盖沥青工程、砖及相关的黏土产品、碳化钙的制造、耐火材料制造、波特兰水泥制造、陶瓷制造、黏土和粉煤灰烧结、西部露天采矿、洗煤、煤炭转化、混凝土配料、玻璃纤维制造、玻璃棉制品、玻璃制造、石膏制造、石灰制造、矿棉制造、施工和骨料加工、轻量级骨料、磷矿石加工、硅藻土加工、角岩矿石加工、金属矿物加工、黏土加工、滑石加工、长石加工、蛭石加工、珍珠岩制造、磨料制造
冶金工业排放源	原铝生产、焦炭生产、一次铜冶炼、铁合金生产、钢铁生产、一次铅熔炼、锌冶炼、二次铝冶炼、二次铜冶炼和合金化、灰铁铸造、再生铅处理、二次镁冶炼、钢铁铸造、二次锌加工、蓄电池生产、氧化铅和颜料的生产、其他铅产品及含铅矿石的粉碎和磨碎、电弧焊、电镀

续表

一级排放源	二级排放源
杂项源	野火和规定的燃烧、扬尘源、炸药爆炸、湿式冷却塔、工业火炬
温室气体的生物源	土壤排放、白蚁、肠道发酵
军事爆炸源	小于 30mm 的小墨盒、30～75mm 中号墨盒、大于 75mm 的大墨盒、弹丸、弹药筒和炸药、手榴弹、火箭、火箭发动机和点火器、地雷和烟锅、信号模拟器、爆破帽、爆破药和雷管、保险丝和底漆、制导导弹

表 4.2　AP-42 数据集涵盖的污染物类型及数量

污染物类型	污染物举例	污染物数量
SO_x	SO_2、SO_3	2
NO_x	NO_2、NO、N_2O	3
CO_x	CO、CO_2	2
TOC	—	1
CH_4	—	1
PM	累积 PM（PM_{15}、PM_{10}、PM_6、$PM_{2.5}$、$PM_{1.25}$、PM、$PM_{0.625}$）等	11 +
PCDD/PCDFs	TCDD（2, 3, 7, 8-TCDD，Total TCDD）、Total PeCDD、Total HxCDD 等	15 +
PAHs	苯、苊、芴、菲、蒽、荧蒽、芘、苯并蒽、苯并[α]芘等	103 +
HCl	—	1
HF	—	1
微量金属	砷、铅、铷（VI）、镉等	32 +
总计		213 +

　　AP-42 数据集详细介绍了每一个排放源的主要工艺、产生的主要工序、设备类型、排放的污染物种类、所包含形态（如 SO_x 包含 SO_2、SO_3 等）、排放影响因素、减排措施等；若该排放源有控制措施，还会详细描述分污染物控制措施，包括控制设备类型、研发状况、适用条件、影响去除效率的因素及去除效率范围等。对于每一个排放源，AP-42 数据集将排放因子分为有控制及无控制，并根据设备系统类型、反应装置、生产工序、产品类型、生态区域等因素对排放因子进行细化。例如，外部燃烧源记录了不同燃烧系统（PC、FBC 等）的排放因子；石油工业排放源记录了不同加工装置（流体催化裂化装置、移动床催化裂化装置、流体焦化装置等）的排放因子；食品和农产品行业排放源则根据农药的配方对排放因子进行细化等。除了排放因子数值本身，AP-42 数据集也会记录每一个排放因子的单位信息（如基于原材料消耗的排放因子以原材料统计，基于生产的排放因子以生产量统计，单位为 lb/t，针对部分机动车/非机动车以行驶里程统计，单位为 lb/mile 等）、对应的排放源分类、源分类代码（serial concatenated code，SCC）、排放因子算法以及详细的备注等。

与其他排放因子数据集相比，AP-42 数据集中大部分排放因子综合考虑排放数据计算过程、计算方法、检测设备精密度、工作人员技术水平、样本数量大小和数据之间的差异性和合理性，将排放因子质量划分为 A～E 共 5 级，作为采用定性不确定性分析方法评估排放源清单质量的参考。基于十多个不同污染源或者工业企业实际获取的排放因子质量最高，评为 A 级；若仅依据少数的、不很可靠的数据，或是由相似实测值外插而来的，评为 D 或 E 级。2007 年，U.S. EPA 委托研究机构 RTI International 进一步发布了 *Emission Factor Uncertainty Assessment* 的报告，选择了 AP-42 数据集中的 44 组排放因子数据开展定量不确定性分析，采用了概率密度函数、95%置信区间等进一步描述其定量不确定性结果，这也是目前较为系统的排放因子定量不确定性分析工作[7]。

2. 欧盟 EMEP 排放因子数据集

1996 年，为了支撑欧洲大气污染物远距离传输监测和评价合作方案（The European Monitoring and Evaluation Programme，EMEP），联合国欧洲经济委员会（United Nations Economic Commission for Europe，UNECE）根据《远距离越境空气污染公约》（*The Convention on Long-range Transboundary Air Pollution*，简称《LRTAP 公约》）发展和出版了第一版 EMEP/CORINAIR 大气排放源清单指南和 EMEP 排放因子数据集[9]。第一版本的排放因子数据集中只涵盖了 8 种污染物及其排放因子数值和单位等基本信息。随着排放源分类的细化以及相关测试研究的开展，EMEP 排放因子数据集在 2002 年、2006 年、2007 年、2009 年、2013 年、2016 年、2019 年不定期陆续更新[10]。当前，EMEP 排放因子数据集已经扩展至 37 种污染物，包括 NH_3、NO_x、SO_x、CO、NMVOC、TSP、$PM_{2.5}$、PM_{10}、BC 等常规污染物，六氯苯（hexachlorobenzene，HCB）、PCDD/PCDFs、PAHs 等有毒有害物质，砷、铅、铬和镉等痕量金属物质以及 CO_2、CH_4 等温室气体；数据集覆盖能源行业、工业加工和产品使用、农业、废物、其他来源以及自然来源等排放源。其中，能源行业包括燃烧和燃烧的逸出性排放，燃烧又分为能源工业、制造业和建筑业的燃烧，燃烧的逸出性排放又分为航空、道路、铁路、管道、汽油蒸发等；工业加工和产品使用包括矿产品、化学加工、金属生产、木材加工等；农业包括粪肥管理、作物生产和农业土壤、农药使用、农田焚烧等；废物包括医疗、生物处理土地上的废弃物、堆肥、焚烧等。

EMEP 排放因子数据集共有 1.2 万多条排放因子信息，已经成为国内外使用较为广泛的排放因子数据集，也是目前信息比较全面的一个排放因子数据集。每一条排放因子数据中包含排放源类型、排放因子类型、技术、燃料、区域、污染物、平均值、单位、文献引用等信息。此外，有近一半的排放因子还记录了排放因子的不确定性信息，表达为排放因子均值的 95%置信区间。虽然 95%置信区间有助于增加使用者对排放因子不确定性的了解，但缺乏不确定性分布类型及相关参数信息，还无法支撑排放源清单的定量不确定性分析。

3. IPCC 温室气体排放因子数据集

IPCC 温室气体排放因子数据集（emission factor database，EFDB）是依托国家温室气体清单计划（National Greenhouse Gas Inventories Programme，NGGIP），由 IPCC 国家温室气体清单工作小组（Task Force on National Greenhouse Gas Inventories，TFI）建立、管理的排放因子数据集[6]。EFDB 已经成为全球学者研究、建立温室气体排放源清单的权威数据集，包含 CO_2、CH_4、N_2O、氢氟烃（hydrofluorocarbons，HFCs）、全氟化合物（perfluorcarbons，PFCs）、六氟化硫（sulfur hexafluoride，SF_6）等温室气体，覆盖能源、工业过程和产品使用、农业林业、废物处理和其他五大类。其中，能源包含燃料燃烧活动、源于燃料的逸散排放、二氧化碳运输与储存。燃料燃烧活动包含能源产业、制造产业和建筑业、运输业；源于燃料的逸散排放包含固体燃料、石油和天然气等源于能源生产的其他排放；二氧化碳运输与储存包含二氧化碳的运输、注入与储存等。工业过程和产品使用包含采矿工业、化学工业、金属工业、源于燃料和溶剂使用的非能源产品使用、电子工业、作为臭氧损耗物质替代物的产品使用、其他产品制造和使用等。农业林业包含牲畜、土地、土地上的累积源和非二氧化碳排放源，其中牲畜包含肠道发酵、粪便管理，土地包含林地、农地、草地、湿地、聚居地等排放。废物处理包含固体废弃物处理、固体废弃物的生物处理、废弃物的焚化和露天燃烧、废水处理排放等。其他包含源于以 NO_x 和 NH_3 形式的大气氮沉积产生的一氧化二氮间接排放等。

IPCC 温室气体排放因子数据集共计有 450 多条排放因子信息，每一条排放因子数据中包含排放源类型、污染物类型、排放因子应用区域、控制措施、燃料、平均值、单位、文献引用等信息。虽然 IPCC 指南中将不确定性分析列为排放源清单编制的关键步骤，并且也发布了有关温室气体排放源清单的不确定性分析指南，但 IPCC 温室气体排放因子数据集并未记录有关排放因子的不确定性信息。

4. 中国排放因子数据集

相比国外，我国排放因子研究起步较晚。由于早期缺乏本地测试的排放因子，我国排放源清单建立通常借鉴欧美排放因子。随着我国研究机构和管理部门对排放源清单逐渐重视，排放因子作为排放源清单的重要基础数据也开始被广泛关注。排放因子的测试研究和我国排放源清单的发展历程基本一致。在排放源清单的第一阶段（20 世纪 80 年代中期到 90 年代末），我国排放源清单早期主要关注电厂和燃煤锅炉，这是由于排放因子本地化测试工作主要集中在电厂和工业燃煤锅炉等排放源的 SO_2 和烟尘排放。该阶段我国排放因子的测试工作刚刚起步，研究数量非常有限，测试的样本量不足，排放因子的不确定性较大。尽管如此，这依然为我国排放源清单研究提供了第一批本地化的排放因子基础数据。90 年代末期，我国的排放源清单研究开始扩展到机动车、秸秆焚烧等排放源，尤其在机动车方面，国内很多研究通过采用国外机动车排放因子模型开展了本地化模拟研究，以获得我国不同地区不同机动车类型的排放因子数据，但由于这些成熟的机动车排放因子模型基本是基于国外行驶工况特征建立的，直接应用于估算我国交通相对较为拥堵、车速较慢环境下的机动车排放特征容易引入较大的不确定性[11]。

进入 21 世纪，我国传统煤烟型污染的控制已初见成效，以 O_3 和 $PM_{2.5}$ 污染为代表特征的区域性大气复合污染日渐突出，大气污染物排放源清单已日渐成为环境管理和大气污染研究的重要基础数据，各城市先后建立本地的排放源清单，排放因子的测试研究也逐步受到重视，主要表现在：①排放因子关注的污染物种类不再局限于 SO_2、烟尘，加大了 NO_x、BC、VOCs、NH_3 等二次污染前体物以及 CO_2 和 CH_4 等温室气体的测试研究；②测试的排放源类别从电厂、工业、机动车等重点排放源扩展到船舶、非道路机械、农业、扬尘、天然源等其他排放源；③排放因子研究方法从简单的模型估算发展成采用技术先进的测试仪器开展更多样本的排放因子测试，从而获得高分辨率的排放因子，以适应精细化排放源清单发展的需求，如近年来多家研究机构采用便携式排放测量系统（PEMS）开展机动车的实际道路测试，以获得不同工况下的瞬态排放因子；④排放因子测试样本量不断增大，测试对象更加精细，例如，通过选取工业源中的重点行业、重点企业、不同工艺流程和不同控制水平下开展一系列测试，建立基于不同技术水平和控制设备的本地化排放因子，为建立更准确的排放源清单提供了重要的基础数据；⑤部分研究开始关注排放因子的不确定性信息，采用定性或者定量方法评估、量化排放因子的不确定性，如本书作者团队基于测试结果建立了重点行业有机溶剂使用源 VOCs 排放的排放因子，并分别针对基于原辅料和产品产量建立的排放因子开展了定量不确定性分析[12]。另外，我国学者赵瑜教授基于实地测试结果和已发表的文献数据整理建立了中国燃煤电厂不同锅炉的 SO_2、NO_x 和 PM 排放因子数据库，并通过自展模拟和蒙特卡罗模拟对排放因子开展了定量不确定性分析，获得排放因子的统计分布数据[13]。

虽然我国当前已经积累了丰富的本地化排放因子数据，但由于缺乏各个排放源排放因子测试的规范流程和技术要求，我国排放因子数据集建立工作缺乏系统性，大多数本地化排放因子是不同科研机构分散的测试结果，没有形成一个完整的排放因子数据集。目前，我国已经发布的粤港清单编制手册、国家排放源清单编制指南、《城市大气污染物排放清单编制技术手册》等，通过开展测试建立排放因子，同时整理梳理已经发布的排放因子，建立了一套排放因子推荐数据集，较好地支撑了我国不同地区排放源清单的建立，但是由于测试不足，部分排放源的排放因子依然来自国外测试结果。另外，排放因子数据库通常只提供单一排放因子数值，无排放因子具体来源及测试方法等其他详细信息，缺乏排放因子的不确定性分析，限制了排放源清单的定量不确定性分析和评估。对于有条件开展本地化排放因子测试的研究机构，在获取了多个排放因子后，一般只是进行排放因子定性不确定性分析，并没有把定量不确定性分析作为排放因子建立的一个重要流程，导致在运用测试排放因子时，只是简单地采用一个排放因子平均值，而忽略了排放因子的不确定性信息，从而无法有效地定量评估排放源清单不确定性。

4.2 排放因子不确定性数据集的建立

本书根据我国排放源清单分类体系，收集整理了国内外的排放因子数据，结合珠江三角洲本地和其他地方收集到的排放因子测试数据，参考美国 AP-42 数据集的排放因子定量不确定性分析方法和本书第 3 章建立的排放源清单输入参数不确定性量化方法，对各污染源排放因子开展定量不确定性分析，获取了排放因子的均值、不确定性概率分布，以及 95%置信水平下的不确定性范围，据此构建基于统一量化方法和基于源分类的排放因子不确定性数据集。本节将重点介绍排放因子不确定性数据集的建立原则、构建思路、数据来源和结构。

4.2.1 排放因子不确定性数据集的建立原则

（1）与源分类匹配。我国通过发布一系列排放源清单编制指南，基本已经建立了一套适合我国排放源特征的排放源清单多级分类体系，遵循从大到小、由粗到细、逐级深入的思路，将排放源划分为电厂排放源、固定燃烧源、工业过程源、道路移动源、非道路移动源、有机溶剂使用源、存储与运输源、农牧源、生物质燃烧源和其他排放源共 10 类一级排放源。在此基础上，针对每个一级排放源具体的排放特征再进行二至四级的排放源分类细分。排放源清单表征遵循分类体系，根据活动水平数据的统计口径，估算各级排放源的排放量。排放源清单不确定性分析同样遵循源分类体系，量化各级排放源的不确定性。因此排放因子不确定性数据集必须基于源分类建立，以保证其在不确定性量化和辅助排放源清单编制等方面的应用可行。

（2）灵活性。排放因子不确定性数据集需要涵盖不同源分类等级的排放因子不确定性，以适应于不同精细程度源分类排放源清单不确定性诊断的需要。受活动水平统计限制，大尺度排放源清单的源分类通常只精细到二级，编制过程通常只采用二级排放源综合排放因子。但对于区域和城市尺度，排放源清单编制通常需要精细到三级及以上排放源分类，采用的排放因子需要考虑不同工艺类型、燃料类型、排放处理措施等影响。在收集的排放因子数据或者源测试数据充足的情况下，排放因子不确定性量化也需要精细到三级或者四级排放源分类，但同时为了满足大尺度排放源清单不确定性分析的需求，也需要量化二级排放源综合排放因子的不确定性。

（3）信息完整性。为了在排放源清单不确定性分析中能够直接使用排放因子定量不确定性信息，数据集中的每一条不确定性信息需要记录不确定性的概率分布函数类型、分布函数参数、排放因子来源（文献、测试或者综合）、排放因子地理信息（国内、国外或者综合）、排放因子数量、不确定性量化方法、量化时间等信息，以便于数据集的维护和更新。对于基于测试排放因子量化的不确定性信息，则需要进一步记录其测试方法、测试样本数量和测试过程等更加详细的信息以评估其代表性。在一般情况下，不确定性量化中所采用的排放因子数据越多，量化的不确定性越可靠。

（4）代表性。量化某一个排放源排放因子的不确定性需要收集不同来源的排放因子作为样本数据。为了提高不确定性量化的准确性，需要收集能够反映排放源时间和技术代表性的因子数据。例如，收集的排放因子要尽可能地选取年份较近的研究成果，既符合当前的经济发展状况，也比较贴近生产条件和生产技术水平，过时的信息和数据如果不能很好地代表该污染源的实际排放情况，会导致不确定性量化存在偏差。收集的排放因子尽可能涵盖不同污染物控制措施、工艺水平和工艺流程，以体现由于技术差异性引起的排放因子不确定性。

（5）国内数据优先。我国排放源在工艺水平、技术流程、燃料使用、控制措施等可能与国外有明显的差异。一些重要排放源，如道路移动源、非道路移动源也存在控制标准、运行工况等的差异，这导致 AP-42、EMEP 和 IPCC 温室气体等国外排放因子数据集中的排放因子不能很好地代表我国排放源的实际排放特征。对于国外而言，这些数据集的排放因子不确定性相对较小，但在我国应用通常会存在较大的不确定性，甚至是系统性偏差。因此，在收集排放因子用于开展定量不确定性分析时，要注意区分排放因子的地理信息，尽可能地选取符合国内排放源特征的排放因子。

（6）原始测试数据优先。排放因子数据集中的排放因子来源可分为两大类，一类是来自于文献报告或者国外数据集中的排放因子平均值，体现了某一类排放源排放因子的不确定性；另一类是来自于排放因子测试中的原始测试值，其测试的原始数据体现了排放源的差异性和不确定性。针对这两种排放因子的不确定性，量化方法有所差异。当某个排放源的排放因子来自于这两大类数据源时，一般优先选择实测数据开展排放源清单表征。这是因为源排放测试获取的排放因子信息更加具有针对性，通常考虑了该地区排放源的工艺水平和处理措施等信息，更能体现该排放源的特征，从而能够更加准确地量化不确定性的范围。

4.2.2　排放因子不确定性数据集的构建思路

排放因子不确定性数据集的构建思路如图 4.1 所示。基本思路可整理如下：①利用文献调研的手段，收集国内外发布的排放因子测试数据、文献发表数据、指南或者手册推荐值以及 AP-42、EMEP、IIASA 排放因子数据集和 IPCC 温室气体等国外权威排放因子数据集中的排放因子数据。②对收集的排放因子数据进行预处理，包括根据大气污染物排放源分类体系对筛选后的排放因子数据进行分类处理；整理排放因子数据的数值单位、原始文献引用、研究区域、建立时间等信息；根据排放因子的原始引用文献，删除具有同一来源的重复排放因子数据；开展排放因子的 QA/QC工作，综合考虑排放因子数据的测试方法是否科学合理，样本数量是否足够，数据之间有无明显差异等影响因素，筛选出适合作为不确定性分析的高质量排放因子数据。③根据每个排放源分类下获取的排放因子数量和类型，采用差异化的方法量化每个排放源分类排放因子的不确定性；采用专家判断的方法，根据对国内排放源测试现状、排放特征和技术水平差异等的认识，判断量化的排放因子不确定性是否合理，如果不确定性量化过程所采用的排放因子存在较为明显的地域代表性缺陷（如主要来自国外），还需要对排放因子不确定性进行人工修正。在此基础上，最终建立基于排放源分类的排放因子不确定性数据集。本书重点以电厂排放源、有机溶剂使用源、道路移动源和生物质燃烧源为例对排放因子的不确定性进行详细分析与介绍。

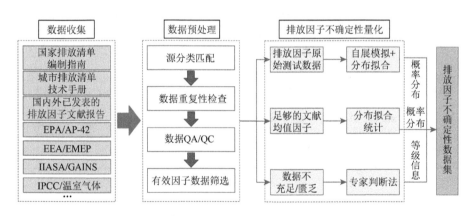

图 4.1　排放因子不确定性数据集构建思路流程图

4.2.3　排放因子不确定性数据集的数据来源

排放因子数据集收录排放因子的来源主要包括：国内各排放源编制指南和手册推荐值、国外权威机构排放因子数据集、国内排放因子测试结果、已发表的国内排放因子文献报告和 MOVES、IVE 等移动源排放因子模型的估算结果。国内各排放源指南和手册主要包括：《城市大气污染物排放清单编制技术手册》、《大气挥发性有机物源排放清单编制技术指南（试行）》、《大气细颗粒物一次源排放清单编制技术指南（试行）》和《大气可吸入颗粒物一次源排放清单编制技术指南（试行）》等，基本涵盖国内人为源排放清单编制过程中涉及的主要污染源及污染物的排放因子。国外权威机构排放因子数据集包括 AP-42、EMEP、GAINS 等。已发表的国内排放因子文献报告数据主要是指一些科研团队在期刊、报告中公开发表的国内排放因子数据，这些数据经过同行评议，具有较高的质量和较好的参考价值。排放因子模型估算结果则是基于本地化的输入参数，利用排放因子模型估算获取的排放因子数据，如国内有研究通过修正车龄、平均车速等参数，利用MOVES 或者 IVE 模型测算该地区机动车的排放因子。在源测试设计较为合理和测试采样及分析规范的前提下，通过源测试直接建立的排放因子能够表征研究区域排放源的排放特征，是排放源清单编制的优选数据，同时测试样本能较好地反映排放源的技术水平和时空特征的差异性，也是量化排放因子不确定性的优选数据。因此，如果能获取排放源的原始测试数据，本书将优先采用源测试样本数据开展排放因子不确定性分析。不同排放因子数据来源的比较如表 4.3 所示。

表 4.3　不同排放因子数据来源的比较

数据来源	数据范围	适用情况	可靠程度
已发表的国内排放因子文献报告	重点行业如工业源、生物质燃烧源、农牧源以及伴随灰霾问题而兴起的颗粒物、挥发性有机物的大气污染物测试研究	针对我国实际情况的排放源研究数据	若所用的测试和统计分析方法较为规范、科学合理，且研究年份较近，则排放因子数据较为可靠
排放因子模型估算结果	道路机动车排放源等	适用于难以获取较大样本量下一手实测数据的情况	利用排放因子模型可大致估算总体的排放情况，结果较为可靠
国外权威机构的排放因子数据集	涵盖固定源、道路移动源和非道路移动源等污染源，包含常规污染物、温室气体及有毒有害气体在内的大气污染物排放因子	国内排放源研究较少和排放因子数据缺乏的情况下补充参考	若该排放源的产生条件及污染物的排放控制条件与国内差异较小，则结果较为可靠

　　排放因子数据收集和整理是建立排放因子不确定性数据集的基础工作。在收集排放因子时除了需要准确记录排放因子数值或范围外，还需要同时收集完善相关基本信息，便于后期查找和校验。其主要的信息包括排放因子单位、污染源分类、污染物种类、文献来源、作者、研究机构、研究区域、研究基准年、文章发表年份、是否为实测排放因子和是否考虑去除效率等。同时，对于实测得到的排放因子还须额外注明采样和分析方法及实验条件等信息。

　　此外，为了保证收集的排放因子数据可靠，收集的排放因子需经过核对检查，避免收集过程中的人为误差。检查和校核的方法较多，主要的检查方法是：对比同类型污染源不同来源的排放因子大小差距，对差异较大的数据需进行核查等，同时需要备注检查的过程和结果，做好基础数据收集时的质量控制和质量保证工作。

4.2.4　排放因子不确定性数据集的结构

排放因子不确定性数据集包括 4 张数据表，分别为排放源分类数据表、排放因子数据表、实测排放因子数据表和排放因子不确定性数据表。其中，排放源分类数据表用于定义研究区域的排放源分类体系，排放因子数据表用于存储从期刊、报告、指南和手册等文献收集的排放因子，实测排放因子数据表用于存储源测试获取的排放因子，排放因子不确定性数据表用于存储基于排放源分类的排放因子不确定性数据。

排放源分类数据表包括 5 个字段，分别为源分类 SCC ID、一级排放源分类、二级排放源分类、三级排放源分类和四级排放源分类，其中 SCC ID 为排放源分类数据表的主键，不允许重复；除了一级排放源分类和二级排放源分类，三级排放源和四级排放源分类允许为空。当三级排放源和四级排放源分类为空时。表示该排放源分类为粗糙源（也可称为复合源）。

排放因子数据表包括 15 个字段，分别为排放因子 ID、源分类 SCC ID、污染物种类、排放数值、排放因子数值单位、排放因子来源、排放因子建立方法、文献引用、作者或者研究机构、研究区域、国外或者国内、研究基准年、数据发布年份、是否考虑去除效率以及备注。其中，排放因子 ID 为主键，污染源分类 SCC ID 为外键，排放因子来源记录排放因子是来自期刊、报告、指南、手册还是国外数据集。

实测排放因子数据表包括 13 个字段，分别为实测排放因子 ID、测试样本批号、污染源分类 SCC ID、污染物种类、排放数值、排放因子单位、测试单位、测试时间、测试方法、测试对象、测试对象地理位置、是否考虑去除效率以及备注。其中，实测排放因子 ID 为主键，污染源分类 SCC ID 为外键，测试样本批号是指开展一次源排放测试的标记号。

排放因子不确定性数据表包括 14 个字段，分别为排放因子不确定性数据 ID、污染源分类 SCC ID、污染物种类、是否复合源（即源分类是否只精细到二级排放源）、排放因子不确定性 95%置信区间的上限和下限、不确定性等级（A～E 级）、排放因子不确定性均值、概率分布类型、拟合参数、排放因子不确定性分析方法（专家判断、分布拟合、自展模拟＋分布拟合）、是否实测数据、是否包含国外排放因子、量化不确定性的样本数量、排放因子不确定性质量等级。其中，排放因子不确定性数据 ID 为主键，污染源分类 SCC ID 为外键，复合源排放因子不确定性通常需要根据复合源下所有收集的平均排放因子进行统计量化，采用专家判断法量化的不确定性结果记录为不确定性等级，而均值、概率分布和拟合参数则允许为空值。此外，定量的不确定性结果根据其不确定性范围也可转化为不确定性等级。排放因子不确定性质量等级记录排放因子不确定性量化的可靠性等级。一般而言，量化不确定性所采用的样本数量越多，量化的排放因子不确定性越可靠。

4.2.5　排放因子数据预处理与不确定性量化

排放因子数据预处理包括数据 QA/QC、数据分类和数据录入，具体如下。

（1）数据 QA/QC。根据以上建立的排放因子数据表和实测排放因子数据表格式，整理收集排放因子数据，补充缺失的关键字段，如排放因子来源、文献引用、研究区域、数据发布年份等。通过判断，合理取舍，删除多余重复的排放因子。例如，同一排放源里出现不同来源但相同数值的排放因子，先溯源判断其是否来自同一初始来源，若是同一来源则保留最初来源的排放因子，删除其余相同数值的排放因子。开展排放因子 QA/QC，纠正或删除不合理的排放因子。若同一排放源下的排放因子差异较大，则要根据排放来源是否可靠、建立方法是否可靠、测试样本量是否足够判断排放因子是否合理，避免因错误的数据导致分析结果产生不确定性高估。对于实测排放因子，也可综合考虑排放因子数据的测试方法是否科学合理、样本数量是否足够、数据之间有无明显差异等影响因素，筛选出适合作为不确定性分析的高质量排放因子数据。

（2）数据分类。根据大气污染物排放源分类体系对筛选后的排放因子数据进行分类处理，并统计每个源分类下的排放因子数量。为了满足不确定性量化的需要，每个排放源分类（三级或者四级）下至少要有 3 个有效的、非重复的排放因子。

（3）数据录入。将经过数据 QA/QC 处理后的排放因子数据按格式录入排放因子数据表和实测排放因子数据表，作为后续利用计算机软件进行排放因子不确定性分析的输入文件。

在对排放因子数据进行预处理之后，根据每个排放源分类下的排放因子数量和类型，采用不同的方法对排放因子不确定性进行量化。实测排放因子样本数据代表该排放源排放因子在时空和技术水平等方面的差异性，这种可变性和测试样本数量也是引起测试排放因子均值不确定性的主要来源之一。如果该排放源分类下有充足的实测排放因子数据，则采用自展模拟和分布拟合的统计方法量化。先确定代表样本数据的概率分布模型类型，以描述模型输入的可变性；再建立自展样本，从拟合的概率分布模型中随机抽取与原始样本同等数量的自展样本，模拟原始样本的随机抽样过程；统计每一次自展样本的均值，拟合量化均值分布,量化测试排放因子的不确定性。具体步骤详见本书第 3 章介绍。
如果该排放源分类下仅有文献获取的平均排放因子,则利用统计方法对排放因
子进行概率分布拟合,确定其概率分布类型,在此基础上计算得到排放因子的
平均值和不确定性范围(95%置信区间)。如果收集的排放因子数据很少,不足
以通过统计方法分析其不确定性,则采用专家判断法判断其不确定性等级。专
家判断中通常采用的方法是专家引出,是将专家的判断转化成量化概率密度函
数的过程,其关键是描述某一变量可能变化,从而帮助构建研究对象变量的概
率密度函数。

4.3　重点源排放因子不确定性数据集

为了构建排放因子不确定性数据集,本书作者团队收集了 4 万多条涵盖不同
排放源和污染物的排放因子,通过数据 QA/QC 处理后,筛选出 35 000 多个基于
实际测试和可靠文献来源的排放因子,其中 65%的排放因子是通过国内本土源排
放测试建立的。根据本书前面章节描述的方法对不同排放源排放因子的不确定性
进行定量分析,进而建立了基于源分类的排放因子不确定性数据集。该数据集共
计 478 条排放因子不确定性信息,包含 11 类一级排放源,62 类二级排放源,139
类三级排放源。数据集包含 SO_2、NO_x、$PM_{2.5}$、PM_{10}、NH_3、VOCs、CO、BC 和
OC 共 9 种常规污染物,以及部分生产工艺的燃料含硫量、灰分含量和污染物去
除效率等。图 4.2 是不同排放源的排放因子不确定性信息数量统计结果。本书重
点以有机溶剂使用源、电厂排放源、道路移动源和生物质燃烧源为例子,分析讨
论污染源排放因子的不确定性,并对后续污染源排放表征改进提出建议。

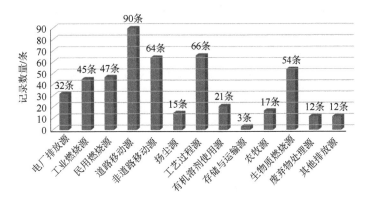

图 4.2　不同排放源的排放因子不确定性信息数量统计结果

4.3.1　有机溶剂使用源

有机溶剂是一类由有机物为介质的溶剂，广泛存在于涂料、黏合剂、油漆以及清洁剂等工业生产和日常生活中。有机溶剂使用源是当前我国主要的 VOCs 排放源，其排放过程异常复杂，且排放特征受到原辅料类型、生产工艺、废气收集和处理方法等因素的影响[14]。例如，家具制造业的工艺过程主要有进材、开料、封边、打磨、底涂喷漆、面涂喷漆、烘干、组装等工序，其中涉及 VOCs 排放的为底涂喷漆、面涂喷漆及相应的烘干工序[15]。包装印刷业根据印版版面印刷部分和空白部分的相对关系，将印刷分为平版印刷、凸版印刷（包括柔版）、凹版印刷、孔版印刷（丝网印刷）四大类。包装印刷业涉及 VOCs 排放的主要为印前、印刷和印后三大环节。其中，印前环节排放主要有油墨、稀料、润版液等有机类原辅料存放过程的 VOCs 挥发排放、原辅料添加过程的 VOCs 无组织逸散；印刷过程的排放主要为油墨及配套溶剂使用中的 VOCs 排放；印后环节排放主要为复合胶使用、覆膜、油性上光工序过程的 VOCs 挥发排放[16]。

VOCs 作为臭氧的关键前体物，其污染排放成为工业源污染物排放控制的重要一环，是目前研究学者和管理部门关注的重点。U.S. EPA 建立了统一的测试规范，进行了大量的源类测试工作，编制了多污染物排放因子手册 AP-42，并依据测试数量将排放因子质量其分为 A～E 五个等级，但缺乏定量不确定性分析结果[16]。本书通过文献调研的方法，总共收集了 52 篇国内外相关文献和清单编制指南等的研究成果，优先选取本土化与研究对象生产工艺、地区匹配的近期研究结果，并且结合本书作者团队相关的实地调查，分析了汽车制造、船舶制造、电子设备制造、机械设备制造、家具制造、印刷、金属制品、塑料制品等行业基于产品产量和溶剂类型的 VOCs 排放因子不确定性，结果如表 4.4 和表 4.5 所示。

表 4.4　基于产品产量的有机溶剂使用源 VOCs 排放因子不确定性

行业	单位	分布类型	参数 1	参数 2	均值	不确定性范围/%
汽车制造	kg/辆	对数正态分布	3.31	0.67	34.21	−79～198
船舶制造	t/艘	韦布尔分布	9.21	0.61	1.07	90～230
电子设备制造	kg/m²	对数正态分布	−2.85	0.78	0.08	−84～241
机械设备制造	kg/件	对数正态分布	−0.71	0.30	0.52	−46～71
家具制造	kg/件	韦布尔分布	2.28	1.32	1.17	−77～100
印刷	kg/L 油墨	对数正态分布	−1.44	1.17	0.47	−95～402

续表

行业	单位	分布类型	参数 1	参数 2	均值	不确定性范围/%
金属制品	kg/件	韦布尔分布	8.33	1.50	1.42	−32～124
塑料制品	kg/t 产品	对数正态分布	0.85	1.07	4.20	−93～357
织物印染	kg/m² 布	韦布尔分布	2.49	27.86	24.71	−74～90
木材加工	kg/m²	对数正态分布	−5.29	1.24	0.01	−96～424
家电涂装	kg/件	对数正态分布	−1.54	0.49	0.24	−66～130
皮革制品	kg/t 产品	对数正态分布	−1.17	1.03	0.52	−92～342
制鞋	kg/双	韦布尔分布	2.03	0.02	0.02	−82～114
玩具制造	kg/t 产品	对数正态分布	5.40	0.86	320.82	−87～272
家用溶剂	kg/人	韦布尔分布	0.62	0.96	0.53	−98～356
建筑涂料	kg/(年·人)	对数正态分布	−1.41	1.45	0.70	−98～499

表 4.5 基于溶剂类型的有机溶剂使用源 VOCs 排放因子不确定性

行业	溶剂类型	分布类型	参数 1	参数 2	均值/(kg/t)	不确定性范围/%
汽车制造	溶剂型涂料	伽马分布	41.19	0.07	597.72	−28～33
	水性涂料	对数正态分布	3.93	0.44	56.4	−62～116
	不分类	伽马分布	8.63	0.01	598.29	−55～77
船舶制造	溶剂型涂料	对数正态分布	6.16	0.28	492.15	−44～65
	水性涂料	韦布尔分布	4.58	51.39	46.95	−51～46
	不分类	对数正态分布	6.31	0.39	591.17	−56～98
电子设备制造	溶剂型油墨	对数正态分布	6.3	0.23	560.07	−38～52
	水性油墨	对数正态分布	5.18	0.38	190.41	−56～96
	不分类	韦布尔分布	1.54	598.4	539.1	−89～158
机械设备制造	溶剂型涂料	对数正态分布	6.24	0.2	523.2	−34～46
	水性涂料	韦布尔分布	4.93	414.12	379.65	−48～42
	不分类	韦布尔分布	2.89	688.88	614.18	−68～76
家具制造	溶剂型涂料	韦布尔分布	10.34	622.96	593.6	−26～19
	水性涂料	对数正态分布	5.17	0.2	178.71	−33～44
	不分类	韦布尔分布	2.31	574.16	508.75	−77～98
印刷	油性油墨	韦布尔分布	3.92	609.68	552.63	−57～54
	水性油墨	韦布尔分布	4.23	82.79	75.38	−54～50
	不分类	伽马分布	2.16	570.45	505.88	−79～106

行业	溶剂类型	分布类型	参数1	参数2	均值/(kg/t)	不确定性范围/%
金属制品	溶剂型涂料	对数正态分布	6.13	0.22	470.59	−37～50
	水性涂料	对数正态分布	4.8	0.35	129.42	−53～88
	不分类	韦布尔分布	2.32	648.87	575.65	−76～97
塑料制品	溶剂型涂料	对数正态分布	6.13	0.25	472.03	−41～58
	水性涂料	对数正态分布	5.11	0.45	182.97	−63～120
	不分类	对数正态分布	6	0.6	481.45	−73%～169

　　总体上，基于产品产量的排放因子不确定性高于基于溶剂类型的排放因子不确定性，前者的不确定性大致处于−80%～250%，部分行业的排放因子甚至达到400%以上；相比之下，后者的不确定性大致处于−50%～100%。其原因是基于溶剂类型的排放因子在建立时考虑了不同产品生产工艺和原料类型对排放特征的影响，降低了差异性这一维度的不确定性来源。实际上，不同溶剂类型的排放差异十分明显。例如，在印刷业中，油性油墨产生的VOCs测得约为550 kg/t，而水性油墨产生的VOCs测得约为75 kg/t。如果不区分溶剂类型，基于溶剂的排放因子不确定性最大能增加100%左右。另外，对于同一行业，水性涂料（油墨）整体上比溶剂型涂料（油墨）具有更高的不确定性，其原因可能是水性涂料样本量较小。因此在今后的实际调研和测试中，建议在对后续排放源清单建立的研究中应着重调研排污环节、挥发性原辅料在生产过程中所占比例等信息，并加强水性涂料（油墨）排放实测，以降低排放因子的不确定性。相较于基于溶剂类型的排放因子，基于产品产量的排放因子并未区分不同溶剂类型的影响，忽略了生产过程不同有机溶剂和洗涤溶液等的使用比例、原辅料信息等数据之间的差异，不确定性相对较为突出。因此，在表征有机溶剂使用源排放清单时，如果能获取各行业溶剂及辅料使用量，应该优先使用基于原辅料的表征方法进行计算，再考虑使用基于产品产量的表征方法进行补充，以降低有机溶剂使用源排放清单的不确定性。

　　在基于产品产量的排放因子中，印刷、塑料制品、皮革制品、木材加工、家用溶剂和建筑涂料的排放因子不确定性最大。这些行业的产品生产工艺复杂，并且不同环节或者技术使用的原辅料也存在明显差异。例如，在印刷过程，其工艺类型可以分为9类，原料类型包括溶剂型、水溶型、UV型、植物型等。另外，由于缺乏本地的排放因子，家用溶剂和建筑涂料的排放因子不确定性较大，这是由于目前家用溶剂和建筑涂料的排放因子多数是采用AP-42数据集中的排放因子作为基准值，然后根据中国、美国的GDP比例差异估算调整。在基于溶剂类型的排放因子中，电子设备制造和塑料制品业的排放因子不确定性较为明显，这可能是这些行业的溶剂型涂料与水性涂料 VOCs 含量差异大造成的。这些行业均是后续排放研究改进的重点。

4.3.2　电厂排放源

电力行业包括火电行业、水电行业、风电行业、核电行业、太阳能发电行业以及生物质发电行业等，在大气污染源排放清单中，电厂排放源特指以煤炭、燃料油、煤气和天然气等传统化石能源作为燃料的火电行业。电厂是我国 SO_2 和 NO_x 等污染物排放的重要贡献源。在广东省能源部门中，电厂对 $PM_{2.5}$、PM_{10}、N_2O、重金属、颗粒氯、有机氯的排放贡献可超过 90%[17]。电厂的排放特征受多方面因素影响，主要包括火电厂的燃烧锅炉的类型、装机容量、燃料的类型以及用量、燃烧方式、末端控制技术等。这些因素能否区分考虑，决定了电厂排放因子的不确定性大小。

国外对电厂排放因子的建立研究已经较为成熟。U.S. EPA 通过大量的企业调查数据、能源部门燃料使用数据、排放源实测数据和自动监测数据，根据火电厂的锅炉类型、燃料类型、燃烧方式、末端控制技术等建立了一系列不同质量等级的排放因子[18]。EEA 也构建了能够区分火电厂燃料类型和末端控制技术等因素的火电厂排放因子，并用于《EMEP/CORINAIR 空气污染物排放清单指南》中。电厂是我国大气污染物的主要排放贡献源之一，从 20 世纪 80 年代开始，就受到我国管理部门和科研机构的广泛关注，已有学者开展实地测试，陆续建立了我国电厂不同锅炉类型、燃料类型和控制技术下的排放因子，随着我国对电厂控制要求的不断加严以及电厂超低排放的推广，电厂重点污染物的排放因子也呈现下降趋势[12, 19, 20]。本节收集整理了电厂的排放因子数据，并根据所介绍的排放因子定量不确定性分析方法，对电厂排放因子开展了定量不确定性分析，其结果如表 4.6 所示。

表 4.6　电厂排放因子不确定性

污染物	燃料类型	装机容量/MW	分布类型	参数 1	参数 2	均值*	不确定性范围/%
NO_x	煤炭	<100	对数正态分布	2.17	0.22	9.00	−37～51
		100～300	对数正态分布	1.92	0.32	7.16	−49～77
		>300	韦布尔分布	2.92	5.36	4.78	−68～75
	燃料油		伽马分布	10.42	0.92	11.30	−51～69
	天然气		对数正态分布	1.27	0.58	4.19	−73～163
	煤气		对数正态分布	0.50	0.36	1.75	−54～91
	垃圾		伽马分布	4.75	2.46	1.93	−69～108

续表

污染物	燃料类型	装机容量/MW	分布类型	参数 1	参数 2	均值*	不确定性范围/%
CO	煤炭		对数正态分布	0.71	0.16	2.05	−28～35
	燃料油		韦布尔分布	4.01	0.49	0.44	−56～53
	天然气		韦布尔分布	2.44	1.32	1.17	−75～93
	煤气		对数正态分布	0.37	0.34	1.54	−51～83
	垃圾		对数正态分布	−0.88	0.54	0.48	−70～148
PM_{10}	煤炭		韦布尔分布	5.40	13.50	12.45	−45～38
	燃料油		对数正态分布	−0.13	0.47	0.98	−64～126
	天然气		伽马分布	2.12	18.07	0.12	−87～173
	垃圾		韦布尔分布	1.19	1.32	1.25	−95～218
$PM_{2.5}$	煤炭		对数正态分布	1.75	0.41	6.27	−59～105
	燃料油		韦布尔分布	14.60	0.61	0.58	−19～13
	天然气		韦布尔分布	1.87	0.12	0.11	−84～126
	垃圾		韦布尔分布	1.03	1.04	1.02	−97～261
VOCs	煤炭		韦布尔分布	4.30	0.16	0.15	−53～49
	燃料油		对数正态分布	−1.53	0.72	0.28	−81～217
	天然气		对数正态分布	−2.78	0.82	0.09	−85～255
	垃圾		对数正态分布	0.03	0.29	1.08	−46～69
CO_2	天然气		伽马分布	2.66	0.28	9.58	−82～150
	煤炭		韦布尔分布	6.44	1.93	1.80	−39～31
	燃料油		韦布尔分布	52.78	3.09	3.05	−5～3
	煤气		对数正态分布	2.25	0.26	9.77	−41～60

*煤炭、燃料油、垃圾等固液体排放因子均值单位为 g/kg，天然气、煤气等气体排放因子均值单位为 g/m³。

　　不同电厂污染物排放的不确定性存在一定的差异。NO_x 排放因子不确定性较大，主要原因在于燃煤锅炉中装机容量不同的机组单位煤炭消耗所产生的污染物排放水平不同，其排放因子的差异也比较大。例如，在小于 100 MW、100～300 MW 和大于 300 MW 三种装机容量中，小于 100 MW 装机容量机组的单位煤耗 NO_x 排放水平最高[21]。同时，由于已有的电厂 NO_x 排放研究大多集中在小于 100 MW 装机容量的机组，因此其排放因子不确定性相对其他两个机组段的不确定性小，不确定性范围在−37%～51%。另外，不同的处理技术对排放因子也产生了一定的影响。研究发现，在 NO_x 的控制措施中，LNB + SCR（低氮燃烧器技术 + 选择性催化还原技术）的脱硝效率明显高于其他脱硝技术。相对 NO_x 而言，CO 不确定性有所降低，这是因为目前电厂排放没有针对 CO 的后处理设备，也就消除了末端控制技术不确定性对排放因子的影响。对于颗粒物（PM_{10}、$PM_{2.5}$）来说，虽然很多学者开展了一系列研究，但是排放因子依然存在较大的不确定性，这与锅炉类型和污染控制措施等差异较大有关，尤其是近年来，我国通过升级干式静电除尘器、增加脱硫除尘一体化装置等加大了对燃煤电厂的超低排放改造，对燃煤电厂颗粒物的排放有显著的影响。相比其他污染物，电厂 VOCs 排放因子的不确定性较大，主要是因为电厂 VOCs 排放的相关研究较少。

对于同一种污染物，不同燃油类型的排放因子的不确定性也存在差异。例如，对于温室气体 CO_2，天然气和煤气等气体燃料的单位热值含碳量以及不同燃烧设备的碳氧化率存在较大差异，由于当前的排放因子研究还未细分至行业，天然气和煤气的 CO_2 排放还存在较大的不确定性。相反，不同燃煤类型的单位热值含碳量、碳氧化率差异不大，碳氧化率基本在 95%~98%，因此燃煤 CO_2 排放因子的不确定性较小。其他污染物的不同燃料类型排放因子不确定性也存在类似的差异。另外，这些不确定性差异也与排放测试的数量有关。总体上，燃煤排放的研究相对成熟，因此煤炭的排放因子不确定性总体上较小；燃料油、垃圾焚烧和天然气排放的研究相对较少，排放因子样本量不足，其不确定性较大，未来研究应多关注这些燃料的排放测试，以进一步降低电厂排放因子的不确定性。

电厂煤炭燃烧排放的估算参数及不确定性分析如表 4.7 所示。由于煤炭的含硫量、灰分含量、脱硫除氮率及去除率来自于环境统计数据，各个电厂的调研结果样本数量大且参数值较为集中，因此上述参数的不确定性相对较小。

表 4.7 电厂煤炭燃烧排放估算的相关参数及其不确定性

污染物	参数	分布类型	参数 1	参数 2	均值	不确定性范围/%
SO_2	含硫量	伽马分布	40.65	84.46	0.48	−28~33
SO_2	脱硫率	对数正态分布	−0.11	0.06	0.89	−12~13
NO_x	除氮率	伽马分布	79.03	109.43	0.72	−21~23
PM	灰分含量	韦布尔分布	9.16	14.10	0.13	−29~22
PM_{10}	去除率	韦布尔分布	19.30	0.97	0.94	−15~10
$PM_{2.5}$	去除率	韦布尔分布	6.16	0.91	0.85	−41~33

4.3.3 道路移动源

随着机动车保有量的持续增加，道路移动源已成为我国城市大气污染物排放的重要来源之一，也是大气二次污染的重要贡献源。因此，当前道路移动源防控已经成为我国改善城市和区域空气质量、降低公众健康风险、缓解气候变化的关键工作之一。根据我国的机动车统计口径，道路移动源从机动车类型上可以分为微型客车、小型客车、中型客车、大型客车、微型货车、小型货车、中型货车、重型货车、出租车、公交车和摩托车，按照汽车燃料类型可以将不同车型进一步分为柴油车和汽油车，按照排放标准分可细分至第四级。

　　道路移动源排放的表征方法有静态排放估算法和基于大数据的动态排放估算方法，前者是一种"自上而下"的表征方法，需要获取以城市或者区域为统计口径的燃油消耗量或机动车保有量以及相应排放因子[22-26]。由于数据获取相对容易，"自上而下"静态估算方法在国内排放源清单编制中应用最为广泛。当前，国内"自上而下"机动车排放因子的来源有 IVE、MOBILE 和 COPERT 等模型以及实地测量法，排放测量技术包括底盘和发动机测功仪测量、遥感测量、道路隧道测量和便携式排放测量系统（PEMS）车载测量[25-39]。基于大数据的动态估算依赖于交通流以及基于速度或者机动车比功率（vehicle specific power，VSP）的瞬态排放因子，能够更加准确地表征机动车的时空动态排放特征，但受制于交通流数据获取难度高，当前仅在局部地区应用[40-45]。无论是哪一种方法，道路移动源排放因子均受到多种因素的影响，如车辆特性和排放控制技术、燃料规格、环境和操作条件（冷启动、巡航、加速等）。即使是同一类型、同一品牌的车辆，受不同的目标地区环境特征、末端控制措施、累计行驶里程等因素影响，其排放因子也可能有所不同，因此存在较大的不确定性[30, 35, 36]。本书以静态排放估算法为例，分析道路移动源排放因子的不确定性，具体结果见表4.8和表4.9。

　　如果不区分排放标准，道路移动源排放因子的不确定性都比较大。从燃料类型分析，汽油车排放因子的不确定性高于柴油车，这是因为不同国标汽油车之间排放因子的差异相较于柴油车更大。例如，在收集的排放因子数据中，国Ⅱ到国Ⅴ的汽油小客车 NO_x 排放因子平均分别为 0.54、0.17、0.05 和 0.02 g/km，最高和最低差距达 27 倍，而国Ⅱ到国Ⅴ的柴油小货车 NO_x 排放因子平均分别为 5.62、3.75、2.46 和 2.09 g/km，最高和最低差距仅有 2.7 倍。从污染物种类来说，颗粒物、CO 和 VOCs 排放因子不确定性较高，这可能是由不同国标车型之间的颗粒物、CO 和 VOCs 排放差异较大所致。因此，将机动车不同车型进一步划分到不同的国标等级，能够有效降低机动车排放因子的不确定性。

　　从车辆类型角度分析，公交车排放因子不确定性较小。这与同一国标不同公交车辆之间的车型大小和发动机性能等参数差异较小有关。相比之下，小型客车和中型客车的不确定性相对较大，这是因为影响小型客车排放的因素较多（行驶路况、加速度、速度、坡度、工况、车辆劣化和车型参差等），导致获取的排放因子数据之间差异较大。中型客车主要由于数据样本量少，排放不确定性较大。对于下一步道路移动源排放表征改进，建议机动车污染物排放因子尽可能使用不同车型下不同国标等级的排放因子；建议增加具有代表性车型的实地测量数据，如小型客车根据车座的不同，分为小轿车、运动型多用途汽车（SUV）和多用途汽车（MPV），排放源实际测试时，选取的车型要尽可能地同时涵盖这三种车型；建议增加测试车辆的样本量，越多的样本量得到的排放因子越具有代表性。

基于上述道路移动源排放表征改进的建议，本书以汽油小客车为案例，采用PEMS 在线测试仪器开展代表车型的实地道路排放测试，并对测试获取不同国标汽油车排放因子数据进行不确定性分析。排放因子数据来自 62 辆汽油小客车的实际道路多次重复测试的结果，涵盖国Ⅱ、国Ⅲ、国Ⅳ、国Ⅴ和国Ⅵ 5 个国标类型的汽油小客车，其中国Ⅱ车 3 辆，国Ⅲ车 9 辆，国Ⅳ车 15 辆，国Ⅴ车 19 辆，国Ⅵ车 16 辆。由表 4.8 可见，基于本地实测获取的不同国标 NO_x、CO 和总碳氢（total hydrocarbons，THC）排放因子不确定性大致分别为–45%～60%，–30%～40%和–80%～200%。与表 4.9 中的结果相比污染物的不确定性显著下降。由此可见，如果能够利用本地的排放因子测试数据，并区分不同国标的影响，能够有效降低机动车排放因子不确定性。

表 4.8　基于实测的汽油小客车分国标排放因子不确定性

污染物	国标类型	分布类型	参数 1	参数 2	均值/(g/km)	不确定性范围/%
NO_x	国Ⅱ	伽马分布	43.00	44.41	0.97	−27～32
	国Ⅲ	对数正态分布	−0.23	0.25	0.82	−41～58
	国Ⅳ	伽马分布	35.78	156.95	0.23	−30～35
	国Ⅴ	对数正态分布	−2.81	0.17	0.06	−29～37
	国Ⅵ	伽马分布	159.90	2537.69	0.06	−14～16
CO	国Ⅱ	对数正态分布	1.78	0.15	5.97	−25～31
	国Ⅲ	对数正态分布	1.02	0.15	2.81	−25～31
	国Ⅳ	伽马分布	35.87	13.41	2.67	−29～35
	国Ⅴ	对数正态分布	−0.92	0.13	0.40	−23～28
	国Ⅵ	对数正态分布	−0.81	0.10	0.45	−18～20
THC	国Ⅱ	对数正态分布	−0.43	0.41	0.71	−58～104
	国Ⅲ	伽马分布	24.66	139.19	0.18	−35～43
	国Ⅳ	对数正态分布	−1.91	0.57	0.17	−72～161
	国Ⅴ	对数正态分布	−3.32	0.67	0.05	−78～195
	国Ⅵ	对数正态分布	−3.81	0.51	0.03	−67～138

续表

污染物	国标类型	分布类型	参数 1	参数 2	均值/(g/km)	不确定性范围/%
	国Ⅱ	对数正态分布	−1.60	0.19	0.21	−31～41
	国Ⅲ	伽马分布	44.64	2343.88	0.02	−27～31
CH₄	国Ⅳ	伽马分布	11.48	438.72	0.03	−49～65
	国Ⅴ	伽马分布	15.84	1909.56	0.01	−42～55
	国Ⅵ	对数正态分布	−4.71	0.55	0.01	−70～153

表 4.9　各类机动车排放因子不确定性

污染物	车型	燃料类型	分布类型	参数 1	参数 2	均值/(g/km)	不确定性范围/%
	小型客车	汽油	伽马分布	0.89	4.06	0.22	−98～284
		柴油	韦布尔分布	5.83	0.88	0.82	−43～35
	中型客车	汽油	对数正态分布	−0.52	1.01	0.99	−92～332
		柴油	对数正态分布	1.23	0.38	3.68	−56～97
	大型客车	汽油	韦布尔分布	2.02	2.12	1.88	−82～115
		柴油	对数正态分布	2.25	0.12	9.56	−22～26
NOₓ	轻型货车	汽油	对数正态分布	−0.38	0.99	1.10	−91～331
		柴油	韦布尔分布	2.85	4.41	3.94	−69～77
	中型货车	汽油	韦布尔分布	2.06	2.41	2.13	−81～113
		柴油	韦布尔分布	3.99	6.04	5.48	−56～53
	重型货车	汽油	韦布尔分布	2.06	2.41	2.14	−81～112
		柴油	韦布尔分布	3.96	7.72	7.00	−56～53
	出租车	汽油	对数正态分布	−0.87	0.77	0.56	−84～236
	公交车	柴油	对数正态分布	2.25	0.12	9.57	−22～26
	普通摩托车	汽油	韦布尔分布	7.57	0.16	0.15	−34～27
	小型客车	汽油	对数正态分布	0.78	1.13	4.13	−94～384
		柴油	对数正态分布	−1.52	0.57	0.26	−73～161
	中型客车	汽油	对数正态分布	2.09	0.98	13.05	−91～324
		柴油	对数正态分布	0.89	0.30	2.54	−47～73
CO	大型客车	汽油	对数正态分布	2.71	1.04	25.72	−92～345
		柴油	韦布尔分布	1.82	7.28	6.47	−85～130
	轻型货车	汽油	对数正态分布	2.33	1.01	17.02	−92～337
		柴油	对数正态分布	0.85	0.47	2.63	−65～127
	中型货车	汽油	对数正态分布	2.94	1.05	32.92	−93～354
		柴油	对数正态分布	0.98	0.49	3.02	−66～133

续表

污染物	车型	燃料类型	分布类型	参数 1	参数 2	均值/(g/km)	不确定性范围/%
CO	重型货车	汽油	对数正态分布	2.94	1.05	32.99	−93～353
		柴油	对数正态分布	1.14	0.42	3.40	−60～108
	出租车	汽油	对数正态分布	2.08	0.86	11.51	−87～271
	公交车	柴油	韦布尔分布	1.82	7.28	6.50	−85～129
	普通摩托车	汽油	对数正态分布	1.43	0.86	6.02	−87～274
PM_{10}	小型客车	汽油	对数正态分布	−4.63	0.84	0.01	−86～268
		柴油	对数正态分布	−3.54	0.44	0.03	−62～115
	中型客车	汽油	对数正态分布	−3.96	0.83	0.03	−86～259
		柴油	对数正态分布	−2.22	0.82	0.15	−86～258
	大型客车	汽油	对数正态分布	−2.43	0.50	0.10	−67～135
		柴油	韦布尔分布	1.34	0.48	0.44	−93～187
	轻型货车	汽油	对数正态分布	−3.96	0.83	0.03	−86～260
		柴油	韦布尔分布	1.06	0.13	0.13	−97～252
	中型货车	汽油	对数正态分布	−2.43	0.50	0.10	−67～135
		柴油	韦布尔分布	0.86	0.22	0.24	−99～326
	重型货车	汽油	对数正态分布	−2.43	0.50	0.10	−67～135
		柴油	韦布尔分布	1.09	0.26	0.25	−96～244
	出租车	汽油	对数正态分布	−4.63	0.84	0.01	−87～265
	公交车	柴油	韦布尔分布	1.34	0.48	0.44	−93～189
	普通摩托车	汽油	伽马分布	2.11	157.85	0.01	−87～173
$PM_{2.5}$	小型客车	汽油	对数正态分布	−4.69	0.80	0.01	−85～249
		柴油	对数正态分布	−3.63	0.42	0.03	−60～108
	中型客车	汽油	对数正态分布	−4.05	0.84	0.02	−86～264
		柴油	对数正态分布	−2.32	0.82	0.14	−86～252
	大型客车	汽油	对数正态分布	−2.54	0.51	0.09	−67～137
		柴油	韦布尔分布	1.34	0.43	0.39	−93～188
	轻型货车	汽油	对数正态分布	−4.05	0.84	0.02	−86～264
		柴油	韦布尔分布	1.06	0.12	0.12	−97～252
	中型货车	汽油	对数正态分布	−2.54	0.51	0.09	−67～137
		柴油	韦布尔分布	0.86	0.20	0.22	−99～328
	重型货车	汽油	对数正态分布	−2.54	0.51	0.09	−67～136
		柴油	韦布尔分布	1.08	0.24	0.23	−97～243
	出租车	汽油	对数正态分布	−4.69	0.80	0.01	−85～247

续表

污染物	车型	燃料类型	分布类型	参数1	参数2	均值/(g/km)	不确定性范围/%
PM$_{2.5}$	公交车	柴油	韦布尔分布	1.34	0.43	0.39	−93～188
	普通摩托车	汽油	对数正态分布	−4.63	0.71	0.01	−81～216
VOCs	小型客车	汽油	对数正态分布	−1.34	1.06	0.46	−93～355
		柴油	对数正态分布	−3.53	0.69	0.04	−80～206
	中型客车	汽油	对数正态分布	−0.49	1.28	1.38	−96～439
		柴油	对数正态分布	−0.70	0.60	0.59	−74～171
	大型客车	汽油	对数正态分布	0.43	0.94	2.39	−90～306
		柴油	韦布尔分布	1.31	0.32	0.30	−94～193
	轻型货车	汽油	对数正态分布	−0.08	1.22	1.95	−96～417
		柴油	对数正态分布	−0.67	1.10	0.93	−94～369
	中型货车	汽油	对数正态分布	0.78	0.93	3.36	−90～302
		柴油	对数正态分布	−1.30	1.13	0.52	−94～382
	重型货车	汽油	对数正态分布	0.76	0.94	3.34	−90～307
		柴油	对数正态分布	−1.23	0.87	0.42	−87～277
	出租车	汽油	对数正态分布	−0.11	0.73	1.18	−82～219
	公交车	柴油	韦布尔分布	1.31	0.32	0.30	−93～195
	普通摩托车	汽油	韦布尔分布	1.98	0.88	0.78	−82～118

4.3.4　生物质燃烧源

　　生物质燃烧是指未经处理的农作物秸秆、薪柴等生物质燃料直接在户外或室内燃烧的过程，包括生物质开放燃烧和生物质家用燃烧[46]。根据生物质类型，生物质开放燃烧分为秸秆露天焚烧、森林火灾和草原火灾；秸秆露天焚烧可根据农作物大类分为小麦秸秆、玉米秸秆、水稻秸秆等，森林火灾可根据森林类型分为常绿阔叶林、落叶阔叶林、落叶针叶林等。生物质家用燃烧分为秸秆家用燃烧和薪柴燃烧，其中秸秆家用燃烧同样根据农作物大类分为小麦秸秆、玉米秸秆、水稻秸秆等，薪柴燃烧通常不分类。无论是开放燃烧还是家用燃烧，生物质燃烧源采取控制措施的难度都比较大，控制效率几乎为零，导致大量污染物和温室气体排入大气环境中。同时，由于不同地区生活用炉灶、生物质使用习惯存在差异，导致生物质燃烧源的排放因子存在较大的差异性[47]。近年来国内外学者就生物质燃烧源排放因子开展了大量的测试研究[48-55]。本书在大量研究结果调研的基础上，量化了生物质燃烧源排放因子的不确定性，具体结果如表4.10～表4.14所示。

表 4.10　秸秆露天燃烧排放因子不确定性

污染物	排放源	分布类型	参数 1	参数 2	均值/(g/kg)	不确定性范围/%
SO_2	水稻	对数正态分布	−1.18	0.8	0.42	−85~248
	小麦	韦布尔分布	1.39	0.65	0.59	−92~181
	玉米	韦布尔分布	1.28	0.38	0.35	−94~198
NO_x	水稻	韦布尔分布	2.86	2.84	2.53	−69~77
	小麦	韦布尔分布	4.13	2.95	2.68	−55~51
	玉米	韦布尔分布	5.37	4.05	3.73	−45~38
CO	水稻	韦布尔分布	3.67	62.14	56.13	−59~58
	小麦	韦布尔分布	2.51	64.9	57.71	−74~89
	玉米	对数正态分布	4.11	0.26	63.08	−41~60
PM_{10}	水稻	对数正态分布	2.07	0.55	9.18	−70~151
	小麦	对数正态分布	2.19	0.8	12.31	−85~248
	玉米	对数正态分布	2.68	0.45	16.12	−63~119
$PM_{2.5}$	水稻	韦布尔分布	3.38	9.27	8.32	−62~64
	小麦	对数正态分布	2.27	0.73	12.67	−82~219
	玉米	对数正态分布	2.48	0.3	12.44	−46~71
BC	水稻	韦布尔分布	2.58	0.47	0.42	−73~87
	小麦	韦布尔分布	3.53	0.48	0.43	−61~61
	玉米	对数正态分布	−0.76	0.59	0.55	−74~169
OC	水稻	对数正态分布	0.9	0.54	2.85	−70~149
	小麦	韦布尔分布	3.38	3.74	3.36	−62~64
	玉米	对数正态分布	1.17	0.4	3.49	−58~102
VOCs	水稻	韦布尔分布	2.67	8.12	7.22	−72~83
	小麦	韦布尔分布	4.13	7.34	6.67	−55~51
	玉米	韦布尔分布	4.65	9.71	8.88	−50~45
NH_3	水稻	对数正态分布	0.05	0.74	1.39	−82~227
	小麦	对数正态分布	−0.75	0.61	0.57	−75~175
	玉米	对数正态分布	−0.2	0.53	0.94	−69~145

表 4.11　森林火灾排放因子不确定性

污染物	排放源	分布类型	参数 1	参数 2	均值/(g/kg)	不确定性范围/%
CO	森林火灾	韦布尔分布	6.43	103.02	95.92	−39~32
NO_x	森林火灾	伽马分布	9.64	4.00	2.41	−53~72

污染物	排放源	分布类型	参数1	参数2	均值/(g/kg)	不确定性范围/%
SO_2	森林火灾	韦布尔分布	2.95	0.81	0.72	−68~74
NH_3	森林火灾	对数正态分布	0.53	0.45	1.88	−63~119
VOCs	森林火灾	对数正态分布	2.31	0.56	11.82	−71~157
$PM_{2.5}$	森林火灾	对数正态分布	2.61	0.62	16.48	−75~177
PM_{10}	森林火灾	对数正态分布	2.7	0.66	18.54	−78~194
BC	森林火灾	对数正态分布	−0.41	0.19	0.68	−33~43
OC	森林火灾	伽马分布	20.2	2.89	6.98	−39~48

表 4.12　草原火灾排放因子不确定性

污染物	排放源	分布类型	参数1	参数2	均值/(g/kg)	不确定性范围/%
CO	草原火灾	对数正态分布	4.19	0.21	67.56	−35~47
NO_x	草原火灾	韦布尔分布	2.87	3.24	2.88	−69~77
SO_2	草原火灾	对数正态分布	−0.83	0.31	0.46	−49~76
NH_3	草原火灾	对数正态分布	−0.23	0.38	0.85	−55~95
VOCs	草原火灾	对数正态分布	1.57	0.5	5.45	−66~134
$PM_{2.5}$	草原火灾	对数正态分布	1.85	0.12	6.39	−21~24
PM_{10}	草原火灾	韦布尔分布	6.46	8.95	8.33	−39~31
BC	草原火灾	对数正态分布	−0.57	0.5	0.65	−67~136
OC	草原火灾	对数正态分布	1.44	0.41	4.62	−59~106

表 4.13　秸秆家用燃烧排放因子不确定性

污染物	排放源	分布类型	参数1	参数2	均值/(g/kg)	不确定性范围/%
	玉米	韦布尔分布	5.01	78.74	72.28	−48~41
CO	小麦	韦布尔分布	3.54	132.84	119.78	−61~60
	水稻	对数正态分布	4.34	0.11	76.84	−20~23
	玉米	韦布尔分布	9.96	0.67	0.63	−27~20
NH_3	小麦	韦布尔分布	20.62	0.37	0.36	−14~9
	水稻	韦布尔分布	11.1	0.5	0.48	−25~18
	玉米	对数正态分布	0.68	0.5	2.23	−67~134
NO_x	小麦	伽马分布	3.23	2.01	1.61	−78~135
	水稻	韦布尔分布	2.1	2.18	1.93	−80~110

续表

污染物	排放源	分布类型	参数 1	参数 2	均值/(g/kg)	不确定性范围/%
PM$_{2.5}$	玉米	对数正态分布	1.97	0.19	7.34	−32～42
	小麦	韦布尔分布	12.25	7.99	7.66	−23～16
	水稻	对数正态分布	2.12	0.27	8.59	−43～63
SO$_2$	玉米	韦布尔分布	4.75	1.27	1.16	−50～44
	小麦	对数正态分布	0.19	0.42	1.32	−60～107
	水稻	对数正态分布	−0.59	0.21	0.57	−35～48
VOCs	玉米	韦布尔分布	2.81	5.76	5.12	−70～79
	小麦	韦布尔分布	4.39	8.03	7.32	−52～48
	水稻	韦布尔分布	2.78	7.55	6.73	−70～80
OC	玉米	对数正态分布	0.97	0.22	2.69	−36～50
	小麦	对数正态分布	1.26	0.17	3.57	−29～37
	水稻	韦布尔分布	6.65	3.44	3.21	−38～30

表 4.14　薪柴燃烧排放因子不确定性

污染物	排放源	分布类型	参数 1	参数 2	均值/(g/kg)	不确定性范围/%
CO	薪柴燃烧	韦布尔分布	4.12	67.27	61.05	−55～51
NO$_x$	薪柴燃烧	对数正态分布	0.37	0.39	1.56	−57～98
SO$_2$	薪柴燃烧	韦布尔分布	1.74	0.4	0.35	−86～138
NH$_3$	薪柴燃烧	对数正态分布	0.29	0.03	1.33	−56～97
VOCs	薪柴燃烧	对数正态分布	1.41	1.12	7.76	−94～173
PM$_{2.5}$	薪柴燃烧	对数正态分布	1.52	0.32	4.79	−49～78
PM$_{10}$	薪柴燃烧	韦布尔分布	4.18	6.24	5.66	−54～51
BC	薪柴燃烧	对数正态分布	−0.41	0.53	0.76	−69～146
OC	薪柴燃烧	韦布尔分布	2.05	0.91	0.8	−81～113

对于秸秆露天燃烧排放因子，以产量较大的水稻、玉米和小麦秸秆为例，其PM$_{10}$、PM$_{2.5}$ 和 SO$_2$ 排放因子不确定性比较大。对于相同污染物，不同秸秆类型的排放因子也存在明显差异，其中玉米秸秆的排放因子均值较大且不确定性相对较低。对于森林火灾来说，由于不同森林类型的排放因子测试数据相对较少，因此综合分析其不确定性范围，PM$_{10}$、PM$_{2.5}$ 和 VOCs 排放因子的不确定性相对较大，不确定性范围分别是−78%～194%，−75%～177%以及−71%～157%。除了 PM 和VOCs，森林火灾和草原火灾其他污染物的排放因子不确定性范围整体比秸秆露天燃烧低，主要是因为森林火灾和草原火灾国内相关的研究较少，不确定性分析原

始数据样本量小。因此，虽然森林火灾和草原火灾的排放因子不确定性范围较小，但仍应是未来本地化排放因子测试应关注的重点源。

对于秸秆家用燃烧，虽然其排放特征受到燃料类型、燃烧条件等多个因素影响，但国内陆续开展了大量实测研究并得到符合我国实际情况的本地化排放因子，故与秸秆露天焚烧排放因子相比，秸秆家用排放因子的不确定性范围整体较小。不同秸秆类型之间，玉米与小麦秸秆燃烧排放因子不确定性相对较大。薪柴燃烧排放因子不确定性整体小于秸秆家用燃烧。

总体而言，相较于室内燃烧源，开放燃烧过程受降水、相对湿度等多种因素影响，导致污染物排放因子不确定性范围较大，特别是颗粒物和 VOCs 排放因子不确定性比较大。因此，生物质开放燃烧的颗粒物和 VOCs 的排放因子仍有较大的研究空间，尤其是应考虑加强国内森林火灾和草原火灾等开放燃烧源的相关测试研究，以提高排放因子的本地化和可靠性。

4.4　应用案例：广东省大气污染物排放源清单不确定性分析与量化

本章以 2017 年广东省大气污染物排放源清单为例，结合前期收集的活动数据以及排放因子不确定性数据集等信息，对排放源清单进行定量不确定性分析。

4.4.1　2017 年广东省大气污染物排放源清单编制总体思路与特点

在团队累积的多年排放源清单数据的基础上和国家发布的排放源清单编制技术指南的框架下，基于广东省大气污染源排放结构和行业发展特色，建立了广东省人为源排放本地分类体系；对各排放源的活动水平数据展开资料收集及数据调研工作，通过权威报告及文献调研与实地测试相结合的方式得到符合广东省本地排放特征的排放因子，结合相关编制方法，以"自下而上"估算方式为主、"自上而下"方式为辅的形式，并引入动态大数据，融合多源数据，建立了广东省 2017年人为源排放清单，并简要分析主要大气污染物排放特征[55-57]。在此基础上，采用横向对比、纵向对比、空气质量浓度监测、受体模型等四种方法对清单结果进行校验，并对广东省各人为源排放清单进行定量不确定性及敏感性分析，全面提升了 2017 年广东省大气污染物排放源清单编制工作与质量[57]。

相比以往排放源清单，2017 年广东省大气污染物排放源清单在污染源和污染物组分覆盖、表征方法改进、数据来源多元化与评估、时空精度提升、清单质量控制与校验等方面均有全面的提升，具体表现如下。

（1）基于广东省大气污染源排放结构和行业发展特色，建立了更加精细的排放源分类体系，涵盖 10 类一级排放源、60 类二级排放源、230 多类三级排放源和 800 多类四级排放源，使得污染源分类更为细化、结构更为合理；在污染物类型上，覆盖的污染物类型与 VOCs 组分更加全面，除了涵盖指南规定的 9 种污染物（SO_2、NO_x、CO、VOCs、BC、OC、NH_3、$PM_{2.5}$、PM_{10}）之外，新增 HCHO、HONO、Cl 和 OVOCs 组分关键二次污染前体物。

（2）基于大量的环境统计数据、第二次全国污染源普查数据等多类工业源统计数据以及广东省 1 万余家企业调研获取的精细化点源数据，对每一个重点工业企业考虑其原辅料类型、生产工艺和排放控制技术水平对排放的影响，显著提高工业源排放表征的精细度和准确性，降低重点工业行业排放源清单不确定性，并通过多源活动水平数据相互校验，减少其他排放源清单不确定性。

（3）充分利用目前可获取的大数据产品，在机动车排放估算中，利用已获取的部分城市秒级、街区级别的平均车速等交通大数据，提升机动车排放工况特征和排放时间特征表征的代表性；在生物质燃烧方面，融合极轨与静止卫星，全时段准确捕捉省内生物质开放燃烧事件时空特征排放；在船舶排放的估算中，引入 6 亿余行基于 AIS 的多行实时航速、经纬度、航行时间等海量船舶活动记录动态数据，以及 40 多万艘船舶静态信息，进一步提升生物质燃烧和船舶排放的时空分辨率和时效性。

（4）通过现场测试手段，对工业溶剂、非道路和道路移动源等重点排放源建立符合本地排放特征的实测排放因子；利用实测实验获取的排放数据修订排放手册或者文献中的排放因子，提高排放因子与本地排放特征的匹配程度，不断提升重点源排放因子的合理性。

（5）按照质量保证与质量控制（QA/QC）要求，从数据来源的可追溯性、合理性与一致性等方面，对排放因子、活动水平数据、关键参数的代表性、可靠性和合理性进行细致审查和对比分析，保障清单编制过程中使用的任何数据都有源可溯、有据可查。此外，采用横向比较、趋势分析、地面与卫星观测数据以及模式模拟评估等校验方法多维度综合评估排放源清单的可靠性与空间分布的合理性；通过基于排放源分类的排放因子不确定性数据集，量化 2017 年排放源清单中主要污染物排放量的不确定性及其关键不确定性来源，以评估排放源清单的可靠性。

4.4.2　2017 年广东省大气污染物排放源清单活动水平不确定性量化

2017 年广东省大气污染物排放源清单编制过程中采用了不同来源的活动水平数据，主要包括国家级、省级和地市级统计年鉴和公报、环境统计数据以及相关的行业统计年鉴和公报等。由于统计口径和数据来源有所不同，不同级别统计部门的活动数据与实际情况均可能存在一定程度的差异，造成这种差异的原因很复杂。如统计年鉴和公报在统计过程中可能由于人为误差而导致数据缺漏；由于信息填报不全或错误导致环境统计数据中企业与污染物排放相关的信息存在误差；部分污染源利用国家级或省级统计数据，根据清单估算需求再结合相关的转化系数或技术指标进行分配得到细化的数据，而这些细化数据的分配系数和技术指标的代表性尚待研究等。通过上述分析可知，目前国内的活动水平数据统计与排放源清单的编制需求和实际情况仍存在差异，因此不同来源的活动水平数据均存在着一定程度的不确定性[58]。故本书采用专家判断法构建了活动水平数据的质量等级评估指标，并在充分考虑各排放源的实际排放情况并且结合已有的相关研究的基础上，确定各排放源活动水平数据的质量等级和不确定性范围，活动水平数据质量等级分类情况如表 4.15 所示。

表 4.15　活动水平数据质量等级分类及不确定性范围

等级	编制方法	活动水平数据来源	可靠性	不确定性范围
A	合理	来自权威统计，95%以上代表该类源	信息足以校验	不考虑不确定性
B	合理	来自权威统计，90%以上代表该类源	信息足以校验	<5%
C	较合理	来自权威统计，95%以上代表该类源	信息足以校验	5%～<10%
D	较合理	来自权威统计，90%以上代表该类源	信息足以校验	10%～<15%
E	较合理	来自一般统计，80%以上代表该类源	缺乏足够信息校验	15%～<30%
F	较合理	来自一般统计，由推测得到，80%以上代表该类源	缺乏足够信息校验	30%～<40%
G	新方法或未经验证	来自一般统计，经推测得到，50%以上代表该类源	缺乏足够信息校验	40%～<60%
H	未被普遍接受	来自一般统计，经推测得到，50%以上代表该类源	仅有较少信息	60%～<100%

　　广东省排放源清单各污染源的活动数据不确定性级别如表 4.16 所示。具体的分析如下：假设各污染源活动数据的概率密度函数服从均匀分布，即变量在一定范围内均匀变化。广东省排放源清单的电厂排放源和工业燃烧源基于点源估算，其活动数据来自于广东省环境统计数据，详细包括各个电厂和企业的燃料信息和污染物控制措施，其中电厂填报的燃烧消耗量数据，相较而言是具有相对权威性和真实性的数据，故判断电厂的燃料消耗数据质量等级是 A 级，能够代表 95%以上该类源。与此同时，以电厂燃料消耗数据的质量等级及相应的不确定性为基准，判断其他排放源活动数据的质量等级和不确定性。例如，除了电厂排放源和工业燃烧源外其他排放源的污染物主要是面源和线源估算，活动数据精细程度无法细化到具体的污染排放点，故认定这些排放源的清单编制方法较合理，故其活动数据不确定性相对较高。

表 4.16 各污染源活动数据不确定性级别

排放源	活动数据	不确定性等级
电厂排放源	燃料消耗量	A
	硫分、灰分比例	B
	去除效率	B
工业燃烧源	燃料消耗量	B
	硫分、灰分比例	B
	去除效率	C
民用燃烧源	燃料消耗量	D
工艺过程源	产品产量、原辅料用量	D
有机溶剂使用源	产品产量、原辅料用量	D
道路移动源	机动车保有量	E
非道路移动源	燃料消耗量	F
生物质燃烧源	薪柴燃烧量	F
	生物质露天燃烧量	F
	森林火灾面积	D
扬尘源	道路长度	D
	车流量、平均车重	E
	道路粒度乘数、尘负荷	E
	施工面积	F
	施工周期	F
存储与运输源	油品量	F
农牧源	畜禽数量	D
	化肥施用量	E
其他排放源	城镇、农村人口	D
	垃圾填埋量、焚烧量	E
	餐饮企业数量	G

4.4.3 2017 年广东省大气污染物排放源清单及不确定性

依据所搜集的活动数据的翔实程度，在第 3 章建立的排放因子数据集里挑选适合广东省实际排放特征的排放因子，综合多种估算方式建立 2017 年广东省大气污染物排放源清单。广东省 2017 年 SO_2、NO_x、CO、PM_{10}、$PM_{2.5}$、BC、OC、VOCs、NH_3 污染排放量分别为 411、1427、5974、709、316、23、55、1193 和

543 kt，其相应的不确定性范围分别是−17%～20%、−25%～28%、−30%～39%、−45%～60%、−43%～62%、−53%～116%、−54%～160%、−34%～50%和−50%～86%。2017年广东省大气污染物排放源清单中各污染物的不确定性如表4.17所示。

表 4.17　2017 年广东省排放源清单中各污染物的不确定性　　（单位：%）

排放源	SO$_2$	NO$_x$	CO	PM$_{10}$	PM$_{2.5}$	BC	OC	VOCs	NH$_3$
固定燃烧源	−8～9	−47～60	−31～40	−80～101	−87～94	−91～103	−89～121	−44～66	−25～41
工艺过程源	−42～53	−61～110	−44～59	−76～131	−79～166	−93～218	−98～186	−54～147	−72～160
道路移动源	−42～53	−40～46	−44～61	−59～106	−52～85	−63～111	−60～106	−73～150	−91～137
非道路移动源	−52～66	−42～43	−65～67	−60～91	−51～82	−60～94	−67～77	−52～82	
有机溶剂使用源								−47～76	
扬尘源				−63～91	−63～131	−59～103	−67～120		
存储与运输源								−65～140	
农牧源									−55～97
生物质燃烧源	−78～143	−68～119	−71～151	−71～146	−71～152	−58～103	−75～182	−78～164	−68～147
废弃物处理源	−71～110	−93～209	−99～367	−68～113	−80～152			−69～118	−72～112
其他排放源	−88～96	−78～192	−95～102	−95～269	−99～247	−86～253	−87～268	−82～216	−88～115
总量	−17～20	−25～28	−30～39	−45～60	−43～62	−53～116	−54～160	−34～53	−50～86

注：固定燃烧源包括电厂排放源、工业燃烧源和民用燃烧源。

对污染物来说，SO$_2$ 和 NO$_x$ 研究开展较早，清单估算方法和数据来源比较完备，故其总排放量不确定性相对较小，分别为−17%～20%和−25%～28%。SO$_2$ 排放不确定性较小主要是因为 SO$_2$ 排放量估算主要采用物料衡算法，其中电厂排放源和工业燃烧源对 SO$_2$ 排放量贡献较大，而电厂排放源和工业燃烧源的活动数据均采用环境统计数据，即按照点源的方式进行估算，活动数据的精细程度和代表性较高，故极大地降低了 SO$_2$ 的不确定性。生物质燃烧源 SO$_2$ 不确定性较高，为−78%～143%。固定燃烧源和道路移动源对 NO$_x$ 有重要贡献，但两者不确定性均较小，分别是−47%～60%和−40%～46%。废弃物处理源和其他排放源的 NO$_x$ 不确定性分别是−93%～209%和−78%～192%，但由于这两个源的 NO_x 排放量较小，其排放量占总量的比例不高，因此其污染物排放量不确定性的影响较小。

CO 排放不确定性范围是−30%～39%，固定燃烧源和道路移动源是 CO 主要贡献源，其不确定性范围分别是−31%～40%和−44%～61%。由于道路移动源排放部分车型估算参考文献[59]最新的机动车实测排放因子，因此该源的排放不确定性有所降低。NH_3 总排放量不确定性为−50%～86%，其中农牧源是重要的氨排放来源，其贡献率高达 87%。农牧源的氨排放不确定性为−55%～97%。

颗粒物来源复杂且受多种因素影响，其不确定性较大。PM_{10} 和 $PM_{2.5}$ 的主要贡献源分别是扬尘源和工艺过程源。扬尘源对 PM_{10} 贡献率高达 55%，其不确定性范围为−63%～91%。工艺过程源的 $PM_{2.5}$ 不确定性为−79%～166%。此外，扬尘源和固定燃烧源对 $PM_{2.5}$ 总排放量不确定性也有一定影响。由于扬尘源估算可用的数据有限，因此对其排放进行的定量不确定性分析有局限性，故本书对于扬尘源的 PM_{10} 和 $PM_{2.5}$ 总排放量的定量不确定性分析存在一定程度的低估。BC 和 OC 总排放量的不确定性范围最大，分别为−53%～116%和−54%～160%，这是由于 BC 和 OC 排放因子多数是由 PM_{10} 和 $PM_{2.5}$ 排放因子推算获取，不确定性较高。

通常 VOCs 排放具有较大的不确定性，主要原因有三点：一是 VOCs 来源和成分复杂；二是 VOCs 的排放因子获取途径多样，并且排放因子的测试方法和条件缺乏一致的标准；三是 VOCs 排放通常采用面源方式计算，面源的估算方式所用的活动数据精细程度和可靠性较差。然而，2017 年广东省 VOC_S 总排放量不确定性较小，为−34%～53%。这是因为广东省部分工业源 VOCs 排放采用点面源结合的方式进行计算，在一定程度上降低了 VOCs 的不确定性。有机溶剂使用源排放对 VOC_S 污染贡献大，经过估算方法优化后其不确定性范围为−47%～76%。除此以外，一些其他排放源如餐饮油烟排放，这类排放源的研究较少，相关估算参数代表性较差，因此这类排放源的 VOCs 不确定性也很大。由于这类源排放对总量的贡献较小，因此对总不确定性影响不显著，但随着其他重要排放源的控制越来越严格，这些贡献较小的排放影响将突显出来，因此未来排放源清单研究也应关注这类排放源。

如图 4.3 所示，将 2017 年广东省大气污染物排放源清单和 Zhong 等[56]开发的 2012 年广东省大气污染物排放源清单的排放量及其不确定性结果进行比较。通过对比可知，与 2012 年排放源清单不确定结果相比，2017 年排放源清单的不确定性范围有所下降。其中，BC、CO、VOCs 和 NO_x 排放的不确定性范围与 2012 年相比，分别降低 51%、17%、16%和 11%。这些污染物排放不确定性减少的原因可能是：①估算方法的改进，如有机溶剂使用源、道路移动源和生物质燃烧源估算方法的更新提高了排放估算的准确性；②排放源分类和活动水平数据的细化；③本地化排放因子的完善和应用。基于本书构建的排放因子数据集选取合适的排放因子进行估算，有助于减小排放因子的不确定性。此外，2017 年排放源清单也有一些污染物不确定性大于 2012 年的结果。例如，2017 年 SO_2 排放不确定性范围为–17%～20%，而 2012 年的仅为–11%～11%。但这并不意味着 2012 年 SO_2 排放的估算结果更可靠，造成这种现象的可能原因是，随着像电厂排放源和工业燃烧源等重要 SO_2 排放源污染物排放削减，剩余的比较难测的排放源如道路移动源等的排放及其不确定性对区域 SO_2 总体排放的不确定性影响将进一步凸显。因此，未来的排放源清单研究和现场测试应更多关注到这类排放源。总的来说，随着数据质量的提高和排放量估算方法的更新，2017 年排放源清单在一定程度上更加可靠。

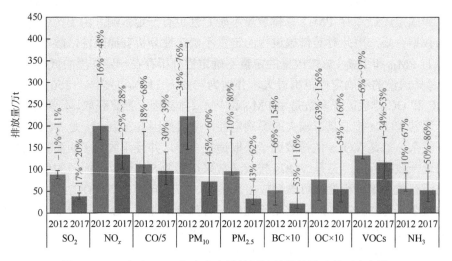

图 4.3　2012 年和 2017 年广东省排放源清单排放量及其不确定性

参 考 文 献

[1]　United States Environmental Protection Agency（U.S. EPA）. Compilation of Air Pollutant Emission Factors（AP-42）Volume 1：Point and Area Sources[R]. Washingon，D C：U.S. EPA，1996.

[2]　雷沛. 火电氮氧化物排放因子及排放总量研究[D]. 南京：南京信息工程大学，2012.

[3]　European Environment Agency（EEA）. EMEP/CORINAIR Emission Inventory Guidebook[R]. Copenhagen：European Environment Agency，2006.

[4]　European Monitoring and Evaluation Program（EMEP）. Centre on Emission Inventories and Projections（CEIP）[EB/OL].https://www.eea.europa.eu/data-and-maps/data-providers-and-partners/centre-on-emission-inventories-and.

[5]　International Institute for Applied Systems Analysis（IIASA）. Catalogue of Data and Datasets Updated[R]. Vienna：IIASA，2017.

[6]　Intergovernmental Panel on Climate Change（IPCC）. 2006 IPCC Guidelines for National Greenhouse Gas Inventories [R]. Geneva：IPCC，2006.

[7]　Emissions Factor Uncertainty Assessment[EB/OL]. [2020-06-23]. https://www3.epa.gov/ttn/chief/efpac/documents/ef_uncertainty_assess_draft0207s.pdf.

[8]　易爱华, 陈陆霞, 丁峰, 等. 美国 AP-42 排放系数手册简介及其对我国的启示[J]. 生态经济, 2016, 32（11）: 116-119.

[9]　Labriolle P D. Convention on long-range transboundary air pollution（LRTAP）[J]. Green Globe Yearbook, 1996, 3（366）: 103-109.

[10]　European Environment Agency（EEA）. EMEP/CORINAIR Emission Inventory Guidebook, First Edition[R]. Copenhagen: EEA, 1996.

[11]　郑君瑜, 王水胜, 黄志炯, 等. 区域高分辨率大气排放源清单建立的技术方法与应用[M]. 北京: 科学出版社, 2014.

[12]　Zhong Z M, Sha Q E, Zheng J Y, et al. Sector-based VOCs emission factors and source profiles for the surface coating industry in the Pearl River Delta region of China[J]. Science of The Total Environment, 2017（583）: 19-28.

[13]　Zhao Y, Wang S X, Nielsen C P, et al. Establishment of a database of emission factors for atmospheric pollutants from Chinese coal-fired power plants[J]. Atmospheric Environment, 2010（44）: 1515-1523.

[14]　梁小明, 陈来国, 孙西勃, 等. 基于原料类型及末端治理的典型溶剂使用源 VOCs 排放系数[J]. 环境科学研究, 2019, 40（10）: 4382-4394.

[15]　王迪, 赵文娟, 张玮琦, 等. 溶剂使用源挥发性有机物排放特征与污染控制对策[J]. 环境科学研究, 2019, 32（10）: 1687-1695.

[16]　管梦爽. 忻州市人为源 VOCs 物种排放清单及不确定性分析[D]. 北京: 华北电力大学, 2019.

[17]　Huang Z J, Zhong Z M, Sha Q E, et al. An updated model-ready emission inventory for Guangdong Province by incorporating big data and mapping onto multiple chemical mechanisms[J]. Science of The Total Environment, 2021（769）: 1-13.

[18]　戴佩虹. 基于 CEMS 数据的火电厂 SO_2 和 NO_x 排放因子建立与不确定性分析[D]. 广州: 华南理工大学, 2016.

[19]　Wang G, Deng J G, Zhang Y, et al. Air pollutant emissions from coal-fired power plants in China over the past two decades[J]. Science of The Total Environment, 2020: 1-53.

[20]　Li M, Liu H, Geng G N, et al. Anthropogenic emission inventories in China: A review[J]. National Science Review, 2017（4）: 834-866.

[21]　朱文波, 李楠, 黄志炯, 等. 广东省火电污染物排放特征及其对大气环境的影响[J]. 环境科学研究, 2016, 29（6）: 810-818.

[22]　Sun S D, Jin J X, Xia M, et al. Vehicle emissions in a middle-sized city of China: Current status and future trends[J]. Environment International, 2020（137）: 1-14.

[23]　Liu Y H, Liao W Y, Li L, et al. Vehicle emission trends in China's Guangdong Province from 1994 to 2014[J]. Science of the Total Environment, 2017（586）: 512-521.

[24]　Lv W D, Hu Y L, Li E P, et al. Evaluation of vehicle emission in Yunnan province from 2003 to 2015[J]. Journal of Cleaner Production, 2019（207）: 814-825.

[25]　Jia T, Li Q, Shi W Z. Estimation and analysis of emissions from on-road vehicles in China for the period 2011-2015[J]. Atmospheric Environment, 2018（191）: 500-512.

[26]　Wu Y, Zhang S J, Hao J M, et al. On-road vehicle emissions and their control in China: A review and outlook[J]. Science of the Total Environment, 2017（574）: 332-349.

[27]　Du Z F, Hu M, Peng J F, et al. Gasoline Direct Injection Vehicles Exceed Port Fuel Injection Ones in Both Primary Aerosol Emission and Secondary Aerosol Formation [EB/OL]. (2017-10-16)［2020-06-23］. https://acp.copernicus.

org/preprints/acp-2017-776/acp-2017-776.pdf.

[28]　Banitalebi E, Hosseini V. Development of hot exhaust emission factors for Iranian-made Euro-2 certified light-duty vehicles[J]. Environmental Science & Technology, 2016 (50): 279-284.

[29]　Suarez-Bertoa R, Zardini A A, Astorga C. Ammonia exhaust emissions from spark ignition vehicles over the New European Driving Cycle[J]. Atmospheric Environment, 2014 (97): 43-53.

[30]　Zhang S J, Wu Y, Wu X M, et al. Historic and future trends of vehicle emissions in Beijing, 1998–2020: A policy assessment for the most stringent vehicle emission control program in China[J]. Atmospheric Environment, 2014 (89): 216-229.

[31]　Yang W, Yu C Y, Yuan W, et al. High-resolution vehicle emission inventory and emission control policy scenario analysis, a case in the Beijing-Tianjin-Hebei (BTH) region, China[J]. Journal of Cleaner Production, 2018 (203): 530-539.

[32]　Gong M M, Yin S S, Gu X K, et al. Refined 2013-based vehicle emission inventory and its spatial and temporal characteristics in Zhengzhou, China[J]. Science of the Total Environment, 2017 (599-600): 1149-1159.

[33]　Guo H, Zhang Q Y, Shi Y, et al. On-road remote sensing measurements and fuel-based motor vehicle emission inventory in Hangzhou, China[J]. Atmospheric Environment, 2007 (41): 3095-3107.

[34]　Yao Z L, Wang Q D, He K B, et al. Characteristics of real-world vehicular emissions in Chinese cities[J]. Journal of the Air & Waste Management Association, 2007 (57): 1379-1386.

[35]　Huo H, Yao Z L, Zhang Y Z, et al. On-board measurements of emissions from light-duty gasoline vehicles in three mega-cities of China[J]. Atmospheric Environment, 2012 (49): 371-377.

[36]　Huo H, Yao Z L, Zhang Y Z, et al. On-board measurements of emissions from diesel trucks in five cities in China[J]. Atmospheric Environment, 2012 (54): 159-167.

[37]　Zheng X, Wu Y, Jiang J K, et al. Characteristics of on-road diesel vehicles: black carbon emissions in Chinese cities based on portable emissions measurement[J]. Environmental Science & Technology, 2015, 49 (22): 13492-13500.

[38]　Zheng X, Wu Y, Zhang S J, et al. Joint measurements of black carbon and particle mass for heavy-duty diesel vehicles using a portable emission measurement system[J]. Atmospheric Environment, 2016 (141): 435-442.

[39]　Lang J L, Cheng S Y, Zhou Y, et al. Air pollutant emissions from on-road vehicles in China, 1999–2011[J]. Science of the Total Environment, 2014 (496): 1-10.

[40]　Frey H C, Rasdorf W, Lewis P. Comprehensive field study of fuel use and emissions of nonroad diesel construction equipment[J]. Transportation Research Record, 2010 (2158): 69-76.

[41]　Weiss M, Bonnel P, Hummel R, et al. On-road emissions of light-duty vehicles in Europe[J]. Environmental Science & Technology, 2011 (45): 8575-8581.

[42]　Wu Y, Zhang S J, Li L M, et al. The challenge to NO_x emission control for heavy-duty diesel vehicles in China[J]. Atmospheric Chemistry and Physics, 2012 (12): 9365-9379.

[43]　钟庄敏. 基于车载测试的轻型汽油和混合电动车排放因子建立的关键问题与特征研究[D]. 广州: 华南理工大学, 2018.

[44]　Liu Y H, Ma J L, Li L, et al. A high temporal-spatial vehicle emission inventory based on detailed hourly traffic data in a medium-sized city of China[J]. Environmental Pollution, 2018 (236): 324-333.

[45]　Mendoza-Villafuerte P, Suarez-Bertoa R, Giechaskiel B, et al. NO_x, NH_3, N_2O and PN real driving emissions from a Euro VI heavy-duty vehicle. Impact of regulatory on-road test conditions on emissions[J]. Science of The Total Environment, 2017 (609): 546-555.

[46] Wu J, Kong S F, Wu F Q, et al. The moving of high emission for biomass burning in China: View from multi-year emission estimation and human-driven forces[J]. Environment International, 2020 (142): 1-17.

[47] Koss A R, Sekimoto K, Gilman J B, et al. Non-methane organic gas emissions from biomass burning: identification, quantification, and emission factors from PTR-ToF during the FIREX 2016 laboratory experiment[J]. Atmospheric Chemistry and Physics, 2018 (18): 3299-3319.

[48] Chantara S, Thepnuan D, Wiriya W, et al. Emissions of pollutant gases, fine particulate matters and their significant tracers from biomass burning in an open-system combustion chamber[J]. Chemosphere, 2019 (224): 407-416.

[49] Freeborn P H, Wooster M J, Hao W M, et al. Relationships between energy release, fuel mass loss, and trace gas and aerosol emissions during laboratory biomass fires[J]. Journal of Geophysical Research: Atmospheres, 2008 (113): 1-17.

[50] Li F J, Zhang X Y, Kondragunta S, et al. Investigation of the fire radiative energy biomass combustion coefficient: A comparison of polar and geostationary satellite retrievals over the Conterminous United States[J]. Journal of Geophysical Research: Biogeosciences, 2018 (123): 722-739.

[51] Zhou Y, Xing X F, Lang J L, et al. A comprehensive biomass burning emission inventory with high spatial and temporal resolution in China[J]. Atmospheric Chemistry and Physics, 2017 (17): 2839-2864.

[52] 彭立群, 张强, 贺克斌. 基于调查的中国秸秆露天焚烧污染物排放清单[J]. 环境科学研究, 2016, 29 (8): 1109-1118.

[53] 杨夏捷, 马远帆, 鞠园华, 等. 华南农产品主产区 2005—2014 年秸秆露天燃烧污染物排放估算及时空分布[J]. 农业环境科学学报, 2018, 37 (2): 358-368.

[54] 孙西勃, 廖程浩, 曾武涛, 等. 广东省秸秆燃烧大气污染物及 VOCs 物种排放清单[J]. 环境科学, 2018, 39 (9): 3995-4001.

[55] 唐喜斌, 黄成, 楼晟荣, 等. 长三角地区秸秆燃烧排放因子与颗粒物成分谱研究[J]. 环境科学, 2014, 35 (5): 1623-1632.

[56] Zhong Z M, Zheng J Y, Zhu M N, et al. Recent developments of anthropogenic air pollutant emission inventories in Guangdong province, China[J]. Science of the Total Environment, 2018 (627): 1080-1092.

[57] He M, Zheng J Y, Yin S S, et al. Trends, temporal and spatial characteristics, and uncertainties in biomass burning emissions in the Pearl River Delta, China[J]. Atmospheric Environment, 2011 (45): 4051-4059.

[58] Huang Z J, Zhong Z M, Sha Q E, et al. An updated model-ready emission inventory for Guangdong Province by incorporating big data and mapping onto multiple chemical mechanisms[J]. Science of the Total Environment, 2021 (769): 1-13.

[59] 谢岩, 廖松地, 朱曼妮, 等. 轻型汽油车稳态工况下的尾气排放特征[J]. 环境科学, 2020, 41 (7): 3112-3120.

第5章　排放源清单的质量保证与质量控制

不确定性分析是采用定性、半定量或定量的分析手段，评估排放因子、活动水平等排放模型输入参数和排放模型结构不确定性对排放源清单编制的影响，进而量化排放源清单的不确定性及识别关键不确定性来源[1, 2]。然而，不确定性分析对排放源清单改进方向的指导相对有限。一方面，不确定性分析无法量化由于排放源缺失、源分类不合理、描述性错误和人为认知偏差、操作错误等因素造成的系统偏差，也无法判断排放源清单表征过程中是否存在人为错误；另一方面，不确定性分析只能评估排放量的可能范围，无法判断排放源清单结果是否合理、准确。质量控制（QC）与质量保证（QA）能够识别并修正排放源清单编制过程中的部分系统偏差和人为错误、提升排放源清单编制的质量，是对排放源清单不确定性分析的有效补充。

排放源清单 QC 是指清单开发人员为评估和保障清单质量所采取的评审流程[3-5]；排放源清单 QA 是指未直接参与清单编制的人员进行的排放源清单评审流程[3-5]。U.S. EPA 和 EEA 制定了规范的 QA/QC 流程[6-12]，并在编制大气排放源清单过程中严格执行[13-17]。尽管我国大部分排放源清单研究、文章和报告或多或少地开展了一些清单评估和分析，但仍缺少规范化的、实操性强的排放源清单 QA/QC 指南。因此，为了提升与保障清单质量，本章参考 IPCC、EEA 和 U.S. EPA 等权威机构的排放源清单 QA/QC 流程与方案，结合我国当前的排放源清单编制特点，提出适用于我国大气污染物排放源清单编制的 QA/QC 方案，该方案也可为温室气体排放源清单编制 QA/QC 提供参考。

5.1　排放源清单 QA/QC 框架流程

为了规范大气污染排放源清单的编制流程，有效提升排放源清单的一致性、可比性、完整性以及准确性，IPCC、EEA 和 U.S. EPA 自 20 世纪 90 年代陆续提出了规范化的排放源清单 QA/QC 流程，且之后进行了多次更新[3-12]，并广泛应用于欧盟各国及美国的排放源清单编制工作中[13-17]。作为排放源清单编制过程中不可或缺的环节，QA/QC 旨在检查清单编制过程数据来源、处理与计算、清单结果以及文件文档等的规范性与合理性，并对不合理的编制过程进行修改或完善，以提高和保障排放源清单质量，提升可靠性与准确性。

为此，本书参考国外权威机构 IPCC、EEA 以及 U.S. EPA 的相关指南和规范[3-12]，结合我国当前排放源清单编制和应用特点，提出适用于我国的排放源清单 QA/QC 方法框架。该方法框架由 5 个环节构成，分别为设定数据质量目标、制定 QA/QC 计划、QC 流程、QA 流程以及报告撰写。①设定数据质量目标：根据目标排放源清单的类型和用途，结合考虑时间和经济成本，设定满足清单应用需求的排放源清单质量目标，这是开展排放源清单 QA/QC 的前提，也是制定 QA/QC 计划的重要依据。②制定 QA/QC 计划：根据排放源清单的质量目标，确定 QA/QC 的实施计划，明确 QA/QC 实施过程的人员配置、时间安排、审核对象等内容。③QC 流程指清单编制人员所开展的一系列数据、方法核查等工作，旨在识别排放源清单编制过程中的人为误差，以保证排放源清单的质量，是清单质量控制的核心。④QA 流程为保证排放源清单评估的客观性，由未直接参与排放源清单编制的第三方人员主导，并在清单编制人员配合下所开展的排放源清单编制评定与审计工作，是清单质量管理的关键。⑤报告撰写：在 QA/QC 流程执行完成后，对实施的排放源清单 QA/QC 流程进行总结和记录，不仅有利于清单使用者了解排放源清单质量，也为改进排放源清单提供参考和依据。排放源清单 QA/QC 流程应该贯穿排放源清单编制的每个步骤和环节，排放源清单 QA/QC 与清单编制的关系及其框架流程如图 5.1 所示。

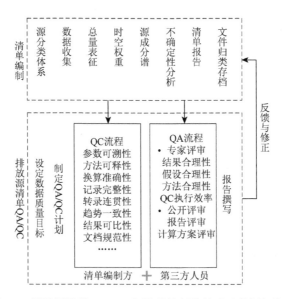

图 5.1　排放源清单 QA/QC 与清单编制的关系及其框架流程

排放源清单 QA/QC 各个步骤的主要内容介绍如下。

1）设定数据质量目标

执行排放源清单 QA/QC 流程能够确保排放源清单编制过程及结果的透明性、一致性、可比性、完整性和准确性。其中，透明性是指清单编制过程中所采用的数据来源、假设以及方法等能够解释清楚；一致性是指目标清单各部门和污染物结果与往年清单报告的结果具有连贯性；可比性是指目标清单结果与类似研究或方法计算的排放结果相比，差异在合理范围并能合理解释；完整性主要是指目标清单所涵盖的污染源和污染物较为全面，清单编制过程中的文件材料齐全并有条理地归档；准确性是指在当前认知和判定方法下，清单结果准确可靠。

受人力、时间以及资源等条件的限制，排放源清单的 QA/QC 工作并不能无限期地、不计成本地开展。因此，在开展排放源清单 QA/QC 前，需要根据目标清单的类型与用途，综合考虑目标清单编制的时间与经济成本，合理设定排放源清单 QA/QC 数据质量目标，以达到清单质量和成本之间的平衡。排放源清单的质量目标差异会影响 QA/QC 工作内容。例如，用于城市精细化管控的排放源清单，QA/QC 应重点关注地区典型行业是否涵盖全面、分类是否精细、关键参数是否本地化以及清单结果是否科学合理并具有指导意义等；用于大气污染物与温室气体协同减排的排放源清单，QA/QC 更应该关注大气污染物与温室气体排放源清单源分类是否统一以及计算结果与同类清单之间是否有可比性等；用于研究长时间序列排放演变特征的趋势清单，QA/QC 则需重点关注数据来源、计算方法、控制措施等的一致性与连贯性。

2）制定 QA/QC 计划

制定 QA/QC 计划是在数据质量目标约束和指导下，针对目标清单质量保证和质量控制制定相应的评审措施。QA/QC 计划应充分考虑排放源清单从准备到清单报告完成的全部环节，并对所开展的 QA/QC 流程做具体的人员与时间安排，具体包括：①确定人员组织与分工，即确定 QA/QC 的执行人员与分工，其中 QC 过程由清单编制人员主导，因此应组织清单编制的主要人员执行，QA 过程则主要由未直接参与清单编制的第三方专业人员执行，并由清单编制人员配合；②确定 QC 内容与日程，即根据目标清单的数据质量目标，明确 QC 重点及具体评审内容、时间节点及要求等；③确定 QA 内容与日程，即确定排放源清单 QA 的具体形式、时间点和规模等，具体包括专家评审、公开评审和质量审计；④确定 QA/QC 报告安排，即根据具体的 QA 与 QC 要点，明确 QA/QC 报告大纲、撰写人员以及时间节点等。

3）QC 流程

排放源清单 QC 本质上是自查过程，即清单编制人员对排放源清单的自我检查与评审。对于任何排放源清单，QC 流程应当贯穿于整个排放源清单的编制过程，包括以下 7 个过程。①排放基础数据收集过程：对数据的来源进行筛选，确保数据的质量；②数据处理过程：数据按类别、按规定单位进行统一处理和分析的过程，当关键数据缺乏或者数据不完整时，对缺失的数据进行假设、插值、使用替代数据的处理过程等；③排放源清单表征过程：按照排放源清单类别，确定计算方法以及进行排放计算的过程等，并对计算方法和计算过程进行审核，确保计算方法合理且计算过程准确；④不确定性分析：根据清单类型进行不确定性分析，评估不确定性分析过程，并对不确定性较大的清单结果进行检查；⑤排放源清单结果检查：在清单格式、结果可比性以及需求响应性等方面检查清单结果；⑥QC 结果归档与清单修正：将排放源清单 QC 结果进行归档，并依据 QC 结果对相关清单编制环节进行修订；⑦清单存档与 QC 报告编写：检查清单编制过程中相关数据和文档的管理以及清单报告的规范性，将 QC 结果及修订过程进行梳理、记录，并撰写成报告的过程等。

　　4）QA 流程

　　QA 流程是由非直接参与清单编制的第三方人员主导的评审过程，具体流程包括：①专家评审，即在清单编制过程中邀请同行专家对排放源清单编制过程和结果进行评审以确保清单质量，包括对选取数据的准确度做出判断，判定计算方法与过程的合理性。邀请的专家应对排放源清单建立和排放源清单基础数据来源有一定的经验和认识，才能对排放源清单编制过程与结果是否合理做出科学的判断。专家评审对象应是排放源清单编制的全过程。同时，专家评审过程应有清单编制人员的参与和配合，并将专家评审结果反馈到清单编制过程并做好过程记录和报告撰写。②公开评审，即将清单报告和关键计算过程与数据向公众公布，由未列入专家名单的人员自主审核，并由清单编制人员配合完成清单修订与报告撰写的过程。公开评审的目的主要是充分吸收公众对排放对污染源的了解，进一步降低人为认知偏差。③质量审计：清单质量审计的重点不在于清单计算结果，而是对排放源清单编制过程数据和参考文件的具体检查，重点检查 QC 执行是否符合计划要求的最低标准，是排放源清单 QC 的补充。

　　5）报告撰写

　　排放源清单 QA/QC 报告属于排放源清单报告的一部分，主要是记录已完成的 QA/QC 工作流程、执行情况以及后续的改进情况，阐明根据 QA/QC 计划对每个环节所开展的 QC 工作以及 QA 的专家意见和改进建议，特别是对于在数据、方法、存档等过程中发现的问题，需对整个过程、数据情况及清单改进的情况进行详细记录。

5.2　排放源清单 QC 内容与方法

排放源清单 QC 流程是清单编制人员对排放源清单的自查过程，检查对象包括数据收集、数据处理与排放计算等清单表征环节和文档资料的完整性检查，进而保证清单结果的再现性和透明性。排放源清单 QC 是清单质量保障的基础，具体的内容与方法分别介绍如下。

5.2.1　排放源清单 QC 内容与标准

排放源清单 QC 流程贯穿排放源清单编制的所有环节，清单编制过程及其对应的 QC 内容如图 5.2 所示。

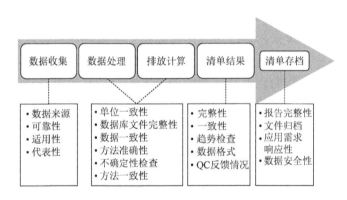

图 5.2　排放源清单编制过程及其对应的 QC 内容

根据排放源清单 QC 对应清单编制过程特点，将排放源清单 QC 内容分为四大类：数据收集、数据处理与排放计算、清单结果、清单存档。其中，数据收集是排放源清单编制的基础，主要检查其来源合理性、对目标排放源的适用性、代表性以及可靠性；数据处理与排放计算是清单编制的核心，主要检查单位一致性、计算方法统一性与准确性等；清单结果是清单编制的目标，主要检查其完整性、一致性、趋势合理性、数据格式及 QC 反馈情况；清单存档是清单编制的记录，主要检查清单报告完整性、资料齐全性、记录详尽性以及应用需求响应性等。排放源清单 QC 内容及具体检查标准如表 5.1 所示。

表 5.1　排放源清单 QC 内容与检查标准

排放源清单 QC 内容		检查标准
数据收集	数据来源	检查不同排放源排放因子、活动水平以及计算参数来源是否可靠与合理及其记录和存档规范
	可靠性	检查输入数据在摘抄和转录过程中是否存在低级错误
	适用性	检查并评估所收集数据是否适用目标源排放表征
	代表性	检查相关数据是否能代表目标源排放及其时空特征
数据处理与排放计算	单位一致性	检查数据处理和计算过程中单位是否统一以及换算是否准确
	数据库文件完整性	检查相关数据处理步骤是否准确符合数学逻辑，是否归类恰当以及存档合理
	数据一致性	识别多个源排放计算中的共同参数，检查其取值在不同子源排放计算过程中是否一致
	方法准确性	通过采用不同方法重新计算排放量，对比不同方法的计算结果，以检查是否存在数据输入或计算错误
	不确定性检查	检查不同排放源不确定性分析方法与结果是否准确以及记录是否完整
	方法一致性	检查计算方法在研究时序范围内是否统一
清单结果	完整性	检查清单结果是否涵盖所有排放源以及所有研究时段
	一致性	检查典型数据变化或减排措施对排放源清单的影响是否被体现
	趋势检查	检查不同排放源清单结果是否与以前的排放计算具有可比性
	数据格式	检查清单结果数据格式是否便于下一步的分析和应用
	QC 反馈情况	检查排放源清单 QC 流程开展后对清单结果是否进行修正
清单存档	报告完整性	检查内部文件的完整性，以及能否支撑清单编制回溯、修改以及不确定性分析
	文件归档	检查所有排放数据、支撑数据以及清单报告是否归档和存储是否规范
	应用需求响应性	检查清单结果及分析报告是否满足既定的应用需求
	数据安全性	检查所有存档文件是否完成打包封存和安全存储

5.2.2　排放源清单 QC 方法

本小节根据介绍的排放源清单 QC 内容与标准,详细阐述每一步骤的方法内容。

1. 数据收集

排放源清单编制过程涉及的基础数据包括排放因子、活动水平数据和排放模型其他相关参数等，是保证排放源清单质量的关键。然而，基础数据的选取主要取决于清单编制人员的主观判断，并没有统一的标准。做好排放基础数据的质量控制是保证排放源清单编制质量的重要环节。由于获取途径和数据含义的不同，不同类型基础数据的 QC 内容和方法也存在差异。

1）排放因子

排放因子通常有两种获取途径。一种是调研的排放因子，主要来自清单编制指南、已发表的论文、报告和排放因子数据库等；另一种是实测的排放因子，即通过本地排放测试获取的排放因子。调研的排放因子是在特定时间、特定区域内针对某一类污染源开展的排放因子测试结果，但不一定能够较好地代表当前排放源清单研究目标的排放特征。因此，对于调研的排放因子，QC 的重点是如何筛选合适的排放因子，以保证排放因子在时间、空间和技术水平上具有一定的代表性。为此，清单编制者需要在了解各种来源的排放因子建立方法与过程的基础上，建立统一的 QC 程序，将各类文献排放因子信息进行整理归档，包括排放因子建立的年份、区域、源分类、测试方法、测试条件、测试样本量、因子计算方法、具体数值和单位等信息，在此基础上开展排放因子的比较分析工作，选择年份和研究地区接近、源分类一致、测试方法合理、测试结果质量高的数据作为排放源清单表征的优选排放因子，并记录优选排放因子的选取结果，保证排放因子的可追溯性和可查性。

与调研的排放因子相比，按照一定的规范进行实测的排放因子可能更具有代表性，更能够反映出当地污染源排放的特征。然而，如果测试流程不规范、测试方法不合理、测试样本量不足、测试对象选取代表性不足，实测的排放因子也会具有较大的不确定性，因此排放因子测试的 QC 过程也至关重要。实测的排放因子需要检查的环节主要包括：①排放因子建立的测试样本量是否足够。样本量决定了排放因子是否具有代表性，因此可根据最小样本量去定量判断排放因子测试是否具有代表性，每次测试的最小样本量可采用中心极限定理计算获取。②源采样和源测试方法是否规范。可重点从排放因子采样测试记录检查，从分析采样测试方法合理性、测试仪器使用规范性以及测试操作正确性等方面进行评估。③测试数据的分析是否有效。重点检查测试原始数据、排放因子的计算方法、计算过程以及结果的合理性。

2）活动水平

活动水平决定了清单编制过程中选用的计算方法和精细程度。对于同一排放源，通常有多种类型和来源的活动水平可供选择。清单编制者在选择活动水平数据时不仅要考虑数据的可获取性，也要充分考虑活动水平数据的质量。活动水平数据的种类多样、数据庞大且容易出错，因此也是 QC 的重点和难点。目前，常用的活动水平数据主要包括统计数据和调研数据等。

清单编制过程中常用到的公开统计数据包括：统计年鉴数据、环境统计数据、污染源普查数据、行业报告中的统计数据等，这些数据在对外公布前往往已经经过相对严谨的检查,因此活动水平数据本身的质量较高。尽管如此,在使用统计数据作为活动水平数据时,QC 依然很重要,因为大多数统计数据的原始编制目的并不是用于排放源清单的计算输入,而是为了反映和记录相关行业和部门的现状与发展。因此使用统计数据为活动水平数据时需要检查的事项包括:①检查所使用数据的基本信息,包括统计部门、统计年份、统计方法等,是否记录完整并应用合理;②如果同一数据有多种统计来源和统计数据时,需进行交叉检验,评估不同来源活动水平的差异程度及原因,并记录选择清单所使用统计数据的原因;③若同一类型的数据有多年的统计记录,可将长时间序列的数据作趋势分析,判断趋势变化是否符合其实际意义的变化特征。

当无法找到相关的统计数据或者统计数据不足以支撑排放源清单计算时,通常会采用实地调研的方法获取排放源清单所需要的参数。实地调研不仅可以很好地补充排放源清单计算所需要的参数,也可以让清单编制者更好地了解某类排放源的实际排放情况,尤其是大气环境管理者比较关注的工业源、移动源、扬尘源等。同时,由于调研环节多样、数据量大,调研数据的质量控制尤为重要,涉及实地调研的各环节需要重点检查:①调研对象的选择。考虑调研对象是否具有代表性,调研对象的数目是否足够体现研究对象的代表性。②调研表格的设计。调研表格的内容是否与排放源清单表征要求相符合。③调研数据的质量。检查调研数据的值是否合理,单位是否正确,特别是对于由企业自行填报或者提供的数据,更需要核实其合理性。④清单最终采用调研数据的合理性。检查数据的统计方法、统计结果和排放计算是否正确。

当无法获取相应的统计数据和调研数据时,采用替代或者换算方式获取排放源清单所需要的活动水平数据。这类数据的质量控制和质量保证要点有:记录原始数据的来源、检查原始数据换算公式和单位、检查换算方法等。

3）排放模型其他相关参数

除了排放因子和活动水平,排放源清单编制过程中还会用到其他相关参数,如固定燃烧源排放计算时处理设施对污染物的去除效率、道路扬尘源排放计算时的积尘负荷以及机动车尾气排放计算时的机动车行驶里程等。以上数据同样对清单结果具有重要影响,且通常具有明显的区域或部门差异性,因此需要执行严格的 QC,具体包括:①检查数据来源是否可靠;②检查数据是否具有区域代表性和适用性;③通过与同类或相近的数据对比检查其合理性。

2. 数据处理与排放计算

1）数据录入与处理

排放源清单编制过程中涉及的数据种类多、数据样本量大,并且不同排放源的数据处理方式不一致。数据录入和处理是排放源编制的关键环节,也是比较容易出错的环节。其中，排放源清单中主要采用排放因子和活动水平数据进行计算，对这两类数据的数据录入和数据处理开展质量控制，需达到两个目标：①数据有据可依；②避免人为出错。其中，数据录入需要核实清单中所使用的原始数据和数据汇总表是否记录完整，是否可追溯数据的来源，是否存在人为错误；对于数据处理，需要检查原始数据来源、换算方法和单位换算的合理性及准确性。

2）清单计算过程

排放计算过程的质量控制主要是为了防止输入误差、单位转换误差或者其他计算误差。清单建立的整个过程都需要质量控制，可采用重复清单计算过程的方式检验。首先，选择计算方法，检验计算公式是否存在问题；其次对于清单计算过程，主要是检验计算中的数据录入和数据处理是否正确，如果清单计算方法不止一种，则可以比较不同计算方法获得的清单结果是否相近，从而尽可能地消除数据输入错误或者计算误差；最后是清单结果的汇总过程，数据的复制和汇总求和过程应反复仔细检查，避免人为操作错误，可通过分类加和计算的方法检查其正确性。另外，在清单建立过程中的质量控制，需检查各个环节的过程记录是否完整。

3）不确定性分析检查

不确定性分析是排放源清单编制的重要环节，同样需要质量控制。对于定性不确定性，分析重点关注专家决策、做出的假设和专家判断结果是否合理和可靠，同时做好记录和存档工作，便于日后复查；定量不确定性分析过程包含大量的不同来源的活动水平和排放因子的收集与预处理，因此其 QC 方法包括对收集数据的录入、选择和计算过程的检查，应保证用于不确定性定量分析的参数（如活动水平参数、排放因子、其他相关参数等）具有代表性，并对计算过程进行仔细检查，必要时进行重复验算，保证不确定性计算结果的准确性和可靠性。半定量的分析方法介于定性和定量方法之间，需要根据半定量分析采用的方法进行具体判断。

3. 清单结果

1）排放源清单合理性检查

排放源清单结果的合理性检查包括：①完整性检查，即检查目标清单是否包含目标区域的所需污染源和污染物。②一致性检查，即检查关键输入数据明显变化情况下是否导致排放也发生相应变化。③趋势检查，即检查目标清单和历史清单是否具有可比性，并在这个过程中，将活动水平数据和排放因子同样进行趋势的分析，检查这两类数据的变化情况，特别对于变化较大的年份数据要检查是否存在问题，并根据这两类数据的变化分析排放源清单结果。如果相邻年份的排放源清单结果差异大，而排放因子和活动水平数据差异不大时，则需要进一步对清单计算过程回查。④数据格式检查，即检查排放数据存储和展示的格式及单位是否准确且便于下一步的排放特征分析。

2）QC 结果归档与清单修正

排放源清单 QC 的初衷是对清单编制整个过程开展自查以确保清单质量，因此，在进行一系列的排放源清单 QC 后，及时对部分数据、计算或结果进行修正或更新。同时，排放源清单 QC 又属于排放源清单编制的一部分，为了排放源清单的完整性以及二次 QC 过程、QA 过程，需要对 QC 结果以及对排放源清单修正相关的所有操作进行翔实的记录和备案。

4. 清单存档检查

清单存档检查是对与清单活动相关的清单编制计划、原始数据、数据计算文档、数据汇总文档等所有相关文档的检查，以保障整个清单编制过程的重现性，主要包括三方面。①检查文档记录的完整性：主要是检查文档记录的类型是否完整、数据的来源记录等信息是否完整；②核对计算过程的完整性：检查计算过程各个环节所包含的数据和表格是否完整；③清单计算过程记录文档应及时保存备份文件，检查备份数据和文件的完整性与安全性。

5.3　排放源清单 QA 内容与方法

排放源清单 QA 是排放源清单 QC 的补充，由未直接参与清单编制的人员执行，以保证检查过程无主观偏差，从而明确需要改进的地方，保证排放源清单编制的客观性。排放源清单 QA 包括专家评审、公开评审和质量审计，具体的内容与方法分别介绍如下。

5.3.1　专家评审

专家评审是指在排放源清单 QC 执行完成后，邀请相关领域的专家对目标清单开展检查。重点审核排放源清单的表征方法、计算结果和相关文档，确保目标清单采用的编制方法及清单结果的合理性与可靠性。

排放源清单专家评审分为评审前准备、评审过程和评审后整理。

（1）评审前准备：根据目标清单的应用场景，结合实际情况，联系评审专家，确定专家名单。清单编制团队制定专家评审议程与时间安排，准备用于评审的清单编制相关文件和材料，列出需要重点审查的内容（尤其是与以往清单相比的更新部分）等。邀请专家了解排放源清单编制的全过程，确保专家对数据来源和获取、数据处理和清单计算方法等有全面的了解和充分的认识，帮助其对清单编制过程和清单结果做出科学合理的评估。

（2）评审过程：评审专家根据既定目标和要求开展排放源清单评审，重点评估清单建立过程中采用的编制方法、假设以及结果的是否合理。评审期间，清单编制方应客观诚实地回答评审专家关于清单编制过程的疑问，不得有隐瞒或欺骗的行为。

（3）评审后整理：清单编制方汇总专家评审意见，经过多方商讨确定对排放源清单是否进行更改；若目标清单需要更改，则由清单编制人员根据专家意见执行；针对专家提出的评审意见，由清单编制人员进行回复；记录和存档专家评审建议、清单修改内容等。

5.3.2　公开评审

公开评审旨在为所有对目标清单感兴趣的单位和个人提供查阅和评审的机会，以进一步提高清单质量。研究人员、非政府组织、行业协会以及其他对清单编制感兴趣的人员均可参与。公开评审作为专家评审的补充，使评审专家名单之外的人员也能够参与到目标清单的评审中。

排放源清单开展公开评审的方法和步骤如下：

（1）清单编制人员整理供大众审阅的清单编制相关文件，具体包括清单编制方法、假设的简要说明；清单结果展示与分析等。

（2）清单编制方通过官方渠道发布目标清单进入公开评审的通知，说明截止时间（通常30~45天）及评审意见格式，并附上步骤（1）准备的相关材料。

（3）清单编制人员整理收到的公开评审意见，经多方商讨，确定是否需要根据评审意见进行修改。

（4）记录和归档所有公开评审过程的材料和文件。

5.3.3　质量审计

排放源清单专家评审和公开评审主要通过审查相关文件对排放源清单结果、方法和假设的合理性进行评估，较少涉及具体数据处理和排放计算等具体细节检查。因此，为保障清单质量，可邀请独立于清单编制团队的人员开展清单质量审计。与专家评审相比，排放源清单质量审计并不侧重于清单计算结果，而是对排放源清单编制过程数据和参考文件的具体检查，重点检查 QC 执行是否符合计划要求的最低标准，包括对原始数据收集、数据处理、计算方法和过程等进行检查。

排放源清单质量审计主要方法为：①选取质量审计人员。质量审计人员最好来自其他机构，如果无法找到独立于清单编制者以外的第三方单位审计人员，未直接参加清单编制的本单位人员也可执行。②核查审计执行数据。审计需要对编制清单过程的不同程序和可用文档记录进行深入分析与检查，尤其是当清单采用了新的计算方法或者新的数据源时，需确定这些更新是否合理。审计执行最有效的办法是贯穿清单建立的整个进程，对于关键步骤采用审计人员审核批准制度。另外，审计人员必须对清单编制涉及的所有文档和步骤的可靠性进行检查。③编写审计报告。审计人员须在保证合理性的前提下作出结论，提出排放源清单编制过程需要改进的环节。

5.4　主要排放源 QA/QC 要点

上述内容主要从概念和定义上介绍了排放源清单 QA/QC 流程、方法和内容。在排放源清单具体编制过程中，不同排放源需要检查的要点不尽相同。同时，尽管执行排放源清单 QA 与 QC 的主体不同，但检查要点几乎无异。因此，本节针对典型大气排放源 QA/QC 要点做具体说明。

排放源清单 QA/QC 主要针对数据收集（排放因子、活动水平及排放模型其他相关参数）、数据处理与排放计算、清单结果、清单存档四方面开展。其中，排放因子检查主要是从排放因子完整性、代表性、与活动水平对应性和单位准确性四方面进行检查，清单存档检查主要是检查存档规范性和报告完整性，不同排放源排放因子和清单存档检查要点差异较小，且差异也主要是由污染源活动水平情况导致的。因此，本节主要从活动水平、关键参数（即排放模型其他相关系数）、计算方法以及清单结果等方面对具体排放源 QA/QC 要点进行介绍。

5.4.1　固定燃烧源

固定燃烧源主要表征不同类型和用途的燃料燃烧排放，包含电厂排放源、工业燃烧源和民用燃烧源 3 个二级排放源。不同二级排放源涉及的燃料种类不尽相同，如电厂燃烧的燃料有燃料煤、燃料油和天然气；工业燃烧源主要包含燃料煤、燃料油、天然气、焦炭和生物质燃料；民用燃烧源包括煤炭、柴油、天然气、煤油和液化石油气。固定燃烧源的排放因子数据来源主要包括实地测试、文献调研、国内外权威指南和手册等。活动水平数据主要涉及燃料消耗量、燃料基本信息（如硫分、灰分）及城市和农村人口数据等，其来源包括现场调研、污染源普查、环境统计数据和统计年鉴/公报等。末端治理措施及治理效率信息等关键参数主要来自现场调研数据、污染源普查、国内权威指南和手册。固定燃烧源的 QA/QC 要点如表 5.2 所示。

表 5.2　固定燃烧源的 QA/QC 要点

类型	检查要点
活动水平	（1）数据录入与处理 ① 核实企业名称是否与营业执照一致 ② 校对企业经纬度是否正确以及在研究区域范围 ③ 检查活动水平数据是否为基准年水平 ④ 核实锅炉类型与燃料类型是否一致 ⑤ 检查计量单位是否标准化等 （2）数据校核 ① 核实不同来源活动水平数据（实地调查、污染源普查、重点源在线监测、环境统计和统计年鉴数据等）差异是否合理差异范围内 ② 与历年活动水平趋势和量级对比是否合理 ③ 锅炉蒸吨数与煤炭消耗量关系是否合理 ④ 企业设计燃料消耗量与实际消耗差异是否悬殊等 ⑤ 企业能源消耗量与企业生产总量是否匹配
关键参数	① 检查煤炭含硫率、灰分和挥发分是否位于平均范围内 ② 检查获取到的控制措施是否为基准年实际情况 ③ 核实电厂基准年内各机组超低排放改造情况，末端治理效率是否采用实际数据等
计算方法	① 固定燃烧源分类体系是否完整 ② 不同二级排放源计算方法是否合理 ③ 不同污染物计算方法是否合理 ④ 不同燃烧类型计算方法是否合理等
清单结果	① 核实不同燃料类型产生的污染物种类是否正确 ② 判别不同污染物间排放贡献比是否合理 ③ 检查在末端控制水平相同的前提下，不同企业单位燃料消耗量的污染物排放量是否在合理范围内 ④ 校对排放点源空间分布是否准确 ⑤ 检查排放面源空间分布是否合理等

　　固定燃烧源活动水平的检查要点主要包括：①检查锅炉类型与燃料类型是否一致，如燃料类型为生物质燃料，而锅炉类型为燃气锅炉，则需检查是否为填报出错，避免只根据燃料类型进行核算而导致错误。②核实不同来源活动水平数据（实地调查、污染源普查、环境统计、重点源在线监测、统计年鉴和历年数据等）是否在合理差异范围内，如工业企业连续两年的活动水平差距过大时需进行核实是否由"煤改气"等政策导致。③检查锅炉蒸吨数与煤炭消耗量关系是否合理，如锅炉蒸吨大时所对应的燃煤消耗也应较大。④检查同行业中年生产总值相当的企业的燃料消耗量是否相近，若出现部分差异较大的企业，需要核实数据是否存在误填。

　　关键参数检查要点主要包括：①检查煤炭含硫率、灰分和挥发分是否位于平均范围内，需核实是否为燃料品质提高等因素导致，若核实后为不合理，需向企业再次核实或修正为平均水平值。②检查获取到的控制措施是否为基准年实际情况，若为数据调查阶段的状态，则需进行核实和修正。③检查电厂各机组超低排放改造和低氮燃烧改造等情况。④核实电厂的末端治理技术和实际去除效率,通常电厂各污染物去除效率,尤其是已实现超低排放企业的污染去除效率较高,可与在线监测数据进行对比分析。⑤核实企业末端治理设施设备的使用和更新情况,可通过筛选具有代表性的企业,利用环评报告和企业网站等多种渠道进行调研。⑥检查企业的末端治理效率的合理性,特别需要核实治理效率异常高或异常低的企业,可通过对比同行业同等规模的企业的治理效率等方式进行分析。⑦对于重点行业或企业的去除效率,检查多个年份的去除效率变化趋势与后处理设备升级的匹配情况,判断其合理性。⑧检查各类污染物的末端治理效率是否符合当地政策要求。

计算方法检查要点包括:①计算方法因源而异,可分为点源及面源计算,如电厂和工业燃烧作为点源排放计算,可以细化到每个企业的排放计算;民用燃烧是依据面源计算,需要根据城镇和农村人口等数据推测得到整体的燃料消耗情况。②区分物料衡算与排放因子法,如燃煤燃烧产生的 SO_2、PM_{10}、$PM_{2.5}$、BC 和 OC 使用物料衡算法;天然气及生物质燃料等均采用排放因子进行计算;在焦炭及燃料油中,根据污染源及燃料的不同而选择物料衡算法及排放因子法。③不同类型燃料在计算过程中单位转化存在差异,需要检查活动水平数据和排放因子单位换算的准确性。④检查计算表格中计算和汇总等数据是否正确,汇总时需要每一步进行检验,避免出现人为差错。

排放源清单结果检查要点主要包括:①检查不同燃料类型产生的污染物种类是否完整。②检查各污染物间排放贡献比是否合理,如 CO 排放往往高于 SO_2 和 NO_x、PM_{10}、$PM_{2.5}$、BC 和 OC 排放,PM_{10} 排放量大于 $PM_{2.5}$ 排放量等,通过检查污染物间存在的比例关系检验计算过程有无纰漏。③检查在末端控制水平相同的前提下,各企业每单位燃料消耗量的污染物排放量是否在合理范围内。④根据历年排放水平,检查当前年份排放是否有突增突降,通过检查产生量核实是否为活动水平、排放因子、硫分灰分问题,若产生量无问题,通过排放量趋势核实是否为去除效率引起。⑤检查不同燃料对不同污染物总量的贡献是否合理,如电厂及工业燃烧近几年主要是燃煤贡献。⑥检查不同行业对污染物总量的贡献是否合理,如高耗能企业对燃料的消耗是大于轻工业企业的。

5.4.2　工业过程源

工业过程主要指造纸、食品制造、石油化工、钢铁生产和非金属矿物制品等行业生产过程,其排放源清单计算常采用排放因子法和物料衡算法相结合的思路。排放因子可基于本地测试、实地调研、文献调查、国内权威指南和手册等得到。工业过程的活动水平数据来源主要从现场调研数据、污染源普查数据、环境统计数据和统计年鉴/公报等渠道获取。计算方法根据活动水平数据类型可分为点源计算和面源计算；根据计算过程分为基于产品产量计算和基于原辅料计算。收集率、末端治理措施及治理效率等信息可通过现场调研数据、污染源普查数据、环境统计数据和国内权威指南和手册等获取。工业过程源的 QA/QC 要点如表 5.3 所示。

表 5.3　工业过程源的 QA/QC 要点

类型	检查要点
活动水平	① 检查活动数据是否为基准年信息 ② 核实各来源活动水平数据（实地调查、污染源普查、环境统计、统计年鉴和历年数据等）差异是否于合理范围内 ③ 检查企业填报的产品设计产能与实际产能的差异是否合理 ④ 检查原辅料与产品产量之间的关系是否合理 ⑤ 检查与同类型的企业活动水平是否存在差异等
关键参数	① 废气收集率是否是在合理范围 ② 检查获取的不同企业末端治理措施是否为基准年实际情况 ③ 核实企业末端治理效率是否优先采用实际数据 ④ 检查末端设备工业燃烧和工业过程是否保持一致等
计算方法	① 核实采用燃料和产品核算的排放量是否重复 ② 检查排放因子与活动水平是否对应且单位一致 ③ 检查计算的 VOCs 排放量是否大于挥发性原辅料的消耗量 ④ 检查点源数据计算的行业排放量与年鉴活动水平计算的排放量是否具有差异性等
清单结果	① 检查对应行业、工段的产品类型产生的污染物种类是否正确 ② 检查在末端控制水平相同的前提下，不同企业单位产品产量的污染物排放量是否合理 ③ 核实 VOCs 相关工段是否遗漏 ④ 判断所用原辅料为季节性供应的行业时间分布是否合理 ⑤ 分析产品为季节性需要的行业时间分布是否合理 ⑥ 校对排放点源空间分布是否准确 ⑦ 查验排放面源空间分布是否合理 ⑧ 与历年趋势进行对比，判断当前年份排放量是否合理 ⑨ 核验计算与汇总结果是否一致等

工业过程源活动水平检查要点主要包括：①检查活动数据是否为基准年信息。②核实各来源活动数据（实地调查、污染源普查、环境统计、统计年鉴和历年数据等）差异是否在合理范围内。③检查企业填报的产品设计产能与实际产能的差异是否合理。④在工艺生产过程中，原辅料及产品产量转换为统一的单位后，理应单个原辅料消耗量小于产品产量，若出现相反的情况，需要对该企业进行核实。⑤对比同类型企业，检查是否存在关键产品产量缺失或异常。

关键参数检查要点包括：①检查获取的各企业末端治理措施是否为基准年实际情况，若企业填报为数据调查阶段，则需进行核实和修正。②核实企业末端治理措施实际投运情况，末端治理效率优先采用实际数据。③核实填报多种脱硫、脱硝和除尘措施及 VOCs 措施的企业情况是否属实，可通过与往年填报及调研数据进行核实。④企业填报的末端治理设施应与排放环节对应，在计算排放量时，应将末端治理设施的去除效率与对应环节的产生量进行对应计算获得企业的排放量。⑤需检查水泥、陶瓷等重点行业，燃料燃烧及生产过程的脱硫、脱硝、除尘装置是否为同一装置，若为同一装置，需要保持和工业燃烧去除效率相同。

计算方法检查要点主要包括：①检查采用燃料和产品核算的排放量是否重复。例如，在水泥、砖瓦、陶瓷等非金属矿制品的排放因子若已包含燃料燃烧过程，则计算该过程时应注意将工业燃烧部分的排放量扣除，避免重复计算。②在根据产品产量进行计算时，需根据原辅料对生产工艺进行判断。例如，水泥制造行业需判断是从石灰石到熟料还是从熟料到水泥，不同工段使用排放因子有所差异；玻璃制造是从石英石到玻璃，还是仅通过玻璃打磨，也需要重点关注。过程判断关系排放因子选用及污染物排放量的计算。③根据产品产量计算出来的 VOCs 排放量，需结合原辅料消耗量进行对比，若计算的 VOCs 排放量大于挥发性原辅料的消耗量，需要核实是否排放因子选用有误。④工业企业点源计算后统计每个行业污染物排放量，需要根据统计年鉴的产品产量对每个行业进行计算，对比其行业排放量差异及寻找原因。

排放源清单结果的检查要点主要包括：①检查对应行业、工段不同产品类型产生的污染物种类是否正确，如医药制造不排放 SO_2、NO_x 等燃烧产物。②在末端控制水平相同的前提下，检查各企业单位产品产量的污染物排放量是否合理。③核实 VOCs 相关工段是否遗漏。④大型企业排放量可通过多方数据进行对比，如该企业环评报告、一企一策文件等。⑤将企业的在线监测数据与对应工段、环节的排放量进行对比分析。⑥通过历年排放趋势与当前计算年份进行对比，若出现突增突降，需要从活动水平、去除效率、排放因子选取等寻找原因。⑦需要对计算过程和汇总过程进行校验，保证数据一致性。

5.4.3　有机溶剂使用源

溶剂使用在工业生产和日常生活中十分普遍，是 VOCs 排放的重要来源。按活动水平类型，有机溶剂使用源可分为印刷印染、表面涂层、农药使用和其他溶剂使用；按污染物来源可分为工业溶剂使用和非工业溶剂使用。工业溶剂使用排放因子的数据来源主要包括实地测试、现场调研、文献调查、排放源清单手册及指南、其他公开报告等。活动水平数据来源主要包括现场调研、污染源普查、环境统计、统计年鉴/公报、公开的行业报告等；非工业溶剂使用数据来源主要为现场调研数据、统计年鉴/公报、公开的行业报告等。关键参数有挥发性原辅料的 VOCs 含量、末端治理设备效率及收集效率，主要来自实地调查、企业 MSDS 报告和参考文献。有机溶剂使用源的 QA/QC 要点如表 5.4 所示。

表 5.4　有机溶剂使用源的 QA/QC 要点

类型	检查要点
活动水平	① 活动水平数据来源及替代数据是否合理 ② 产品名称是否已进行准确的归类。工业溶剂使用源涉及产品类型较多，在进行核算前，需要对产品进行标准化处理，以便匹配对应的排放因子，需注意归类的正确性 ③ 原辅料类型是否已进行准确的归类。在有机溶剂使用源中涉及多种有机溶剂，在进行核算前，需要对原辅料进行标准化处理，以便匹配对应的排放因子，需注意归类的正确性 ④ 通过调研数据及 MSDS 报告等判断同类型行业的企业是否存在原辅料缺失严重的情况 ⑤ 活动数据单位是否合理等
关键参数	① 农药使用类型是否与当地农作物类型符合 ② 有机溶剂使用源中参数主要包括原辅料化学组分，检查其是否符合当地生产水平，是否符合行业一般水平 ③ 获取到的控制措施是否为基准年实际情况，是否符合本地政策要求 ④ 是否考虑了控制措施装置的收集效率 ⑤ 是否考虑了控制装置活性炭更新等情况等
计算方法	① 溶剂源使用分类的完整性及合理性 ② 是否区分点源计算及面源计算 ③ 是否根据本地特征选择最优方案。如优先考虑物料衡算，面源计算结果是否需要补充进点源计算结果中 ④ 采用产品产量和溶剂消费量核算的排放量是否重复等
清单结果	① 建筑涂料使用量与建筑面积的比例是否合理 ② 油性溶剂、水性溶剂排放比例与当地政策是否相符 ③ 溶剂使用量与 VOCs 排放量关系是否合理 ④ 是否考虑了无组织排放 ⑤ 非工业溶剂使用源的时间分布是否考虑当地政策 ⑥ 工业溶剂使用源的时间分布是否与企业生产或当地政策相关 ⑦ 点源的空间分布是否合理 ⑧ 排放面源空间分布是否合理等

工业溶剂使用源活动水平检查要点主要包括：①统计调研资料规范性及关键数据单位检查，工业溶剂使用的挥发性原辅料常存在的漏填、错填，甚至填写的原辅料使用量和产品产量单位不规范等问题，导致上报数据过大或者过小。在清单编制过程中，由于原辅料及产品产量的单位因不规范而难以转换，导致该部分数据无法计算。②检查统计调研数据的准确性，例如印刷企业的油墨使用量，可通过对比其产品产量、工业生产总值之间的关系判断是否合理，也可以对比过去年份使用情况来判断是否存在油墨使用量的突变。若统计单位漏填或者不规范，应与填报人进行核实。③通过调研数据及 MSDS 报告等判断同类型行业的企业是否存在原辅料缺失严重的情况。

非工业溶剂使用源的活动水平数据，应核实其准确性。例如，农药使用量、建筑涂料使用量、沥青使用量等可能存在不能直接获取该类数据统计值的情况，一般需要根据经验系数及趋势外推得到，因此经验系数的选取要符合行业的相关规定，注意其合理性。

　　计算方法检查要点主要包括：①检查排放因子法及物料衡算法应用是否合理，在使用物料衡算法时，一般默认原辅料中的 VOCs 含量全部挥发，但实际上，若按照国家规范对企业进行采样检测，实际排放量则远远小于基于物料衡算法的计算结果，这是因为如在胶合板生产过程和家具生产过程中，大量 VOCs未在生产过程中排放，而是在后续的胶合板及家具使用过程中排放，因此需要对使用的方法进行记录。②在工业溶剂使用源中，根据排放因子不确定性及活动水平单位转换难易程度，优先使用原辅料用量作为活动水平数据进行计算。若该企业的填报数据中，无挥发性原辅料，则通过产品产量作为活动水平数据进行计算，同时需要注意的是，当用原辅料用量进行计算后，不可再用产品产量进行计算，否则将会导致 VOCs 排放量的重复计算。③在生产过程中，企业的废气收集效率对 VOCs 的排放也存在很大影响，在计算 VOCs 排放量时，除了考虑 VOCs 末端治理效率，也要考虑整个生产过程的 VOCs 收集效率，以免造成 VOCs 排放量的低估。④在工业溶剂点源的计算中，常常使用环境统计及第二次全国污染源普查数据进行计算，还需对官方公布的年鉴工业活动水平进行面源计算，对两数据相互校验，若该子源的面源计算比点源计算的排放量大时，应考虑将面源的排放量补充进点源计算的量中。

　　清单结果检查要点主要包括：①通过对比活动水平和溶剂应用场景分析清单结果的合理性，如建筑涂料使用量与建筑面积的比例是否合理，VOCs 排放量与溶剂使用量的关系是否合理。②不同子源排放比例是否与当地政策一致，如油性溶剂、水性溶剂排放比例与当地政策是否相符。③清单结果是否涵盖了所有的溶剂使用过程，是否考虑了无组织排放。④需要检查是否将不挥发的原辅料当作挥发性原辅料计算在内，如粉末涂料。另外，也需要核查是否因原辅料的别名未能识别出该原辅料而产生漏算，如白磁油是一种油漆。

5.4.4　道路移动源

　　按车型道路移动源可分为大/中/小/微型客车、重/中/轻/微型货车、公交车、出租车、摩托车和其他汽车。道路移动源活动水平数据主要涉及不同车型保有量、不同国标车辆的保有量、道路行驶里程、单位里程耗油量和含硫率等，其来源主要包括统计年鉴/公报、污染源普查数据、公开的行业报告、车管及交通等部门调研、相关文献和实地调研等。排放因子数据的来源主要包括实地测试、模型计算和排放源清单手册及指南。关键参数主要指黄标车和老旧车淘汰措施、新国标推行实施的时间、新能源车推广力度以及蒸发排放后处理装置等，主要来自实际调研、参考文献、公开的行业报告、排放源清单手册及指南等。道路移动排放源清单 QA/QC 要点如表 5.5 所示。

表 5.5　道路移动源的 QA/QC 要点

类型	检查要点
活动水平	① 机动车不同国标保有量比例是否合理 ② 不同来源活动水平数据量是否在合理范围 ③ 检查活动水平是否具有代表性等
关键参数	① 汽油、柴油含硫率是否符合本地实际情况 ② 是否符合本地机动车排放标准及油品标准 ③ 是否考虑本地机动车限行或绕行方案 ④ 是否考虑黄标车淘汰政策 ⑤ 是否考虑新能源车减排的影响 ⑥ 是否考虑机动车后处理装置的安装和实际去除率的合理性等
计算方法	① 道路移动源分类体系是否完整 ② 是否根据本地特征选择最优方案 ③ 检查是否区分不同污染物之间的差异带来计算方法不同等
清单结果	① 污染物种类是否遗漏 ② 机动车污染物是否符合一般规律。如 CO 和 NO_x 的排放量较大，小型客车为 CO 主要的排放源，重型、中型货车为 NO_x 主要的排放源 ③ 检查排放量中是否考虑了减排措施的影响 ④ 时间分布规律（早高峰、晚高峰等）是否符合本地出行习惯 ⑤ 是否符合交通路网分布特征 ⑥ 是否考虑本地机动车限行或绕行方案等

　　道路移动源活动水平检查要点主要包括：①检查不同来源活动水平数据量是否在合理范围，不同来源的统计数据、同一城市同一年份得到的保有量数据是否存在差异，需根据实地调研和地方相关政策指导等判断数据的合理性。②检查活动水平是否具有代表性，如年均行驶里程，若私家车的年均行驶里程大于出租车，则认为不合理，需要检查数据调研、录入等过程是否存在错误。③检查蒸发排放不同车型每天驻车次数以及每次驻车持续时间的长短的代表性，可通过尽可能多的基于 GPS 定位监测系统的统计数据来确定使用数据的代表性。④检查机动车不同国标保有量比例是否合理，可与实地调研数据进行对比分析。

　　关键参数检查要点主要包括：①检查汽油、柴油含硫率是否符合本地实际情况；②是否符合本地机动车排放标准及油品标准；③是否考虑本地机动车限行或绕行方案；④检查是否考虑黄标车淘汰政策；⑤是否考虑新能源车减排的影响；⑥机动车后处理装置的安装和实际去除率的合理性，如车载加油油气回收系统的安装可以降低 VOCs 排放，需通过实际测试、相关部门的统计数据和对应政策的要求来确认去除率和安装率的合理性。

　　计算方法检查要点主要包括：①检查是否考虑不同污染物之间的差异带来计算方法不同，如 SO_2 排放通过获取含硫率和单位行驶里程耗油量，采用物料衡算法进行计算，NO_x 则根据保有量、行驶里程和排放因子数据，采用排放因子的方法计算。②污染物排放分类体系是否合理和完整，如 VOCs 的排放，除了尾气排放,还包括蒸发排放,蒸发排放包括热浸排放、行驶损失排放、加油排放、渗透排放等。③检查是否根据本地特征选择最优计算方法,计算方法因不同地区获取的活动水平数据的不同存在差异。例如,尾气排放计算中,以往采用基于机动车保有量和年均行驶里程的活动水平数据进行计算,而对于可获取路网交通流量和路网运行速度的地区,优先结合路网交通流量和平均速度计算分时段的路网排放量。对于可获取逐路段交通流量和路段瞬态运行工况的地区,则结合路段交通流量和瞬态运行工况计算单位时间的路段尺度机动车排放量,需要基于获取的活动水平数据确认更合理的计算方法。

排放源清单结果检查要点主要包括:①检查机动车污染物是否符合一般规律,如 CO 和 NO_x 的排放量较大,小型客车为 CO 主要的排放源,重型、中型货车为 NO_x 主要的排放源。通过检查各车型对污染物间存在的比例关系来检验排放量的合理性。②检查排放量是否体现减排措施的影响,如黄标车、老旧车淘汰力度的加大带来排放量的大幅降低。③检查排放结果合理性,如通过与其他年份排放量的对比评估目标清单结果的合理性。④检查污染物种类是否存在遗漏。

5.4.5　非道路移动源

非道路移动源包括飞机、船舶、渔船、工程机械、农业机械、港口机械和铁路机车等类别。非道路移动源使用的活动水平数据主要来源于统计年鉴/公报、官方网站和实际调研数据等。排放因子数据的来源主要为实地测试、实地调研、文献调研和排放源清单编制手册/指南等。非道路移动源计算所涵盖的关键参数有新老机械使用占比、机械年均使用时间、机械的平均额定功率、燃油消耗率/消耗量和含硫率等。非道路移动源的计算方法也通常分为基于燃油和基于功率的排放因子法。非道路移动源的 QA/QC 要点如表 5.6 所示。

表 5.6　非道路移动源的 QA/QC 要点

类型	检查要点
活动水平	① 不同国标保有量比例是否合理 ② 不同来源活动水平数据量是否在合理范围 ③ 工程机械燃油消耗量与施工面积的关系是否合理等
关键参数	① 汽油、柴油含硫率是否符合本地实际情况 ② 工程机械施工要求是否满足当地政策 ③ 船舶是否使用岸电及使用比例是符合合当地政策等
计算方法	① 非道路移动源分类体系是否完整 ② 是否根据本地特征选择最优方案 ③ SO_2 优先考虑物料衡算法等

续表

类型	检查要点
清单结果	① 污染物种类是否遗漏 ② 各污染物间排放贡献是否合理 ③ 污染物排放量是否合理 ④ 农业机械排放时间分布是否符合本地生产季节特征 ⑤ 工程机械排放时间分布是否符合当地政策要求 ⑥ 农业机械分布是否符合农耕地、农村居民分布特征 ⑦ 工程机械分布是否符合施工工地和道路施工分布特征 ⑧ 船舶排放是否考虑内河、沿海与远洋的区别 ⑨ 飞机排放是否考虑低空航线区域等

非道路移动源活动水平和关键参数的数据检查要点主要包括：①检查数据的准确性和合理性。由于非道路移动源的活动水平数据和关键参数来自于统计年鉴/公报等官网统计途径的数据非常有限，故需大量进行实地调研。针对调研得到的数据，由于填报过程中可能存在疏漏或人为错误等问题，需通过对比数据的变化趋势等途径，对数据的合理性进行核实。②针对关键参数的确定，需注意其是否具有代表性或符合本地的实际情况。

计算方法检查主要要点：①检查方法选用是否合理。非道路移动源计算方法通常有基于燃料和基于功率的排放因子法，可通过两种计算方法对比结果差异，并根据活动水平数据的获取情况，选择合适的计算方法。②计算方法中基于功率的排放因子法准确度最高，基于燃料的排放因子法次之，优先选用准确度高的计算方法。

清单结果检查要点主要包括：①检验污染源和污染物种类是否齐全。②检查结果的合理性，可根据其排放趋势校验清单结果或与其他单位已发表的清单结果进行横向对比，检查污染物排放量是否合理。

5.4.6　生物质燃烧源

生物质燃烧源包含家用燃烧和开放燃烧 2 个二级排放源。根据燃料类型，生物质家用燃烧分为薪柴和秸秆燃烧；生物质开放燃烧可分为秸秆露天焚烧、森林火灾和草原火灾。生物质燃烧源的排放因子数据来源主要包括文献调研、国内权威指南和手册等。关键参数主要有秸秆室内/露天燃烧比例、草谷比、干物质比例、燃烧效率等，来源主要是文献调研。活动水平数据主要有农作物产量数据、火灾面积统计、卫星监测火点或过火面积等，来源主要包括环境统计年鉴、文献调研、官方网站下载等。生物质燃烧源的 QA/QC 要点如表 5.7 所示。

表 5.7　生物质燃烧源的 QA/QC 要点

类型	检查要点
活动水平	① 活动水平数据来源是否合理 ② 薪柴、秸秆使用量计算是否合理准确，有无出现参数遗漏 ③ 家用薪柴消费量修正是否准确，家用和露天的秸秆焚烧比例的修正是否准确 ④ 卫星观测数据是否合理，是否正确识别开放燃烧类型 ⑤ 不同来源活动数据量是否存在较大差异等
关键参数	① 草谷比、干物质比例、燃烧效率等是否符合本地情况 ② 计算的参数单位是否正确等
计算方法	① 源分类体系是否完整 ② 不同子源计算方法是否合理等
清单结果	① 不同燃料类型产生的污染物种类是否齐全 ② 不同污染物排放大小关系是否合理，如 CO 排放量大于其他污染物排放 ③ 检查排放变化是否体现关键措施影响 ④ 污染物排放量的年内、年际变化趋势是否合理 ⑤ 森林、草原火灾排放时间分布是否符合当地情况 ⑥ 秸秆露天燃烧排放是否集中发生在农作物收获后 ⑦ 生物质家用燃烧排放在时间分配上是否符合燃烧用途、农村居民生活和农耕习惯 ⑧ 不同类型生物质燃烧排放分布是否与当地土地利用保持一致 ⑨ 家用燃烧是否与农村居民点分布或人口分布保持一致 ⑩ 开放燃烧是否按照卫星监测火点、过火面积等进行空间分配等

　　生物质燃烧源活动水平检查要点主要包括：①检查活动水平数据是否能够代表基准年信息，计算过程中重点关注引用数据的调研年份，如秸秆室内/露天燃烧比例存在年际变化，若采用的数据非实地调研，则需考虑基于一定的指标进行修正。②检查活动水平数据分类是否具有区域代表性，不同地区秸秆、森林等类型存在差异，活动水平数据收集时应检查生物质种类是否能够代表本地特征。③检查卫星观测数据应用是否合理，若采用基于卫星监测的数据作为生物质开放燃烧活动水平，需根据土地利用或植被类型对卫星监测的火点/过火面积匹配对应的生物质燃料类型。

　　计算方法检查的要点主要包括：①结合本地实情，核实源分类体系是否完整，如考虑当地是否需要将牲畜粪便纳入家用燃烧。②检查计算方法适用性。秸秆露天燃烧可采用基于农作物产量计算和基于卫星观测数据计算两种方法，若有条件开展实地调研获得基准年的秸秆露天焚烧比例，则优先采用基于农作物产量的方法计算；若无条件开展实地调研或计算年份统计数据尚未公布，则基于卫星观测数据计算方法。③各污染物排放计算为排放因子法，需要检查活动水平数据和排放因子数据是否需要单位换算。

　　清单结果检查要点主要包括：①不同生物质燃料类型产生的污染物种类是否

完整。②检查排放结果是否合理，如通过对比相邻年份的排放结果、不同污染物排放大小进行合理性评估。③检查排放变化是否与管控政策一致，农村居民清洁能源推广和秸秆禁烧政策实施都能够降低生物质燃烧排放，通过分析相关政策对排放趋势变化是否有影响进一步判定清单结果合理性。

5.4.7　扬尘源

扬尘源主要有建筑扬尘、道路扬尘、土壤扬尘等，其排放源清单计算常采用排放因子法。排放因子数据可基于实地测试、现场调研、文献调查、国内权威指南和清单编制手册等得到。扬尘源的活动水平数据来源主要从统计年鉴、现场调研、遥感技术等渠道获取。关键参数如控制措施、降雨天数、车流量等主要通过各城市建筑扬尘控制技术、环境公报、交通管理部门等途径获取。扬尘源的 QA/QC 要点如表 5.8 所示。

表 5.8　扬尘源的 QA/QC 要点

类型	检查要点
活动水平	（1）数据录入与处理 ① 录入的施工面积是否为施工项目占地面积 ② 每个施工项目竣工时间是否整理为统一时间格式 ③ 每个工地占地面积的单位是否一致，一般统一为"平方米"，检查转换单位是否有误，对于数值较小或较大的需要进一步核实 ④ 录入的不同道路类型的道路长度是否合理，单位是否统一 ⑤ 所采集的不同道路类型车流量是否符合真实情况 ⑥ 所采集的道路车流量是否能够代表和体现城区和郊区的特征，不同道路类型车流量之间的关系是否合理等 （2）数据校核 不同来源活动水平数据量是否差异较大等
关键参数	① 检查所选取的降雨、风速等参数是否符合本地情况 ② 检查计算的参数单位是否正确 ③ 控制效率与控制措施是否对应，是否符合当地管理水平 ④ 分区域检查所选取的控制措施和控制效率是否合适 ⑤ 当地重点和非重点管控区域的措施选取的差异性是否合理等
计算方法	① 扬尘源分类体系是否完整 ② 各类子源计算方法是否合理等 ③ 是否有参数重复计算的情况出现等
清单结果	① 各排放源 TSP、PM_{10} 和 $PM_{2.5}$ 的排放量比例和大小关系是否合理 ② 各种施工工地类型的单位面积与排放量大小是否一致 ③ 各类型道路扬尘排放量是否充分考虑了控制措施、气象因素、车流量等方面的影响 ④ 不同道路类型的单位排放强度是否合理 ⑤ 检查建立的时间排放特征是否考虑了本地风速、降雨和阶段性停工等因素的影响 ⑥ 检查不同排放源的施工时间规律是否合理 ⑦ 利用地理信息定位系统和软件检查建筑施工扬尘、道路施工扬尘和拆迁工地扬尘源在区域内的分布是否符合一般规律 ⑧ 研究区域中各行政区建筑施工扬尘、道路施工扬尘和拆迁工地扬尘的排放特征是否合理等

　　扬尘源活动水平检查要点主要包括：①检查统计调研资料规范性及关键数据单位。在施工面积的调研过程中，容易出现人为误填的情况，需要对存疑数据进行核实。例如，道路施工面积可能会错填成长度，可以通过横向对比其他排放点或纵向对比往年数据，对数量级进行判断；建筑施工面积也要注意容积率。②扬尘控制措施在道路扬尘源中不同道路的控制效率也有差异。在一般情况下，主城区防尘措施效果大于城郊。

　　计算方法检查要点主要包括：①在对道路扬尘源排放计算时，根据活动水平数据获取难易程度不同，未铺装道路优先使用遥感技术获取的活动水平数据进行计算；铺装道路则通过统计年鉴获取活动水平数据。就目前而言，遥感技术是获取未铺装道路数据的最好手段。②对于施工扬尘，有条件的工地，优先进行分施工阶段的扬尘排放计算。

　　清单结果检查要点主要包括：①检查结果的合理性，可根据其排放趋势校验清单结果或与其他单位已发表的清单结果进行横向对比，检查污染物排放量是否合理。②检查不同子源 TSP、PM_{10} 和 $PM_{2.5}$ 的排放量比例和大小关系是否合理。

5.4.8　农牧源

　　农牧源是指从事农业生产经济活动过程中的农作物种植和畜禽养殖产生的大气污染排放定量表征，按照来源主要包括畜禽养殖和农田施肥 2 个子源，主要排放 NH_3。不同二级排放源涉及的动植物类型不同，农田施肥的氮肥类型主要包括复合肥、尿素、碳酸氢铵、硝酸铵和硫酸铵等；畜禽养殖排放源包括家禽、牛（奶牛、肉牛和役用牛）、羊（山羊、绵羊）、猪（肉猪、母猪）、马驴骡，部分区域包括兔、乳鸽以及骆驼等动物。农牧源排放因子的来源主要包括实地测试、文献调研、数值模拟、国家排放源清单编制手册/指南等。活动水平数据主要涉及化肥施用总量、农作物的播种面积、畜禽养殖数量等数据，畜禽养殖相关数据，来源包括现场实地走访调研、政府部门调研数据和农业农村统计年鉴/公报等。农田施肥活动水平数据来源主要包括国家及各省市农业农村土壤肥料管理总站普查数据、不同研究机构现场调研数据、国家及各省市农业农村相关统计年鉴/公报、国家及各省市农业农村官方网站和公开的行业报告等。集约化养殖方式比例和不同化肥施用量比例等关键参数主要来自调研数据、重要农业组织行业报告以及国内权威指南和手册提供建议值。农牧源的 QA/QC 要点如表 5.9 所示。

表 5.9　农牧源的 QA/QC 要点

类型	检查要点
活动水平	（1）数据录入与处理 ① 判断源分类是否标准、是否符合区域实际情况 ② 检查活动水平数据是否为基准年统计数据 ③ 检查计算计量单位是否一致等 （2）数据校核 ① 核实不同来源活动水平数据差异是否在合理差异范围内 ② 与历年活动水平趋势和量级对比是否合理等
关键参数	氮肥施用种类比例变化，畜禽养殖集约化比例参数变化等
计算方法	① 畜禽养殖分类体系是否完整 ② 不同二级排放源计算方法是否合理 ③ 不同氮肥类型计算方法是否合理等
清单结果	① 核实污染物排放总量是否合理 ② 是否与历年排放趋势保持一致 ③ 判别不同污染源间排放贡献比是否合理 ④ 判断农牧源月变化与区域的温度月变化是否一致 ⑤ 分析农田施肥时间特征与农田种植时间趋势是否一致 ⑥ 校对点源排放空间分布是否准确 ⑦ 检查面源排放空间分布是否合理等

　　农牧源活动水平数据检查要点主要包括：①检查统计调研资料规范性及关键数据单位。来自问卷调查或者养殖场现场调研的数据，在填报畜禽出栏/存栏的数量和种类可能存在的漏填或错填的问题，导致上报数据过大或者过小，需对数据的准确性进行核实和校验。②在清单编制过程中，由于单位不规范而难以转换，如当获取的活动水平数据是氮肥实物量或氮肥折纯量时，二者的氮含量不同，检查时需要核对。③检查和核验统计或者调研数据的合理性，如进行省级农牧源清单编制时，可通过对比其农产品产量、农业生产总值之间的变化趋势来判断数据是否合理，从而保证数据的合理性和准确性。

　　计算方法检查要点主要考虑计算方法因源而异，畜禽养殖排放计算，可以细化到不同类型动物废弃物在不同管理阶段的排放；农田施肥依据不同氮肥类型计算。

　　清单结果检查要点主要包括：①检查各排放子源间的排放贡献率是否合理，如畜禽养殖中肉猪和肉鸡排放量往往高于其他种类动物排放，农田施肥中尿素排放量大于其他类型的氮肥排放量，通过检查不同污染源间贡献率关系检验计算过程有无纰漏或者差异性较大的情况。②根据历年排放趋势变化，检查当前年份排放是否有突增或者突降，若排放量有明显变化，则须对变化原因提供合理解释。③检查农牧源排放的空间分布特征，通常农业发达、农田面积大的区域排放较高。

5.4.9 存储与运输源

存储与运输源一般分为存储源、运输源和加油站，油品分为原油、汽油、柴油，存储与运输源排放因子数据的来源主要包括排放因子模型计算、文献调查、国内外公开报告等。关键参数如治理效率，主要来自实际调查和参考文献。活动水平数据来源主要包括各省市统计年鉴、能源统计年鉴、环境统计、相关行业报告、加油站检测报告和实地调研等。存储与运输源的 QA/QC 要点如表 5.10 所示。

表 5.10 存储与运输源的 QA/QC 要点

类型	检查要点
活动水平	（1）数据录入与处理 ① 加油站、储油库等企业名称是否正确 ② 经度和纬度填写是否准确，是否利用地理信息定位系统和软件等逐一进行核查 ③ 加油站各级油气回收的处理数据是否合理等 （2）数据校核 ① 不同来源活动水平数据（实地调查、环境统计和统计年鉴数据等）是否在合理差异范围内 ② 加油站各种油品销售量与油品运输（油罐车）总量是否相当，如存在大型石化企业的区域需单独考虑石化企业运输情况等
计算方法	① 源分类体系是否完整 ② 不同子源计算方法是否合理等
清单结果	① 区域内各种存储运输子源的活动数据与排放量的比例是否合理 ② 不同油品的单位排放强度是否合理 ③ 不同子源的时间特征是否与生产活动规律相符合 ④ 是否考虑油气挥发受温度和湿度等气象因素的影响 ⑤ 对比各区域排放量大小是否符合实际情况 ⑥ 大型石化企业的排放量是否符合该企业或者该行业生产活动特征等

存储与运输源活动水平检查要点主要包括：①对于石油类产品存储运输量、不同加油方式的加油量等，应核实其准确性。由于该类数据获取有一定的困难，存在不能直接获取该类指标的情况，一般需要根据经验系数进行计算得到，经验系数的选取要符合不同排放环节石油类产品存储运输量和加油量的实际情况。②检查加油站的油气回收装置安装情况和回收效率合理性，是否装有一级、二级和三级油气回收装置及其应用比例。

计算方法检查要点主要包括：①检查排放源分类完整性及区域代表性。②检查不同子源计算方法应用的准确性。

清单结果检查要点主要包括：①检验污染源和污染物种类是否齐全。②检查结果的合理性，可根据其排放趋势校验清单结果或与其他单位已发表的清单结果进行横向对比，检查污染物排放量是否合理。③检查时空分布合理性，加油站的时间排放表现出明显的特征。例如，在 1～2 月春节期间，加油站汽油销售量要大于柴油。从空间分布特征来看，排放量较大的点源一般为大型石化企业和主要干道旁分布的加油站等，且在路网密集的中心城区较为集中。

参 考 文 献

[1]   郑君瑜，王水胜，黄志炯，等. 区域高分辨率大气排放源清单建立的技术方法与应用[M]. 北京：科学出版社，2014.

[2]   魏巍，王书肖，郝吉明. 中国人为源 VOC 排放清单不确定性研究[J]. 环境科学，2011，32（2）：305-312.

[3]   Intergovernmental Panel on Climate Change（IPCC），Good Practice Guidance and Uncertainty Management in National Greenhouse Gas Inventories[R]. Geneva：IPCC，2000.

[4]   Eggleston H S，Buendia L，Miwa K. 2006 IPCC Guidelines for National Greenhouse Gas Inventories[R]. Geneva：IPCC，2006.

[5]   Buendi E C，Tanabe K，Kranjc A. 2019 Refinement to the 2006 IPCC Guidelines for National Greenhouse Gas Inventories[R]. Geneva：IPCC，2019.

[6]   EMEP- European Environment Agency（EEA）. EMEP/EEA Air Pollutant Emission Inventory Guidebook[R]. Copenhagen：European Environment Agency，2009.

[7]   EMEP- European Environment Agency（EEA）. EMEP/EEA Air Pollutant Emission Inventory Guidebook[R]. Copenhagen：European Environment Agency，2013.

[8]   EMEP- European Environment Agency（EEA）. EMEP/EEA Air Pollutant Emission Inventory Guidebook[R]. Copenhagen：European Environment Agency，2016.

[9]   EMEP-European Environment Agency（EEA）. EMEP/EEA Air Pollutant Emission Inventory Guidebook[R]. Copenhagen：European Environment Agency，2019.

[10]   United States Environmental Protection Agency（U.S. EPA）. Air Emissions Inventory Improvement Program（EIIP）Volume 6-Quality Assurance Procedures and DARS Software[R]. Washington，D C：United States Environmental Protection Agency，1997.

[11]   United States Environmental Protection Agency（U.S. EPA）. Quality Assurance / Quality Control And Uncertainty Management Plan For The U.S. Greenhouse Gas Inventory[R]. Washington，D C：United States Environmental Protection Agency，2002.

[12]   United States Environmental Protection Agency（U.S. EPA）. Templates for Creating a National GHG Inventory System Manual[R]. Washington，D C：United States Environmental Protection Agency，2020.

[13]   United States Environmental Protection Agency（U.S. EPA）. 2014 National Emissions Inventory[R]. Washington，D C：U.S. EPA，2016.

[14]   United States Environmental Protection Agency（U.S. EPA）. 2017 National Emissions Inventory[R]. Washington，D C：U.S. EPA，2020.

[15]   United States Environmental Protection Agency（U.S. EPA）. Inventory of U.S. Greenhouse Gas Emissions and Sinks：1990-2018[R]. Washington，D C：United States Environmental Protection Agency，2020.

[16]   Agency for Environmental Protection and Technical Services. Quality Assurance/Quality Control Plan for the Italian Emission Inventory[R]. [S.l.：s.n.]，2006.

[17]   Brown P，Cardenas L，Choudrie S et al. UK Greenhouse Gas Inventory，1990 to 2019：Annual Report for Submission Under the Framework Convention on Climate Change[R]. [S.l.：s.n.]，2021.

第6章 排放源清单编制工作的质量评估

本书在前几章介绍了排放源清单的不确定性分析、QA/QC 过程以及校验评估手段，但均是从单一角度对排放源清单进行评估与保障，无法全面评估整个排放源清单编制工作的质量。如何根据应用需求更为全面地评估一份排放源清单编制工作的质量是本章的重点内容。国外研究学者在这方面仅做了初步的探讨，还未建立起一个完善的排放源清单编制工作质量评估体系。基于本书作者团队对排放源清单的认识和多年积累的排放源清单编制经验，本章以区域尺度基准年清单编制为例，重点探讨排放源清单编制工作质量评估体系的建立原则、评估内容、方法、关键指标和流程，并以广东省排放源清单质量评估为研究案例，展示排放源清单编制工作质量评估的详细过程，为排放源清单使用者提供关于排放源清单参考价值的判断依据，也为排放源清单的改进提供指导方向。该方法框架也可为我国城市业务化清单编制的质量评估与考核提供参考。

6.1 排放源清单编制工作质量评估的需求与难点

在近 10 年来国家对大气污染防治大力推进的驱动下，我国的排放源清单编制工作迅速发展，在排放源清单定量表征方法、多尺度时空分配、化学成分与物种分配、清单不确定性评估与校验和模型清单处理等方面开展了大量的工作，已经形成了具有规范性、适应性和可靠性的区域和城市大气污染物排放源清单建立方法体系。同时，随着国家大气污染排放源清单编制指南[1-4]的发布和基础数据的逐步完善，清单编制工作逐渐规范化，基本建立了"国家—区域—省级—城市"多尺度前体物排放源清单和动态更新机制，基本满足不同区域和城市尺度的二次污染防控需求。

与此同时，随着排放源清单重要性的日益提升，越来越多的科研和管理人员参与到排放源清单编制工作中。根据排放源清单编制技术指南推荐的表征方法和排放因子，结合从各地市统计年鉴、行业数据库或者文献调研等手段获取的活动水平数据，任何经过一定培训的人员基本都有能力编制出一份排放源清单。但受认知和技术水平以及数据质量差异的影响，不同人员建立的排放源清单质量良莠不齐。有经验的研究人员在编制一个区域的排放源清单时，会综合考虑选取合适的排放因子、活动水平数据以及去除率等参数，按照流程开展排放源清单编制的

QA/QC 过程和不确定性分析，在完成排放源清单估算后会采用多种手段校验排放源清单的合理性，甚至可根据大气化学传输模型的要求对排放源清单进行网格化和物种化等处理。缺乏经验的研究人员通常会采用某一个文献或者指南推荐的基础数据编制排放源清单，忽略了数据的适用性和代表性，在校验阶段可能会仅采用定性不确定性分析方法或者简单地横向对比评估排放源清单，甚至会跳过排放源清单校验和 QA/QC 过程。绝大部分情况下，由有丰富经验的人员严格根据指南建立的排放源清单质量更有保证。然而，大部分清单使用者仅能获取到排放源清单的结果信息，对排放源清单的编制过程和细节一概不知，因此很难判断出哪一份排放源清单的质量更高、更加适合当前的研究和管理需要，这也是当前国内排放源清单越来越凸显的痛点。尤其当前，越来越多的排放源清单作为业务化清单已广泛应用在大气环境管理方面，而大部分管理人员甚至排放源清单编制者都无法回答排放源清单的质量如何。可以说，我国排放源清单编制工作已经到了从清单编制技术到清单质量评估技术的需求转折阶段。

　　尽管排放源清单编制质量评估非常重要，然而，目前国际上尚未形成清单质量评估体系，仅有少数国外研究或学者在这方面做了初步的探讨。例如，20 世纪90 年代 U.S. EPA 制定了排放源清单编制的标准化流程以及质量保证和质量控制（QA/QC）技术指南，指导识别排放源清单编制过程中的错误、遗漏等系统性偏差。除了 QA/QC，国际上另一种清单质量评估常用的方法是不确定性分析。例如，EPA 基于测试条件和样本数量对 AP-42 排放因子数据集[5]中一些排放因子进行了定性或定量不确定性分析，评估了排放因子的质量等级；2005 年由加拿大、美国和墨西哥合作成立的研究机构 NARSTO 发布了关于改善北美地区排放源清单、提高空气质量管理的评估报告[6]，详细讨论了北美排放源清单的不确定性；IPCC 在《国家温室气体清单优良做法指南和不确定性管理》[7]中，提供了专家判断法、蒙特卡罗方法等统计方法对温室气体清单不确定性进行定性和定量分析。除此之外，还有其他排放源清单校验方法，如清单对比法、趋势分析法、模式验证法等，这些方法广泛应用于排放源清单评估。国内近年来也开始应用这些方法开展一些排放源清单质量评估工作。然而，无论是排放源清单的 QA/QC、不确定性分析还是清单校验，都仅针对影响清单质量的某一种或几种因素进行分析，无法全面评估一份排放源清单的质量。U.S. EPA 在 2016 年发布的《生命周期清单数据质量评估指南》[8]明确提出排放源清单质量评估，其采用数据质量指数方法通过构建评分谱系矩阵对生命周期排放源清单的数据质量进行评价。但是，该指南只针对清单输入数据的质量进行评价，缺乏对清单编制过程、输出结果可靠性等方面的完整质量评价。同时，由于生命周期排放源清单往往是针对小微尺度（如企业）的排放源清单，而大气污染物或温室气体排放源清单往往在城市及以上尺度，二者关注的清单关键输入数据有所差异，该指南难以应用于大气污染物排放源清单质量评估。总体上，目前国内外尚未形成清单质量评估体系，无法对清单合理性和可靠性进行全面综合评估。

　　排放源清单编制工作是一项系统性很强的工作，全面评估一份排放源清单的质量并非一件容易的事情。一方面，排放源清单的质量是相对的，其评估标准取决于排放源清单的类型和用途。不同类型和用途的排放源清单关注的重点存在差异，因此其质量评估标准也应有所不同。在类型方面，排放源清单可以根据空间尺度分为国家、区域、城市和企业尺度等排放源清单，根据时间尺度可以分为基准年排放源清单、历史趋势排放源清单和预测排放源清单等，根据用途又可以分为模型输入清单、应急管控清单、情景清单、减排潜力清单等。国家尺度排放源清单主要关注各个区域的排放总量，源分类可以相对较为粗糙；城市尺度排放源清单对排放总量和时空分辨率有更高要求，同时源分类需要更为精细，甚至到企业级别；模型输入清单则需要准确体现排放源的时空差异性、排放垂直特征和物种特征；历史趋势排放源清单则重点在于体现排放源的年际相对变化，对总量准确性和时空分辨率要求较低等；应急管控清单关注重点排放源，对"排放大户"需要精细至可管控的排放源，如企业甚至排放口，对排放源清单中的"热点"排放的分辨率要求最高，但对"非热点"的排放精度要求较低；情景清单重点关注某些设定情景下排放源的变化，对清单时空分配要求较大；减排潜力清单关注政策、技术影响下可能降低排放的排放源，与情景清单一样，其精细度等取决于情景依托的基准清单，二者所选用的基准清单中，情景设定、政策和技术变化显著的排放源需要至少达到可区分情景、政策和技术的精细度。此外，对于同一套排放源清单，不同使用者由于使用目的的差异性对清单的质量评价的重点和标准也可能会出现差异。例如，当应用于城市控制策略研究，排放源清单需要准确反映辖区内的主要污染源及其排放特征。当应用于大气化学传输模型时，模式排放源清单需要满足一定时空分辨率和物种类型的要求。另外，排放源清单质量评估需要考虑多因素影响，从多维度进行，这便要求评估人员必须对排放源清单有一定的了解和认识，清楚知道排放源清单建立的一些细节和过程，同时建立的评估方法成体系，能够较为全面地覆盖排放源清单质量的各个指标和维度。

6.2　排放源清单编制工作质量评估体系建立的关键问题与原则

　　大气污染排放源清单编制是一项十分庞杂且细致的工作，数据来源多元、方法多样、过程复杂。因此，建立一个完善的排放源清单编制工作质量评估体系需要考虑多方面的问题，具体包括：

（1）如何定义排放源清单编制工作的质量？对排放源清单编制工作的整体质量评估是排放源清单使用者迫切需求的内容。但究竟什么是排放源清单编制工作的质量，或者说排放源清单编制工作的质量如何体现，目前国内外尚无明确统一的定义。根据作者团队在排放源清单编制方面的多年经验和理解，认为排放源清单编制工作的质量是体现在多维度的。第一，高质量的排放源清单必须是可靠的，体现在采用的基础数据具有权威性和代表性，采用的表征方法被行业认可，编制过程严格遵守编制、手册或者权威文献制定的框架体系，结果具有低不确定性等。第二，高质量的排放源清单结果是合理的，经得起推敲，并且能够通过专家和地方管理人员的评审及认可。第三，高质量的排放源清单与应用需求相匹配，即污染物和污染源类型、源分类精细程度、时空分辨率精细程度、不确定性度大小、表达形成等满足应用的需求。第四，高质量的排放源清单编制过程规范化，采用的数据和方法来源有迹可循，编制过程文档能够满足后续 QA/QC、校验和评估的需要。

（2）如何选择排放源清单质量评估指标？排放源清单编制工作的质量与清单编制使用的数据质量、建立方法、编制过程以及编制人员对排放源清单的主观理解等多重因素相关。总体上，影响排放源清单质量的评估指标众多，有基础数据来源的权威性、代表性和可靠性，表征方法的精度和代表性，表征结果的合理性和不确定度，编制过程流程是否完整，污染源分类的精细程度，时间和空间的精细程度，污染物的种类是否齐全等。如果在评估中考虑所有的评估指标和排放源清单细节，不仅费时费力，也会降低评估的可行性。合适的评估指标要求能够较为全面地覆盖排放源清单编制质量的各个维度，同时尽量避免同一维度或者不同维度之间的评估指标有太高的重复性。因此，如何综合考虑排放源清单的应用需求去设计科学、合理、统一的排放源清单评估指标是建立排放源清单编制工作质量评估体系的关键之一。

（3）如何建立覆盖多维度的质量评估方法？排放源清单编制工作的质量需要从多维度进行体现，而每一维度又取决于多个评估指标。针对不同类型排放源清单和不同应用场景，排放源清单质量的维度以及评估指标需要有所差异，同一个维度或者评估指标的重要性需要差别对待。例如，对于模式输入清单，时空分辨率和物种精度比源分类精度更为重要，但对于管控清单，时空分辨率和源分类精度比物种精度更为重要。这就要求建立的质量评估方法需要综合体现排放源清单质量各个维度的得分，并且能够灵活适应不同类型排放源清单和不同应用场景对排放源清单的质量需求。评估方法不仅仅只是对排放源清单编制工作质量进行打分，还需要能识别出排放源清单相对薄弱的维度及主要来源，以进一步指导排放源清单编制工作优化和改进，因此质量评估方法能够明确反映不同评价指标对维度评估的影响。

（4）如何降低人为主观对排放源清单质量评估的影响？排放源清单编制工作质量的评估过程主要还是依赖于专家判断，因此不可避免的受到人为主观因素的影响。为了提高评估的可靠性和可对比性，要求选取的评估指标和相应地打分标准应尽可能地可量化。为实现这一点，可以参考排放源清单半定量不确定性分析方法，为每一个评估指标建立一个相应的等级评分表格，根据界定的得分规则量化每一个指标的质量。同时，为了避免评估过程模棱两可，得分规则需要简单、明确。

为了尽可能科学客观地评价排放源清单的质量，为排放源清单使用者评估排放源清单使用性提供量化参考指标，促进形成以评促改、以评促管的排放源清单良性发展机制，在构建排放源清单质量评估体系时需要遵循如下原则：

（1）规范性。排放源清单的质量评估是客观评价过程，须规范化、统一化、标准化、准确化表述清单质量评估的内容、指标、方法，才能在不同评价者使用时实现客观、科学评估清单质量，提供顶层设计保障。

（2）完整性。排放源清单的质量是体现为多个维度的，并受到多种不同因素的影响。这就要求评估体系能够评估排放源清单在不同维度的质量，同时覆盖多个评估指标以反映不同因素对排放源清单编制结果的影响，进而较为全面地反映排放源清单质量。

（3）灵活性。建立的排放源清单编制工作质量评估体系能够适应不同应用场景对排放源清单质量的要求，采用的关键评估指标和维度需要根据排放源清单类型和排放源清单应用场景有所差异。

（4）代表性。影响排放源清单的因素有很多，只考虑单一因素无法对排放源清单质量进行客观科学的评价，但如果方方面面进行评估又不现实，因此衡量排放源清单的质量要根据实际情况选取合适的、具有代表性的指标，同时保证评估体系简捷。

（5）客观性。客观性是保障清单质量评估结果合理性的内在要求。为避免清单使用方、清单提供方、其他利益相关竞争方的人为影响，降低人为主观因素，选取的指标和相应评估标准需要定量评估可量化、定性评估可等级化，确保评估过程的客观性。

（6）时效性。在我国密集高效的管控现状下，污染源排放本身快速动态变化，排放源清单向动态化、前趋化发展，排放源清单评估内容、指标、方法必须适应清单动态发展，紧抓同时期清单质量的关键影响因素，向常态、动态、业务化评估转变，才能科学评估清单质量。

本章的排放源清单质量评估与本书第 5 章排放源清单 QA/QC 均涉及排放源清单质量的问题，然而，两章内容存在本质上的不同，主要体现在以下几点：

（1）目的不同。排放源清单 QA/QC 的核心目标是保障排放源清单的质量，通过清单编制人员、外部人员、专家等专业人员从不同环节对清单编制的各个细节进行审核，发现排放源清单编制过程中可能存在的人为错误和异常数据等，以降低排放源清单编制的系统误差。排放源清单质量评估的主要目的是从多个维度评价清单编制工作的质量，指明清单编制过程中的薄弱环节，为清单使用者判断排放源清单质量提供明确的参考，也为完善排放源清单编制过程提供指导。

（2）对象不同。排放源清单 QA/QC 是对清单编制中的活动水平、排放因子、编制过程、结果合理性等细节的详细审核与评价，以"审"为主，以"评"为辅，"审""评"结合，旨在促"改"；排放源清单质量评估是对排放源清单编制的关键过程的优劣程度进行评价，包括数据来源、排放源清单精细程度、不确定性分析结果、QA/QC 程序、排放源清单结果合理性等内容，以"评"为主要目标，评价对象更加整体与全面。

（3）主体不同。排放源清单 QA/QC 需要对排放源清单各个细节详细审核，要求审核人员非常熟悉排放源清单编制流程、表征方法和数据处理等细节，专业性要求极强，一般要求较为专业的排放源清单编制人员。但在开展排放源清单编制工作的质量评估时，评估人员需要严格根据等级评分表和流程对排放源清单每一个指标进行评分，评分标准相对简单明了，因此对评估人员的专业性相较于 QA/QC 低。虽然排放源清单编制工作的质量的评估指标中也会涉及 QA/QC 程序，但仅是评估排放源清单 QA/QC 过程完成质量，并不会涉及 QA/QC 具体细节上。

（4）适用性不同。排放源清单 QA/QC 要求专业的技术人员对清单的细节开展详细的评审，极高的专业性壁垒导致当前仅有极少数的排放源清单编制过程严格执行 QA/QC 程序，实际操作性较低。排放源清单编制工作的质量评估体系是在整体上指标化、定量化评估排放源清单质量，识别排放源清单编制工作改进途径，为清单使用者和政府管理者提供更容易理解的质量评估报告，在操作层面更具有可行性。

6.3　排放源清单编制工作质量的评估体系

遵循规范性、完整性、灵活性、代表性、客观性和时效性的原则，本书通过借鉴排放源清单半定量不确定性分析方法，结合层次分析法，探索性地建立了排放源清单编制工作的质量评估体系。根据排放源清单的编制过程和应用场景需求，评估体系将排放源清单编制工作质量分解为四个维度，分别为基础数据来源质量、清单精细程度、结果合理性以及清单编制的规范性。每个维度又继续分解为多个分层次的评估指标，并对每个评估指标建立相对应的评估标准。在此基础上，评估体系采用层次分析法逐层量化排放源清单质量在不同维度上的评分和总体评分，同时解析影响各层评估的关键指标与不足。基于层次分析方法的评估体系有效地将定性的评价转化成定量的评估,分解了影响排放源清单质量的复杂因素,降低了主观判断带来的清单评估不确定性,使排放源清单评估结果更加科学与合理。另外,基于层次分析法也能动态赋予评估指标不同权重,实现评估体系能应对不同排放源清单类型和应用的需求。

需要说明的是,排放源清单编制工作的质量评估实际上是一项非常复杂的系统性综合研究,对不同类型的排放源清单编制工作的质量进行全面综合评估需要大量时间和精力投入。本书建立的排放源清单编制工作质量评估体系只是一个初步探索,旨在为国内外研究学者和管理人员在评估一份排放源清单质量的过程中提供了思路和方法参考。在完全成形之前,评估指标的选取以及评价标准的设计上仍有待进一步优化和完善,例如评估指标的等级分数段设计可以更加细化,以减少评估指标得分的主观不确定性。

本节将从排放源清单编制工作的评估内容(即维度)、评估指标和评估方法三方面进行详细介绍。

6.3.1　排放源清单编制工作的评估内容

1. 基础数据来源质量评估

排放源清单编制所涉及的数据包括:总量估算过程中涉及的基础数据(活动水平、排放因子、排放模型其他相关参数等)、时空权重表征数据(土地利用、车流量、点源分布等)以及清单结果评估校验依据(污染物浓度数据、经济水平数据等)等。数据来源质量评估重点在于评估基础数据的来源是否具有权威性和可靠性以及基础数据在时空和技术层面上与排放源清单表征对象具有多高的关联性。以活动水平数据来源为例,若来源于对研究区域开展的大量企业调研结果,且调研年份与清单基准年相近,则认为该数据具有较高的代表性与可靠性;反之,若是基于一定统计关系进行推估的结果,则认为该活动水平数据的代表性与可靠性较差。排放基础数据获取是排放源清单编制的基础,也是影响排放源清单质量的关键决定因素,因此,数据来源的质量评估成为清单编制工作评估的第一要义。

2. 清单精细程度评估

清单精细程度评估的主要内容包括排放源分类是否本地化与精细化、总量表征方法是否合理且与基础数据契合、时空分配方法是否合理且具有代表性、不确定性分析是否全面与定量化、QA/QC 过程是否完善以及清单结果校验是否开展。不同排放源清单类型和应用场景对排放源清单的精细程度有不同的要求。因此,排放源清单精细程度评估实际上是评估排放源清单是否满足高质量清单建立以及各场景应用的需求。以排放源分类为例,若目标清单采用的污染源分类是本地调研基础上对推荐分类体系的优化与完善，则认为该分类体系具有较高的精度，能够满足管控清单业务化应用的需求；反之，若分类体系仅是基于推荐分类的结果，本地化重点源缺失或分类不精细，则认为该分类体现精细程度不足。

3. 清单结果合理性评估

排放源清单结果合理性是指在清单估算完成后，目标清单在总量、时空分布、源排放结构等方面的合理性与科学性，是对清单质量的整体把关。本节所提及的清单结果评估合理性主要指清单审核人员对目标清单所进行的排放源清单评估与校验过程和结论进行再评估，具体评估内容包括总量合理性、时空分布代表性、源排放结构合理性以及不确定分析结论合理性。以排放总量合理性评估为例，若目标清单编制完成后，编制人员采用大量同类清单结果与目标清单对比，并能够对结果之间差异做出详尽且合理的解释和分析，则认为该清单的结果评估合理；反之，若目标清单与同类清单之间存在显著差异且关键差异原因无法解释，则认为清单结果评估的合理性不足。

4. 清单编制规范性评估

业务化大气污染源的排放源清单建立不仅是为地方空气质量模拟提供数据支撑，也是厘清目标城市大气污染源排放特征、实现城市污染排放精准管控的关键。清单编制规范性包括清单编制流程的完整性、数据归档合理性和清单报告的规范性，是清单质量的最终把关，也是排放源清单编制工作评估不可分割的部分。以清单报告规范性为例，规范的排放源清单报告不仅包括对排放源清单编制过程中数据来源、方法、不确定性分析、合理性评估等内容的详尽介绍，还应包括基于目标清单对目标城市的大气污染源排放特征的分析以及对清单使用方的需求响应程度，尤其是对于目标城市的典型污染源，应在整体分析的基础上做进一步的分析，以明确地方排放特征，响应清单使用者的需求，从而为大气污染防治工作开展提供可靠数据。清单报告规范性评估也主要是针对上述内容的规范性、合理性以及全面性进行审核。若清单报告对清单编制过程以及清单结果、排放特征均进行了详细且全面的描述和分析，则认为该清单报告规范，能够为管理者提供决策依据；反之，若清单报告涵盖内容不全面或排放特征分析不具体，则认为清单报告规范程度不够。

6.3.2　排放源清单编制质量的评估指标

本书采用层次分析法对排放源清单编制工作整体质量进行评估，其中各层次要素的评级打分是该方法实现的基础，虽然 6.3.1 节已经明确了排放源清单编制工作的评估内容，但对各内容的具体评估指标以及打分标准还有待进一步明确。因此，本书以基准年清单编制为例，列举各个评估内容建议考虑的评估指标以及对应的评分标准。

基准年排放源清单编制过程涉及的基础数据有活动水平数据、排放因子及相关参数、时间和空间分配因子数据和成分谱数据等。决定基础数据质量的因素有数据来源、数据代表性以及数据的完整性等。通常而言，权威来源、在时空方面与研究对象有较高重合度以及完整的数据质量更高。权威来源数据往往经过严格的审核程序或者专家评审，数据调研更为广泛，数据处理方法统一性更高，因此具有较高的可靠性。另外，这些基础数据通常具有一定程度的地域性和时效性，因此基础数据的时空属性与排放源清单的研究区域和时段越接近，可以认为数据的时空代表性越好，越能代表污染源的排放特征。除了时空代表性，排放因子和成分谱数据还存在技术代表性，即污染源的技术水平与研究对象的相似程度。在完整性方面，成分谱的组分种类是否相对较为完整（以往的VOCs 成分谱通常缺少 OVOCs 组分）以及调研的活动水平数据的样本量和时间覆盖度是否完整也是影响数据质量的重要因素。参考排放源清单不确定性分析，活动水平数据的质量评估指标需要考虑来源可靠性、数据完整性、地域代表性、年份代表性；排放因子及相关参数的质量评估指标需要考虑来源可靠性、技术代表性、地域代表性、年份代表性；时空分配因子则可从来源可靠性、污染源关联性、因子专属性、地域代表性和年份代表性进行评估；成分谱可从测试源代表性、地域代表性、技术代表性、组分完整性、年份代表性、数据可溯性进行评估。排放源清单评估体系如表 6.1 所示。

表 6.1 排放源清单评估体系

评估内容	一级评估指标	二级评估指标
基础数据来源质量	活动水平数据	来源可靠性
		数据完整性
		地域代表性
		年份代表性
	排放因子及相关参数	来源可靠性
		技术代表性
		地域代表性
		年份代表性
	时空分配因子	来源可靠性

续表

评估内容	一级评估指标	二级评估指标
基础数据来源质量	时空分配因子	污染源关联性
		因子专属性
		地域代表性
		年份代表性
	成分谱	测试源代表性
		技术代表性
		组分完整性
		地域代表性
		年份代表性
		数据可溯性
清单精细程度	表征方法	表征方法等级
	排放源分类	排放源分类完整性
		排放源分类细化程度
	点源占比	点源化率
	时空分配精细程度	时间分辨率
		空间分辨率
	不确定性分析	不确定性分析精细度
		关键不确定性来源识别
清单结果合理性	排放总量	评价方法客观性
	排放源结构	排放源特征合理性
	时空特征	时间变化特征合理性
		空间变化特征合理性
	不确定性结果	不确定性结果合理性
清单质量评估报告规范性	清单数据质量	QA/QC 执行完整性
	清单报告内容	报告内容完整性
		需求响应性
	相关文档管理	文档管理规范性

　　基准年排放源清单的精细程度主要体现为表征方法的等级、排放源分类的精细程度、点源化率、时空分配精细程度、组分完整性和不确定性分析方法。

其中，判断表征方法的精细程度主要是判断当前尺度下各个污染源是否采用最优的估算方法，而并非越复杂越好。例如，在城市尺度，机动车排放的最优估算方法是基于交通大数据的动态表征方法，但在国家尺度，其优选估算方法依然是基于自下而上的静态估算方法。点源化率是用点源估算排放量与区域总体排放量的比值，是衡量排放源清单精细程度的重要指标。一方面，清单编制过程能够单独考虑企业的排放特征和控制现状；另一方面，点源在空间表征上精度高。源分类的精细程度主要体现在是否覆盖研究区域的所有重要排放源，以及是否细化到四级甚至更细的分类。高精度的区域排放源清单的时间分辨率需要达到小时级别，空间分辨率达到 $1\sim3\ km$ 级别。物种方面，则取决于考虑的常规污染物类型是否齐全（通常包括 SO_2、NO_x、CO、NH_3、$VOCs$、$PM_{2.5}$、PM_{10}、OC、BC），组分是否没有大面积的遗漏。在不确定性分析方面，最精细的情景是采用定量分析方法量化每一个排放源的不确定性。有关各个指标的评估标准详见表 6.2～表 6.5。

表 6.2　基础数据来源质量评分指标

一级评估指标	二级评估指标	等级标准		
		高	中	低
活动水平数据	来源可靠性	来自企业的个体数据（经校验）	来自地方权威报告（定期更新）	来自国家、省级统计数据，依照一定原则分配
	数据完整性	充足的样本量，合适的时间段	数据来自合适的范围，但时间稍短	来自小范围和时间的数据
	地域代表性	来自研究区域数据	来自生产条件和生产力水平高度相似的地区	来自生产条件和生产力水平相似度一般的地区
	年份代表性	与时间无关或 5 年内	5～10 年内	10 年以上
排放因子及相关参数	来源可靠性	实测数据，基于完善可靠的方法且具有足够的细节可供充分验证，测试样本数量大于等于 10 个	实测数据，基于完善可靠的方法，但缺少相关的测试细节供验证，测试样本数量小于 10 个大于 3 个	来自一般文献或经验推论、假设，测试样本数量小于 3 个
	技术代表性	来自企业的个体数据	企业不同，但技术和原料相同	数据缺失，以类似的产品数据替代
	地域代表性	来自研究区域数据	来自生产条件和生产力水平高度相似的地区	来自生产条件和生产力水平相似度一般的地区
	年份代表性	与时间无关或 5 年内	5～10 年内	10 年以上
时空分配因子	来源可靠性	基础数据为官方权威机构、业内较权威人士发布或实际调研得到的结果	基础数据为开源网站发布、社区分享、个人途径获取等未经评价的数据	基础数据为研究人员个人主观判断等难以评价的数据

续表

一级评估指标	二级评估指标	等级标准		
		高	中	低
时空分配因子	污染源关联性	所用数据与排放源的实际排放情况有显著的污染源关联性	所用数据与排放源的实际排放情况有一定的污染源关联性	所用数据与排放源的实际排放情况污染源关联性较差
	因子专属性	对于每一细分类排放源均有与其相对应的分配因子	对于每一大类排放源均有与其相对应的分配因子	有多套基于不同时空数据的分配因子
	地域代表性	来自对应研究区域的数据	来自地理条件、区位环境、生产力水平等较为接近的区域的数据	来自地理条件、区位环境、生产力水平等不太相似的区域的数据
	年份代表性	1～3 年内	3～5 年内	5 年以上
成分谱	测试源代表性	清单排放源与测试源完全匹配，测试样本数量大于等于 10 个	清单排放源与测试源 90%以上相匹配，测试样本数量小于 10 个大于 3 个	清单排放源与测试源 90%以下相匹配，测试样本数量小于 3 个
	地域代表性	来自研究区域数据	来自生产条件和生产力水平高度相似的地区	来自生产条件和生产力水平相似度一般的地区
	技术代表性	目前仍在使用的技术	仍在使用或较为落后的技术	技术在所测试排放源中不再使用
	组分完整性	测量组分包括同一或相似污染源成分谱的主要组分	测量组分缺失同一或相似污染源成分谱的部分组分	测量组分缺失同一或相似污染源成分谱的关键组分
	年份代表性	与时间无关或 5 年内	5～10 年内	10 年以上
	数据可溯性	来自同行评审的期刊文章	来自一般的报告记录	来自经验判断或没有可考的记录

表 6.3　清单精细程度评分指标

一级评估指标	二级评估指标	等级标准		
		高	中	低
表征方法	表征方法等级	采用排放因子法、物料衡算法、实际测量法、估算模型法进行多角度核算，对比分析后选取最优方法	根据污染源信息综合采用物料衡算法和排放因子法	仅采用清单技术指南中罗列的基本方法（排放因子法）
排放源分类	排放源分类完整性	增加/细化本地化排放源	10 类基础排放源，9 种污染物	少于 10 类源，9 种污染物

续表

一级评估指标	二级评估指标	等级标准		
		高	中	低
排放源分类	排放源分类细化程度	匹配末级源分类	匹配次末级源分类	匹配末三级以上源分类
点源占比	点源化率	点源化率>80%	点源化率 40%～80%	点源化率<40%
时空分配精细程度	时间分辨率	区分节假日、高峰期的小时级	日级	月级
	空间分辨率　区县级	<100m	100m	1km
	空间分辨率　城市级	100m	1km	3km
	空间分辨率　区域级	<1km	3km	9km
	空间分辨率　国家级	<3km	9km	0.1°
不确定性分析	不确定性分析精细度	定量分析	半定量分析	定性分析
	关键不确定性来源识别	利用数学方法识别关键不确定性来源及相关参数	对关键不确定性来源及可能影响进行分析	列举所有可能的不确定性来源

表 6.4　清单结果合理性评分指标

一级评估指标	二级评估指标	等级标准		
		高	中	低
排放总量	评价方法客观性	利用 3 种或 3 种以上的方法校验,且包含至少一种方法使用了除清单外的数据信息;排放总量合理	利用 2 种不同的评估方法校验清单结果;排放总量较合理	无校验或仅使用 1 种方法校验清单结果;清单总量合理性未知或相对合理
排放源结构	排放源特征合理性	综合研究区域的行业现状、经济发展和政策实施情况,排放源特征能够反映实际排放情况	排放源特征符合研究区域的行业分布和经济发展水平	排放源特征比较符合对研究区域污染物水平的一般认知
时空特征	时间变化特征合理性	排放能够完全反映节假日、高峰期等不同时段的排放特征	排放符合节假日、高峰期等不同时段的排放特征	排放基本符合一般认知的污染源整体的时间分布特征
	空间变化特征合理性	排放能够准确反映点源的地理位置和排放量,符合行业污染分布特征	排放能够反映点源的地理位置和排放量,符合绝大多数面源排放空间分布特征	排放基本符合污染源整体的空间分布特征

续表

一级评估指标	二级评估指标	等级标准		
		高	中	低
不确定性结果	不确定性结果合理性	能够量化不同污染源的不确定性，并对其进行分析提供改进建议	提供排放清单的不确定性及合理分析，不确定性范围较合理	定性分析排放源清单的不确定性及来源，不确定性分析结果基本合理

表 6.5　清单质量评估报告规范性评分指标

一级评估指标	二级评估指标	等级标准		
		高	中	低
数据质量控制	QA/QC 执行完整性	编制者进行校验、审核，并聘请专家评审，提供相关文档材料	仅编制者进行校验，未聘请专家进行评审，初步提供相关文档材料	未进行 QA/QC
报告内容	报告内容完整性	清单结果质量高、分析翔实，结合当地情况并有亮点，可提出建议性措施；格式统一规范	报告分析比较翔实，体现本地化特征；格式统一规范	基本涵盖主要内容；格式统一规范
	需求响应性	报告内容符合合同与业务化清单要求，能够为使用者在空气质量模拟以及精细化管控等方面提供有力支撑	报告内容比较符合使用者与业务化清单需求	报告内容基本符合合同要求，但不够深入，无法为模拟与决策提供有力支撑
文档管理	文档管理规范性	数据文档可溯源、有中间过程，参与人员和相关修改记录清晰，各个数据版本有序归档保存	数据文档可溯源且有中间过程	数据、文档可找到最初来源，但无中间处理过程

　　排放源清单结果合理性评估重点关注是否采用多种校验方法分别对排放源清单总量、排放源结构、时空特征和不确定性结果进行校验评估，并且评估结果是否有较小的不确定性或者较好的一致性。例如，排放总量的合理性体现在横向清单比较和历史清单比较中显示排放源清单具有较好的一致性，模型评估显示模拟偏差在较小的范围内。排放源结构的合理性体现在与其他源解析方法和类似清单结果有较高的一致性。时空特征的合理性体现在多个方面：排放源的时空分布特征是否通过观测反演或者模型评估等多种方法校验和修正，点源化率是否足够高（点源是最为精准的空间分配方法），排放源是否采用动态表征方法进行估算（动态表征方法通常能够获取更为合理的排放时空变异性）。不确定性结果也能在一定程度上判断清单是否合理，但需要注意并非绝对。

　　清单编制的规范性是保证排放源清单质量的基础，重点关注大气污染排放源清单编制流程的完整性和规范性，不仅包括数据来源、估算方法、不确定性分析、

QA/QC 等清单编制流程的规范，还包括相关文档的管理规范和清单报告的内容规范。完整规范的清单编制流程应包括目标区域本地化污染源分类体系构建、合理的估算方法选取、高精度的活动水平与本地化排放因子数据收集、高代表性时空权重代理甄选与排放时空分配、规范的不确定性分析，完整执行排放源清单 QA/QC、合理的清单结果评估与校验等环节；相关文档的管理规范主要是指排放源清单编制过程中涉及的文件存档完整且归类层次清晰；清单报告的内容规范主要体现在记录完整、格式规范以及需求响应度高等方面。若业务化清单编制符合以上规范性标准，则认为该清单具有较高的质量和可信度；反之，则需要做进一步的完善与质保。

6.3.3　排放源清单编制工作的评估方法

排放源清单编制工作质量评估是从数据来源、编制过程、清单精细程度和结果合理性这四个维度对排放源清单进行全面的评估，每一个维度所涉及的评估指标已经在上述章节中进行了详细的介绍。评估指标众多，每一个指标对排放源清单编制工作质量的影响权重也存在差异，因此需要采用合适的方法量化出每一个维度的得分，然后再根据给定的综合评价函数计算排放源清单编制工作的综合评价结果。综合性评价的常用方法[9-11]有专家判断法、模糊分析法、主成分分析法和层次分析法等。

专家判断法是将定性描述定量化的方法，一般先依据研究对象的特点和评估要求选择合适的评估内容，然后再按照评估内容制定相应的评估标准或等级，让该领域的专家或研究员凭借其经验依照评价标准对各项评估内容进行赋值，最后对评分进行统计分析。该方法计算简便、直观性强，并且能够将可定量计算和无法直接量化的评估内容同时考虑在内，但该方法非常容易受到主观性的影响，且容易导致结果飘忽不定。

模糊分析法是基于模糊数学的评级方法，利用数学方法处理模糊的研究对象，从而对其做出合理科学的量化评价。模糊分析的结果是矢量结果，计算复杂而且权重确定的主观性比较强，当评估指标数量较多时，隶属度区分效果较差，容易造成评估误差。

主成分分析法是将许多有一定相关性的指标，重新组成一组互相无关的新指标，用尽可能少的指标即主要成分反映研究对象的特质。指标间的相关性越高，该法的分析效果越好，但是由于变量降维容易导致主成分的解释意义模糊，使之不如原变量含义清晰。

层次分析法由 Satty[12-14]提出，是一种定量与定性相结合的多目标决策分析与评估方法，是一个将复杂问题简化分解的过程。层次分析法的实现通常是先根据目标问题的性质，依据各子问题之间的逻辑关系进行分组，形成具有逻辑关系的层次结构；再在此基础上，基于特定的评估指标对同层次要素进行打分与相互比较，建立判断矩阵并明确各因素影响权重；最后根据所构建的层次结构，由下到上逐层计算以获得最高层目标的权数并作为决策依据[15]。该方法可以解决难以量化的、多指标的决策和评估问题，且具有诸多优势：①基于支配与逻辑关系所构建的层次结构兼顾了各因素之间的相互关系，能够应对多目标系统评估问题；②在不需要复杂高深的数学算法与大量辅助数据基础上，将复杂的目标问题分解为简单的数字化关系进行处理，流程简单又不失逻辑性；③基于一定指标与判断的打分方式，将定量与定性分析有机结合并实现对目标问题的综合分析，能有效降低人为主观的影响。

　　由于层次分析法的理念与清单编制工作涉及各环节的层次递减与关联在结构上具有高度契合性，因此，本书提出采用层次分析法，对清单编制工作评估内容进行层次划分、评分指标制定、各因素权重计算等，进而实现排放源清单编制工作的整体评估，整体流程如图 6.1 所示。

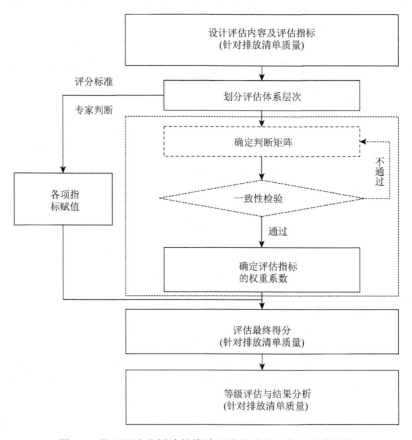

图 6.1　基于层次分析法的排放源清单编制工作评估流程图

基于层次分析法评估排放源清单编制工作质量的具体流程[12]如下。

1. 构建层次评估模型

根据所要评估的目标问题特征,构建具有逻辑关系的层次结构。层次分析中的层次结构通常包括目标层、内容层、指标层。其中,目标层处于层级结构的最顶端,是最终的总评估目标;内容层处于层次结构的中间层,主要是指实现总目标所涉及的中间过程,即排放源清单编制各个维度的评估;指标层处于层次结构的最底端,是指影响各维度评估的关键指标,既可以是一层,也可是多层[12]。本书将排放源清单编制工作评估指标体系分成目标层、内容评估层、一级评估指标和二级评估指标。设定排放源清单质量 A 为待评估的最终目标,也就是最高的目标层级;U_1、U_2、U_3 和 U_4 是评估目标下一层级的各项评估内容,具体分为数据来源的质量、排放源清单的精细程度、排放源清单结果合理性和清单质量评估报告规范性四个维度。针对不同的排放源清单类型和应用场景,内容层各个维度的重要性程度以及指标层内各个评估指标都可以有所差异。排放源清单编制工作评估指标体系结构如图 6.2 所示。

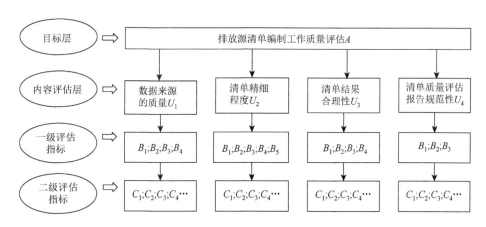

图 6.2　排放源清单编制工作评估指标体系结构

2. 各层级评估维度和评估指标的权重确定

为了确定各项评估内容和指标的权重大小,本书通过构建各层级评估指标的判断矩阵对相关指标的权重进行计算。

1)各层级评估指标的判断矩阵构建

层次分析过程中,为了有效量化决策判断,通常选用 1~9 的标度把处于同一层级的各评估指标,按照其重要性两两依次进行比较,将比较结果写成矩阵的形式,进而将定性的判断转化成定量化的结果,以此来表示不同评估指标间的重要程度差异，其不同取值及含义如表 6.6 所示[12]。排放源清单编制工作质量的评估指标众多，而根据排放源清单应用的需求对不同评估指标赋予合适的权重，能够使排放源清单评估方法更具有灵活性，评估结果更具有针对性，而这也是本书建立的评估方法区别于其他传统评估方法的关键。

表 6.6　判断矩阵比例标度取值及含义

C_{ij} 的比例标度取值	含义
1	评估指标 C_i 跟 C_j 一样重要
3	评估指标 C_i 比 C_j 稍微重要
5	评估指标 C_i 比 C_j 明显重要
7	评估指标 C_i 比 C_j 强烈重要
9	评估指标 C_i 比 C_j 绝对重要
1/3	评估指标 C_i 比 C_j 稍微不重要
1/5	评估指标 C_i 比 C_j 明显不重要
1/7	评估指标 C_i 比 C_j 强烈不重要
1/9	评估指标 C_i 比 C_j 绝对不重要
2，4，6，8，1/2，1/4，1/6，1/8	上述相邻两个评估指标判断的中间取值

以指标层各要素之间的比较为例，令 $C_{ij} = C_i/C_j$（$C_{ji} = 1/C_{ij}$），$ij = 1,2,3,\cdots,n$，即 C_{ij} 是指标 C_i 两两间进行比较得到的重要程度结果。根据上述比例标度取值法，将二级评估指标 C_i 两两间进行比较得到的判断矩阵 $(C_{ij})_{n \times n}$ 如下：

$$(C_{ij})_{n \times n} = \begin{bmatrix} C_{11} & C_{12} & \cdots & C_{1n} \\ C_{21} & C_{22} & \cdots & C_{2n} \\ \vdots & \vdots & & \vdots \\ C_{n1} & C_{n2} & \cdots & C_{nn} \end{bmatrix} \tag{6.1}$$

2）判断矩阵一致性检验

为保证基于两两比较后所获得判断矩阵的准确性，对上述步骤所构建矩阵进行一致性检验。通过评估指标两两间进行比较得到的判断矩阵 $(C_{ij})_{n \times n}$（$i,j \in 1,2,3,\cdots,n$）满足一致性需要具备以下条件：① $C_{ij} > 0$；② $C_{ii} > 1$；③ $C_{ji} = 1/C_{ij}$；④ $C_{ij} = C_{ik}/C_{jk}$（$k \in 1,2,3,\cdots,n$）。同时，具备上述条件则可认为该判断矩阵满足完全一致性。根据矩阵相关理论，该矩阵有唯一非零解，也就是矩阵的最大特征根 λ_{max}。当矩阵无法保证完全一致性时，需要采用一致性指标 CI 判断矩阵 $(C_{ij})_{n \times n}$ 的一致性程度，计算公式[15]如下

$$CI = \frac{\lambda_{\max} - n}{n - 1} \tag{6.2}$$

其中，n 是判断矩阵的阶数。为了度量不同阶数的判断矩阵是否具有满意一致性，需要引入随机一致性指标 RI 进一步判断矩阵的一致性，RI 值通过查表可得。$1 \sim$ 9 阶 RI 值如表 6.7 所示。

表 6.7　1~9 阶的随机一致性指标 RI 值

阶数 n	1	2	3	4	5	6	7	8	9
RI 值	0.00	0.00	0.58	0.90	1.12	1.24	1.32	1.41	1.45

当 $n > 2$ 时，利用随机一致性比率 CR 判断矩阵的一致性，公式如下

$$CR = \frac{CI}{RI} = \frac{\frac{\lambda_{\max} - n}{n - 1}}{RI} \tag{6.3}$$

若 CR $<$ 0.1，即可认为判断矩阵具有满意一致性；反之，则需要重新检查调整判断矩阵。

3）权重系数计算

在验证判断矩阵满足一致性的基础上，计算各项指标权重系数。将矩阵 $(C_{ij})_{n \times n}$ 逐列进行归一化计算处理，公式为

$$(\bar{C}_{ij})_{n \times n} = \left[\frac{C_{ij}}{\sum_{k=1}^{n} C_{kj}} \right]_{n \times n} \tag{6.4}$$

继而将 $(\bar{C}_{ij})_{n \times n}$ 逐行进行相加得到向量，公式为

$$\bar{w}_{Ci} = \sum_{j=1}^{n} \bar{C}_{ij}, \ i, j \in 1, 2, 3, \cdots, n \tag{6.5}$$

最后利用下面的公式将得到的向量再次进行归一化处理

$$\bar{w}_{Ci} = \frac{\bar{w}_{Ci}}{\sum_{k=1}^{n} \bar{w}_{Ci}}, \ i, j \in 1, 2, 3, \cdots, n \tag{6.6}$$

w_{Ci} 就是各项评估指标 C_i 所对应的权重系数。同理，可以利用上述计算方法和公式得到各项评估内容和一级评估指标的权重系数 w_{Ui} 和 w_{Bi}。判断矩阵适用于确定 3 个或 3 个以上评估指标的权重，而小于 3 个的通常直接用专家判断法确定。

3. 排放源清单编制工作质量评估得分计算

在排放源清单编制工作质量评估内容与指标明确的基础上，根据每个指标所

对应的评分标准进行评估并打分，对能够直接根据评分标准打分评估指标的则直接根据评分依据赋值，对不能直接通过数据资料进行取值的则由专家判断进行打分，获取各层级评估指标的得分。结合以上计算的各层级评估指标的权重，通过自下而上，逐层递进的方式量化排放源清单编制工作各维度的得分，最终汇总获得排放源清单编制工作的总体得分。

划分评估指标体系的层次结构是层次分析法的重要步骤[15]，依照上述层次结构，本书所采用排放源清单编制工作评估首先由二级评估指标到一级评估指标，再由一级评估指标到评估内容，最后由评估内容到目标评估。假设 w_{Ui} 是各项评估内容 U_i 所对应的权重系数，f_i 为各项评估内容的分值，目标层 A 的计算公式如下

$$A = w_{U1}f_1 + w_{U2}f_2 + w_{U3}f_3 + \cdots + w_{Un}f_n \tag{6.7}$$

假设各评估内容 U_i 下一层级的评估指标为 B_i，w_{Bi} 为各项评估指标所对应的权重系数，g_i 为各项一级评估指标的分值，则有

$$U_i = w_{B1}g_1 + w_{B2}g_2 + w_{B3}g_3 + \cdots + w_{Bn}g_n \tag{6.8}$$

同理，假设各项一级评估指标 B_i 下一层级的评估指标为 C_i，同样设定 w_{Ci} 为各项评估指标所对应的权重系数，h_i 为各项二级评估指标的分值，B_i 计算公式为

$$B_i = w_{C1}h_1 + w_{C2}h_2 + w_{C3}h_3 + \cdots + w_{Cn}h_n \tag{6.9}$$

如上所述，采用自下而上的顺序逐步明确各要素得分及权重，逐层递进，最终汇总获得目标层得分。

根据层次分析法的目标层得分，本书将排放源清单编制工作整体质量划分为 A～D 四个等级，各等级对应的得分与清单整体质量分析如下：

（1）A 级：层次分析法目标层评估得分为 0.9～1.0，表明目标清单整体质量为优，排放源清单数据来源合理可靠，清单编制工作规范，其结果涵盖所研究区域和时间段内的所有污染源排放信息，时空和物种分辨率能够完全符合应用需求，能够准确描述污染物排放特征。

（2）B 级：层次分析法目标层评估得分为 0.7～0.9，说明目标排放源清单整体质量良好，排放源清单数据来源较为可靠，清单编制工作过程较为规范，其结果涵盖研究区域和研究时间内大多数污染源排放信息，能够较为准确描述污染物排放特征，排放源清单仍存在一些可进一步优化的问题。

（3）C 级：层次分析法目标层评估得分为 0.6～0.7，表示目标排放源清单整体质量中等，排放源清单数据质量一般，排放源清单结果能够基本客观反映实际大气污染物排放情况，排放源清单的编制方法和数据来源有待改进。

（4）D 级：层次分析法目标层评估得分小于 0.6，表明目标排放源清单质量较差，其数据来源可靠性及质量较差，排放源清单结果与实际大气污染排放情况存

在差异较大，应当有针对性地对清单编制过程中的方法和数据进行详细的分析并采取对应的改进措施。

6.4　排放源清单质量评估案例

为了让读者更清晰、具体和直观地了解排放源清单编制工作的质量评估体系，本节将以 2017 年广东省大气污染物排放源清单质量为评估案例，根据前面章节建立的质量评估方法体系，确定区域排放源清单评估指标及相应的权重系数，结合各指标的得分情况，计算各层级分值以量化排放源清单的评估结果，最终评估区域排放源清单编制工作的总体质量。有关 2017 年广东省大气污染物排放源清单的简要编制过程和结果，参见本书第 4 章内容。

6.4.1　质量评估指标选择

本书利用线上问卷调研的形式对由 10 位从事排放源清单研究工作的专家学者组成的专家组进行了咨询，综合专家意见和排放源清单实际应用情况，对 2017 年广东省大气污染物排放源清单质量进行综合性的评估，所选择的评估内容和相应的评估指标如表 6.8 所示。

表 6.8　区域排放源清单评估内容及相应指标

评估内容	一级评估指标	二级评估指标
基础数据来源质量评估 U_1	活动水平数据 B_1	来源可靠性 C_1
		数据完整性 C_2
		地域代表性 C_3
		年代代表性 C_4
	排放因子及相关参数 B_2	来源可靠性 C_1
		技术代表性 C_2
		地域代表性 C_3
		年份代表性 C_4
	时空分配因子 B_3	来源可靠性 C_1
		污染源关联性 C_2
		因子专属性 C_3
		地域代表性 C_4
		年份代表性 C_5

续表

评估内容	一级评估指标	二级评估指标
基础数据来源质量评估 U_1	成分谱 B_4	测试源代表性 C_1
		地域代表性 C_2
		技术代表性 C_3
		组分完整性 C_4
		年份代表性 C_5
		数据可溯性 C_6
清单精细程度评估 U_2	表征方法 B_1	表征方法复杂程度 C_1
	排放源分类 B_2	排放源分类完整性 C_1
	点源占比 B_3	点源化率 C_1
	时空分配精细程度 B_4	时间分辨率 C_1
		空间分辨率 C_2
	不确定性分析 B_5	不确定性分析精细度 C_1
		关键不确定性来源识别 C_2
清单结果合理性评估 U_3	排放总量 B_1	评价方法客观性 C_1
	排放源结构 B_2	排放源特征合理性 C_1
	时空特征 B_3	时间变化特征合理性 C_1
		空间变化特征合理性 C_2
	不确定性结果 B_4	不确定性结果合理性 C_1
清单编制规范性评估 U_4	清单编制流程 B_1	涵盖流程完整性 C_1
		数据全面性 C_2
		方法科学性 C_3
		QA/QC 执行完整性 C_4
		合理性评估全面性 C_5
	相关文档管理 B_2	资料齐全 C_1
		归类层次清晰 C_2
	清单报告 B_3	报告内容完整性 C_1
		排放特征分析合理性 C_2
		需求响应性 C_3

6.4.2　质量评估指标赋值

确定区域排放源清单质量评估内容和相应的评估指标后，根据评估指标的具体内容分两种情况进行赋值：第一种是针对能够直接判断的指标，即对于能够根据排放源清单的实际情况从评分标准表 6.2～表 6.5 里直接判断的，则依据评分标准赋值；第二种情况是针对于无法直观量化的评估指标，则由专家参照各项评估内容及指标进行评分赋值。下面对各评估内容及相应评估指标的赋值过程进行详细的说明。

1. 基础数据来源质量评估的指标赋值

活动水平数据 B_1：2017 年广东省大气污染物排放源清单估算所需的活动水平数据采用以点源为主面源为辅的原则校验并融合了多方与研究年份一致的数据。点源数据主要从广东省各地市级环保部门获取，包括环境统计数据、第二次全国污染源普查数据等，面源数据主要从环境、能源和交通等行业统计年鉴获取。根据评分标准表 6.2，可以判断活动水平数据来源可靠性、数据完整性、地域代表性与年份代表性均较高，综合评分分别取 $C_1 = 0.9$、$C_2 = 0.8$、$C_3 = 0.9$ 和 $C_4 = 1.0$。

排放因子及相关参数 B_2：案例结合本地实测和行业报告，修订了从清单指南和文献中获取的排放因子，并考虑新实施的排放控制措施、技术提升以及排放标准升级对其影响，以提高排放因子的本地化和合理性；重点工业行业排放因子全部选自近 10 年的文献、指南和手册，近 5 年文献占近 65%。根据评分标准表 6.2，可以判断排放因子及相关参数来源可靠性、技术代表性、地域代表性与年份代表性综合评分分别取 $C_1 = 0.7$、$C_2 = 0.7$、$C_3 = 0.9$ 和 $C_4 = 1.0$。

时空分配因子 B_3：案例利用收集到的海量最新数据（5 年内），进一步提升了与排放源实际情况的污染源关联性，对于每一细分分类排放源均有与其相对应的分配因子。例如，利用交通路网数据和交通大数据，构建了不同道路类型扬尘排放和道路移动源的时空分配因子；使用最新兴趣点（point of interest，POI）数据改进了餐饮、人体焚烧、加油站存储与挥发排放和多个 VOCs 行业的空间分配方案。根据评分标准表 6.2，可以判断时空分配因子来源可靠性、污染源关联性、因子专属性、地域代表性与年份代表性综合评分分别取 $C_1 = 0.8$、$C_2 = 0.8$、$C_3 = 0.8$、$C_4 = 1.0$ 和 $C_5 = 0.8$。

成分谱 B_4：案例基于国内其他地区和本地实测，以及大量文献调研（5～10 年内），建立的 VOCs 成分谱数据集共收录了 570 条成分谱和 450 种组分，与区域排放源清单所有一级排放源和 90% 以上的二级排放源和三级排放源相匹配。约有 98% 来自生产条件和生产力水平高度相似的地区，并且所用的采样分析方法基本都是目前仍在使用的技术。根据评分标准表 6.2，可以判断成分谱测试源代表性、地域代表性、技术代表性、组分完整性、年份代表性和数据可溯性综合评分分别取 $C_1 = 0.8$、$C_2 = 0.7$、$C_3 = 0.9$、$C_4 = 1.0$、$C_5 = 0.8$ 和 $C_6 = 1.0$。

2. 清单精细程度评估的指标赋值

表征方法 B_1：清单编制方法随不同排放源的数据来源多元化和精细化进行改

进和优化。例如，点源和面源数据相融合的清单编制方法提高了工业源排放表征的精细度和准确性，其中点源基于企业的活动水平数据特征综合采用了物料衡算法和排放因子法进行多角度核算；生物质开放燃烧排放和船舶排放采用基于大数据的动态排放表征方法进行估算。根据评分标准表 6.3，可以判断表征方法等级综合评分取 $C_1 = 0.8$。

排放源分类 B_2：在本书作者团队累积的多年排放源清单数据的基础上和国家发布的排放源清单编制技术指南的框架下，基于广东省大气污染源排放结构和行业发展特色，建立了更加精细的排放源分类体系，涵盖 10 类一级排放源、60 类二级排放源、230 多类三级排放源以及 800 多种四级排放源。根据评分标准表 6.3，可以判断排放源分类完整性程度综合评分取 $C_1 = 1.0$。

点源占比 B_3：从不同排放源类型的贡献占比可以得到，区域清单点源排放贡献在 SO_2、NO_x、CO、$PM_{2.5}$ 和 VOCs 中所占的比重均比较大，其排放贡献占比分别为 64%、49%、59%、44% 和 48%。总体来说，本书研究区域清单的点源化率在 44%~64%，根据评分标准表 6.3，可以判断点源化率综合评分取 $C_1 = 0.6$。

时空分配精细程度 B_4：对于时间分辨率，工业源利用各种行业统计数据建立了所有工业行业排放的月分配方案，细化至月际变化特征，生物质燃烧源和船舶则利用 AIS 大数据的动态表征方法细化至日际变化特征，根据评分标准表 6.3，可以判断时间分辨率综合评分为 $C_1 = 1.0$；对于空间分辨率，区域排放源清单采用为 3km×3km 的分辨率进行空间分配，根据评分标准表 6.3，可以判断空间分辨率综合评分取 $C_2 = 0.8$。

不确定性分析 B_5：案例采用定量分析方法量化排放源清单不确定性，并利用敏感性分析从定量的角度识别关键不确定性源，根据评分标准表 6.3，可以判断不确定性分析精细度和关键不确定性来源识别的综合评分分别取 $C_1 = 1.0$ 和 $C_2 = 1.0$。

3. 清单结果合理性评估的指标赋值

排放总量 B_1：案例采用横向比较法、趋势分析法和监测浓度比较法等多种方法校验排放源清单总量，其中前两种方法是从排放源清单编制本身或其他类似的研究进行评估，而利用监测浓度的对比相对来说客观性较强。区域排放源清单的总量结果在一定程度上是可靠的，根据评分标准表 6.4 并结合专家判断法取评价方法客观性 $C_1 = 0.8$。

排放源结构 B_2：区域排放源清单的排放源结构比较符合研究区域的经济发展、行业分布现状以及污染控制政策实施情况，源结构较为合理，根据评分标准表 6.4，可以判断排放源特征合理性综合评分取 $C_1 = 0.9$。

时空特征 B_3：区域排放源清单的时间变化能够体现出不同污染源的排放特点，污染物的排放空间分布尤其是大点源在地理上的分布与实际排放情况较为一致。

根据评分标准表 6.4,可以判断时间变化和空间变化特征合理性的综合评分分别取 $C_1 = 0.9$ 和 $C_2 = 0.9$。

不确定性结果 B_4:2017 年广东省大部分污染物排放源清单与以往研究相比,不确定性有所下降,并且针对关键不确定性来源的影响进行了深度探究,为排放源清单的改进提供了方向,根据评分标准表 6.4,可以判断不确定性结果合理性综合评分取 $C_1 = 0.8$。

4. 清单编制规范性评估的指标赋值

清单编制流程 B_1:数据质量控制流程主要包括清单编制人员对数据来源筛选、收集和处理过程、相关计算过程、清单完整性以及结果文档编制等方面进行的一般性质量检查,以及针对排放源清单结果的检查,根据对排放源清单计算所涉及到的各环节的质量评估得到的结论是较符合要求的。因此,根据评分标准表 6.5,可以判断涵盖流程完整性、数据全面性、方法科学性、QA/QC 执行完整性和合理性评估全面性综合评分分别取 $C_1 = 0.8$, $C_2 = 0.7$, $C_3 = 0.9$, $C_4 = 0.8$, $C_5 = 0.8$。

相关文档管理 B_2:基于多年排放源清单编制的实践经验,清单编制需要的基础数据以及其他相关文档均保存完整,并且按层次归类方便查询。根据专家判断,资料齐全和归类层次清晰综合评分分别取 $C_1 = 0.9$ 和 $C_2 = 0.9$。

清单报告 B_3:报告内容包括背景与目标、研究区域基本概况、清单编制依据、本地排放源体系建立、清单编制方法与活动数据来源、定量表征方法与参数、排放源清单结果与排放特征分析、QA/QC、不确定性分析及清单校验、结论与建议等主要模块内容,报告内容完整规范且分析翔实。根据评分标准表 6.5,取报告内容完整性 $C_1 = 1.0$。清单结果从多角度进行排放特征分析,如不同年份、城市、污染源和时空分布等,故排放特征分析合理性较可靠,取 $C_2 = 0.8$。报告内容符合合同要求,能够在空气质量模拟以及精细化管控等方面为使用者提供有力支撑,根据评分标准表 6.5,取需求响应性 $C_3 = 1.0$。

根据对广东省 2017 年大气污染物排放源清单的概况和报告内容以及专家判断,得到该二级评估指标的各项取值结果如表 6.9 所示。

表 6.9　排放源清单二级评估指标分值

评估内容	一级评估指标	二级评估指标各项分值
基础数据来源质量评估 U_1	活动水平数据 B_1	$C_1 = 0.9$, $C_2 = 0.8$, $C_3 = 0.9$, $C_4 = 1.0$
	排放因子及相关参数 B_2	$C_1 = 0.7$, $C_2 = 0.7$, $C_3 = 0.9$, $C_4 = 1.0$
	时空分配因子 B_3	$C_1 = 0.8$, $C_2 = 0.8$, $C_3 = 0.8$, $C_4 = 1.0$, $C_5 = 0.8$
	成分谱 B_4	$C_1 = 0.8$, $C_2 = 0.7$, $C_3 = 0.9$, $C_4 = 1.0$, $C_5 = 0.8$, $C_6 = 1.0$

续表

评估内容	一级评估指标	二级评估指标各项分值
清单精细程度评估 U_2	表征方法 B_1	$C_1 = 0.8$
	排放源分类 B_2	$C_1 = 1.0$
	点源占比 B_3	$C_1 = 0.6$
	时空分配精细程度 B_4	$C_1 = 1.0,\ C_2 = 0.8$
	不确定性分析 B_5	$C_1 = 1.0,\ C_2 = 1.0$
清单结果合理性评估 U_3	排放总量 B_1	$C_1 = 0.8$
	排放源结构 B_2	$C_1 = 0.9$
	时空特征 B_3	$C_1 = 0.9,\ C_2 = 0.9$
	不确定性结果 B_4	$C_1 = 0.8$
清单编制规范性评估 U_4	清单编制流程 B_1	$C_1 = 0.8,\ C_2 = 0.7,\ C_3 = 0.9,\ C_4 = 0.8,\ C_5 = 0.8$
	相关文档管理 B_2	$C_1 = 0.9,\ C_2 = 0.9$
	清单报告 B_3	$C_1 = 1.0,\ C_2 = 0.8,\ C_3 = 1.0$

6.4.3　质量评估指标权重

在确定排放源清单质量评估内容下每一项评估指标的分值之后,案例针对各项评估指标间的重要性程度,利用层次分析法确定每一层级评估指标的权重系数。以基础数据来源质量评估活动水平数据这一项的二级评估指标为例,根据表 6.6中 1~9 个比例标度,参考专家评分意见,对活动水平数据的 4 项评估指标 C_1、C_2、C_3 和 C_4 两两之间进行相互比较,可以得到评分判断矩阵,再对判断矩阵进行一致性检验,若合理则可以通过式(6.4)~式(6.6)计算权重系数。表 6.10 和表 6.11 分别为计算所得的一级和二级评估指标的权重系数。通过一级和二级逐层运算,可以确定区域排放源清单质量评估指标体系的各项评估内容 U_1、U_2、U_3 和 U_4 的权重系数为 $w_{Ui} = (0.31, 0.12, 0.51, 0.06)$。

表 6.10　排放源清单质量一级评估指标权重系数

评估内容	一级评估指标权重系数
基础数据来源质量评估 U_1	$w_{Bi} = (0.38, 0.38, 0.14, 0.09)$
清单精细程度评估 U_2	$w_{Bi} = (0.26, 0.05, 0.14, 0.09, 0.47)$
清单结果合理性评估 U_3	$w_{Bi} = (0.26, 0.14, 0.09, 0.51)$
清单编制规范性评估 U_4	$w_{Bi} = (0.57, 0.14, 0.29)$

表 6.11　排放源清单质量二级评估指标权重系数

评估内容	一级评估指标	二级评估指标权重系数
基础数据来源质量评估 U_1	活动水平数据 B_1	$w_{Ci} = (0.48, 0.08, 0.29, 0.15)$
	排放因子及相关参数 B_2	$w_{Ci} = (0.31, 0.50, 0.12, 0.07)$
	时空分配因子 B_3	$w_{Ci} = (0.28, 0.43, 0.15, 0.09, 0.06)$
	成分谱 B_4	$w_{Ci} = (0.51, 0.08, 0.23, 0.08, 0.05, 0.05)$
清单精细程度评估 U_2	表征方法 B_1	$w_{Ci} = 1.00$
	排放源分类 B_2	$w_{Ci} = 1.00$
	点源占比 B_3	$w_{Ci} = 1.00$
	时空分配精细程度 B_4	$w_{Ci} = (0.50, 0.50)$
	不确定性分析 B_5	$w_{Ci} = (0.75, 0.25)$
清单结果合理性评估 U_3	排放总量 B_1	$w_{Ci} = 1.00$
	排放源结构 B_2	$w_{Ci} = 1.00$
	时空特征 B_3	$w_{Ci} = (0.50, 0.50)$
	不确定性结果 B_4	$w_{Ci} = 1.00$
清单编制规范性评估 U_4	清单编制流程 B_1	$w_{Ci} = (0.11, 0.48, 0.29, 0.06, 0.06)$
	相关文档管理 B_2	$w_{Ci} = (0.80, 0.20)$
	清单报告 B_3	$w_{Ci} = (0.14, 0.57, 0.29)$

6.4.4　质量评估结果量化

通过对排放源清单质量评估指标的选择、赋值和权重系数的确定，可以计算各层级的分值，最终得到排放源清单的评估结果。表 6.12 和表 6.13 分别为排放源清单评估内容和一级评估指标的分值。在获得各项评估内容的得分之后，利用公式（6.7）～式（6.9）最终可得到排放源清单评估总分为 $A = 0.84$。

表 6.12　排放源清单质量评估内容分值

评估内容	评估内容分值
基础数据来源质量评估 U_1	0.83
清单精细程度评估 U_2	0.93
清单结果合理性评估 U_3	0.82
清单编制规范性评估 U_4	0.83

表6.13　排放源清单质量一级评估指标分值

评估内容	一级评估指标	一级评估指标分值
基础数据来源质量评估 U_1	活动水平数据 B_1	0.91
	排放因子及相关参数 B_2	0.75
	时空分配因子 B_3	0.83
	成分谱 B_4	0.84
清单精细程度评估 U_2	表征方法 B_1	0.80
	排放源分类 B_2	1.00
	点源占比 B_3	0.60
	时空分配精细程度 B_4	0.90
	不确定性分析 B_5	1.00
清单结果合理性评估 U_3	排放总量 B_1	0.80
	排放源结构 B_2	0.90
	时空特征 B_3	0.90
	不确定性结果 B_4	0.80
清单编制规范性评估 U_4	清单编制流程 B_1	0.78
	相关文档管理 B_2	0.90
	清单报告 B_3	0.89

6.4.5　等级评估与结果分析

广东省 2017 年大气污染物排放源清单质量评估得分为 $A = 0.84$，根据评估等级判定该排放源清单质量等级为 B 级，说明该排放源清单整体质量良好，排放源清单数据来源较为可靠，清单编制工作过程较为规范，其结果能够较为准确描述污染物排放特征，但排放源清单仍存在一些问题可进一步优化。为了探究该排放源清单存在的待改进的问题，可以利用排放源清单质量评估指标体系从上而下逐层进行分析。

首先，从评估内容的结果分析，排放源清单基础数据来源质量、清单精细程度、清单结果合理性和清单编制规范性四项评估内容的得分分别为 $U_1 = 0.83$，$U_2 = 0.93$，$U_3 = 0.82$，$U_4 = 0.83$，说明排放源清单数据来源可靠，数据质量较高，清单精细程度符合其应用目的，排放源清单结果较为合理，报告内容翔实，清单编制工作规范。在这 4 项评估内容中，排放源清单数据质量的来源评估该项得分稍微低一些，说明存在一些尚需改进的问题，因此针对其对应的评估指标进一步分析找到关键的问题。

从一级评估指标层分析，排放源清单基础数据来源质量评估 U_1 包含的 4 项一级评估指标分别是活动水平数据 B_1、排放因子及相关参数 B_2、时空分配因子 B_3 以及成分谱 B_4。其中，排放因子及相关参数 B_2 得分相比其他 3 项较低，说明在这方面存在一些问题待优化，需进一步分析找出问题。

从二级评估指标层分析，排放因子及相关参数 B_2 下面包含 4 项二级指标分别为来源可靠性 C_1、技术代表性 C_2、地域代表性 C_3 和年份代表性 C_4。分析其二级评估指标可知，来源可靠性 C_1 及技术代表性 C_2 分值较低。因此，未来研究可以针对企业的污染物排放及控制效率进行本地调研，以提高排放因子及相关参数的技术代表性。同时，在进行排放因子实测时，需要制定相应的采样标准和测试规范，并且量化实测排放因子不确定性，以此来提高实测排放因子的可靠性。

6.5　排放源清单编制质量评估的建议

本书通过构建排放源清单质量评估指标体系对清单进行全面的综合评估，解决现有的研究对排放源清单评估不足的同时，系统地对影响排放源清单质量的多个指标或因素进行评估，从而找出存在的问题为后续的清单改进提出建议。由于排放源清单质量评估的复杂性，尚存在一些不足，后续研究可以从以下几点继续改进或完善。

（1）排放源清单质量评估是一项涵盖面广、涉及影响因素多的综合研究，本书构建的排放源清单质量评估指标体系为此类研究提供了初步的参考和思路，但在评估方法、评估指标、评价标准等方面仍有待进一步优化和完善。目前排放源清单编制质量评估工作尚处于萌芽向初步发展转变阶段，如何完善本书构建的评估体系并将其推广运用于各类排放源清单质量评估实践中，促进排放源清单质量提升，是今后要继续研究的课题。

（2）对排放源清单质量进行全面综合评估需要相对专业的人员投入大量时间和精力，但由于实际情况有时候需要在较短的时间内进行评估，本书结合专家判断和层次分析法建立的排放源清单质量评估方法可以对影响排放源清单编制质量的客观因素和主观因素进行综合评价，相对科学、准确和简捷。需要注意的是，排放源清单编制需采用大量不同统计口径获取的活动水平数据、不同测试方法不同年份与技术下建立的排放因子等输入参数，同时涉及清单编制人员参差不齐的专业技术水平对清单质量的影响。本书提出的质量评估指标、指标权重等评估参数合理性尚有待通过质量评估实践进一步验证、改进与完善。

（3）排放源清单涉及的污染物、排放部门与行业众多，不同污染物排放源清单使用者、不同部门或行业排放源清单使用者评价排放源清单质量的角度不同，综合性的排放源清单质量评估体系难以支撑今后越来越精细化的清单编制质量评估需求，需要发展针对不同污染物、不同排放源的排放源清单编制质量评估体系。例如，在全球积极应对气候变化和国家低碳发展的政策背景下，温室气体排放源清单的质量评估在我国碳核算、我国对国际社会碳减排履约承诺等对话中变得尤为重要。基于温室气体排放源清单与大气污染物排放源清单的不同应用、温室气体与大气污染物的不同排放特征等，温室气体排放源清单应该建立独立于大气污染物排放源清单的质量评估体系，在评价指标内容、权重系数等方面向清单使用者更为关注的角度倾斜。例如，温室气体 CO_2 主要来自能源部门，清单使用者重点关注 CO_2 排放大的企业、行业的排放量，CO_2 排放源清单编制质量评估体系应对能源部门的活动水平、排放因子、编制方法、编制过程 QA/QC、不确定性等影响主要排放源排放量核算的指标权重适当提升；温室气体 CH_4 和大气污染物 NH_3 主要来自农业部门，清单使用者除了关注排放量，往往还关注其时间和空间分布，排放源清单编制质量评估体系除了需要重点提升影响农业部门排放量的指标权重之外，还需提升影响时间和空间分布的指标权重。

参 考 文 献

[1] 环境保护部. 大气挥发性有机物源排放清单编制技术指南（试行）[EB/OL].（2014-08-19）[2020-12-20]. https://www.mee.gov.cn/gkml/hbb/bgg/201408/W020140828351293705457.pdf.

[2] 环境保护部. 道路机动车大气污染物排放清单编制技术指南（试行）（征求意见稿）[EB/OL]. [2020-12-20]. https://www.mee.gov.cn/gkml/hbb/bgth/201407/W020140708387895271474.pdf.

[3] 环境保护部. 大气氨源排放清单编制技术指南（试行）[EB/OL].（2014-08-19）[2020-12-20]. https://www.mee.gov.cn/gkml/hbb/bgg/201408/W020140828351293771578.pdf.

[4] 环境保护部. 大气污染源优先控制分级技术指南[EB/OL].（2014-08-19）[2020-12-20]. https://www.mee.gov.cn/gkml/hbb/bgg/201408/W020140828351293834462.pdf.

[5] United States Environmental Protection Agency（U.S. EPA）. Compilation of Air Pollutant Emission Factors（AP-42）Volume 1：Point and Area Sources[R]. Washington，D C：United States Environmental Protection Agency，1996.

[6] North American Research Strategy for Tropospheric Ozone（NARSTO）. Improving Emission Inventories for Effective Air Quality Management Across North America[R]. Pasco：NARSTO，2005.

[7] Intergovernmental Panel on Climate Change（IPCC）. Good Practice Guidance and Uncertainty Management in National Greenhouse Gas Inventories[R]. Geneva：IPCC，2001.

[8] Edelen A，Ingwersen W. Guidance on Data Quality Assessment for Life Cycle Inventory Data[EB/OL]. [2020-12-20]. https://www.researchgate.net/publication/305755457_Guidance_on_Data_Quality_Assessment_for_Life_Cycle_Inventory_Data.

[9] 吴滨. 政策评价方法综述[J]. 统计与管理，2021，36（6）：15-22.

[10] 王宗军. 综合评价的方法、问题及其研究趋势[J]. 管理科学学报，1998（1）：75-81.

[11] 陈衍泰，陈国宏，李美娟. 综合评价方法分类及研究进展[J]. 管理科学学报，2004（2）：69-79.

[12] Saaty T L. The Analytic Hierarchy Process，Planning，Priority Setting，Resource Allocation[M]. New York：McGraw Hill，1980.

[13] Saaty T L. Axiomatic foundation of the analytic hierarchy process[J]. Management Science，1986，32（7）：841-855.

[14] Saaty T L. How to make a decision：The analytic hierarchy process[J]. European Journal of Operational Research，1990，48（1）：9-26.

[15] Saaty T L. Fundamentals of Decision Making and Priority Theory with the Analytic Hierarchy Process[M]. Dordrecht：Springer，2000.

第7章　大气化学传输模型的不确定性分析

大气化学传输模型（chemical transport model，CTM）是以大气物理和化学过程理论为基础，在给定的气象场、排放源数据以及初始和边界条件下，利用数值方法描述大气污染物的传输、扩散、化学反应以及清除过程，研究大气污染污染形成、开展空气质量预报、评估优化减排措施等的重要工具。大气化学传输模型研究起始于 20 世纪 60 年代，经过多年的迭代和更新，模型考虑的化学和物理过程越来越复杂，结构上也具有更高的通用性、灵活性和拓展性，最终形成当前在空气质量预报、达标规划制定、减排成效评估等广泛应用的CMAQ、NAQPMS、CAMx、WRF-Chem 等综合大气化学传输模型。不确定性是大气化学传输模型固有的属性，无论模型优化改进到什么地步，不确定性会一直存在。如何降低模型的不确定性、提高模型模拟准确性一直都是国内外大气环境科学研究关注的重点与前沿之一。定量不确定性分析利用概率分析的手段定量评价各种不确定性来源对模型模拟结果的影响，是识别模型关键不确定性来源并通过减少其不确定性最终提高模型模拟准确性的有效手段。目前我国在大气化学传输模型不确定性分析方面的研究十分匮乏，国外虽然在这方面已经建立了多种分析方法，但依然缺乏系统的研究和总结。本章通过对现有大气化学传输模型不确定性分析的研究成果、技术方法和问题进行总结和凝练，结合本书作者的经验与思考，提出了大气化学传输模型定量不确定性分析方法框架，以其为我国开展大气化学传输模型定量不确定性分析以及模型模拟改进提供思路与方法。

7.1　模型不确定性来源

7.1.1　模型的发展与不确定性

在 20 世纪 50 年代之前，研究学者普遍认为大气污染是污染物排放的直接影响结果，其污染过程是肉眼可见的，没有涉及化学反应。但在研究洛杉矶光化学烟雾污染事件的过程中，加州理工学院化学家阿里·哈根-斯密特（Arie Haagen-Smit）发现地面机动车排放的 NO_x 和 VOCs 在太阳辐射作用下会发生一系列化学反应，形成光化学污染。这一发现直接推翻了研究学者对近地面大气污染形成的认识，同时也拉开了区域和城市空气质量模型研究的序幕[1, 2]。20 世纪 60～80 年代开发的模型以局地烟流扩散模型、盒子模型和拉格朗日轨迹模型为代表，包括基于湍流统计理论的高斯模型、以高斯模型为基础的工业源扩散（industrial source complex，ISC）模型[3]和大气扩散模型 CALPUFF（California puff）[4]，以及基于盒子模型的经验动力学模型（empirical kinetic modeling approach，EKMA）[5]。这些模型采用简单、高度参数化的机制描述大气物理化学过程，适用于模拟惰性污染物的长期平均浓度。20 世纪 70 年代，随着大气化学、云雨物理、干湿沉降等多方面的研究推进，大气化学模型迅速发展，加入了较为复杂的气象模型和详细的非线性化学反应机制，逐步形成了以欧拉模型为主的光化学模型、酸沉降模型和气溶胶模型等。欧拉模型可以详细描述气象和输送过程，能够模拟和预测多种时空尺度下污染物的三维浓度变化。在这些模型中，光化学模型侧重模拟光化学污染物的生消过程，如 CIT（California institute of technology photochemical model）[6]、UAM-Ⅳ（Urban airshed model Ⅳ）[7]、CALGRID（California GRID dispersion model）[8]和 ROM（regional oxidant model）[9]等；酸沉降模型重点模拟酸沉降的发生、演变过程及沉降速率的时空分布特征，包括区域酸沉降模型（regional acid deposition model，RADM）[10]、区域硫传输和沉降模型Ⅱ（regional-scale sulfur transport and deposition modelⅡ，STEM-Ⅱ）[11]等；气溶胶模型侧重模拟气溶胶的微物理、气粒化学平衡过程等。实际上，大气中各种污染物是相互关联的，模拟时需要对大气中各种污染问题进行综合考虑。为了尽可能地逼近对真实大气的模拟，在 20 世纪 90 年代，科学家提出了"一个大气"的思想，将大气中各种污染物和污染问题通过化学反应和物理过程耦合在一起，以同时模拟光化学污染、酸沉降、颗粒物污染等多种问题[12]。这种基于"一个大气"的思想的综合性大气化学传输模型迅速发展并成为主流，成为诊断大气污染成因、研究污染与气候变化关系、评估大气污染的环境与健康效应、开展空气质量预警预报以及制定污染控制对策等的重要手段[13-15]，是大气污染科学研究和环境管理中最为核心的工具之一。其中，代表模型有 U.S. EPA 开发的 CMAQ 模型和 WRF-Chem 模型、美国 ENVIRON 公司开发的 CAMx 模型、中国科学院大气物理研究所自主研发的 NAQPMS 模型和哈佛大学开发的 GEOS-CHEM 模型等[16]。

真实大气中污染是众多复杂的物理和化学过程耦合的结果，涉及污染排放、对流传输、湍流扩散、干湿沉降、强对流、太阳辐射、气溶胶微物理等多种物理过程以及光解、气相化学、液相化学等多种化学过程，是一个极其复杂的系统。为了模拟这个复杂系统，大气化学传输模型模拟不仅仅是运行模型本身，还需要输入气象场、排放源清单数据、初始条件和边界条件数据（图 7.1）。其中，气象场数据的关键参数包括风场、温度、湿度、混合层高度、太阳辐射、云特征和降水量等，可通过气象预报模型 WRF（weather research and forecasting）、MM5（5th-generation mesoscale model）等模拟获取；排放源清单数据需要通过排放源清单处理模型 SMOKE（sparse matrix operator kernel emissions）等进行物种化、空间分配、垂直分配和时间分配等预处理，生成与模型化学反应机理和模拟研究时空分辨率匹配的网格化模型清单数据；初始条件是确定模型开始模拟时所有相关物种的浓度场；边界条件是界定进入模拟域的大气污染物浓度，包括从模拟域侧边界和上边界输入的污染物浓度。作为空气质量模拟的核心部分，大气化学传输模型根据输入的气象、排放、初始条件和边界条件等信息，对污染物在大气的物理和化学演变过程进行模拟，最终生成污染物在一定时空范围内的污染浓度及时空分布特征。为了模拟二次污染的生消过程，大气化学传输模型内部还需要内嵌多个不同功能机制模块，包括气相化学机制、液相化学机制、气溶胶化学及微物理过程、干湿沉降以及传输与扩散过程模块。这些模型外部的输入数据和模型内部的模拟模块组成了空气质量模拟系统的主要框架。

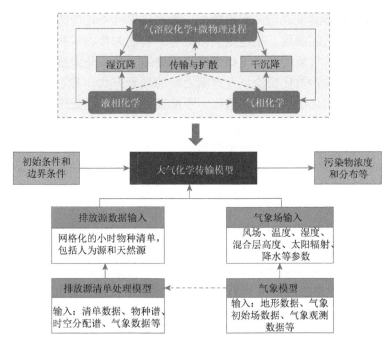

图 7.1　空气质量模拟系统的主要框架及组成

随着对污染物在大气中物理化学过程认识的不断加深和计算机运行能力的不断提升，以及观测数据资料的不断完善，以 CMAQ、CAMx 和 WRF-Chem 为代表的大气化学传输模型对大气物理化学过程的描述越加详细和完善，输入到模型中的排放源清单、气象场、初始条件和边界条件数据逐渐也越加精细。例如，近年来国内的排放源清单数据采用的排放因子和成分谱数据的本地化率、纳入计算的排放源和污染物覆盖面和表征采用的方法精细程度都有不同程度的提升。碳键气相化学机理中考虑的 VOCs 模型物种从碳键机理 CBM-Ⅳ（chemical bond mechanism version Ⅳ）的 33 种增加到 CB06 的 77 种，机理反应数量从 81 个增加到 218 个，加利福尼亚州大气污染中心建立的 SAPRC（statewide air pollution research center）系列化学机理中考虑的 VOCs 模型物种从 SAPRC99 的 78 种增加到 SAPRC07 的 110 种，反应数从 211 个增加到 291 个[17]。近年来发现的 $ClNO_2$ 化学反应途径、硫酸盐液相形成新途径、气溶胶形成新途径和老化机制等也逐渐纳入模型中。这些改进在一定程度上提高了大气化学传输模型的模拟能力。

　　然而，大气化学传输模型本身是用自然界物理化学过程的数学描述或近似表达，再加上排放源清单、气象场和边界条件等数据输入的影响，模型不可避免地存在不确定性[18, 19]。大气化学传输模型不确定性大体上可以分为模型输入参数不确定性以及模型结构不确定性[20]。其中，模型输入参数不确定性是由于认识的缺陷、仪器测量误差、数据缺失、数据代表性不足等因素造成的模型参数（反应速率、机制参数、模型定义常数等）和输入数据（排放源清单、边界条件、初始条件和气象场等）不确定性；模型结构指的是定量化描述各种大气物理和化学过程的参数化模块以及方案之间的耦合方式，其不确定性来自模型建模过程对物理和化学过程的离散化、不准确处理或简化处理、计算机编码的近似处理、不合理的时空分辨率以及网格数值的平均化等。

　　模型结构和模型输入参数的不确定性是一种相互牵制的关系，虽然模型结构复杂化能够在一定程度上降低模型结构的不确定性，但也可能会提高模型对输入参数和数据精细程度的要求，进而可能会引入更多的模型输入参数不确定性。例如，CMAQ v5 版本中已经将气溶胶机制模块从 AE5 更新到 AE6，同时也要求输入到模型中的 $PM_{2.5}$ 排放组分从 5 种分类提升到更为精细的 19 种分类，增加了 Ca^{2+}、Mg^{2+}、Fe^{2+} 等 $PM_{2.5}$ 水溶性离子的反应过程，这在一定程度上提高了模型的气溶胶的模拟能力[21]，但复杂的化学过程需要更为详细组分清单数据的支持，在缺乏充足的本地 $PM_{2.5}$ 成分谱的情况下，这无疑增加了排放源清单的不确定性。因此，业务化的空气质量预报和相关研究并不会轻易采用最新版本的模型。在输入参数和数据未能做出相应改进之前，新版本大气化学传输模型模拟结果可能更为糟糕。

　　本节将从输入参数不确定性和模型结构不确定性这两方面详细介绍引起大气化学传输模型不确定性的主要来源。

7.1.2　输入参数不确定性

输入到大气化学传输模型中的数据和参数是模型模拟不确定性的关键来源之一。本书将重点以排放源清单、气象场、边界条件和初始条件、气相化学反应速率为例进行阐述。

1. 排放源清单

排放源清单是大气化学传输模型的重要数据之一。输入到大气化学传输模型中的排放源清单需要通过时间、空间、物种等处理，形成能够匹配模型化学机制的、模型运行需求的网格化模型清单数据。现阶段的排放源清单建立以基于自下而上和自下而上的排放因子法或者物料衡量法为主，其准确性依赖于收集的排放因子和活动水平数据是否具有代表性。然而，由于本地排放因子和活动水平数据的缺失、代表性差、来源不规范和清单模型自身偏差等问题，排放源清单总量表征结果存在很大的不确定性。一般而言，SO_2 和 NO_x 排放的不确定性相对较小，大概为 ±30%；$PM_{2.5}$、VOCs 和 NH_3 排放的不确定性相对较大，大概为 ±60%～200%；OC/EC 的不确定性最大，甚至能高达 450%[22-25]。在所有的排放源中，生物质燃烧、天然源、农牧源和扬尘源的本地排放因子匮乏，活动水平数据获取难度大，因此其不确定性相比其他排放源更为突出[22, 26]。

排放源清单的不确定性不仅体现在排放量上，污染源活动信息数据的缺失还会导致清单数据在时空分布特征上也存在不确定性。空间分布的不确定性主要体现在面源上。点源的空间分布主要依赖于自身点源的经纬度信息，空间分配准确性最高，但面源的空间分布则需要采用代表源排放空间特征的权重表征数据进行分配。例如，用人口密度数据对餐饮排放进行空间分布，用道路网数据对机动车和扬尘源进行空间分布。然而，代理数据是对污染源排放地理位置和排放强度的近似，只能在整体上表征排放源的空间分布特征，但对于局部特征表征容易存在偏差。例如，根据道路网密集程度分配扬尘源可能会导致有采用定时洒水措施的城区扬尘被高估。国内外研究学者也指出，空间分配带来的网格化排放源清单不确定性并不小[27]。例如，如果考虑排放的时间和空间分配，欧洲地区的 CO_2 和 CO 排放不确定性将增加 70%[28]。对于时间分配，大部分排放源也是采用时间权重表征数据进行分配，同样存在不确定性。另外，排放源清单在处理过程中还需要专门对点源进行垂直分配，以较好地模拟污染物从高架点源烟囱排放后由于烟羽抬升作用在模型垂直层的分布情况。然而，排放源清单中点源尤其是高架点源烟囱参数缺失或者与实际情况存在偏差会引起 NO_x、SO_2、$PM_{2.5}$ 等污染物垂直分配存在明显不确定性，进而影响大气化学传输模型模拟其在大气中迁移、转化等物理化学过程。国外学者研究指出,烟囱参数缺失引起的垂直分配不确定性对 SO_2 和硫酸盐模拟的影响可分别达到 40% 和 20%[29-31]。本书作者团队也曾采用蒙特卡罗方法量化排放源清单中点源垂直分配不确定性对臭氧模拟结果的影响,结果也表明垂直分配不确定性对臭氧污染峰值模拟有较大的影响。

　　排放源清单处理模型通常采用成分谱实现排放源清单物种转化,这一处理过程同样存在不确定性。成分谱是反映各排放源 VOCs 和 $PM_{2.5}$ 等污染物中各组分的质量分数。准确的物种分配要求成分谱具有代表性,能够尽可能地覆盖关键组分且能反映本地排放源的组分排放特征。然而,由于国内排放源成分谱研究工作起步较晚,本地化成分谱研究虽然众多但不够规范、全面,国内部分研究会采用完整性和系统性相对较好的 SPECIATE 等国外排放源成分谱分配模型物种[32]。由于国内的排放源特征与国外存在各方面差异,国外的源成分谱无法较好地反映国内排放源的组分排放特征。另外,由于早期采样方法和分析技术的限制,国内外早期建立的 VOCs 成分谱中大部分缺乏 OVOCs 组分,导致输入到模型中的 OVOCs 相关物种排放被低估,尤其是甲醛排放[33]。基于 VOCs 组分观测反演的甲醛排放研究表明,当前大部分排放源清单的甲醛至少低估 2 倍[34]。近期,本书作者团队通过文献调研和现场实测的方式构建了一份涵盖 OVOCs 的中国本土 VOCs 排放成分谱数据集,利用这份数据集构建的 VOCs 模型清单相较于以往的模型清单活性更高,其中关键模型物种 HCHO(甲醛)的排放量增加了 3 倍之多[23]。一些对二次污染形成有重要影响的关键组分也并未纳入到模型清单中,这些组分包括 HONO、Cl 和中等挥发性有机物(intermediate volatility organic compounds,IVOCs)等。

　　2. 气象场

　　气象场输入数据为模拟污染物在大气环境中迁移、转化和反应等物理化学过程提供驱动。大气化学传输模型要求输入的气象变量包括风场(风速和方向)、温度、湿度、混合层高度、太阳辐射和降雨等,有些模型还需要提供扩散系数、云特征数据(云含水量、云层高度、大小等)和沉降系数等。早期模拟研究多采用基于观测数据的插值方法获取满足模型需求的网格化气象场输入数据,但观测的气象因素毕竟有限,现有研究基本采用气象预报模型(如 WRF 和 MM5)模拟获取网格化气象场输入数据。受初始条件、模型参数和模型结构不确定性的影响,气象模拟也存在不确定性[35]。有研究评价了 MM5 和 WRF 模型在中国地区的模拟效果,结果表明中国气温的平均模拟偏差最高可达 ±1.5℃,风速则普遍高估,其平均模拟偏差最高可达 3 m/s,风向和相对湿度也存在一定的偏差,降雨的模拟效果最差,其相关系数仅在 0.2~0.4[36, 37]。气象场输入数据的不确定性是导致空气质量模拟存在偏差的重要来源之一。对于一次污染物,气象场主要直接影响其扩散、传输和沉降等物理过程。对于二次污染物,气象场主要影响其扩散、传输、沉降、排放和化学反应等过程。例如，对于 $PM_{2.5}$ 模拟浓度，温度上升会提高 SO_2 的氧化速率，进而提高硫酸盐浓度，但同时也会加快硝酸铵的挥发速度进而降低硝酸盐浓度，高湿度的气象条件则有利于硝酸盐气溶胶的形成；风速变化会影响大气污染物的传输与扩散过程，同时会影响海盐和扬尘源等污染源的颗粒物排放强度[38]。

3. 边界条件和初始条件

边界条件是大气化学传输模型描述污染物跨界传输的重要输入数据。尤其对于 $PM_{2.5}$ 和臭氧等容易跨界传输的大气污染物[39,40]，边界条件是否准确对区域二次污染模拟至关重要[41,42]。大气化学传输模型中边界条件的来源有三个途径。最简单方法是采用模型提供的默认浓度数据作为边界条件，但这种静态的边界条件不具备时空差异性，无法准确表征污染物跨界传输的时空变化特征，不确定性最高；站点观测数据也能作为边界条件，但受制于站点数量稀疏、观测物种少和时间分辨率不足等问题，很少直接用于模型模拟中；采用全球或者更大尺度的大气化学传输模型模拟结果作为边界条件是最常见的来源，这种方法能提供时空分辨率以及物种与模型一致的边界条件数据，但大尺度模型模拟同样存在不确定性，基于数值模型得到的边界条件同样也存在不确定性[43]。例如，国外学者曾对比了探空监测数据和 TES（tropospheric emission spectrometer）卫星数据与全球大气化学传输模型 MOZART（model for ozone and related chemical tracers）全球模型获取的边界条件数据，发现模型获取的边界条件显著低估了 50% 的自由对流层 O_3 和 CO 浓度的时间差异性[44]；我国学者也陆续发现部分大尺度模型可能会低估中国地区的 $PM_{2.5}$ 模拟浓度，而在此基础上得到的边界条件也同样存在 $PM_{2.5}$ 浓度低估问题[37]。

初始条件是描述贯穿模拟域的第一个时间步长的所有模型物种浓度。在运行模型时，一般可直接采用模型提供的默认初始条件浓度或者采用模型模拟的前一天浓度场作为初始条件。与边界条件类似，初始条件也存在不确定性。模型提供的默认初始条件为洁净大气污染物的历史平均浓度，容易导致模拟初始时段的污染水平被低估。受大尺度模型模拟不确定性的影响，基于模型获取的初始浓度场与实际污染浓度存在一定的偏差。初始条件对空气质量模拟的影响在模型运行初始阶段最为明显，但会随着模拟时长的增加而逐渐降低。因此，在实际运行模型时通常会在目标模拟时段之前增加 1 周甚至 1 年的模拟时长，以降低初始条件不确定性对目标模拟时段的影响。

4. 气相化学反应速率

化学反应速率是气相化学反应方程中用于量化反应进行快慢的系数。当前，模型采用的 CB05、SAPRC07 等气相化学机制的化学反应速率数据主要来自加州理工学院喷气推进实验室（Jet Propulsion Laboratory，JPL）和国际理论与应用化学联合会（International Union of Pure and Applied Chemistry，IUPAC）发布的数据库[45]。JPL 数据库（http://jpldataeval.jpl.nasa.gov/）是由美国国家航空航天局（NASA）资助研究的，并通过 NASA 上层大气研究项目办公室成立专家组仔细评估后才由 JPL 发布。该数据库自 1997 年发布经过更新和评估的第 12 个版本数据以来，每隔 2～3 年就会进行更新。最新版本的大气化学反应速率及其不确定性数据为 2011 年发布的第 17 版。IUPAC 是从 1999 年开始发布的，其内容同样包括气相化学和光化学反应的反应速率，并且不断进行更新。JPL 和 IUPAC 数据库中的化学反应速率基本来自实验室烟雾箱的模拟结果。受烟雾箱理想大气介质条件假设、反应器壁损失等因素影响，这些化学反应速率均存在不确定性，处于 5%～30%，是臭氧模拟偏差的重要来源之一[46-49]。

7.1.3　模型结构不确定性

大气化学传输模型建模是基于研究人员对真实大气污染形成机制的认识和获取的历史观测数据，用参数化的方式描述连续大气的化学反应、气象传输和扩散、沉降以及排放等过程，不确定性来源基本可以归纳为以下几个方面。

（1）参数化方案的简化处理。大气污染的生消过程极其复杂，影响因素众多，但受到数值计算方法的限制以及对模拟运算效率的需求，建模过程需要对复杂的物理和化学过程进行简化处理，不可避免地忽略了一些过程和影响因素，进而引入一定的不确定性。例如，真实大气运动是一种湍流运动，大气浓度和风速随着时间呈现出一种不规则的变化，几乎无法用连续型方程进行表征，因此在建模过程采用雷诺分解的方式进行简化处理，同时引入基于经验的参数化方法来估算湍流通量[2]。真实大气的化学反应极其复杂，涉及的反应过程和污染物有成千上万种，但为了提高模型的运行效率，通常将复杂的大气化学反应过程简化成仅包含几十种或者上百种模型物种和反应过程的归纳机理。例如，早期的大气化学归纳机理 SAPRC 只有60 多个物种和 100 多个反应过程，虽然能够提高模型的运行效率，但与烟雾箱预测结果相比臭氧和 NO 模拟偏差可达到±30%[50]。

（2）认知的局限性。虽然近几十年来对大气化学形成机理的认识和研究不断深入，但受观测和分析水平等因素的限制，目前仍然有很多大气污染物来源和形成机理尚未厘清。例如，大气 HONO 存在未知来源，导致模拟的 HONO 浓度与观测值依然存在较大偏差；大气新粒子生成是气溶胶形成最基础的途径之一。然而，广泛应用在大气化学传输模型中的硫酸-水二元均相成核理论和硫酸-水-氨三元成核理论无法解释实际大气中的新粒子形成速率。随后陆续提出的硫酸-水-有机胺三元成核理论、碘化物成核理论、硫酸-水-高氧化度有机分子、硫酸-水-二甲胺都能够解释一定环境下的新粒子形成[51, 52]，但很多理论的确切形成途径和参数仍然需要深入研究[53]。

（3）建模数据的缺陷。模型建模依赖于对观测数据的分析与拟合，如果建模数据存在偏差或者代表性不足，以此为基础建立的模型也必然存在不确定。

大气化学传输模型的重要模块有描述气相化学过程的大气化学机理和光解计算模块，描述气溶胶形成过程的无机气溶胶和有机气溶胶模块，描述液相反应和湿沉降过程的云过程模块，描述大气传输和扩散过程的水平平流、垂直平流、水平扩散和垂直扩散模块，以及描述大气污染物干沉降过程的沉降参数化模块等。有些大气化学传输模型中还内嵌了天然源 VOCs 排放、闪电和海盐排放等在线估算模块，在气象场的驱动下为模型提供动态的排放源清单数据。然而，这些模块在建模过程中都存在一定的不确定性。本书以大气化学归纳机理、硫酸盐液相形成、硝酸盐非均相途径、有机气溶胶形成以及气溶胶的热力学平衡与动力学模拟等为例，介绍模型结构的具体不确定性来源。

1. 大气化学归纳机理

大气化学归纳机理是对真实大气气相化学过程的归纳和总结，较为详细地描述了大气二次污染前体物的源和汇，是大气化学传输模型的重要组成部分。根据研究人员对大气化学过程的理解和认识，大气化学机理有多种不同类型的归纳方式。目前广泛应用在大气化学传输模型中的归纳机理有碳键机理 CBM、加利福尼亚州大气污染研究中心机理 SAPRC 和区域大气化学机理 RACM 三类[54-56]。CBM 机理是根据分子结构类型对 VOCs 进行分类的归纳化学机理。该机理以分子中的碳键为反应单元，将成键状态相同的碳原子看作同一个模型物种，并将所有涉及有机化学反应都描述成基于碳键结构的反应。当前主要应用在大气化学传输模型中的 CBM 机理有 CBM-Ⅳ、CB05 和 CB06。CBM 机理的优点在于物种数较少，计算速度相对较快，但是将一些大分子分解成官能团来处理会忽略一些重要的有机自由基种类。RACM 机理是美国学者斯托克韦尔（Stockwell）在区域酸沉降机理 RADM 的基础上发展而来的，对碳氢处理采用固定参数化方法的归纳机理，其物种按照不同污染物与·OH 的反应速率和反应活性进行分类。目前应用在模型中的最新版本是RACM2，是根据 IUPAC 和 NASA 发布的最新成果对机理反应速率常数和反应产物进行的更新。SAPRC 机理按不同有机分子与·OH 的反应活性进行分类，是目前更新最为频繁、版本最多的机理之一。SAPRC 机理主要由加州大学卡特（Carter）博士维护，最初是为了研究机动车尾气中 VOCs 的增量反应活性、最大增量反应活性和最大臭氧增量反应活性，因此对有机物的处理比较详细。截至目前，SAPRC 系列已经发展了 7 个主要版本，分别为 SAPRC-90、SARPC-99、SAPRC-07、CSAPRC-07、SAPRC-11、SAPRC-16 和 SAPRC-18，但当前主要应用在大气化学传输模型的版本只有 SARPC-99 和 SAPRC-07。

随着对碳键机理和大气气相化学过程研究的深入以及计算机能力的提成，大气化学归纳机理不断更新和发展，主要体现在随着化学反应数量不断增加，模型物种分类越加详细，速率常数和光解速率逐渐更新到最新的观测成果。例如，1989 年发布的 CBM-Ⅳ机理只涵盖 33 个物种和 81 个反应，而 2010 年发布的 CB06 机理已经包括 77 个物种和 218 个反应，能更好地模拟臭氧污染水平。尽管大气化学机理不断优化和更新，但本质上大气化学机理依然只是对真实大气化学过程的简化与近似模拟，与实际观测结果总是存在一定差距。大气化学归纳机理中的大部分化学反应速率来自实验室烟雾箱的模拟结果。根据 JPL 和 IUPAC 的评估结果，归纳机理的大部分化学反应速率普遍存在 20%左右的不确定性[57]。由于参数化方式、物种数、化学反应个数以及化学反应速率选取的差异，不同大气化学归纳机理或者相同归纳机理、不同版本的模拟结果也有差异。例如，有研究指出 CB04、CB05 和 SAPRC99 机理在模拟美国臭氧污染浓度的差异最高可达 16%左右[58]。另外，需要指出的是，由于空气质量模拟不确定性来源的复杂性和模型输入数据的不确定性，虽然新版本大气化学归纳机理考虑的化学过程和物种更为精细，但在实际模拟效果未必优于旧版本[59]。

2. 硫酸盐液相形成

硫酸盐是大气颗粒物的重要组成部分，在中国地区占了 10%～40%的 $PM_{2.5}$ 质量浓度[60]。在当前的主流大气化学传输模型中，硫酸盐可通过 SO_2 在气相中被羟基等自由基氧化，或者在云、雾等液相中的被溶解的 O_3、H_2O_2、过渡金属等氧化剂氧化生成。然而这些形成途径远无法解释中国地区硫酸盐气溶胶的快速形成，尤其是中国华北地区冬季高硫酸盐污染。SO_2 液相氧化生成硫酸盐部分重要途径的缺失可能是导致模型硫酸盐污染低估的主要原因。为此，近年来国内学者通过外场观测和实验室研究，提出多个硫酸盐液相形成新途径解释中国硫酸盐气溶胶的快速增长，包括高湿度高氨大气条件下的 SO_2 被 NO_2 催化氧化途径[61, 62]、水汽表面的催化反应[63]、SO_2 与甲醛在云滴或雾滴中反应形成 HMS（羟甲基磺酸盐）过程[64]、SO_2 在矿尘表面的非均相反应[65]、硝酸盐光解促进 SO_2 氧化[66]、黑碳催化[67]等。近期，南京大学和哈佛大学团队合作提出在夜间或弱光照的云雾条件下，NO_2 首先氧化 SO_2 生成 HONO、HONO 进一步迅速氧化 SO_2 的两步机制[68]。模拟评估表明，这些新途径能够在一定程度上弥补模型模拟与实际观测的偏差。

然而，硫酸盐液相形成容易受到颗粒物的表面性质、液滴 pH 和 SO_2 吸收系数等因素影响，而这些因素又难以准确定量，导致当前提出的硫酸盐液相形成新途径存在很大的不确定性，部分途径还存在争议。例如，NO_2 催化氧化途径需要在高湿高氨环境下进行，但气溶胶的含水量通常比云雾低 3～5 个数量级。在如此低的含水量条件下，不同学者对 NO_2 液相氧化 SO_2 形成硫酸盐的贡献有不同程度的质疑[69, 70]。另外，这些新途径在提出时并未给出相应的摄取和反应系数[71]，因此现有研究将硫酸盐新机制纳入模型时，通常会根据平衡假设或类似机制参数定义关键机制参数取值，进而引入更大的不确定性[72, 73]。虽然部分研究会利用敏感性分析和模拟偏差优化机制参数，但优化过程不考虑其他模拟不确定性来源影响，容易导致机制参数过度拟合（overfitting）[72, 74]。

3. 硝酸盐非均相途径

近年来，随着中国 SO_2 排放量大幅度下降，硝酸盐在人为气溶胶中的比例逐渐上升，成为 $PM_{2.5}$ 污染的重要组分之一[75, 76]。大气化学传输模型从两个途径模拟硝酸盐气溶胶的形成。一个是 NO_2 与 OH 自由基通过气相氧化反应生成 HNO_3，HNO_3 再与气态 NH_3 或者颗粒物表面的碱性盐类物质化学反应生成硝酸盐；另一个是 N_2O_5 在潮湿的气溶胶或者悬浮小液滴表面发生非均相水解生成硝酸盐[77]，其中后者在夜间硝酸盐形成中占主导作用。虽然 N_2O_5 非均相水解反应途径已经基本厘清，但准确模拟 N_2O_5 的非均相摄取依然存在很大的不确定性。受到环境温度、湿度、颗粒物组分中 NO_3^-、Cl^-、SO_3^{2-}、含水量、有机物、颗粒物混合状态和相态等因素影响，N_2O_5 在不同颗粒物表面摄取系数（γN_2O_5）取值超过四个数量级，呈现出显著的时空分布特征[78, 79]。观测研究指出，中国华北平原地区的 γN_2O_5 处于 $0.025\sim0.16$[80, 81]，珠江三角洲地区的 γN_2O_5 较低，处于 $0.011\sim0.02$[82]。此外，环境影响因素对 γN_2O_5 并不是线性叠加的，存在非常复杂的相互作用[83]，进一步加剧了 N_2O_5 非均相途径的模拟难度。

早期的 γN_2O_5 参数化方案是根据实验室测量的摄取系数数据建立的。大气化学传输模型采用的经典参数化方案有 Davis 等[84]建立的 Davis08 方案以及 Bertram 和 Thornton[85]建立的 B&T 方案。Davis08 方案考虑了湿度、温度、二次无机气溶胶组分和气溶胶相态对 γN_2O_5 的影响，而 B&T 方案基于离子水解机制假设，考虑了硝酸盐、含水量和氯离子的影响。美国学者 Riemer 指出覆盖在颗粒物上的有机组分对 γN_2O_5 有抑制作用，但 Davis08 和 B&T 方案均忽略了这一影响[86]。为此，学者 Chang 等根据 Riemer 的研究结果优化了 Davis08 和 B&T 方案[87]。Chen 等学者在 Chang 的基础上，增加 BC、海盐和扬尘等颗粒对 N_2O_5 非均相反应的影响，进一步改进了 N_2O_5 非均相反应的模型参数化[88]。然而，观测研究指出，实验室获取的 γN_2O_5 与实际观测的 γN_2O_5 存在明显差距，导致当前的 γN_2O_5 参数化方案虽能较好模拟硝酸盐浓度，但无法准确模拟硝酸盐的形成过程[78, 89]。近期，香港理工大学在我国北部城市和南部城市郊区分别开展了多次 γN_2O_5 外场观测，基于外场观测获取的 γN_2O_5 全面分析并修正了 B&T 方案，评估结果也表明修正后的参数化方案可以更好地模拟实际大气中 γN_2O_5 和硝酸盐形成[82]。但这种基于两个站点建立的 γN_2O_5 参数化方案依然存在不确定性，还需要做进一步的评估和优化。

4. 有机气溶胶形成

二次有机气溶胶（secondary organic aerosol，SOA）是 $PM_{2.5}$ 中的重要组分，在我国珠江三角洲、长江三角洲和京津冀地区的重污染事件中，对 $PM_{2.5}$ 的贡献可达到 20%～40%[71]。然而，与二次无机气溶胶相比，SOA 模拟难度更大。一方面，形成 SOA 的 VOCs 前体物数量巨大，外场监测的 VOCs 物种就高达 10000～100000 种[90]，而每一种 VOCs 组分又可能发生多级化学反应形成更加复杂的有机产物；另一方面，现有研究对 SOA 的形成机制、化学组分和理化特征还存在认识不足的问题[91-93]。就现阶段而言，烟雾箱实验发现的 SOA 生成主要有三种途径：气相氧化后气-粒分配、液相氧化后蒸发和非均相反应，其中气相氧化后气-粒分配是 SOA 形成的重要过程，也是目前 SOA 模拟的主要过程，主要包括凝结、吸附与吸收及成核三种机制[92, 94]。鉴于 SOA 前体物的复杂性，理想的 SOA 模拟方法是明确描述每一种半挥发性有机物的形成与随后的气-粒分配过程，但这种方法计算效率低，不适用于复杂模型运算。

目前已经开发并耦合在大气化学传输模型中的 SOA 参数化方案都是根据活性或者结构对 VOCs 进行物种化，然后采用基于烟雾箱实验获取的经验模型模拟 VOCs 物种及氧化物的气-粒分配过程。这些模型包括基于产率模型的双产物模型（two-products model）[95, 96]和基于挥发性区间的 VBS（volatility basis set）模型[97]。双产物模型如二次有机气溶胶模型（secondary organic aerosol model，SORGAM），假设所有的 VOCs 氧化后的产物可采用一种或者两种半挥发性物质替代，是早期 CMAQ、CAMx 和 WRF-Chem 等大气化学传输模型中应用最为广泛的 SOA 参数化方案。然而，国内外很多研究都表明，双产物模型显著低估 SOA 污染浓度[98, 99]，存在很高的不确定性。VBS 是近年来快速发展的 SOA 模型，其中 1D-VBS 已经耦合到 CMAQ、CAMx 和 WRF-Chem 等大气化学传输模型中。1D-VBS 定义一组具有特定饱和蒸汽浓度的挥发性区间，每一区间表示一组代替产物，用于表示前体物氧化后的所有产物，这些产物又可以通过多级氧化进入到下一区间。另外，模型还考虑了半挥发有机物（semi-volatile organic compounds，SVOCs）、IVOCs、一次有机气溶胶（primary organic aerosol，POA）的多级氧化过程[100, 101]。模拟评估表明，1D-VBS 能有效提高 SOA 的模拟浓度[102, 103]。但一些研究也指出 1D-VBS 可能会高估 SOA 污染浓度，尤其在城市下风向最为显著，这可能与 1D-VBS 只有一维分区而无法体现同一分区内有机物的多样性有关[104]。区间分类更为详细的 2D-VBS 模拟效果优于 1D-VBS，但该模型仍然处于研究阶段，还较少耦合在大气化学传输模型中[105, 106]。

5. 气溶胶热力学平衡与动力学模拟

气溶胶的形成很大程度上与颗粒物的粒径分布和组分特征有关。不同于气态污染物，模型不仅要模拟气溶胶的粒子总数、总质量和粒子尺度分布，还需要模拟不同大小粒子的化学组分，是气溶胶模拟的最难点。当前主流大气化学传输模型多采用热力学平衡和动力学模型分别模拟气溶胶的成分分布和粒径分布。其中，热力学平衡模型主要模拟气–粒之间的热力学平衡过程，目的在于计算气相、液相和气溶胶相各组分的平衡浓度[107]；动力学模型模拟气溶胶形成过程中的核化、凝结和蒸发、碰撞、溶解、沉降等过程[108]。

气溶胶热力学平衡模型是气溶胶模拟的基础。国外学者在过去的 30 多年中已经陆续建立了多个无机气溶胶热力学平衡模型，包括 EQUIL（equilibrium simplified aerosol model）系列[109, 110]、MARS（model for an aerosol reacting system）[111, 112]、SEQUILIB（sectional equilibrium model）系列[113]、SCAPE（simulating composition of atmo-spheric particles at equilibrium）系列[114–117]、EQUISOLV（equilibrium solver）系列[118, 119]、AIM（aerosol inorganics model）系列[120-123]、ISORROPIA（thermodynamics "equilibrium" model）[124]、ISORROPIA II[125]、EQSAM（equilibrium simplified aerosol model）系列[126, 127]和 UCD（UC davis）[128]等模型。这些热力学平衡模型的共同之处都是通过假设系统平衡后的吉布斯（Gibbs）自由能达到最小状态来计算多相间各组分的平衡浓度，差别主要体现在考虑的无机化学组分、化学反应方程个数、气溶胶粒径处理、水活度系数的计算方法、热力学处理方式的复杂性与严格性等方面。在这些热力学平衡模型中，ISORROPIA 系列模型凭借其高计算效率、准确性和稳定性，成为大气气溶胶模拟中应用最为广泛的气溶胶热力学平衡模型。ISORROPIA 是由美国迈阿密大学海洋与大气科学学院的海洋与大气化学系开发的，而 ISORROPIA II 则是美国佐治亚理工学院在 ISORROPIA 的基础上，进一步将钙离子、钾离子和镁离子等矿物组分的影响纳入平衡体系，使得模型能够更加准确模拟高扬尘排放地区的硝酸盐和铵盐的气–粒分配过程。

热力学平衡模型无一例外都假设气–粒平衡是瞬间达成的，这在很多情况下是可行的，然而当达到气–粒平衡的时间比气体与粒子间输送时间长时，气–粒体系会受到一些时间尺度更短的动力学过程的作用而导致平衡假设不成立[129]。在这种情况下，气溶胶模拟就必须同时考虑热力学与动力学过程，即同时采用气溶胶动力学模型和气溶胶热力学平衡模型进行模拟。经过多年研究积累，国外学者建立了许多不同复杂程度的气溶胶动力学模型，包括 MONO32（multimono）[130]、AERO[131]、GATOR（gas aerosol transport radiation model）[132]、MADRID（model of aerosol dynamics，reaction，ionisation and dissolution）[133]、AEROFOR（model for aerosol

formation and dynamics）[134]、MADE[135]和 RPM（regional particulate matter）[112]
等模型。这些模型的差别主要体现在对模拟成核、聚并、凝结等过程和描述气溶
胶粒径及组分分布所采用的算法不同。其中对粒径描述方法有两种，分别为尺度
档和模态分布模型。模态分布模型根据粒径一般将颗粒物划分为三个模态（爱根
核态、积聚态和粗态），每个模态采用概率密度模型进行描述，这种方法在计
算效率方面有优势[136]；尺度档模型根据模拟需要可以将粒径灵活地划分为多个区
间，但计算量较大。这两种方式均在当前主流大气化学传输模型中有应用。

7.2　大气化学传输模型不确定性分析方法框架

　　尽管描述大气化学传输模型的相关机制和模式输入数据的研究都取得了很大
进展，但是当前大气化学传输模型仍存在明显的不确定性，模拟偏差不可避免，
现有大气化学传输模型不确定性研究还相对匮乏。在利用模型开展污染形成模拟
研究或政策评估研究时，大部分研究人员更加倾向于利用观测数据对模拟偏差进
行评估，以证明模型模拟结果具有较高的可靠性，但对模型的不确定性量化问题、
模拟结果有多高的可信度、政策达标的可能性有多大等问题却尽量避而不谈。究
其原因，这是因为相较于排放源清单，开展大气化学传输模型定量不确定性分析
难度更大。首先，大气化学传输模型本身计算量大，而模型不确定性传递过程或
者简化模型构建过程都需要多次运行模型，这导致整个不确定性分析过程需要高
强度的模拟运算，计算时间长，分析效率低下；其次，大气化学传输模型的不确
定性来源众多且复杂，准确量化这些不确定性来源本身就需要大量的时间和研究
资源，在实际诊断过程中难以全部考虑；最后，作为关键的不确定性来源之一，
模型结构的不确定性难以定量化，现有的模型不确定性分析研究多只关注模型输
入参数，很少考虑模型结构的不确定性。
　　要快速高效地定量分析大气化学传输模型的不确定性，需要解决以下几个问
题：①如何减少模型定量不确定性分析考虑的不确定性来源，提高模型不确定
性诊断效率；②如何高效、准确在复杂模型中传递模型的输入参数不确定性，
甚至是模型结构不确定性；③模型输入（包括模型输入参数和模型结构）的不
确定性如何量化，模型模拟不确定性量化结果是否可靠、准确和完整；④模型
的关键不确定性来源如何识别，如何指导模型的进一步改进。围绕这些问题，
本书作者团队提出了大气化学传输模型定量不确定性分析方法框架。该方法框
架是由敏感性分析识别模型重要输入、模型输入不确定性量化、模型不确定性
传递、不确定性结果评价和不确定性溯源等步骤组成。在这个框架中，模型输
入不确定性量化是基础，模型不确定性传递是关键，不确定性来源识别是最终

目的，这三者是最为关键的步骤，缺一不可。大气化学传输模型定量不确定性分析方法框架如图 7.2 所示。

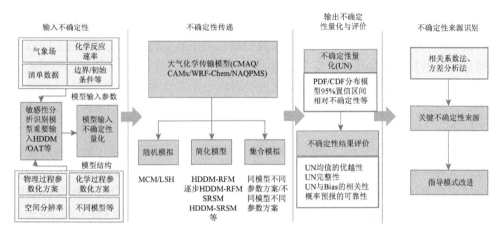

图 7.2　大气化学传输模型定量不确定性分析方法框架

敏感性分析识别模型重要输入。敏感性分析识别模型重要输入是为了降低不确定性分析中考虑的不确定性来源数量，进而提高大气化学传输模型不确定性分析的效率和可行性。大气化学传输模型不确定性来源众多且难以量化，包括各种化学过程参数化方案、物理过程参数化方案、模型分辨率等模型结构不确定性来源，以及气象场、排放源清单、边界条件、初始条件、光解速率和化学反应速率等模型输入参数不确定性来源。量化所有这些不确定性来源对模拟结果的影响需要庞大的计算量，在实际评估中难以实现。另外，并非所有的不确定性来源都是导致模型模拟不确定性的关键来源，不确定性小或者敏感性小的不确定来源对模型模拟不确定性的贡献不高。相反，导致模型模拟的关键不确定性来源往往也是影响模型模拟的重要敏感性输入。大气化学传输模型定量不确定性分析的最终目的在于识别关键不确定性来源，识别影响模型模拟的重要敏感性参数有利于减少不确定性分析中模型的运行次数，进而提高大气化学传输模型定量不确定性分析的可行性。常见的模型敏感性分析方法有直接解耦法（decoupled direct method，DDM）、高阶直接解耦法（higher-order decoupled direct method，HDDM）、一次变一因子（one-at-a-time，OAT）法、伴随法等，均能用于识别重要模型输入。

模型输入不确定性量化。模型输入不确定性量化是大气化学传输模型定量不确定性分析的基础。模型输入参数是属于连续型变量，其不确定性可采用置信区间或者概率密度函数进行描述，而量化则根据模型输入参数各自的特点可采用不同的方法。其中，排放源清单不确定性可采用基于自展模拟和蒙特卡罗模拟的定量分析方法进行量化；边界条件和气象数据的不确定性可通过多次运行不同参数化方案的模型进行量化，也可通过对比模拟值与观测值推算获取；化学反应速率的不确定性量化依赖烟雾箱实验模拟结果，可通过文献调研获取。不同于连续型的模型输入参数，模型结构属于离散型变量，其不确定性难以采用置信区间或者概率密度函数进行描述。在定量不确定性分析中，实际通常做法是将结构不确定性近似为认知的差异性，即不同研究人员对同一个真实系统通常会有不同的建模方式。因此，一般是采用模型结构所有的参数化方案作为样本空间表征不确定性的取值。

模型不确定性传递。将模型输入的不确定性快速准确传递到模型输出是开展大气化学传输模型定量不确定性分析的关键。蒙特卡罗方法在大气化学传输模型中能够同时传递模型结构和模型输入参数的不确定性，但效率极低；相比之下，随机响应曲面模型（SRSM）、基于 HDDM 的简化模型（HDDM-RFM）、HDMR 等基于简化模型的不确定性传递方法更为高效，但也存在一些不足。基于简化模型的不确定性传递方法通常只应用于诊断有限数量的模型输入参数不确定性，当考虑的不确定性来源较多时，传递效率明显下降，部分方法传递准确性也需进一步提高；该类型的方法只能传递模型输入参数不确定性，需要结合集合模拟方法（Ensemble + RFMs）才能同步传递模型结构和输入参数不确定性。本书作者对传统 HDDM-RFM 和 SRSM 方法进行了优化，建立了逐步 HDDM-RFM 和 HDDM-SRSM 不确定性传递方法。与传统的简化模型方法 HDDM-RFM 和 SRSM 方法相比，这两种新方法在不确定性传递准确性和效率方面能达到更好的平衡。

不确定性结果评价。不确定性结果评价是应用大气化学传输模型定量不确定性和发展空气质量概率预报的重要环节。设计合理的评价方法体系不仅可以验证不确定性分析是否具有可靠性和准确性，以及考虑的不确定性来源是否完整，而且还能为研究人员判断模型的参数化方案是否具有良好的预测性提供参考。国内外学者已经建立起用于评价数值天气概率预报的校验方法和指标，包括 Brier 评分（Brier score，BS）、可靠性图（reliability diagram）、相对操作特征（relative operating characteristic，ROC）分析等。这些指标能够评价概率预报的准确性、可靠性以及可辨识度，从而有助于判断数值天气预报模型的参数化方案和采用的初始条件是否合理，概率预报结果是否准确。然而，大气化学传输模型不确定性分析经常忽略不确定性结果评价，类似天气概率预报的校验方法和指标也尚未完整建立。针对这个问题，本书作者结合天气集合预报和大气化学传输模型不确定性分析自身的特点，初步建立了适合于大气化学传输模型定量不确定性分析的评价方法。

不确定性溯源。识别关键不确定性来源是开展大气化学传输模型定量不确定性分析的最终目的，也是指导模型改进研究的关键与重点。基于方差的不确定来源解析方法和基于相关系数的关键不确定性来源识别方法都可以用于识别模型的关键不确定性来源。

7.3　模型敏感性分析

敏感性分析是在许多科学领域已经成为模型诊断分析的重要手段。当前广泛应用在大气化学传输模型中的敏感性分析方法可以分为局部敏感性分析（local sensitivity analysis）方法和全局敏感性分析（global sensitivity analysis）方法两大类。局部敏感性分析方法通过改变某个模型输入的取值，而固定其他输入的取值评估模型响应对模型输入的扰动。最简单和最常用的局部方法是差分方法（difference methods），即采用某个输入在取值空间中某个位置的导数或有限差分作为这个模型输入的敏感性指标，是所有局部敏感性分析方法的理论基础[137]。该方法虽然简单直观，但只能量化模型在固定位置的敏感性，具有一定的局限性。全局敏感性分析方法通过同时扰动多个模型输入，然后在每个模型输入的整个取值范围内评估模型对输入的敏感性，相较于局部方法可以提供更加全面可靠的敏感性分析。全局敏感性分析方法可以进一步分为定性方法和定量方法。定性方法的目的是用少量的模拟筛选掉对模型响应影响小的模型输入；定量方法的目的是衡量每个模型输入对响应方差的贡献，这个过程需要大量的模拟运算。

在大气化学传输模型应用中，常见的局部敏感性分析方法有 OAT 方法和 DDM/HDDM 方法，全局敏感性分析方法有相关分析、回归分析、方差分析、类方法分析、筛选方法等。选择合适的敏感性分析方法通常需要在所需的分析信息量和计算量之间进行权衡。对于存在非线性效应或模型输入存在明显交互效应的大气化学传输模型，全局敏感性分析方法能够在考虑输入之间相互作用的基础上识别影响模拟的模型重要输入参数或者模型结构参数化方案，在理论上是更为合适的方法，但需求的计算量也相对巨大。框架中利用敏感性分析的主要目的是通过初步评估筛选出对模型模拟有重要影响的模型输入参数或者模型结构参数化方案，再采用考虑输入相互作用的不确定性分析诊断各种重要不确定性来源对模拟的影响，而并非一开始就用不确定性分析量化所有输入的模型响应。考虑到模型不确定性来源众多，建议在识别模型重要输入参数这一阶段，优先采用运行效率相对较高效且操作简单的局部敏感性分析方法。本书以下重点介绍局部敏感性分析方法 OAT 和 DDM/HDDM。

7.3.1　OAT

OAT 是复杂模型局部敏感性分析中最常用也是最简单的一种方法，是在其他模型输入取值不变的情况下，每次只改变基准情景案例的单个模型输入，然后通过重新运行模型，根据求偏导公式量化模型对该输入的敏感性。有些研究中也将这类方法称为强制法（brute-force method，BFM）。其优点是操作简单，在评估的模型输入数量较小的情况下，计算量小；能够评估所有模型输入参数和模型结构对模拟的影响；不同模型输入的敏感性都是以同一个基准值为参考，这增强了敏感性分析结果在不同模型输入之间的可比性。但缺点是一次模拟最多只能量化一个模型输入的敏感性，在需要评估的模型输入较多时，OAT 方法会变得十分烦琐，需要准备多个模拟所需排放源清单、气象场等输入数据。如果评估的对象涉及模型机制，还需要编译多个模型可执行程序。此外，当模型输入的变化范围很小时，OAT 的准确性容易受到数值噪声的影响，数值噪声主要来自忽略模型非线性响应的截断误差和模型迭代计算在收敛时存在的误差[138]。

在应用上，我们可以采用 OAT 方法，结合式（7.1）和式（7.2）量化模型模拟对模型输入参数的一阶敏感性系数和二阶敏感性系数，包括排放清单、气象场、模型物种的干沉降速率、化学反应速率以及离线计算的光解速率等。除此之外，模型结构也是大气化学传输模型的重要不确定性来源。以 CMAQ 为例，对模型模拟影响可能较为明显的包括大气化学归纳机理、有机气溶胶模块、无机气溶胶模块、对流传输模块、化学数值解法和干沉降模块等。其中，常用的大气化学归纳机理有 CB05、CB06、SAPRC99、SAPRC07 和 RADM2 等；无机气溶胶模块有 SCAPE2、SEQUILIB、ISORROPIA[124]、ISORROPIA II[125]和 EQSAM 等；有机气溶胶模块有 SOAP 和 VBS-1D 等；对流传输模块有 PPM（piecewise parabolic method）和 BOTT 等；化学数值解法有 EBI（euler backward iterative）和 IEH（implicit-explicit hybrid）等；干沉降模块有 WESELY89 和 ZHANG03 等。由于模型结构无法采用单一变量进行量化，因此可通过 OAT 方法每次改变一种参数化方案来大致评估模型对模型结构的敏感性[式（7.3）]。

$$S_j^{(1)} \approx \frac{C_{+\Delta\varepsilon_j} - C_{-\Delta\varepsilon_j}}{2\Delta\varepsilon_j} \tag{7.1}$$

$$S_j^{(2)} \approx \frac{C_{+\Delta\varepsilon_j} - 2C_0 + C_{-\Delta\varepsilon_j}}{\Delta\varepsilon_j^2} \tag{7.2}$$

$$\Delta C_j = C_{j\backslash j=a} - C_{j\backslash j=b} \tag{7.3}$$

其中，$C_{+\Delta\varepsilon_j}$ 和 $C_{-\Delta\varepsilon_j}$ 分别为模型在输入参数 j 相对变化比例为 $\Delta\varepsilon_j$ 和 $-\Delta\varepsilon_j$ 时的模拟浓度；C_0 为基准案例的模拟浓度；$C_{j\backslash j=a}$ 和 $C_{j\backslash j=b}$ 则分别模型在参数化方案 a 和参数化方案 b 时的模拟浓度。

7.3.2　DDM/HDDM 和伴随法

为了准确并高效地计算大气化学传输模型的局部敏感性，国内外学者开发了两种耦合在模型中的敏感性分析计算方法：向前敏感性分析（forward sensitivity analysis procedure，FSAP）和向后敏感性分析（backward sensitivity analysis procedure，BSAP）[139]。不同于 OAT，这两种方法都是通过直接数值求解模型算法的偏导数方程的方式准确计算模型输出对输入的敏感性，但两者在扰动传输方向上存在差异：FSAP 将模型输入扰动（perturbation）传输到模型输出；相反，BSAP 将模型输出扰动反向传回到模型输入[140]。FSAP 在量化有限模型输入扰动对多个网格多个污染物的模拟影响方面有效率优势，而 BSAP 适合计算有限模型输出对众多模型输入的敏感性。FSAP 以直接解耦法（DDM）和高阶直接解耦法（HDDM）为代表，而 BSAP 则以伴随法（adjoint method）[141]为代表。直接数值求解模型算法的偏导数可减少数值噪声的影响，因此这两种方法在理论上比 OAT 更为准确。

DDM 是由美国学者 Dunker 等开发的高效敏感性分析方法[142]，内嵌在大气化学传输模型中，可通过对多个输入变量建立切线性方程与原模型共同运行，充分利用原模型的中间数据（如 Jacobi 矩阵）降低计算负荷，实现在运算模型的同时计算模型对输入的一阶敏感性系数。DDM 有效克服了 OAT 方法计算效率低下的缺点，一次模拟运算便能准确计算模型模拟对多个模型输入参数的敏感性。此外，随着分析的模型输入参数数量增加，DDM 计算单个敏感性系数的耗时越少，计算效率越高。然而，DDM 只能计算模型的一阶敏感性，而一阶敏感性仅适合描述非线性特征不高的模型响应（如 SO_2 和 NO_2）或者非线性特征在微小扰动情况下的响应。当排放量变化较大时，DDM 并不适用于解析臭氧、二次颗粒物等非线性响应情况，以及二次颗粒物对非主控源的响应情况（如硝酸盐对 SO_2 排放的响应）。基于这些不足，美国佐治亚理工大学 Russell 研究团队在 DDM 的基础上开发了支持分析高阶敏感性系数的 HDDM[138, 143]，并同时支持计算颗粒物和气态污染物对污染物排放、边界条件、初始条件和化学反应速率的一阶和二阶敏感性系数，提高了对非线性模型响应准确性预测。

DDM 和 HDDM 已经内嵌在 CMAQ 模型和 CAMx 模型中[144]。虽然仅支持对污染物排放、边界条件、初始条件和化学反应速率进行敏感性分析，但已经足以计算模型对大部分输入参数的敏感性系数。对于线性特征明显的响应特征，可直接通过对比各个输入参数的一阶敏感性系数 $S_j^{(1)}$ 识别模型重要输入参数；对于非线性特征明显的响应特征（如 $PM_{2.5}$ 和臭氧），可结合泰勒展开式预测在输入参数扰动一定范围（一般是取值范围）的情形下模型模拟的响应，具体见式（7.4）。实际上，模型重要输入参数的一阶敏感性系数也往往较大，因此大部分情况下一阶敏感性系数也能用于识别非线性模型的重要输入参数，只不过结合二阶敏感性系数能够提供更为准确的判断。

$$\Delta C_{j|pj=pj+\Delta\varepsilon pj} = \Delta\varepsilon S_j^{(1)} + \frac{1}{2}\Delta\varepsilon^2 S_j^{(2)} \qquad (7.4)$$

其中，$\Delta\varepsilon$ 表示模型输入参数的扰动；$S_j^{(1)}$ 和 $S_j^{(2)}$ 分别表示模型对 j 输入参数的一阶敏感性系数和二阶敏感性系数。

另一个比较著名的敏感性研究方法是伴随法，该方法是在最优控制理论和变分法的基础上演变而来的分析方法[145-147]，多应用于排放源清单反演研究和数据同化研究[148-151]。与 DDM/HDDM 的正向方法不同，它采用反向思想来计算模型模拟对输入参数的敏感性。伴随法最初仅限于气相污染物分析，后续才逐渐扩展至气溶胶污染分析。Henze 等在前人的基础上将伴随法耦合到 GEOS-Chem 模型中，并为了支持分析无机气溶胶而在算法中考虑扩散传输、气相化学过程和非均相反应过程[152]。与 DDM 类似，伴随法也是一种局部敏感性分析方法，为了克服伴随法在非线性响应特征分析中的局限[153]，有研究学者把离散二阶伴随（discrete second order adjoints）法耦合到大气化学传输模型中，使得伴随法在解析非线性响应特征方面也具有一定的能力[154]。应用伴随法识别模型重要输入参数的方法与 DDM/HDDM 类似，本书不再做重复介绍。

7.4　不确定性来源量化方法

大气化学传输模型的不确定性来源分为模型结构不确定性和模型输入参数不确定性。模型输入参数为连续型变量，包括污染排放速率、边界和初始条件、化学反应速率和气象参数等，其不确定性优先采用概率分布类型进行描述。常用的概率分布类型包括正态分布、对数正态分布、伽马分布、贝塔分布、韦布尔分布、均匀分布和三角分布等。也有部分研究会采用 95%或者 68.3%置信区间的方式描述模型输入参数的不确定性，对于分布范围较大的输入参数（如排放源清单），默认采用对数正态分布来描述其不确定性，而对于分布范围较小的输入参数（如温度、湿度等），可默认采用正态分布来描述其不确定性。考虑到输入参数在数据来源、估算方法等方面的差异性，不同输入参数的不确定性量化需要采用不同的方法。本节着重介绍排放源清单、气象参数、边界条件以及化学反应速率的不确定性量化方法。

7.4.1　排放源清单的不确定性量化方法

　　排放源清单不确定性分析方法包括定性分析、半定量分析方法和定量分析方法。虽然每一种方法都能量化排放源清单的不确定性，但应用于大气化学传输模型不确定性分析时，需要有排放源清单不确定性的概率分布类型及相关分布参数。而这些信息只能通过定量分析的手段获取。此外，定性分析和半定量不确定性分析方法存在缺陷，也难以准确量化排放源清单的不确定性。相比之下，采用概率分析方法的定量分析不仅能准确量化排放源清单的不确定性范围，还能够识别导致排放源清单估算结果不确定性的关键不确定性来源。因此，在大气化学传输模型不确定性研究中，通常要求采用定量分析的方法提供排放源清单的不确定性信息。关于排放源清单定量不确定性分析方法的详细过程见本书第 3 章内容。

　　排放源清单不确定性的定量分析是一项数据密集型工作，要求对排放源清单的编制过程及不确定性来源有足够的了解，并收集尽可能多的排放因子数据和活动水平数据以准确量化排放源清单的不确定性。最好的方式是在排放源清单编制的过程中同时开展不确定性量化。然而在实际应用中，大部分研究学者采用的排放源清单并非自己编制，采用定量方法量化其不确定性存在难度。在这种情况下，一般可通过文献调研的方式，优先采用研究区域同尺度排放源清单各类污染物的不确定性。如果缺乏同区域同尺度排放源清单不确定性信息，则可以借鉴不同区域或者同区域不同尺度排放源清单不确定性信息，结合对当前排放源清单编制质量的了解情况，对不确定性信息进行调整。

7.4.2　气象参数和边界条件的不确定性量化方法

　　大气化学传输模型多采用 WRF 或者 MM5 等气象数值模型的模拟结果作为气象场输入数据，而边界条件一般也是来自全球或者更大尺度的空气质量模拟数据。受到各自模型输入参数和模型结构不确定性的影响，气象模型和大尺度空气质量模拟同样也存在不确定性，而基于这些模拟结果获取的气象场输入数据和边界条件也必然存在不确定性。理论上，本书提出的复杂模型不确定性分析方法框架也能用于分析气象模型和大尺度空气质量模拟的不确定性，进而量化气象参数和边界条件的不确定性，但高强度的计算量导致这种方法难以在实际中应用。利用集合模拟和通过模拟偏差估计是现阶段量化气象参数和边界条件最主要的两种方法。

　　集合模拟是广泛应用在天气预报和空气质量预报中的一种模拟方式[155]。在集合成员设置得当的前提下，集合模拟也是一种可快速获得模拟结果概率分布的有效方法，能够用于估算模型对初始条件、参数化方案、算法实现、边界条件等模型输入的敏感性[156]。集合模拟的运行方式有多种，包括采用单一模型但不同输入参数扰动的集成方式、采用多个模型但相同输入参数的集成方式以及采用多个模型且交叉不同输入参数扰动的集成方式。前两者分别能大致量化模型输入参数和模型结构引起的模拟不确定性，后者能大致量化输入参数和模型结构同时影响下的模拟不确定性。因此，为了尽可能量化气象场和边界条件不确定性，建议采用多个模型且交叉不同输入参数扰动的集成方式。在通过模型运算获取各个集成成员的模拟值后，可继续利用分布拟合和自展模拟的统计方法量化气象参数或者边界条件的不确定性及分布信息。然而这种量化方法容易受到模型系统误差和集合成员选取的影响。例如，由于主流大气化学传输模型的硫酸盐液相和二次气溶胶形成机制存在缺陷，所有集合成员都有可能低估二次污染浓度，导致边界条件不确定性可能被低估。

　　边界条件的污染物浓度和气象场的主要气象因子都是可观测数据，因此可直接通过对比模拟值和观测值的差异推算气象场和边界条件的不确定性。相比集合模拟方法，通过对比模拟值与观测值推算不确定性的方法能间接考虑模型所有的不确定性来源，在实现方面也相对简单高效。这种方法的基本假设是：如果不确定性是真值的可能取值范围，那么模拟值的不确定范围必然会涵盖绝大部分观测值。目前国内外学者已经建立起多种根据模拟偏差估算模拟值不确定性的统计方法。比较简单的方法有通过统计分析不同污染时段模拟偏差的概率分布作为模拟值的不确定性范围[157]，或者通过假设模拟值的不确定性范围能够覆盖95%的站点平均观测数据，推算模拟值的不确定上限和下限[158]。这两种简单的方法量化的不确定性不具备时间差异性。更为复杂的方法可采用机器学习，甚至是深度学习量化不同时段和空间模拟值的不确定性。

7.4.3　化学反应速率的不确定性量化方法

　　大气化学归纳机理中的化学反应速率可通过文献调研或者查阅 JPL 和 IUPAC 化学反应速率数据集的方式获取。最新版本的 JPL 大气化学反应速率及其不确定性数据为 2011 年发布的第 17 版。IUPAC 是从 1999 年开始发布的，其内容同样包括气相化学和光化学反应的反应速率及其不确定性范围，并且不断进行更新。除了 JPL 和 IUPAC 两个研究机构提供大气化学反应速率相关数据以外，国外还有很多其他研究单位或机构也在进行相关研究并不断将研究成果进行更新与发布。目前大气化学传输模型中的大部分气相化学反应速率的不确定性都可以通过这两个数据库获取。对于 JPL 和 IUPAC 没有收集的反应过程或者缺乏不确定性信息的

反应过程，则通过 NIST 数据库（http://kinetics.nist.gov）收集目标化学过程所有
文献的研究结果，作为测试样本数据，然后采用分布拟合或者自展模拟结合的统
计分析方法量化其不确定性。例如，表 7.1 通过查询 JPL 数据库，列出了 CB05
化学归纳机理中较为重要的化学反应速率的不确定性。

表 7.1　CB05 化学反应速率的不确定性

编号	化学反应	不确定性范围 [a]/%	编号	化学反应	不确定性范围 [a]/%
R1	NO_2	$-16.67\sim20.00$	R41	$OH + OH$	$-28.57\sim40.00$
R2	$O + O_2 + M$ [b]	$-4.31\sim3.20$	R42	$OH + OH$ [b]	$-32.47\sim19.91$
R3	$O_3 + NO$	$-9.09\sim10.00$	R43	$OH + HO_2$	$-23.08\sim30.00$
R4	$O + NO_2$	$-9.09\sim10.00$	R44	$HO_2 + O$	$-9.09\sim10.00$
R5	$O + NO_2$ [b]	$32.74\sim34.52$	R45	$H_2O_2 + O$	$-50.00\sim100.00$
R6	$O + NO$ [b]	$-0.50\sim0.50$	R46	$NO_3 + O$	$-33.33\sim50.00$
R7	$NO_2 + O_3$	$-13.04\sim15.00$	R47	$NO_3 + OH$	$-33.33\sim50.00$
R8	O_3	$-9.09\sim10.00$	R48	$NO_3 + HO_2$	$-33.33\sim50.00$
R9	O_3	$-23.08\sim30.00$	R50	$NO_3 + NO_3$	$-33.33\sim50.00$
R11	$O_1D + H_2O$	$-16.67\sim20.00$	R51	PNA	$-50.00\sim100.00$
R12	$O_3 + OH$	$-16.67\sim20.00$	R52	HNO_3	$-23.08\sim30.00$
R13	$O_3 + HO_2$	$-13.04\sim15.00$	R53	N_2O_5	$-50.00\sim100.00$
R14	NO_3	$-33.33\sim50.00$	R54	$XO_2 + NO$	$-16.67\sim20.00$
R15	NO_3	$-33.33\sim50.00$	R55	$XO_2N + NO$	$-16.67\sim20.00$
R16	$NO_3 + NO$	$-23.08\sim30.00$	R56	$XO_2 + HO_2$	$-33.33\sim50.00$
R18	$NO_3 + NO_2$ [b]	$-13.27\sim11.27$	R57	$XO_2N + HO_2$	$-33.33\sim50.00$
R22	$NO + NO_3 + O_2$ [b]	$-2.03\sim1.02$	R58	$XO_2 + XO_2$	$-50.00\sim100.00$
R24	$NO + OH$ [b]	$-28.61\sim27.59$	R59	$XO_2N + XO_2N$	$-50.00\sim100.00$
R26	$OH + HONO$	$-33.33\sim50.00$	R60	$XO_2 + XO_2N$	$-50.00\sim100.00$
R28	$NO_2 + OH$ [b]	$-36.39\sim38.61$	R64	ROOH	$-33.33\sim50.00$
R34	$HO_2 + HO_2$	$-23.08\sim30.00$	R66	$OH + CH_4$	$-9.09\sim10.00$
R36	H_2O_2	$-23.08\sim30.00$	R67	$MEO_2 + NO$	$-13.04\sim15.00$
R37	$OH + H_2O_2$	$-13.04\sim15.00$	R68	$MEO_2 + HO_2$	$-23.08\sim30.00$
R38	$O_1D + H_2$	$-9.09\sim10.00$	R69	$MEO_2 + MEO_2$	$-16.67\sim20.00$
R39	$OH + H_2$	$-9.09\sim10.00$	R70	$MEPX + OH$	$-28.57\sim40.00$
R40	$OH + O$	$-16.67\sim20.00$	R71	MEPX	$-33.33\sim50.00$

编号	化学反应	不确定性范围 [a]/%	编号	化学反应	不确定性范围 [a]/%
R72	MEOH + OH	−13.04～15.00	R95	PACD + OH	−20.00～25.00
R73	FORM + OH	−16.67～20.00	R97	AACD + OH	−20.00～25.00
R76	FORM + O	−20.00～25.00	R107	CXO_3 + HO_2	−34.66～34.66
R77	FORM + NO_3	−23.08～30.00	R108	CXO_3 + MEO_2	−20.27～20.27
R82	FACD + OH	−16.67～20.00	R110	CXO_3 + CXO_3	−20.27～20.27
R83	ALD2 + O	−20.00～25.00	R111	CXO_3 + C_2O_3	−20.27～20.27
R84	ALD2 + OH	−16.67～20.00	R118	O_3 + OLE	−9.12～9.12
R85	ALD2 + NO_3	−23.08～30.00	R120	O + ETH	−13.12～13.12
R87	C_2O_3 + NO	−33.33～50.00	R122	O_3 + ETH	−11.16～11.16
R91	C_2O_3 + HO_2	−50.00～100.00	R170	OH + ETOH	−9.12～9.12
R92	C_2O_3 + MEO_2	−33.33～50.00	R171	OH + ETHA	−4.77～4.77
R94	C_2O_3 + C_2O_3	−33.33～50.00			

　　a. 不加说明，不确定性的分布类型为对数正态分布。

　　b. 表示基于 NIST 收集的数据采量化得到，其他来自 JPL 数据库。

7.4.4　模型结构的不确定性量化方法

　　不同于模型输入参数，模型结构的输出更为复杂。部分模型结构有明确的输出值，可以采用单一数值或者数组进行量化。例如，N_2O_5 的摄取参数化方案的输出结果为摄取系数，干沉降参数化方案的输出结果为不同污染物的沉降速率。然而，也有部分模型结构没有明确的输出值，更多的是体现为对模型的影响或者作用，如模型的水平分辨率等。因此，对于模型结构的不确定性量化，很难采用置信区间或者概率分布函数进行量化。在实际应用中，多采用模型结构的所有参数化方案作为样本空间进行表征，并且在缺乏观测数据校验的情况下，可认为空间中每一个参数化方案发生的概率完全相等。例如，采用 CB05、CB06、SAPRC99、SAPRC07 和 RADM2 等归纳机理参数化方案组成样本空间代表大气化学机理的不确定性。在开展不确定性传递时，随机在这个样本空间中抽取一种参数化方案作为模型输入。不同参数化方案模拟的污染物浓度能大致作为模型模拟的不确定性影响量化。需要注意的是，模型结构的不确定性是由于在建模过程中对真实的物理、化学反应进行简化处理或者认识不足造成的，这种量化方法只能够大致量化由于不同建模方法带来的不确定性，而无法量化由于认知不足或者认知缺陷带来的不确定性。

7.5　不确定性传递方法

大气化学传输模型的不确定性传递方法有多种，大致分为以 MCM 和 LHS 为代表的随机模拟传递方法和以 HDDM-RFM 和 SRSM 等为代表的简化模型传递方法。基于随机模拟的传递方法对分析的不确定性来源数量没有限制，并且可以同时传递模型结构和模型输入参数不确定性，但分析效率低；简化模型传递方法是通过构建仿真原始复杂模型的简化模型，然后利用简化模型代替原始复杂模型开展不确定性传递，大大提高了不确定性的传递效率。根据构建方式的差异，简化模型又可分为基于统计的简化模型方法（如 SRSM 和 RSM）和基于泰勒级数展开的简化模型方法（如 HDDM-RFM），前者是对多次模拟运行结果进行拟合统计分析，求解简化模型多项式的待定系数；后者是利用 OAT 或者 HDDM 技术直接计算简化模型多项式的待定系数。简化模型的输入限制为连续型变量，因此简化模型方法只能传递模型输入参数不确定性。为了同时传递模型结构不确定性，国外有研究提出了将集合模拟和简化模型相结合的方法 Ensemble-RFMs。有关大气化学传输模型不确定性传递方法的综述和研究进展参见本书第 8 章内容。

目前应用在大气化学传输模型中的不确定性传递方法，MCM、HDDM-RFM 和 SRSM 最常见。但这三种方法均存在不足，本书作者团队特别针对 HDDM-RFM 和 SRSM 方法进行了优化和改进，提出了在传递准确性和效率方面能达到更好平衡的逐步 HDDM-RFM 和 HDDM-SRSM。本书第 8 章中详细介绍了这两种新方法。本节重点介绍 HDDM-RFM 和 SRSM 这两种更为基础的不确定性传递方法，同时也简单介绍 Ensemble-RFMs 的思路。MCM 方法操作简单，具体过程可参考本书第 2 章内容。

7.5.1　HDDM-RFM 简化模型法

HDDM-RFM 是根据 HDDM 敏感性分析技术解析的一阶和二阶敏感性系数，利用泰勒级数展开的方法构建逼近模型输入和输出的响应关系的多项式 [式（7.5）]，其核心思想是泰勒公式。

$$C_{RFM} = C_{base} + \sum_{j=1}^{J} \Delta \varepsilon_j \times S_{base,j}^{(1)} + \sum_{j=1}^{J} \frac{\Delta \varepsilon_j^{\,2}}{2} \times S_{base,j}^{(2)} + \sum_{j \neq k} \Delta \varepsilon_j \Delta \varepsilon_k \times S_{base,j,k}^{(2)} \qquad (7.5)$$

其中，C_{RFM} 为 HDDM-RFM 简化模型的预测浓度；C_{base} 为基准情景下的模拟浓度；$S_{base,j}^{(1)}$ 和 $S_{base,j}^{(2)}$ 分别为基准情景下模拟浓度对输入参数 j 的一阶敏感性系数和二阶敏感性系数；$S_{\text{base},j,k}^{(2)}$ 则代表基准情景下模拟浓度对输入参数 j 和 k 的交叉敏感性系数；$\Delta\varepsilon_j$ 为输入参数 j 相对基准情景下的扰动比例，取值范围为 $[-1,+\infty)$，其中 0 表示没有变化；$\Delta\varepsilon_k$ 为数据参数 k 相对基准情景下的扰动比例；J 表示简化模型考虑的输入参数个数。

　　二阶泰勒展开多项式中的系数刚好对应 HDDM 计算的一阶敏感性系数、二阶敏感性系数和交叉敏感性系数，仅依赖 HDDM 便可快速构建描述模型输入和输出响应关系的简化模型。HDDM-RFM 方法高效简单，且在开展不确定性分析时，HDDM-RFM 建立的简化模型不受输入参数分布类型的影响，即在输入参数的分布类型或者不确定性范围发生变化时，HDDM-RFM 无须重新构建简化模型。但HDDM-RFM 依赖于 HDDM，其输入参数也仅限于 HDDM 所支持的模型输入参数。虽然 HDDM 不支持的模型输入参数的敏感性系数可以通过 OAT 模拟估算，但这不仅需要计算单个输入的一阶敏感性系数和二阶敏感性系数，还需要计算与其他参数的交叉敏感性系数，计算量大。另外，HDDM 实质上是局部敏感性分析方法，其计算的敏感性仅代表模型在基准情景下的局部响应。在输入参数扰动变化不大时，HDDM 的预测结果可靠，但对于输入参数扰动范围较大的非线性响应（一般认为超过 50%～60%），HDDM 存在明显的预测偏差。为克服这个问题，本书在 HDDM-RFM 的基础上提出逐步 HDDM-RFM 方法。逐步 HDDM-RFM 方法的详细建立过程见本书第 8 章。

7.5.2　基于随机响应曲面的简化模型法（SRSM-RFM）

　　SRSM-RFM（一般简称为 SRSM）是传统 RSM 方法的扩展，其基本思想是采用基于 Hermite 多项式的响应曲面方程描述符合标准随机变量的输入与输出的函数关系。SRSM 简化模型的建立过程可分为三个步骤：①随机输入参数的标准化；②基于 Hermite 的随机多项式展开；③待定系数求解。其详细过程如图 7.3 所示。

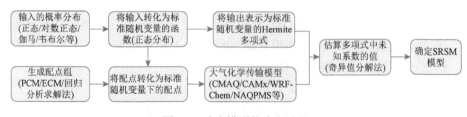

图 7.3　响应模型的建立过程

　　（1）随机输入参数的标准化。SRSM 简化模型建立的第一步是随机输入参数的标准化，即将输入参数转化为标准随机变量。正态随机变量概率密度平方可积，便于数学计算，因此一般选择独立同分布的标准正态随机变量 $\{\xi_i\}_{i=1}^{n}$ 作为标准随机变量，其中 n 为随机变量的个数，即

$$X=f^{-1}\big[\varPhi(\xi)\big] \tag{7.6}$$

其中，X 为模型输入变量；$f^{-1}[]$ 为输入随机变量累积分布函数的反函数，$\varPhi(\xi)$ 为标准正态分布的累积概率函数。不同分布类型的模型输入变量与标准正态分布随机变量之间的映射关系如表 7.2 所示。

表 7.2　不同分布类型对应转换表达式[159]

输入参数的概率分布	转换为标准正态分布随机变量
均匀分布 Uniform(a, b)	$a+(b-a)\varPhi(\xi)$
正态分布 Normal(μ, σ)	$\mu+\sigma\xi$
对数正态分布 Lognormal(μ, σ)	$\exp(\mu+\sigma\xi)$
伽马分布 Gamma(a, b)	$ab(\xi\sqrt{\dfrac{1}{9a}}+1-\dfrac{1}{9a})$
指数分布 Exponential(λ)	$-\dfrac{1}{\lambda}\log(\varPhi(\xi))$
韦布尔分布 Weibull(a)	$y^{\frac{1}{a}}$

（2）基于 Hermite 的随机多项式展开。以 Hermite 多项式为基，将模型输出表示为由标准变量组成的多项式：

$$\begin{aligned}
y = a_0 &+ \sum_{i_1=1}^{n} a_{i_1}\Gamma_1\big(\xi_{i_1}\big) \\
&+ \sum_{i_1=1}^{n}\sum_{i_2=1}^{i_1} a_{i_1 i_2}\Gamma_2\big(\xi_{i_1},\xi_{i_2}\big) + \sum_{i_1=1}^{n}\sum_{i_2=1}^{i_1}\sum_{i_3=1}^{i_2} a_{i_1 i_2 i_3}\Gamma_3\big(\xi_{i_1},\xi_{i_2},\xi_{i_3}\big) + \cdots
\end{aligned} \tag{7.7}$$

其中，a_{i_1}，$a_{i_1 i_2}$ 和 $a_{i_1 i_2 i_3}$ 为多项式的待定系数；$\Gamma_k\big(\xi_{i_1},\xi_{i_2},\cdots,\xi_{i_n}\big)$ 为 k 阶 Hermite 多项式。

$$\Gamma_n\big(\xi_{i_1},\xi_{i_2},\cdots\xi_{i_n}\big)=(-1)^n e^{0.5\{\xi\}\{\xi\}^{\mathrm{T}}}\frac{\partial n}{\partial\xi_{i_1},\cdots,\xi_{i_n}}e^{-0.5\{\xi\}\{\xi\}^{\mathrm{T}}} \tag{7.8}$$

由此可得一维 Hermite 多项式可表示为

$$H_0=1, H_1(\xi)=\xi, H_2(\xi)=\xi^2-1, H_{(i+1)}(\xi)=\xi H_i(\xi)-iH_{(i-1)}(\xi) \tag{7.9}$$

基于标准正态随机变量 $\{\xi_i\}_{i=1}^{n}$ 的 Hermite 多项式具有正交性。此外，多维

Hermite 多项式形成了平方可积概率密度函数空间的正交基。因此，式（7.7）的级数是均方收敛的。模型输出的一阶、二阶和三阶 Hermite 多项式随机响应曲面可表示为

$$y = a_0 + \sum_{i=1}^{n} a_i \xi_i \tag{7.10}$$

$$y = a_0 + \sum_{i=1}^{n} a_i \xi_i + \sum_{i=1}^{n} a_{ii}(\xi_i^2 - 1) + \sum_{i=1}^{n-1} \sum_{j>i}^{n} a_{ij} \xi_i \xi_j \tag{7.11}$$

$$y = a_0 + \sum_{i=1}^{n} a_i \xi_i + \sum_{i=1}^{n} a_i a_{ii}(\xi_i^2 - 1) + \sum_{i=1}^{n} a_{iii}(\xi_i^3 - 3\xi_i) +$$
$$\sum_{i=1}^{n-1} \sum_{j>i}^{n} a_{ij} \xi_i \xi_j + \sum_{i=1}^{n} \sum_{j=1}^{n} a_{ijj}(\xi_i \xi_j^2 - \xi_i) + \sum_{i=1}^{n-2} \sum_{j>i}^{n-1} \sum_{k>j}^{n} a_{ijk} \xi_i \xi_j \xi_k \tag{7.12}$$

由响应多项式可得出，对于模型输入参数个数为 n，Hermite 多项式最高阶数为 k 的响应多项式来说，待定系数个数为

$$N = \frac{(k+n)!}{k!n!} \tag{7.13}$$

随着输入参数和 Hermite 多项式数量的增加，Hermite 多项式越发复杂。因此，在满足要求精度的前提下，应尽量采用低阶 Hermite 多项式。对于大气化学传输模型，二阶和三阶随机响应曲面模型的准确性一般能够满足后续不确定性传递的需要。

（3）待定系数求解。SRSM 中求解待定系数的方法有概率配点法（probabilistic collocation method，PCM）、有效配点法（efficient collocation method，ECM）和回归分析求解法（regression based method）。

PCM 的基本原理是在给定的配点上多项式的响应值与原始复杂模型的模拟值相等，由此可得出一组关于待定系数的方程组，求解此方程组即可得到简化模型多项式中各待定系数的值。配点选择的数量同等于待求解的系数数量。对于 n 阶多项式配点的选取，通常是从 $(n+1)$ 阶 Hermite 多项式的根中进行选取，在实际计算过程中，若零点并非 $(n+1)$ 阶多项式的根，则应将 0 点加至配点数组中。Hermite 多项式的根如表 7.3 所示。

表 7.3　Hermite 多项式的根

阶数	Hermite 多项式	Hermite 多项式的根
2	$\xi^2 - 1$	$-1, 1$
3	$\xi^3 - \xi$	$-\sqrt{3}, 0, \sqrt{3}$
4	$\xi^4 - 6\xi^2 + 3$	$-\sqrt{3+\sqrt{6}}, -\sqrt{3-\sqrt{6}}, \sqrt{3+\sqrt{6}}, \sqrt{3-\sqrt{6}}$

从表 7.3 可见，高阶 Hermite 多项式的根有可能不处于高概率区域。例如，4阶 Hermite 多项式的值中并没有包含 0 点，但 0 点在正态随机分布中正是对应最高概率区域。缺乏这些高概率的配点可能导致响应多项式在高概率区域精度较低。为了提高 SRSM 简化模型在高概率区域的准确性，国外研究学者在 PCM 方法的基础上提出了 ECM 方法。ECM 方法步骤与 PCM 方法基本一致，但在配点选择上优先选择靠近 0 点的根，并且尽量保持配点关于 0 点对称。

随着输入参数数目的增加，可供选择的配点数目也将大幅度增长。理论上，任何配点的选择都能比较精确地求解多项式待定系数。但实际上，不同配点组合可能得到完全不同的随机响应量概率密度函数，求解的待定系数也存在差异。PCM 和 ECM 的配点数与待定系数数量相同，多项式待定系数求解不稳定，尤其在输入变量和 Hermite 多项式的阶数较多时，不同配点建立的 SRSM 简化模型可能存在显著差异[160]。为克服这个问题，Isukapalli 和 Georgopoulos[159]建议采用回归分析求解法代替 ECM 求解待定系数。回归分析求解法在配点的选择原则上与 ECM 方法相同，但选择的配点个数建议为待定系数数量的 2 倍，增加的配点数在一定程度上降低了每一个配点对响应多项式系数的影响，进而提高 SRSM 简化模型构建的稳定性。在方程组求解方面，由于方程的数目大于未知数的个数，可采用奇异值分解法求解。

多项式待定系数确定后，应该对响应多项式输出响应值进行分析，以确定 SRSM 简化模型是否趋于收敛。判断 n 阶 SRSM 简化模型是否收敛，通常是将 n 阶 SRSM 简化模型的响应值与 $n+1$ 阶 SRSM 简化模型的响应值进行对比分析，如果两者概率分布函数接近则收敛，否则应采用更高阶的 Hermite 多项式。

相比 HDDM-RFM，SRSM 在模型输入参数选择上更加灵活，不受 HDDM 支持输入参数的限制。另外，SRSM 简化模型的配点基本覆盖输入参数的不确定性范围，因此在输入扰动变化较大时仍具有很高的准确性。然而，建立 SRSM 简化模型需要多次运行大气化学传输模型，简化模型建立效率方面与 HDDM-RFM 相比较低。尤其是随着不确定性分析中输入参数个数的增加，建立 SRSM 简化模型所需的模型运行次数呈现指数级增加。为克服这个问题，本书在 SRSM 的基础上提出 HDDM-SRSM 方法，利用 HDDM 计算的敏感性系数显著提高了 SRSM 简化模型的建立效率。HDDM-SRSM 方法的详细建立过程见本书第 8 章。

7.5.3　集合模拟与简化模型结合方法（Ensemble-RFMs）

SRSM 和 HDDM-RFM 等基于简化模型的方法只能传递模型输入参数不确定性，但大气化学传输模型的不确定性来源不仅有输入参数不确定性，还包括模型结构不确定性。针对这种情况，可采用集合模拟和简化模型相结合的不确定性传递方法（Ensemble-RFMs）。在该方法中，集合模拟通过模拟不同参数化方案的模型实现模型结构不确定性的传递，简化模型用于传递模型输入参数的不确定性，两者相结合还能考虑模型结构不确定性和输入参数不确定性的相互作用。下面以开展大气化学归纳机理结构和排放源清单输入的 CMAQ 模型模拟不确定性分析为例子，简单介绍利用 Ensemble-RFMs 开展不确定性传递的步骤。

（1）定量分析排放源清单的不确定性，采用常用的大气化学归纳机理参数化方案为 CB05、CB06、SAPRC99、SAPRC07 和 RADM，以大致量化大气化学归纳机理结构不确定性。

（2）建立 5 个内嵌不同大气化学归纳机理参数化方案的 CMAQ 模型，分别为 CB05-CMAQ 、 CB06-CMAQ 、 SAPRC99-CMAQ 、 SAPRC07-CMAQ 和 RADM-CMAQ。

（3）针对每一个模型，分别采用 HDDM-RFM 方法建立以排放源清单排放速率为输入参数的简化模型，标记为 CB05-RFM、CB06-RFM、SAPRC99-RFM、SAPRC07-RFM 和 RADM-RFM。

（4）根据排放源清单的概率分布，对排放源清单取值进行随机抽样，同时在 5 个简化模型中随机抽取一个简化模型，模拟排放源清单在该取值下的污染物模拟浓度。

（5）循环第四个步骤 1000～10000 次，统计多次抽样下的污染物浓度分布情况，从而量化考虑大气化学归纳机理结构和排放源清单输入的 CMAQ 模型模拟不确定性。

需要说明的是，Ensemble-RFMs 需要构建不同模型参数化方案组合下的简化模型。当考虑的模型结构不确定性数量较多时，不同模型结构组合的大气化学传输模型数量明显上升，简化模型构建所需的计算量也大幅度上升。因此，Ensemble-RFMs 仅适合考虑较少结构不确定性来源的分析研究。

7.6　不确定性结果评价

20 世纪 90 年代出现的集合预报大大促进了概率预报评价技术的发展[161]。在天气概率预报方面，国内外学者已经建立起完整的概率预报评价指标，主要从集合预报系统的成员概率等同性、概率预报均值的优越性、离散度与模拟偏差的相关性、概率预报的可靠性以及可辨识度等多方面检验概率预报系统的准确性[162-165]，并指导集合预报系统改进[166]。其中，集合预报系统的成员概率等同性是指一个良好的集合预报系统，每个成员预报准确概率是同等的，一般可通过 Talagrand 分布验证；基于集合模拟的概率预报消除了模型的随机误差，因此理论上概率预报的均值总体上优于单一模型的预报结果；离散度（spread-skill）是用于描述集合预报系统中集合成员的差异性指标，其定义为集合成员的标准偏差，而离散度与模拟偏差的相关性是指理想预报系统中的集合离散度与模拟偏差有显著的正相关关系，在集合预报中，一般认为离散度越大，预报的准确性越低，模拟偏差往往就越明显，反之亦然；可靠性是指某个事件的概率预报结果与观测中该事件出现的概率是否具有一致性；可辨识度是指预报系统区分具有不同概率的事件的能力。可靠性和可辨识度可采用 BS、可靠性图、ROC 分析等方法检验。

　　与概率预报类似，大气化学传输模型的不确定性分析结果也需要进行评价，但现阶段针对大气化学传输模型不确定性分析的评价指标尚未系统建立。针对这个问题，本书参考天气概率预报方法以及作者对不确定性分析的认识，初步提出大气化学传输模型不确定性分析评价方法。与集合预报不同，不确定性分析无须关注概率等同性，但需要考虑量化不确定性结果是否完整。另外，鉴于不确定性分析结果在概率预报中应用的可能性，概率预报的可靠性以及可辨识度也是不确定性分析的评价重点。基于此，本书认为大气化学传输模型不确定性分析需要在不确定性均值的优越性、不确定性完整性、离散度与模拟偏差的相关性和概率预报的可靠性这 4 方面给予评价。

　　不确定性均值消除了模型的部分随机误差，因此理论上，模拟结果的不确定性均值与单一模拟结果相比有更好的表现。通过检验不确定性均值是否优于单一模拟值，可判断不确定性分析是否具备合理性，常用的平均误差分数（mean frational error，FE）、平均偏差分数（mean fractional bias，FB）、标准化平均误差（normalized mean error，NME）和标准化平均偏差（normalized mean bias，NMB）等模型评价指标都可以评价不确定性均值的优越性。不确定性分析目的是量化模型的不确定性范围以及识别模型的关键不确定性来源，重要不确定性来源是否考虑完整对准确量化模型不确定性和模型诊断至关重要，如果量化的不确定性缺失严重，则分析中需要进一步完善不确定性来源。不确定性完整性可采用观测数据覆盖率（percentage of coverage，POC）或者概率积分变换（probability integral transform，PIT）图进行评价。与集合模拟类似，不确定性分析的离散度与模拟偏差也同样存在相关性，即离散度高的模拟时段或区域往往存在明显的模拟偏差，因此合理的不确定性分析必然也能体现出这种相关性。这可通过 SSC（spread-skill correlation）和 SER（spread-error rate）这两个评价指标进行评价。可靠性和可辨识度检验是评价不确定性分析在概率预报方面是否具有应用价值的重要评价指标。广泛应用在天气概率预报中的大部分评价指标都可以用于检验不确定性分析的可靠性和可辨识度，其中最为广泛使用的指标有 BS 和可靠性图。下面将对以上提到的指标进行逐一介绍。

　　1. FE、FB、NME 和 NMB

　　这四个指标是空气质量模拟中常见的评价指标，其中 NMB 和 FB 反映模拟值与观测值的平均偏离程度，NME 和 FE 则是量化其平均绝对误差。但不同之处是，NMB 和 NME 是采用观测值对模拟值进行标准化处理，容易高估偏高的模拟值对其结果的影响；FB 和 FE 则是采用观测和模拟的均值对模拟值进行标准化处理，这平衡了模型高估和低估对指标的影响[167]。这四个评价指标都是没有量纲的统计量，其值越小，表明模拟效果越好。

$$NMB = 100\% \times \frac{\sum\limits_{j}^{m}(x_j - o_j)}{\sum\limits_{j}^{m} o_j} \tag{7.14}$$

$$NME = 100\% \times \frac{\sum\limits_{j}^{m}|x_j - o_j|}{\sum\limits_{j}^{m} o_j} \tag{7.15}$$

$$FB = 100\% \times \frac{2}{m}\sum\limits_{j}^{m}\frac{x_j - o_j}{x_j + o_j} \tag{7.16}$$

$$FE = 100\% \times \frac{2}{m}\sum\limits_{j}^{m}\frac{x_j - o_j}{x_j + o_j} \tag{7.17}$$

其中，x_j 表示所有站点和模拟时段的模拟值或不确定性均值；o_j 是与模拟值相对应的观测值；m 是所有站点和模拟时段内观测值的数量。

2. POC

不确定性是模拟真值的可能取值范围，当所有的不确定性来源都被考虑时，模拟浓度的不确定性范围在理论上能覆盖所有的观测浓度。因此，可通过统计被不确定性范围覆盖的观测值比例来评价不确定性的完整性。为了减少极值和小概率事件对 POC 的影响，建议采用 95%的不确定性范围进行计算。

$$POC = \frac{n_{95\%}}{m} \times 100\% \tag{7.18}$$

其中，$n_{95\%}$ 是模拟浓度的 95%不确定性范围所覆盖的观测数量；m 是所有站点和模拟时段内观测值数量。

3. SSC 和 SER

SSC 是集合预报中常见的量化离散度与集合均值模拟偏差相关性的指标，其定义为离散度与集合平均值的绝对模拟偏差的相关性。这个指标应用于不确定性分析中体现为 MCM 方法传递结果的离散度与均值模拟偏差的相关性。如果相关系数达

0.6 以上，则表明观测值与不确定性没有明显的差异，即考虑的不确定性来源是引起绝大部分模拟偏差的主要原因，诊断的关键不确定性来源在指导模型改进方面将更有可靠性。如果相关系数偏低，则表明考虑的不确定性来源与模拟偏差不直接相关，但这有可能是没有考虑模型输入不确定性的时空差异性引起的。虽然理论上 SSC 的取值范围为[0, 1]，但在实际应用中，SSC 很难高于 0.6。另外，当不确定性诊断时间较长时，SSC 容易偏低，表明 SSC 具有一定的偏向性[168]。

SER 是量化离散度与模拟均值相关的另外一个指标，其定义为离散度的平方和与均值模拟偏差的平方和的比率。当 SER>1 时，表明不确定性分析结果过度分散；当 SER<1 时，则表明不确定性分析结果分散不足。当 SSC 显著时，SER 则趋近于 1，但由于 SER 是空间和时间平均结果的一个统计量，SSC 不明显时，SER 也可能较为明显[169]。因此 SER 当在分析量化离散度与模拟均值相关方面较弱，建议作为补充评价指标。

$$SSC = \rho\left(\sqrt{\frac{1}{n}\sum_{i}^{n}(x_{ij} - \overline{x}_j)^2}, |\overline{x}_j - o_j|\right) \tag{7.19}$$

$$SER = \sqrt{\frac{\dfrac{1}{m}\sum_{j}^{m}\dfrac{1}{n}\sum_{i}^{n}(x_{ij} - \overline{x}_j)^2}{\dfrac{1}{m}\sum_{j}^{m}(\overline{x}_j - o_j)^2}} \tag{7.20}$$

其中，ρ 表示相关系数；n 为蒙特卡罗模拟中的抽样次数（在集合模拟中则为集合成员的个数）；x_{ij} 代表与第 j 个观测值 o_j 相对应的第 i 次蒙特卡罗模拟值；$\overline{x}_j$ 则表示多次蒙特卡罗模拟的均值。

4. BS

BS 是由美国学者 Brier 在 1950 年提出的广泛应用于天气概率预报的评分方法[170]。BS 定义事件预报的均方概率误差，见式（7.21）。

$$BS = \frac{1}{m}\sum_{i=1}^{m}(p_i - o_i)^2 \tag{7.21}$$

其中，m 为二分类事件的预报总个数；p_i 为第 i 次预报事件发生的概率；o_i 为第 i 次事件实际观测中发生的概率，事件出现为 1，不出现为 0。对于空气质量，事件可定义为污染浓度是否超标。BS 的取值范围是[0, 1]，BS 值越小越好，BS = 0 表示概率预报最佳。BS 实际上考虑了概率预报的可靠性、可分辨度和不确定性 [式（7.22）]。其中，可靠性代表的是预报概率与观测频率的一致程度，值越小表示可靠性越好。可分辨度是度量预报概率与气候态频率的区别程度，可分辨度越大表示分辨性越好。

$$\mathrm{BS} = \frac{1}{m}\sum_{j=1}^{k} n_j \left(p_j - \overline{o_j} \right)^2 - \frac{1}{m}\sum_{j=1}^{k} n_j \left(\overline{o_j} - \overline{o} \right)^2 + \overline{o}\left(1 - \overline{o} \right)^2 \qquad (7.22)$$

其中，概率空间被分为 k 个区域（一般为 10）；n_j 是在每个区域中预报的个数；p_j 是第 j 个区域中事件发生的平均预报概率；$\overline{o_j}$ 是第 j 个区域中事件发生的平均观测概率；$\overline{o}$ 是事件在所有观测中平均发生的概率。式（7.22）中右边第一项表示为概率预报的可靠性，第二项为概率预报的可分辨度，最后一项代表观测数据的不确定性。需要注意的是，对于小概率事件的概率预报，BS 存在倾向性，因此建议 BS 和 bias 方法一起使用[式（7.23）][171]。

$$\mathrm{bias} = 100 \times \frac{R_f - \overline{o}}{\overline{o}} \qquad (7.23)$$

其中，R_f 是为平均预报概率；bias>0 表示有过分预报倾向，反之表示有过少预报倾向。

5. 可靠性图

可靠性图是描述某一事件预测的概率分布和实际观测的条件概率分布或频率分布相关性的二维图（图 7.4），是评估概率预报的可靠性和可分辨度的另外一种方法。预测概率如果与观测概率完全一致，在可靠性图中则是一条以原点出发斜率为 45°的直线，称为绝对可靠线（perfect reliability line）。可靠性曲线与绝对可靠线的均方距离为概率预报的可靠性，可靠性曲线与气候态频率（climatological frequency）的均方距离为概率预报的可分辨度。可靠性曲线越接近绝对可靠线，概率预报的结果越可靠。气候态频率是过去数十年事件的统计平均值，如果概率预报的可靠性曲线与气候样本频率曲线越接近，则表明概率预报的可分辨度被高估，并且可靠性不足，预报准确性无法满足应用需求。通常采用对角线与气候态频率的中间直线无技巧直线（line of no skill）作为依据，判断概率预报是否满足应用需求。如果可靠性曲线位于无技巧直线之上，则概率预报满足应用需求[172]。

建立可靠性图的详细步骤如下：

（1）确定预报概率空间区域的数量。一般将预报概率空间划分为大小相同的 10 个区域，每个区域的宽度为 10%。

（2）根据区域空间选择相对应的观测数据与模拟数据。例如，对于第一区域，选择事件预报概率为 0～10%的模拟值以及相对应的观测数据；对于第二区域，选择事件预报概率为 10%～20%的模拟值以及相对应的观测数据。

（3）计算每一个区域中事件发生的平均观测概率。

（4）根据每一个区域的平均观测概率与平均预报概率绘制可靠性曲线。

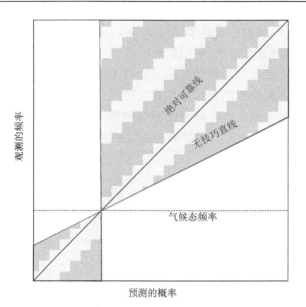

图 7.4 可靠性图

（5）根据所有站点和所有时间段的观测数据，计算事件的平均观测概率，绘制气候态频率直线（水平直线）。

（6）在对角线和气候态频率直线中间绘制无技巧直线。

7.7 不确定性溯源方法

识别模型关键不确定性来源有助于指导模型改进的方向和重点，从而降低模型模拟的不确定性，进而提高模拟效果。大气化学传输模型不确定性分析中经常采用的关键不确定性来源识别方法有相关系数法和基于方差的来源解析法。其中，相关系数法更加适用于线性模型，而基于方差的来源解析法则可用于非线性模型和线性模型。以下将对这两种方法进行简要介绍。

1. 相关系数法

相关系数是用于描述模型输入和输出的线性相关程度，相关系数越大，表明模型输入对模型输出的影响越明显。因此，相关系数法只需通过统计对比不同模型输入与模型输出的相关系数，便可识别关键不确定性来源。常用的相关系数方法有皮尔逊相关系数法和等级相关系数。具体公式见本书第 2 章。

2. 基于方差的来源解析法

模型输出的方差可分解为单参数作用方差和多参数相互作用方差，其中前者只由单个模型输入变化引起的而不受其他模型输入变化的影响，后者是由多个模型输入相互作用引起的。在简化模型法中，模型输出与输入的响应关系通过由单一参数的多项式和多个参数的多项式共同描述。根据这些多项式，可将模型输出分解为单一参数的作用和多个参数的作用，从而快速获取单参数作用方差和多参数相互作用方差。由于模型的不确定性与方差相关，输入参数对模型的影响可采用单参数作用方差与模型输出的方差之比量化，其过程见式（7.24）～式（7.26）。

$$\Delta C_{\text{output}} = \sum_{q-1}^{n} \Delta C_q + \Delta C_{\text{joint}} \tag{7.24}$$

$$P_q = \frac{\sigma_q^2}{\sigma_{\text{output}}^2} \times 100\% \tag{7.25}$$

$$P_{\text{joint}} = \frac{\sigma_{\text{joint}}^2}{\sigma_{\text{output}}^2} \times 100\% \tag{7.26}$$

其中，ΔC_{output} 相对基准情景的浓度变化；ΔC_q 则是仅由模型输入 q 扰动引起的浓度变化；ΔC_{joint} 是多个模型输入共同扰动作用下的浓度变化，这三者的方差分别为 σ_{output}^2、σ_q^2 和 σ_{joint}^2。P_q 代表模型输入 q 对模型输出不确定性的影响；P_{joint} 代表多个参数的相互作用对模型输出不确定性的影响，也称为交叉影响（cross effect）。需要说明的是，σ_{output}^2 不一定等于 σ_q^2 和 σ_{joint}^2 的和，因此所有参数对模型输出不确定性的影响以及交叉作用的和也不一定为 100%。

参 考 文 献

[1] Brasseur G P, Jacob D J. Modeling of Atmospheric Chemistry[M]. Cambridge: Cambridge University Press, 2017.

[2] Cope M, Lee S, Noonan J, et al. Chemical Transport Model: Technical Description[EB/OL]. [2020-12-23]. http://www.cawcr.gov.au/technical-reports/CTR_015.pdf.

[3] Atkinson D G, Bailey D T, Irwin J S, et al. Improvements to the EPA industrial source complex dispersion model[J]. Journal of Applied Meteorology, 1997 (36): 1088-1095.

[4] Scrie J S, Strimaitis D G, Yamartino R J. A User's Guide for the CALPUFF Dispersion Model[M]. Concord: Earth Tech. Inc, 2000: 521.

[5] Callahan C V, Held T J, Dryer F L, et al. Experimental data and kinetic modeling of primary reference fuel mixtures[J]. Symposium (International) on Combustion, 1996, 26 (1): 739-746.

[6] Tesche T W. Photochemical dispersion modeling: Review of model concepts and applications studies[J]. Environment International, 1983, 9 (6): 465-489.

[7] Scheffe R D, Morris R E. A review of the development and application of the Urban Airshed model[J]. Atmospheric Environment. Part B. Urban Atmosphere, 1993, 27 (1): 23-39.

[8] Khan S, Hassan Q. Review of developments in air quality modelling and air quality dispersion models[J]. Journal

of Environmental Engineering and Science, 2021, 16 (1): 1-10.

[9] Schere K, Novak J H. Regional Oxidant Modeling of the Northeast U.S.[R]. Washington, D C: United States Environmental Protection Agency, 2002.

[10] Stockwell W R, Middleton P, Chang J S, et al. The second generation regional acid deposition model chemical mechanism for regional air quality modeling[J]. Journal of Geophysical Research, 1990, 95 (D10): 16343-16367.

[11] Carmichael G R, Peters L K, Saylor R D. The STEM-Ⅱ regional scale acid deposition and photochemical oxidant model-I. An overview of model development and applications[J]. Atmospheric Environment. Part A. General Topics, 1991, 25 (10): 2077-2090.

[12] Byun D W, Ching J K S. Science Algorithms of the EPA Models-3 Community Multiscale Air Quality (CMAQ) Modeling System[R]. Washington, D C: United States Environmental Protection Agency.

[13] Permadi D A, Kim Oanh N T, Vautard R. Integrated emission inventory and modeling to assess distribution of particulate matter mass and black carbon composition in Southeast Asia[J]. Atmospheric Chemistry and Physics, 2018 (18): 2725-2747.

[14] Zhou S Z, Davy P K, Huang M J, et al. High-resolution sampling and analysis of ambient particulate matter in the Pearl River Delta region of southern China: Source apportionment and health risk implications[J]. Atmospheric Chemistry and Physics, 2018 (18): 2049-2064.

[15] Hood C, MacKenzie I, Stocker J, et al. Air quality simulations for London using a coupled regional-to-local modelling system[J]. Atmospheric Chemistry and Physics, 2018 (18): 11221-11245.

[16] Fahey K M, Carlton A G, Pye H O T, et al. A framework for expanding aqueous chemistry in the Community Multiscale Air Quality (CMAQ) model version 5.1[J]. Geoscientific Model Development, 2017 (10): 1587-1605.

[17] 肖伟, 何友江, 孟凡, 等. 空气质量模型中大气化学机理的发展与比较[J]. 环境工程技术学报, 2018, 8 (1), 12-22.

[18] Nolte C, Bhave P, Arnold J. Modeling urban and regional aerosols: Application of the CMAQ-UCD Aerosol Model to Tampa, a coastal urban site[J]. Atmospheric Environment, 2008 (42): 3179-3191.

[19] Simon H, Baker K R, Phillips S. Compilation and interpretation of photochemical model performance statistics published between 2006 and 2012[J]. Atmospheric Environment, 2012 (61): 124-139.

[20] Tatang M A, Pan W, Prinn R G, et al. An efficient method for parametric uncertainty analysis of numerical geophysical models[J]. Journal of Geophysical Research, 1997, 102 (D18): 21925-21932.

[21] Appel K W, Pouliot G A, Simon H, et al. Evaluation of dust and trace metal estimates from the Community Multiscale Air Quality (CMAQ) model version 5.0[J]. Geoscientific Model Development, 2013 (6): 1859-1899.

[22] Zheng J Y, Yin S S, Kang D W, et al. Development and uncertainty analysis of a high-resolution NH$_3$ emissions inventory and its implications with precipitation over the Pearl River Delta region, China[J]. Atmospheric Chemistry and Physics, 2011 (12): 7041-7058.

[23] Huang Z J, Zhong Z M, Sha Q E, et al. An updated model-ready emission inventory for Guangdong Province by incorporating big data and mapping onto multiple chemical mechanisms[J]. Science of the Total Environment, 2021 (769): 1-13.

[24] Zhong Z M, Zheng J Y, Zhu M N, et al. Recent developments of anthropogenic air pollutant emission inventories in Guangdong Province, China[J]. Science of the Total Environment, 2018 (627): 1080-1092.

[25] Zheng J Y, Zhang L J, Che W W, et al. A highly resolved temporal and spatial air pollutant emission inventory for the Pearl River Delta region, China and its uncertainty assessment[J]. Atmospheric Environment, 2009 (43): 5112-5122.

[26] He M, Zheng J Y, Yin S S, et al. Trends, temporal and spatial characteristics, and uncertainties in biomass burning emissions in the Pearl River Delta, China[J]. Atmospheric Environment, 2011 (45): 4051-4059.

[27] Andres R J, Boden T A, Higdon D M. Gridded uncertainty in fossil fuel carbon dioxide emission maps, a CDIAC example[J]. Atmospheric Chemistry and Physics, 2016 (16): 14979-14995.

[28] Super I, Dellaert S N C, Visschedijk A J H, et al. Uncertainty analysis of a European high-resolution emission inventory of CO_2 and CO to support inverse modelling and network design[J]. Atmospheric Chemistry and Physics, 2020 (2): 1795-1816.

[29] Bieser J, Aulinger A, Matthias V, et al. SMOKE for Europe-adaptation, modification and evaluation of a comprehensive emission model for Europe[J]. Geoscientific Model Development, 2011 (3): 949-1007.

[30] de Meij A, Krol M, Dentener F, et al. The sensitivity of aerosol in Europe to two different emission inventories and temporal distribution of emissions[J]. Atmospheric Chemistry and Physics, 2006 (6): 3265-3319.

[31] Pregger T, Friedrich R. Effective pollutant emission heights for atmospheric transport modelling based on real-world information[J]. Environmental Pollution, 2009 (157): 552-560.

[32] Simon H, Beck L, Bhave P V, et al. The development and uses of EPA's SPECIATE database[J]. Atmospheric Pollution Research, 2010 (1): 196-206.

[33] Li M, Zhang Q, Streets D G, et al. Mapping Asian anthropogenic emissions of non-methane volatile organic compounds to multiple chemical mechanisms[J]. Atmospheric Chemistry and Physics, 2014 (14): 5617-5638.

[34] Wang M, Shao M, Chen W, et al. A temporally and spatially resolved validation of emission inventories by measurements of ambient volatile organic compounds in Beijing, China[J]. Atmospheric Chemistry and Physics, 2014 (14): 5871-5891.

[35] Crétat J, Pohl B, Richard Y, et al. Uncertainties in simulating regional climate of Southern Africa: Sensitivity to physical parameterizations using WRF[J]. Climate Dynamics, 2012 (38): 613-634.

[36] Hu J L, Chen J J, Ying Q, et al. One-year simulation of ozone and particulate matter in China using WRF/CMAQ modeling system[J]. Atmospheric Chemistry and Physics, 2016 (16): 10333-10350.

[37] Zhang Y, Zhang X, Wang L T, et al. Application of WRF/Chem over East Asia: Part I. Model evaluation and intercomparison with MM5/CMAQ[J]. Atmospheric Environment, 2016 (124): 285-300.

[38] Megaritis A G, Fountoukis C, Charalampidis P E, et al. Linking climate and air quality over Europe: Effects of meteorology on $PM_{2.5}$ concentrations[J]. Atmospheric Chemistry and Physics, 2014 (14): 10283-10298.

[39] Wagstrom K M, Pandis S N. Contribution of long range transport to local fine particulate matter concerns[J]. Atmospheric Environment, 2011 (45): 2730-2735.

[40] Wu D W, Fung J C H, Yao T, et al. A study of control policy in the Pearl River Delta region by using the particulate matter source apportionment method[J]. Atmospheric Environment, 2013 (76): 147-161.

[41] Song C K, Byun D W, Pierce R B, et al. Downscale linkage of global model output for regional chemical transport modeling: Method and general performance[J]. Journal of Geophysical Research, 2008 (113): 1-15.

[42] Tang Y H, Lee P, Tsidulko M, et al. The impact of chemical lateral boundary conditions on CMAQ predictions of tropospheric ozone over the continental United States[J]. Environmental Fluid Mechanics, 2009 (9): 43-58.

[43] Andersson E, Kahnert M, Devasthale A. Methodology for evaluating lateral boundary conditions in the regional chemical transport model MATCH (v5.5.0) using combined satellite and ground-based observations[J]. Geoscientific Model Development, 2015 (8): 3747-3763.

[44] Pfister G G, Parrish D D, Worden H, et al. Characterizing summertime chemical boundary conditions for airmasses entering the US West Coast[J]. Atmospheric Chemistry and Physics, 2011 (11): 1769-1790.

[45] Harris R K, Becker E D, Cabral de Menezes S M, et al. NMR nomenclature: Nuclear spin properties and conventions for chemical shifts. IUPAC Recommendations 2001[J]. Magnetic Resonance in Chemistry, 2002 (40): 489-505.

[46] Lucas D D, Prinn R G. Parametric sensitivity and uncertainty analysis of dimethylsulfide oxidation in the clear-sky remote marine boundary layer[J]. Atmospheric Chemistry & Physics, 2005 (5): 1505-1525.

[47] Chen L, Rabitz H, Considine D B, et al. Chemical reaction rate sensitivity and uncertainty in a two-dimensional middle atmospheric ozone model[J]. Journal of Geophysical Research, 1997, 102 (D13): 16201-16214.

[48] Wotawa G, Stohl A, Kromp-Kolb H. Estimating the uncertainty of a Lagrangian photochemical air quality simulation model caused by inexact meteorological input data[J]. Reliability Engineering and System Safety, 1997 (57): 31-40.

[49] Dunker A M, Wilson G, Bates J T, et al. Chemical sensitivity analysis and uncertainty analysis of ozone production in the comprehensive air quality model with extensions applied to Eastern Texas[J]. Environmental Science & Technology, 2020, 54 (9): 5391-5399.

[50] Carter W P L. Documentation of the SAPRC-99 Chemical Mechanism for VOC Reactivity Assessment[R]. Sacramento: California Air Resources Board, 1999.

[51] Wang Z B, Wu Z J, Yue D L, et al. New particle formation in China: Current knowledge and further directions[J]. Science of the Total Environment, 2017 (577): 258-266.

[52] Kirkby J, Curtius J, Almeida J, et al. Role of sulphuric acid, ammonia and galactic cosmic rays in atmospheric aerosol nucleation[J]. Nature, 2011 (476): 429-433.

[53] Lee S, Gordon H, Yu H, et al. New particle formation in the atmosphere: From molecular clusters to global climate[J]. Journal of Geophysical Research: Atmospheres, 2019, 124 (13): 7098-7146.

[54] Dodge M C. Chemical oxidant mechanisms for air quality modeling: Critical review[J]. Atmospheric Environment, 2000 (34): 2103-2130.

[55] Carter W P L. Development of the SAPRC-07 chemical mechanism[J]. Atmospheric Environment, 2010 (44): 5324-5335.

[56] Stockwell W R, Kirchner F, Kuhn M, et al. A new mechanism for regional atmospheric chemistry modeling[J]. Journal of Geophysical Research, 1997, 102 (D22): 25847-25879.

[57] Atkinson R, Baulch D L, Cox R A, et al. Evaluated kinetic and photochemical data for atmospheric chemistry: supplement IV. IUPAC subcommittee on gas kinetic data evaluation for atmospheric chemistry[J]. Atmospheric Environment, 1992, 26 (7): 1187-1230.

[58] Luecken D J, Phillips S, Sarwar G, et al. Effects of using the CB05 vs. SAPRC99 vs. CB4 chemical mechanism on model predictions: Ozone and gas-phase photochemical precursor concentrations[J]. Atmospheric Environment, 2008 (42): 5805-5820.

[59] Shearer S M, Harley R A, Jin L, et al. Comparison of SAPRC99 and SAPRC07 mechanisms in photochemical modeling for central California[J]. Atmospheric Environment, 2012 (46): 205-216.

[60] Zheng J, Hu M, Peng J F, et al. Spatial distributions and chemical properties of $PM_{2.5}$ based on 21 field campaigns at 17 sites in China[J]. Chemosphere, 2016 (159): 480-487.

[61] Wang G H, Zhang R Y, Gomez M E, et al. Persistent sulfate formation from London Fog to Chinese haze[J]. Proceedings of the National Academy of Sciences of the United States of America, 2016, 113 (48): 13630-13635.

[62] Cheng Y F, Zheng G J, Wei C, et al. Reactive nitrogen chemistry in aerosol water as a source of sulfate during haze events in China[J]. Science Advances, 2016 (2): 1-12.

[63] Hung H M, Hoffmann M R. Oxidation of gas-phase SO_2 on the surfaces of acidic microdroplets: Implications for sulfate and sulfate radical anion formation in the atmospheric liquid phase[J]. Environmental Science &

Technology，2015，49（23）：13768-13776.

[64] Moch J M，Dovrou E，Mickley L J，et al. Contribution of hydroxymethane sulfonate to ambient particulate matter: A potential explanation for high particulate sulfur during severe winter haze in Beijing[J]. Geophysical Research Letters，2018（45）：11969-11979.

[65] He H，Wang Y S，Ma Q X，et al. Mineral dust and NO_x promote the conversion of SO_2 to sulfate in heavy pollution days[J]. Scientific Reports，2014（4）：1-6.

[66] Gen M，Zhang R F，Huang D D，et al. Heterogeneous SO_2 oxidation in sulfate formation by photolysis of particulate nitrate[J]. Environmental Science & Technology Letters，2019，6（2）：86-91.

[67] Zhang F，Wang Y，Peng J F，et al. An unexpected catalyst dominates formation and radiative forcing of regional haze[J]. Proceedings of the National Academy of Sciences of the United States of America，2020，117（8）：3960-3966.

[68] Wang J F，Li J Y，Ye J H，et al. Fast sulfate formation from oxidation of SO_2 by NO_2 and HONO observed in Beijing haze[J]. Nature Communications，2020（11）：1-7.

[69] Liu M X，Song Y，Zhou T，et al. Fine particle pH during severe haze episodes in northern China[J]. Geophysical Research Letters，2017，44（10）：5213-5221.

[70] Guo H Y，Weber R J，Nenes A. High levels of ammonia do not raise fine particle pH sufficiently to yield nitrogen oxide-dominated sulfate production[J]. Scientific Reports，2017（7）：1-7.

[71] Peng J F，Hu M，Shang D J，et al. Explosive secondary aerosol formation during severe haze in the North China Plain[J]. Environmental Science & Technology，2021（55）：2189-2207.

[72] Zheng B，Zhang Q，Zhang Y，et al. Heterogeneous chemistry: A mechanism missing in current models to explain secondary inorganic aerosol formation during the January 2013 haze episode in North China[J]. Atmospheric Chemistry and Physics，2015（15）：2031-2049.

[73] Li G H，Bei N F，Cao J J，et al. A possible pathway for rapid growth of sulfate during haze days in China[J]. Atmospheric Chemistry and Physics，2017（17）：3301-3316.

[74] Zheng H T，Song S J，Sarwar G，et al. Contribution of particulate nitrate photolysis to heterogeneous sulfate formation for winter haze in China[J]. Environmental Science & Technology Letters，2020，7（9）：632-638.

[75] Intergovernmental Panel on Climate Change（IPCC）. Climate Change: The Physical Science Basis[R]. Geneva: IPCC，2007.

[76] Ming L L，Jin L，Li J，et al. $PM_{2.5}$ in the Yangtze River Delta，China: Chemical compositions，seasonal variations，and regional pollution events[J]. Environmental Pollution，2017（223）：200-212.

[77] Chang W L，Bhave P V，Brown S S，et al. Heterogeneous atmospheric chemistry，ambient measurements，and model calculations of N_2O_5: A review[J]. Aerosol Science and Technology，2011（45）：655-685.

[78] McDuffie E E，Fibiger D L，Dubé W P，et al. Heterogeneous N_2O_5 uptake during winter: Aircraft measurements during the 2015 WINTER Campaign and critical evaluation of current parameterizations[J]. Journal of Geophysical Research: Atmospheres，2018，123（8）：4345-4372.

[79] 王海潮，陆克定. 五氧化二氮（N_2O_5）非均相摄取系数的定量和参数化[J]. 化学进展，2016，28（6）：917-933.

[80] Wang H C，Lu K D，Chen X R，et al. High N_2O_5 concentrations observed in urban Beijing: Implications of a large nitrate formation pathway[J]. Environmental Science & Technology Letters，2017（4）：416-420.

[81] Zhou W，Zhao J，Ouyang B，et al. Production of N_2O_5 and $ClNO_2$ in summer in urban Beijing，China[J]. Atmospheric Chemistry and Physics，2018（18）：11581-11597.

[82] Yu C，Wang Z，Xia M，et al. Heterogeneous N_2O_5 reactions on atmospheric aerosols at four Chinese sites:

Improving model representation of uptake parameters[J]. Atmospheric Chemistry and Physics, 2020 (20): 4367-4378.

[83]　Bertram T H, Thornton J A. Toward a general parameterization of N_2O_5 reactivity on aqueous particles: The competing effects of particle liquid water, nitrate and chloride[J]. Atmospheric Chemistry and Physics, 2009 (9): 8351-8363.

[84]　Davis J M, Bhave P V, Foley K M. Parameterization of N_2O_5 reaction probabilities on the surface of particles containing ammonium, sulfate, and nitrate[J]. Atmospheric Chemistry and Physics, 2008 (8): 5295-5311.

[85]　Bertram T H, Thornton J A. Toward a general parameterization of N_2O_5 reactivity on aqueous particles: The competing effects of particle liquid water, nitrate and chloride[J]. Atmospheric Chemistry and Physics, 2009, 9 (21): 8351-8363.

[86]　Riemer N, Vogel H, Vogel B, et al. Relative importance of organic coatings for the heterogeneous hydrolysis of N_2O_5 during summer in Europe[J]. Journal of Geophysical Research Atmospheres, 2009 (114): 1-14.

[87]　Chang W L, Brown S S, Stutz J, et al. Evaluating N_2O_5 heterogeneous hydrolysis parameterizations for CalNex 2010[J]. Journal of Geophysical Research: Atmospheres, 2016 (121): 5051-5070.

[88]　Chen Y, Wolke R, Ran L, et al. A parameterization of the heterogeneous hydrolysis of N_2O_5 for mass-based aerosol models: Improvement of particulate nitrate prediction[J]. Atmospheric Chemistry and Physics, 2018(18): 673-689.

[89]　Tham Y J, Wang Z, Li Q Y, et al. Heterogeneous N_2O_5 uptake coefficient and production yield of $ClNO_2$ in polluted northern China: roles of aerosol water content and chemica[J]. Atmospheric Chemistry and Physics, 2018 (18): 13155-13171.

[90]　Goldstein A H, Galbally I E. Known and unexplored organic constituents in the earth's atmosphere[J]. Environmental Science & Technology, 2007 (41): 1514-1521.

[91]　Kanakidou M, Seinfeld J H, Pandis S N, et al. Organic aerosol and global climate modelling: A review[J]. Atmospheric Chemistry and Physics, 2005 (5): 1053-1123.

[92]　Hallquist M, Wenger J C, Baltensperger U, et al. The formation, properties and impact of secondary organic aerosol: Current and emerging issues[J]. Atmospheric Chemistry and Physics, 2009 (9): 5155-5236.

[93]　Hoyle C R, Boy M, Donahue N M, et al. A review of the anthropogenic influence on biogenic secondary organic aerosol[J]. Atmospheric Chemistry and Physics, 2011 (11): 321-343.

[94]　Presto A A, Gordon T D, Robinson A L. Primary to secondary organic aerosol: Evolution of organic emissions from mobile combustion sources[J]. Atmospheric Chemistry and Physics, 2013, (13): 24263-24300.

[95]　Odum J R, Hoffmann T, Bowman F, et al. Gas/particle partitioning and secondary organic aerosol yields[J]. Environmental Science & Technology, 1996, 30 (8): 2580-2585.

[96]　Pankow J F. An absorption-model of the gas aerosol partitioning involved in the formation of secondary organic aerosol[J]. Atmospheric Environment, 1994, 28 (2): 189-193.

[97]　Donahue N M, Robinson A L, Stanier C O, et al. Coupled partitioning, dilution, and chemical aging of semivolatile organics[J]. Environmental Science & Technology, 2006, 40 (8): 2635-2643.

[98]　Volkamer R, Jimenez J L, San Martini F, et al. Secondary organic aerosol formation from anthropogenic air pollution: Rapid and higher than expected[J]. Geophysical Research Letters, 2006 (33): 1-4.

[99]　Carlton A G, Bhave P V, Napelenok S L, et al. Model representation of secondary organic aerosol in CMAQv4.7[J]. Environmental Science & Technology, 2010, 44 (22): 8553-8560.

[100]　Robinson A L, Donahue N M, Shrivastava M K, et al. Rethinking organic aerosols: Semivolatile emissions and photochemical aging[J]. Science, 2007 (315): 1259-1262.

[101] Tkacik D S, Presto A A, Donahue N M, et al. Secondary organic aerosol formation from intermediate-volatility organic compounds: Cyclic, linear, and branched alkanes[J]. Environmental Science & Technology, 2012 (46): 8773-8781.

[102] Matsui H, Koike M, Kondo Y, et al. Volatility basis-set approach simulation of organic aerosol formation in East Asia: Implications for anthropogenic-biogenic interaction and controllable amounts[J]. Atmospheric Chemistry and Physics, 2014 (14): 9513-9535.

[103] Han Z W, Xie Z X, Wang G H, et al. Modeling organic aerosols over east China using a volatility basis-set approach with aging mechanism in a regional air quality model[J]. Atmospheric Environment, 2016 (124): 186-198.

[104] Farina S C, Adams P J, Pandis S N. Modeling global secondary organic aerosol formation and processing with the volatility basis set: Implications for anthropogenic secondary organic aerosol[J]. Journal of Geophysical Research, 2010 (115): 1-17.

[105] Donahue N M, Kroll J H, Pandis S N, et al. A two-dimensional volatility basis set-Part 2: Diagnostics of organic-aerosol evolution[J]. Atmospheric Chemistry and Physics, 2012 (12): 615-634.

[106] Donahue N M, Epstein S A, Pandis S N, et al. A two-dimensional volatility basis set: 1. organic-aerosol mixing thermodynamics[J]. Atmospheric Chemistry and Physics, 2011 (11): 3303-3318.

[107] 唐孝炎, 张远航, 邵敏. 大气环境化学[M]. 2 版. 北京: 高等教育出版社, 2006.

[108] 颜鹏, 李维亮, 秦瑜. 近年来大气气溶胶模式研究综述[J]. 应用气象学报, 2004, 15 (5): 629-640.

[109] Bassett M, Seinfeld J H. Atmospheric equilibrium model of sulfate and nitrate aerosols[J]. Atmospheric Environment, 1983, 17 (11): 2237-2252.

[110] Bassett M E, Seinfeld J H. Atmospheric equilibrium model of sulfate and nitrate aerosols—II. Particle size analysis[J]. Atmospheric Environment, 1984, 18 (6): 1163-1170.

[111] Saxena P, Belle Hudischewskyj A, Seinfeld C, et al. A comparative study of equilibrium approaches to the chemical characterization of secondary aerosols[J]. Atmospheric Environment, 1986, 20 (7): 1471-1483.

[112] Binkowski F S, Shankar U. The Regional Particulate Matter Model: 1. Model description and preliminary results[J]. Journal of Geophysical Research Atmospheres, 1995, 100 (D12): 26191-26209.

[113] Pilinis C, Seinfeld J H. Continued development of a general equilibrium model for inorganic multicomponent atmospheric aerosols[J]. Atmospheric Environment, 1987, 21 (11): 2453-2466.

[114] Kim Y P, Seinfeld J H, Saxena P. Atmospheric gas-aerosol equilibrium II. Analysis of common approximations and activity coefficient calculation methods[J]. Aerosol Science and Technology, 1993, 19 (2): 182-198.

[115] Kim Y P, Seinfeld J H, Saxena P. Atmospheric gas-aerosol equilibrium I. Thermodynamic model[J]. Aerosol Science and Technology, 1993, 19 (2): 157-181.

[116] Kim Y P, Seinfeld J H. Atmospheric gas-aerosol equilibrium.3. Thermodynamics of crustal elements Ca^{2+}, K^+, and Mg^{2+}[J]. Aerosol Science and Technology, 1995, 22 (1): 93-110.

[117] Mend Z Y, Seinfeld J H, Saxena P, et al. Atmospheric gas-aerosol equilibrium: IV. Thermodynamics of carbonates[J]. Aerosol Science and Technology, 1995, 23 (2): 131-154.

[118] Jacobson M Z, Tabazadeh A, Turco R P. Simulating equilibrium within aerosols and nonequilibrium between gases and aerosols[J]. Journal of Geophysical Research, 1996, 101 (D4): 9079-9091.

[119] Jacobson M Z. Studying the effects of calcium and magnesium on size-distributed nitrate and ammonium with EQUISOLV II[J]. Atmospheric Environment, 1999 (33): 3635-3649.

[120] Wexler A S, Clegg S L. Atmospheric aerosol models for systems including the ions H^+, NH_4^+, Na^+, SO_4^{2-}, NO_3^-,

Cl⁻, Br⁻, and H₂O[J]. Journal of Geophysical Research, 2002, 107 (D14): 1-14.

[121] Clegg S L, Pitzer K S. Thermodynamics of multicomponent, miscible, ionic solutions: generalized equations for symmetrical electrolytes[J]. The Journal of Physical Chemistry, 1992, 96 (8): 3513-3520.

[122] Clegg S L, Brimblecombe P, Wexler A S. Thermodynamic model of the system H⁺− NH₄⁺ −Na⁺− SO₄²⁻ − NO₃⁻ − Cl⁻−H₂O at 298.15 K[J]. The Journal of Physical Chemistry A, 1998, 102 (12): 2155-2171.

[123] Clegg S L, Pitzer K S, Brimblecombe P. Thermodynamics of multicomponent, miscible, ionic solutions. 2. Mixtures including unsymmetrical electrolytes[J]. The Journal of Physical Chemistry, 1992, 96 (23): 9470-9479.

[124] Nenes A, Pandis S N, Pilinis C. ISORROPIA: A new thermodynamic equilibrium model for multiphase multicomponent inorganic aerosols[J]. Aquatic Geochemistry, 1998 (4): 123-152.

[125] Fountoukis C, Nenes A. ISORROPIA II: A computationally efficient thermodynamic equilibrium model for K⁺-Ca²⁺-Mg²⁺- NH₄⁺ -Na⁺- SO₄²⁻ - NO₃⁻ -Cl⁻-H₂O aerosols[J]. Atmospheric Chemistry and Physics, 2007 (7): 4639-4659.

[126] Metzger S, Mihalopoulos N, Lelieveld J. Importance of mineral cations and organics in gas-aerosol partitioning of reactive nitrogen compounds: Case study based on MINOS results[J]. Atmospheric Chemistry and Physics, 2006 (6): 2549-2567.

[127] Metzger S, Dentener F, Pandis S, et al. Gas/aerosol partitioning: 1. A computationally efficient model[J]. Journal of Geophysical Research, 2002, 107 (16): 1-24.

[128] Zhang K M, Wexler A S. Modeling urban and regional aerosols-Development of the UCD Aerosol Module and implementation in CMAQ model[J]. Atmospheric Environment, 2008 (42): 3166-3178.

[129] Wexler A S, Seinfeld J H. The distribution of ammonium salts among a size and composition dispersed aerosol[J]. Atmospheric Environment, 1990, 24A (5): 1231-1246.

[130] Pirjola L. A monodisperse aerosol dynamics module, a promising candidate for use in long-range transport models: Box model tests[J]. Journal of Geophysical Research, 2003, 108 (D9): 1-2.

[131] Lurmann F W, Wexler A S, Pandis S N, et al. Modelling urban and regional aerosols—II. Application to California's south coast air basin[J]. Atmospheric Environment, 1997, 31 (17): 2695-2715.

[132] Jacobson M Z. Development and application of a new air pollution modeling system—II. Aerosol module structure and design[J]. Atmospheric Environment, 1997 (31): 131-144.

[133] Zhang Y, Pun B, Vijayaraghavan K. Development and application of the Model of Aerosol Dynamics, Reaction, Ionization, and Dissolution (MADRID) [J]. Journal of Geophysical Research, 2004 (109): 1-31.

[134] Pirjola L, Kulmala M. Development of particle size and composition distribution with aerosol dynamics model AEROFOR2[J]. Journal of Aerosol Science, 2000 (31): 936-937.

[135] Ackermann I J, Hass H, Memmesheimer M, et al. Modal aerosol dynamics model for Europe: Development and first applications[J]. Atmospheric Environment, 1998, 32 (17): 2981-2999.

[136] Zhang Y, Seigneur C, Seinfeld J H, et al. Simulation of aerosol dynamics: A comparative review of algorithms used in air quality models[J]. Aerosol Science and Technology, 1999, 31 (6): 487-514.

[137] Hamby D M. A review of techniques for parameter sensitivity analysis of environmental models[J]. Environmental Monitoring and Assessment, 1994 (32): 135-154.

[138] Zhang W, Capps S L, Hu Y, et al. Development of the high-order decoupled direct method in three dimensions for particulate matter: Enabling advanced sensitivity analysis in air quality models[J]. Geoscientific Model Development, 2011 (4): 2605-2633.

[139] Cacuci D G. Sensitivity and Uncertainty Analysis[M]. New York: Chapman & Hall/CRC, 2013.

[140] Hakami A, Seinfeld J H, Sandu A, et al. Development of Adjoint Sensitivity Analysis Capabilities for CMAQ[R]. [S.l.: s.n.], 2006.

[141] Menut L, Vautard R, Beekmann M, et al. Sensitivity of photochemical pollution using the adjoint of a simplified chemistry-transport model[J]. Journal of Geophysical Research, 2000, 105 (D12): 15379-15402.

[142] Dunker A M, Yarwood G, Ortmann J P, et al. The decoupled direct method for sensitivity analysis in a three-dimensional air quality model implementation, accuracy, and efficiency[J]. Environmental Science & Technology, 2002 (36): 2965-2976.

[143] Hakami A, Odman M T, Russell A G. High-order, direct sensitivity analysis of multidimensional air quality models[J]. Environmental Science & Technology, 2003 (37): 2442-2452.

[144] Cohan D S, Hakami A, Hu Y, et al. Nonlinear response of ozone to emissions: Source apportionment and sensitivity analysis[J]. Environmental Science & Technology, 2005 (39): 6739-6748.

[145] Menut L. Adjoint modeling for atmospheric pollution process sensitivity at regional scale[J]. Journal of Geophysical Research, 2003, 108 (D17): 1-17.

[146] Hakami A, Henze D K, Seinfeld J H, et al. The adjoint of CMAQ[J]. Environmental Science & Technology, 2007, 41 (22): 7807-7817.

[147] Dubovik O, Lapyonok T, Kaufman Y J, et al. Retrieving global aerosol sources from satellites using inverse modeling[J]. Atmospheric Chemistry and Physics, 2008 (8): 209-250.

[148] Elbern H, Schmidt H, Talagrand O, et al. 4D-variational data assimilation with an adjoint air quality model for emission analysis[J]. Environmental Modelling & Software, 2000 (15): 539-548.

[149] Hakami A, Henze D K, Seinfeld J H, et al. Adjoint inverse modeling of black carbon during the Asian Pacific Regional Aerosol Characterization Experiment[J]. Journal of Geophysical Research, 2005 (110): 1-17.

[150] Kopacz M, Jacob D J, Henze D K, et al. Comparison of adjoint and analytical Bayesian inversion methods for constraining Asian sources of carbon monoxide using satellite (MOPITT) measurements of CO columns[J]. Journal of Geophysical Research, 2009, (114): 1-10.

[151] Gilliland A B, Dennis R L, Roselle S J, et al. Emission estimates for the eastern United States based on ammonium wet concentrations and an inverse modeling method[J]. Journal of Geophysical Research, 2003, 108 (D15): 1-20.

[152] Henze D K, Seinfeld J H, Shindell D T. Inverse modeling and mapping US air quality influences of inorganic $PM_{2.5}$ precursor emissions using the adjoint of GEOS-Chem[J]. Atmospheric Chemistry and Physics, 2008 (9): 5877-5903.

[153] Yarwood G, Emery C, Jung J, et al. A method to represent ozone response to large changes in precursor emissions using high-order sensitivity analysis in photochemical models[J]. Geoscientific Model Development, 2013, 6 (5): 1601-1608.

[154] Sandu A, Zhang L. Discrete second order adjoints in atmospheric chemical transport modeling[J]. Journal of Computational Physics, 2008 (227): 5949-5983.

[155] Dabberdt W F, Miller E. Uncertainty, ensembles and air quality dispersion modeling: Applications and challenges[J]. Atmospheric Environment, 2000 (34): 4667-4673.

[156] Galmarini S, Bianconi R, Klug W, et al. Ensemble dispersion forecasting—Part I: Concept, approach and indicators[J]. Atmospheric Environment, 2004 (38): 4607-4617.

[157] Tang X, Wang Z F, Zhu J, et al. Preliminary application of Monte Carlo uncertainty analysis in O_3 simulation[J]. Climatic and Environmental Research, 2010, 15 (5): 541-550.

[158] Pinder R W, Gilliam R C, Appel K W, et al. Efficient probabilistic estimates of surface ozone concentration using

an ensemble of model configurations and direct sensitivity calculations[J]. Environmental Science & Technology，2009，43（7）：2388-2393.

[159]　Isukapalli S S，Georgopoulos P G. Computational Methods for the Efficient Sensitivity and Uncertainty Analysis of Models for Environmental and Biological Systems Towards a Framework for an Exposure and Dose Modeling and Analysis System[R].The Environmental and Occupational Health Sciences Institute，2001.

[160]　Atkinson K E，Wiley J. An Introduction to Numerical Analysis [M]. 2nd ed. Hoboken：John Wiley & Sons Inc，1989.

[161]　Casati B，Wilson L J. A new spatial-scale decomposition of the Brier score：Application to the verification of lightning probability forecasts[J]. Monthly Weather Review，2007（135）：3052-3069.

[162]　Candille G，Côté C，Houtekamer P L，et al. Verification of an ensemble prediction system against observations[J]. Monthly Weather Review，2007（135）：2688-2699.

[163]　Solman S A，Sanchez E，Samuelsson P，et al. Evaluation of an ensemble of regional climate model simulations over South America driven by the ERA-Interim reanalysis：Model performance and uncertainties[J]. Climate Dynamics：Observational，Theoretical and Computational Research on the Climate System，2013，41（5-6）：1139-1157.

[164]　Roulston M S，Smith L A. Evaluating probabilistic forecasts using information theory[J]. Monthly Weather Review，2002（130）：1653-1660.

[165]　Anderson J L. A Method for producing and evaluating probabilistic forecasts from ensemble model integrations[J]. Journal of Climate，1996（9）：1518-1530.

[166]　Casati B，Wilson L J，Stephenson D B，et al. Forecast verification：Current status and future directions[J]. Meteorological Applications，2008（15）：3-18.

[167]　Boylan J W，Russell A G. PM and light extinction model performance metrics，goals，and criteria for three-dimensional air quality models[J]. Atmospheric Environment，2006，40（26）：4946-4959.

[168]　Whitaker J S，Loughe A F. The relationship between ensemble spread and ensemble mean skill[J]. Monthly weather review，1998，126（12）：3292-3302.

[169]　Grimit E P，Mass C F. Measuring the ensemble spread–error relationship with a probabilistic approach：Stochastic ensemble results[J]. Monthly weather review，2007，135（1）：203-221.

[170]　Brier G W. Verification of forecasts expressed in terms of probability[J]. Monthly Weather Review，1950，78（1）：1-3.

[171]　丁金才. 天气预报评分方法评述[J]. 南京气象学院学报，1995（1）：143-150.

[172]　Weisheimer A，Palmer T N. On the reliability of seasonal climate forecasts[J]. Journal of the Royal Society Interface，2014，11（96）：1-10.

第 8 章　大气化学传输模型高效不确定性传递方法

高效、准确的不确定性传递是开展大气化学传输模型不确定性分析的关键。不确定性传递决定了大气化学传输模型不确定性分析是否具有较高的可行性，也决定了是否能准确量化模型输入参数不确定性对模型模拟的影响。本章首先回顾了现有大气化学传输模型不确定性传递方法的现状及不足，在此基础上提出了两种新的不确定性传递方法：逐步 HDDM-RFM 和 HDDM-SRSM 方法。与传统的 HDDM-RFM 和 SRSM 方法相比，这两种新方法在不确定性传递准确性和效率方面能达到更好的平衡，更加适合应用于大气化学传输模型不确定性传递。最后，本章对比了这两种新方法的优缺点和适应性。

8.1　高效不确定性传递方法的重要性

不确定性传递是在模型输入–输出响应关系的约束下，将模型输入的不确定性传递到模型输出，进而量化模型输出不确定性的过程，是开展不确定性分析的核心，决定了不确定性分析的效率、可行性和准确性。本书第 2 章中介绍的泰勒级数展开分析法、MCM、RSM 系列方法等多种不确定性传递方法，都可应用于大气化学传输模型的不确定性传递。无论是应用哪种方法，都需要运行一定数量的大气化学传输模型。大气化学传输模型并非简单的数学模型，每次运行都需要消耗大量的时间和计算成本。例如，基于曙光 CB85-G 刀片平台（CPU：4×AMD Opteron 6337 HE，48 核，2.2 GHz；内存：32 G）采用单节点并行的方式，使用 CMAQ 模型模拟珠江三角洲区域空气质量（分辨率 3 km×3 km、152 列×110 行、垂直 18 层），每天模拟平均耗时 37 min。如果采用 MCM 方法开展样本量为 1000 个的不确定性传递，同时考虑输入数据准备的情况下，总共至少需要 833 h 的计算资源。如果基于同样的硬件平台，利用 MCM 方法分析大气化学传输模型一天模拟时长的不确定性，整个分析将需要 1 个月左右。同样，在多变量复杂结构的可靠性分析中，采用 MCM 方法和仿真分析求解结构的失效概率，也需要庞大的计算量。以福特公司的汽车碰撞试验为例，一次仿真分析就需要 36～160 h，整个不确定性分析过程至少需要 3 年时间。如何提高不确定性传递效率一直都是各领域开展不确定性诊断的关键科学问题。

对于复杂的大气化学传输模型，高效不确定性传递的重要性主要体现在以下两个方面。

（1）降低大气化学传输模型不确定性诊断的难度。目前，大气化学传输模型不确定性分析难度仍然较高：一方面，不确定性通常需要多次运行模型，运行次数有时甚至可达上千次，而大气化学传输模型运算过程涉及大量的数据交换和微分方程求解，单次模型运行时间成本本身就已经较高，整个不确定性分析对计算资源的需求庞大；另一方面，大气化学传输模型不确定性来源众多，仅仅考虑不同化学机制的化学反应速率、排放源清单、气象场、初始条件和边界条件等因素，其不确定性来源就有上百个。不确定性来源越多，不确定性传递的复杂性也随着增加，传递效率下降。现有大气化学传输模型不确定性传递方法的效率仍然较低，导致目前与大气化学传输模型有关的不确定性研究还非常少，并且大部分研究只考虑部分不确定性来源，量化所有不确定性来源对大气化学传输模型模拟的影响在现阶段仍然无法实现。建立高效的不确定性传递方法能够有效降低大气化学传输模型不确定性对时间和计算资源的需求，使不确定性分析有望成为大气化学传输模型改进与应用的重要环节，进而提高大气化学传输模型应用的可靠性。

（2）提高基于模型不确定性分析的措施风险评估和空气质量概率预报的可行性。大气化学传输模型已经成为大气环境管理的重要工具。研究人员在掌握前体物排放信息、污染源排放与空气质量的响应关系的基础上，基于空气质量的规划目标，提出大气污染防治措施。为了评估措施的有效性，通常采用大气化学传输模型量化措施的有效性和空气质量目标的可达性。同时大气化学传输模型也是空气质量预报的重要手段之一，在我国"国家—区域—省级—城市"四级环境空气质量预报预警业务体系中发挥了重要作用。然而，在防治措施效益评估和空气质量预报中，大气化学传输模型的不确定性经常被有意或无意忽略，导致管理人员在做决策时无法判断是否需要采取措施或措施实施效果的风险大小，但实际上这些信息对管理人员特别重要，能够提高防治措施制定的可靠性和空气质量预报的准确性。由于目前大气化学传输模型不确定性传递效率低下，开展措施风险评估需要消耗大量的计算资源，对于研究人员和决策而言似乎并不划算。有学者已经尝试将不确定性分析应用于空气质量概率预报，但其运算效率还难以达到业务化的需求。因此，高效的不确定性传递方法是开展基于模型不确定性分析的措施风险评估和空气质量概率预报的前提。

8.2　不确定性传递方法的现状及不足

目前大气化学传输模型不确定性传递的方法有经典蒙特卡罗方法（MCM）、拉丁超立方抽样（LHS）、集合模拟（ensemble）、基于混沌展开式的随机响应曲面方法（SRSM）、高维模型表征（HDMR）、高斯过程和基于 HDDM 或 DDM 的简化模型法（HDDM-RFM）等。这些方法可以分为三类：①基于随机模拟的不确定性传递方法，即利用原始大气化学传输模型和大量的随机抽样实现不确定性传递，代表方法有蒙特卡罗方法、拉丁超立方抽样和集合模拟。②基于统计的简化模型方法，即采用统计方法构建能够仿真原始大气化学传输模型的简化模型，以代替原始模型开展不确定性传递，代表方法有 SRSM、HDMR 和高斯过程。③基于泰勒级数展开的简化模型方法，即利用泰勒展开式和敏感性分析技术直接构建能够仿真原始大气化学传输模型的简化模型，以代替原始模型开展不确定性传递，代表方法有 HDDM-RFM 等。下面对每类不确定性传递方法的特点及不足进行详细介绍，其具体的计算公式及理论部分见第 2 章。

8.2.1　基于随机模拟的不确定性传递方法

MCM 是早期使用最为广泛的不确定性传递方法。其基本原理是事件发生的概率可以通过大量抽样进行估算，样本量越大，估算的概率就越可靠。MCM 具有高度的灵活性，可以同时分析上百个不确定性来源对模型模拟的影响。而且，这种方法适用于任何模型，不受模型物理化学机制和参数分布特征的影响。但正如上述所提到的，MCM 的准确性取决于随机抽样的次数。理论上，为了准确量化不确定性，MCM 至少需要上千次的模拟计算，但如此多的模拟量对于大气化学传输模型而言是难以实现的。现有大部分研究应用 MCM 方法时只随机抽取 50～200 次，并不足以准确量化大气化学传输模型的不确定性，尤其是代表极值的概率密度分布曲线的两端[1]。

为了减少不确定性传递过程中模型的运行次数，有学者采用 LHS 代替传统 MCM 抽样。LHS 是一种均匀分层的抽样方法，这种方法根据抽样对象的分布函数和定义域范围，采取等概率分层抽样获取随机样本，其过程为：首先确定模拟次数 N，然后根据模拟次数将模型输入的不确定性分布函数等分成若干个互不重叠的子区间，最后在每个子区间内分别进行独立的等概率抽样。LHS 能够通过较少次数的抽样准确地重建模型输入的不确定性分布范围，相比 MCM 具有较高的不确定性传递效率。尽管如此，对于多参数的非线性模型不确定性分析，LHS 仍然需要大量样本，不确定性传递效率依然较低。Bergin 等[1]建议在采用 LHS 量化 O_3 模拟的不确定性时，至少需要 200 次抽样，而量化不确定性来源更多的 $PM_{2.5}$ 模拟不确定性时，抽样次数需要更多。

国内外学者也采用集合模拟的方式量化复杂模型的不确定性。集合模拟最初应用于天气概率预报，后来被扩展到大气化学传输模型。集合模拟既可以考虑单参数的模拟影响，也可以考虑多参数的共同影响，通常利用重复模拟来构建数据集。例如，研究人员可以设置三组不同集合模拟案例，以单独考虑初始条件、气象场和模型结构不确定性对模拟结果的影响，也可以设置一组集合模拟案例，分析初始条件、气象场和模型结构不确定性的共同作用。通过设置合理的模拟案例，集合模拟也能分析模型结构不确定性的影响。一般做法是基于固定的排放源清单和气象场数据，采用不同的模型或者同一个模型，但配置了不同的参数化方法对同一个时段和区域进行模拟。同理，集合模拟也能大致分析输入参数不确定性影响，即利用同一个模型但输入不同的排放源清单或者气象场数据。就本质而言，集合模拟是不同模型参数、模型机制甚至是模型的不同组合。但是，集合模拟不考虑输入参数的不确定性范围，无法传递输入参数不确定性对模拟的影响。严格来讲，集合模拟不能算是不确定性传递方法。另外，对于多参数多机制的不确定性分析，集合模拟也需要构建大量的模拟案例和输入数据，增加了大气化学传输模型的不确定性分析难度。

总体上，基于统计模型的不确定性传递方法都需要运行大量的模拟案例实现不确定性的准确传递。当模型较为简单时（如简单的扩散模型和清单排放模型），MCM 和 LHS 是可行的、最为可靠的不确定性传递方法。一方面，MCM 和 LHS 依赖于原始模型传递不确定性，传递过程中不存在偏差，准确性高；另一方面，随着抽样样本的逐渐增大，MCM 和 LHS 都能够准确量化模型输入不确定性对模型输出的影响。然而，对于复杂的大气化学传输模型，整个不确定性传递过程效率就显得十分低下，因此 MCM 和 LHS 等基于随机抽样的不确定性传递方法已经很少应用于 CMAQ、CAMx、WRF-Chem 等复杂大气化学传输模型的不确定性研究。

8.2.2　基于统计的简化模型方法

RSM 是利用响应曲面理论的统计方法构建简化模型的技术，在大气污染防治中常常用于快速评估污染减排措施的空气质量效益和优化减排措施，理论上也能应用于大气化学传输模型不确定性分析，但实际上缺乏应用案例。SRSM 是在 RSM 的基础上扩展而来的高效不确定性传递方法。该方法首先将输入参数转化为符合标准正态分布的随机变量，再利用高阶 Hermie 多项式构建仿真原始模型的等效简化模型。在求解简化模型的待定系数时，RSM 一般是在输入参数的取值范围内随机抽样，而 SRSM 则利用高阶 Hermite 多项式的根组成配点，再用配点求解待定系数。模型输入参数的不确定性大小不同，SRSM 采用标准正态分布的随机变量作为输入，一方面避免了传统 RSM 将非正态随机变量正态化以及将非标准正态分布随机变量标准化的一系列过程，另一方面统一输入参数的不确定性范围也有利于降低数值噪声对待定系数求解的影响。因此相比传统 RSM，SRSM 更加适合用于复杂模型不确定性分析。Isukapalli 等[2]最早采用 SRSM 方法量化扩散模型 RPM-Ⅳ（reactive plume model Ⅳ）不确定性。随后，本书作者团队也采用 SRSM 量化珠江三角洲地区 O_3 模拟的不确定性，并通过与

MCM 对比证明，SRSM 在大气化学传输模型不确定性分析中具有较高的传递效率和比肩 MCM 的传递准确性[3]。

　　HDMR 是由 Sobol[4]于 1993 年提出来的一种函数结构分解方法。与 SRSM 类似，该方法通过分析原始模型输入和输出的映射关系，重新构建一个新的等效简化模型，但不同于 SRSM，HDMR 认为模型输出可以用所有单一输入参数的独立作用和多个输入参数相互之间的相互作用叠加起来表示，因此 HDMR 构建的简化模型一般包括 0 阶常数项、1 阶分量函数（表示单一模型输入对输出的单一作用）、2 阶分量函数（表示两个模型输入的相互作用）和 n 阶分量函数（表示多个模型输入的相互作用）。除了 0 阶常数项之外，其他分量函数可能是线性的，也可能是非线性的。对于大部分复杂模型，模型输入之间的相互作用一般只表现为低阶耦合，因此高阶耦合可以忽视。分量函数项通过采样的方法求解获取，根据采样方法的差异，HDMR 分为切割和随机抽样两种。前者直接通过指定的单维布点求解分量函数，后者一般采用正交多项式逼近随机布点的值获取分量函数的系数，和 SRSM 方法十分相似。Isukapalli 等[5]对比 HDMR 和 SRSM 方法在量化 O_3 模拟不确定性上的差异，结果表明 HDMR 在复杂空气质量数值模型定量不确定性分析上具有与 SRSM 相等的高效性和准确性。Ziehn 和 Tomlin[6]采用 HDMR 在全局角度计算三维街道峡谷模型对输入的敏感性系数，也指出 HDMR 在开展复杂模型敏感性分析和不确定性分析方面不失为一种高效的方法。

　　高斯过程是一系列服从正态分布的随机变量在一指数集内的组合。高斯过程中任意随机变量的线性组合都服从正态分布，每个有限维分布都是联合正态分布，且本身在连续指数集上的概率密度函数即是所有随机变量的高斯测度，因此被视为联合正态分布的无限维广义延伸。高斯过程假设模型输入不确定性符合正态分布，在取样上与 SRSM 类似，但是高斯过程并没有像 SRSM 采用多项式显式仿真原始模型，而是在不确定性传递过程中，通过大量的训练点对样本点进行插值预测，以达到高效传递不确定性的要求。因此，高斯过程同样需要通过运行一定数量的原始模型来辅助不确定性传递。

　　与 MCM 相比，SRSM、HDMR 和高斯过程在大气化学传输模型不确定性分析研究中同时具备较高的传递效率和准确性。但是，随着不确定性分析中考虑的不确定性来源越多，构建等效简化模型所需的大气化学传输模型运行次数也呈现指数型增加。在这种情况下，SRSM、HDMR 和高斯过程的效率优势会逐渐消除殆尽，甚至不如 MCM 和 LSH。例如，当输入参数的个数为 6 时，利用 SRSM 建立的三阶简化模型有 84 个待求解系数。为准确求解待定系数，需要采用 2 倍于待定系数数量的配点，每个配点需要运行一次大气化学传输模型，最终需要运行 168 次大气化学传输模型。当输入参数的个数为 12 时，大气化学传输模型的运行次数则高达 910 次。输入参数个数增加 1 倍，大气化学传输模型的运行次数增加 4.4 倍，可见 SRSM 不确定性传递效率下降之快，因此不适合用于多参数不确定性分析研究中。SRSM 所需的原始模型模拟次数与输入参数数量之间的关系如图 8.1 所示。大气化学传输模型的不确定性来源众多。例如，影响 $PM_{2.5}$ 模拟的重要不确定性来源包括 NO_x、SO_2、NH_3、VOCs、$PM_{2.5}$ 一次排放、边界条件中的 $PM_{2.5}$ 和 O_3 污染浓度以及风速、相对湿度和温度等气象参数，考虑的不确定性来源至少有 10 个，若采用三阶 SRSM 开展不确定性传递时，大气化学传输模型的运行次数至少为 572 次，计算量巨大。

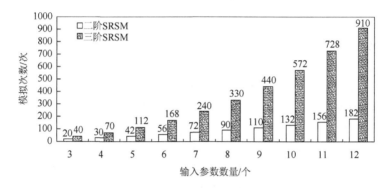

图 8.1　SRSM 所需的原始模型模拟次数与输入参数数量之间的关系

　　总体上，HDMR 和 SRSM 通过多项式拟合建立简化模型，相比 MCM 和 LHS，不确定性传递效率已经有明显提高。然而，简化模型构建依然依赖于统计方法，当考虑的输入参数较多时，大气化学传输模型运行次数迅速增加，不确定性传递效率急速下降。为克服这一问题，将 HDDM 和 SRSM 相耦合，建立一种更为高效且传递效率衰减更低的不确定性传递方法，即 HDDM-SRSM。

8.2.3　基于泰勒级数展开的简化模型方法

　　近年来，基于内嵌在大气化学传输模型中的高效敏感性直接分析技术和泰勒级数展开式，国外学者建立了更为高效的简化模型构建方法 DDM-RFM 和 HDDM-RFM[7-14]应用在不确定性分析中，可利用构建的简化模型代替原始复杂模型实现不确定性的高效传递。HDDM-RFM 是对 DDM-RFM 的改进。最早建立的 DDM 仅能够计算模型的一阶敏感性系数，因此建立的简化模型能够准确预测模型的线性响应特征或者局部的非线性响应特征。HDDM 能够计算模型的二阶敏感性系数，建立的简化模型也能较好地描述一定扰动内的模型非线性响应特征。在 HDDM 技术开发出来后，HDDM-RFM 迅速取代了 DDM-RFM。

　　HDDM-RFM 将模型输入和输出的响应关系分解为输入参数的单一作用和多个输入参数之间的相互作用。其中，输入参数的单一作用采用二阶泰勒展开式表示，展开式的系数分别对应模型对该输入参数的一阶敏感性系数和二阶敏感性系数；相互作用则采用模型对两个不同输入参数的交叉敏感性系数进行表示；这些敏感性系数采用 HDDM 计算获取。HDDM 通过构建污染浓度对输入参数的偏导数方程，并与模型浓度方程共同运行，即模型在运算的同时计算模拟浓度和敏感性系数，计算效率高。因此，利用 HDDM-RFM 方法建立简化模型无须多次运行大气化学传输模型，相比 SRSM 和 HDMR 等方法具有更高的不确定性传递效率。目前，HDDM-RFM 已经广泛应用于模型不确定性分析研究和污染控制措施优化研究。例如，Tian 等[13]利用 HDDM-RFM 分析了排放源清单不确定性对污染减排效益的影响；Zhang 等[14]首次应用 HDDM-RFM 定量分析 PM$_{2.5}$ 模拟的不确定性。而在污染控制措施方面，Foley 等[9]采用 HDDM-RFM 分析在减排情景实施下 O$_3$达标的概率；Kerl 等[10]采用同样的方法优化美国本地的电力规划政策。

　　HDDM-RFM 不仅高效，而且在输入参数不确定性较小时，具有与 MCM 相仿的不确定性传递准确性[8]。HDDM-RFM 本质上依然是基于局部敏感性系数建立的，且 HDDM 最高只能计算二阶敏感性系数，无法准确预测较大输入参数扰动下的模型非线性响应，因此当输入参数不确定性较大时，HDDM-RFM 的不确定性传递准确性有所下降。本书以图 8.2 为例进行说明。假设实线为模型实际的输入-输出响应曲线，两条虚线分别为利用一阶敏感性系数预测的响应曲线（一阶 RFM 预测响应曲线）和结合一阶与二阶敏感性系数预测的响应曲线（高阶 RFM 预测响应曲线）。其中，零点表示模型输入位于基准值。当模型的非线性程度很高时，

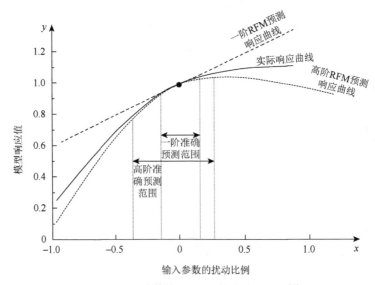

图 8.2 不同阶数的 HDDM 的准确预测范围

一阶 RFM 预测响应曲线的准确预测范围非常窄。虽然高阶 RFM 预测响应曲线的准确预测范围有所变大,但也无法覆盖整个模型输入参数的扰动范围[−1, 1]。

目前有研究指出,当前体物排放扰动达到 50%～60%时,HDDM-RFM 的预测误差就已经比较明显[13]。例如,Tian 发现一阶敏感性系数能够准确预测 NO_x 排放扰动在 10%范围以内的 O_3 污染响应,预测偏差能控制在 5%以内,但是当 NO_x 排放扰动扩大到 50%以上时,预测偏差也增加到 16%,当排放扰动达到 100%时,预测偏差已经超过 30%[13]。实际上,部分排放源清单的不确定性大于 50%。尤其是在我国,由于活动水平数据和当地排放因子的缺失,排放源清单的不确定性甚至高达 100%以上,因此采用 HDDM-RFM 开展大气化学传输模型不确定性分析时势必受到局部敏感性的影响,导致不确定性分析结果存在一定的偏差。为克服这一问题,本书在 HDDM-RFM 的基础上提出逐步 HDDM-RFM 方法。

8.3　传递准确性改进:逐步 HDDM-RFM 方法

传统 HDDM-RFM 难以仿真高度非线性模型,导致利用 HDDM-RFM 开展非线性模型不确定性传递时存在较大偏差。为此,本书在 HDDM-RFM 方法的基础上,结合逐步拟合的思路,建立了一种更为准确的不确定性高效传递方法——逐步 HDDM-RFM。

8.3.1　逐步 HDDM-RFM 方法的构建思路

假设原始模型是一个只有单个输入参数的一维非线性响应曲线 $y = f(x)$。在曲线上任意取一点 $A_0(x_0, y_0)$ 并计算该点的局部敏感性系数。结合泰勒展开式,能够利用 A_0 点的敏感性系数预测模型在 A_0 点附近的响应。受局部特征的影响,预测的响应仅在 A_0 点附近具有较高的准确性。将 A_0 点附近具有较高预测准确性的模型输入扰动范围称为 A_0 点敏感性系数的准确预测范围。准确预测范围通常随着曲线非线性程度增加而缩小,随着敏感性系数的阶数增加而扩大,因此理论上可以通过增加阶数来扩大敏感性系数的准确预测范围,以覆盖整个不确定性范围。但实际应用中,内嵌到大气化学传输模型中的 HDDM 最高仅支持二阶敏感性系数的计算,而利用 BFM 获取大气化学传输模型的高阶敏感性系数则需要运行多个案例,且容易受到噪声的影响。

响应曲线上每一个敏感性系数都有各自的准确预测范围。在响应曲线上同时获取多个点的敏感性系数,然后采用逐步的思路,根据每一个敏感性系数的准确预测范围将每一个输入参数的扰动分解成多段扰动,再利用与每一段扰动相对应的最优敏感性系数预测其模型响应,进而实现高度非线性模型的全局输入扰动响应准确预测。相比单纯增加敏感性系数的阶数，逐步方法是一种更为简便的方法。应用在 HDDM-RFM 中，除了采用基准情景下 HDDM 计算的一阶和二阶敏感性系数之外，还需要计算其他输入扰动情景下的一阶和二阶敏感性系数。这是整个逐步 HDDM-RFM 方法的主要核心思想。

逐步 HDDM-RFM 方法的概念框架如图 8.3 所示。假设模型输入参数的不确定性范围为 –100%～100% ，即[–1, 1]。为更好预测这个范围内的模型响应，需要在基准情景的基础上增加输入扰动比例为 P_1、P_2、P_3 和 P_4 的案例情景 Case1、Case2、Case3 和 Case4。当输入扰动为正时，模型响应采用基准情景、Case1 和 Case2 的敏感性系数进行预测，反之便采用基准情景、Case3 和 Case4 的敏感性系数进行预测。X_1、X_2、Y_1 和 Y_2 是各案例情景的转化点，界定了每一个案例情景敏感性系数的最优预测范围，其位置与相邻案例情景敏感性系数的准确预测范围有关。通过结合多个案例情景敏感性系数的最优预测范围，逐步方法能够拟合出在不确定性范围内接近于实际的模型响应曲线。概念框架图中基准情景左侧（代表模型输入扰动为负）和右侧（代表模型输入扰动为正）都增加了两个扰动情景，而在实际应用时，需要输入参数的不确定性范围或者模型响应的非线性特征强弱调整案例情景的个数以及位置。一般情况下，预测范围越大、模型非线性响应程度越高，需要增加的扰动情景个数越多。

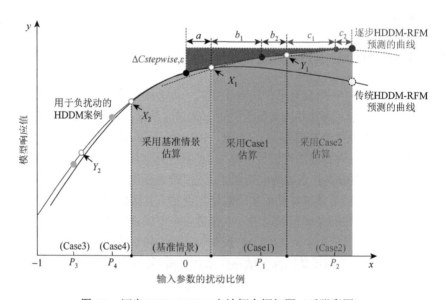

图 8.3　逐步 HDDM-RFM 方法概念框架图（后附彩图）

$X_1/X_2/Y_1/Y_2$ 为转化点，蓝/绿色实心点为相对基准情景扰动为正的案例情景（分别为：蓝-Case1，绿-Case2），黄色实心点代表基准情景扰动为负的案例情景（分别为：Case3 和 Case4），黑色实心点为基准情景。每个情景获取的敏感性系数最高阶数为 2。框架图重点以正扰动为例子介绍逐步 HDDM-RFM 建立过程；其中红色实线为逐步 HDDM-RFM 预测的响应曲线，黑色虚线为传统 HDDM-RFM 预测的响应曲线。

　　逐步 HDDM-RFM 方法预测正扰动响应和负扰动响应的计算过程完全一致。本书以正扰动响应预测为例子，详细介绍逐步 HDDM-RFM 的建立过程，其公式见式（8.1）。式（8.1）由采用基准情景敏感性系数计算的模型响应、案例情景 Case1 计算的模型响应和案例情景 Case2 计算的模型响应三部分组成。其中，基准情景到转换点 X_1 之间的模型响应采用基准情景敏感性系数进行计算，根据预测点的位置，系数 a 的大小有所不同。如果预测点小于转换点 X_1，系数 a 等于预测点的扰动大小 ε（基于基准情景）；如果预测点大于 X_1，系数 a 等于转换点 X_1 到基准案例的扰动大小[（式 8.2）]。转换点 X_1 和 Y_1 之间的模型响应采用案例情景 Case1 的敏感性系数进行计算。b_1 和 b_2 的大小取决于预测点的位置。当预测点位于案例情景 Case1 的右侧时，b_1 相对案例情景 Case1 而言是负扰动，b_2 相对案例情景 Case1 而言是正扰动；当预测点位于案例情景 Case1 的左侧时，b_1 和 b_2 相对案例情景 Case1 而言都是负扰动。另外，以基准情景为参考点的扰动比例放到以案例情景 Case1 为参考点的坐标系中时，扰动比例会产生变化。例如，基准情景 50%的扰动比例对于输入参数增加 100%的案例情景而言，其扰动比例仅有 25%。因此采用案例情景 Case1 敏感性系数计算模型响应时，需要对以基准情景为参考点的扰动比例进行转化，其方法见式（8.3）和式（8.4）。转换点 Y_1 之外的模型响应采用案例情景 Case2 的敏感性系数进行计算。c_1 和 c_2 是以案例情景 Case2 为基准的扰动比例，其大小和正负符号同样取决于预测点相对案例情景 Case2 的位置，具体见式（8.5）和式（8.6）。另外，X_1 和 Y_1 转换点的选取是逐步 HDDM-RFM 方法的关键，其选取的位置会影响模型响应预测的准确性。转换点的选取原则是保证简化模型[式（8.1）]在 Case1 和 Case2 的预测误差最小。

$$\Delta C_{\text{stepwise},\varepsilon} = a \times S_{\text{base}}^{(1)} + \frac{a^2}{2} \times S_{\text{base}}^{(2)} - \left(b_1 \times S_{\text{Case1}}^{(1)} + \frac{b_1^2}{2} \times S_{\text{Case1}}^{(2)} \right)$$
$$+ \left(b_2 \times S_{\text{Case1}}^{(1)} + \frac{b_2^2}{2} \times S_{\text{Case1}}^{(2)} \right) - \left(c_1 \times S_{\text{Case2}}^{(1)} + \frac{c_1^2}{2} \times S_{\text{Case2}}^{(2)} \right) \quad (8.1)$$
$$+ \left(c_2 \times S_{\text{Case2}}^{(1)} + \frac{c_2^2}{2} \times S_{\text{Case2}}^{(2)} \right)$$

$$a = \begin{cases} \varepsilon & |\varepsilon| \leqslant |X_1| \\ X & |\varepsilon| > |X_1| \end{cases} \quad (8.2)$$

$$b_1' = \begin{cases} 0 & |\varepsilon| \leqslant |X_1| \\ \dfrac{X_1 - P_1}{1 + P_1} & |\varepsilon| > |X_1| \end{cases} \quad (8.3)$$

$$b_2' = \begin{cases} 0 & |\varepsilon| \leqslant |X_1| \\ \dfrac{\varepsilon - P_1}{1 + P_1} & |X_1| < |\varepsilon| \leqslant |Y_1| \\ \dfrac{Y_1 - P_1}{1 + P_1} & |\varepsilon| > |Y_1| \end{cases} \qquad (8.4)$$

$$c_1' = \begin{cases} 0 & |\varepsilon| \leqslant |Y_1| \\ \dfrac{Y_1 - P_2}{1 + P_2} & |\varepsilon| > |Y_1| \end{cases} \qquad (8.5)$$

$$c_1' = \begin{cases} 0 & |\varepsilon| \leqslant |Y_1| \\ \dfrac{\varepsilon - P_2}{1 + P_2} & |\varepsilon| > |Y_1| \end{cases} \qquad (8.6)$$

其中，$S^{(1)}$ 和 $S^{(2)}$ 分别为一阶和二阶敏感性系数；下标 base、Case1 和 Case2 分别代表基准情景、第一个案例情景和第二个案例情景；P_1 和 P_2 分别为案例情景 Case1 和案例情景 Case2 相对于基准情景的扰动比例；ε 为预测点的正扰动比例，取值范围为 $[0,+\infty)$；X_1 和 Y_1 分别是基准情景与案例情景 Case1 的转换点和案例情景 Case1 与案例情景 Case2 的转换点。

8.3.2　逐步 HDDM-RFM 方法评价

　　为了展示新建立的逐步 HDDM-RFM 方法在非线性模型响应预测和不确定性传递等方面的优势，本书以珠江三角洲为例子，采用逐步 HDDM-RFM 方法构建 PM$_{2.5}$ 污染浓度与前体物排放（NO$_x$、SO$_2$、NH$_3$、VOCs 和 PM$_{2.5}$）和边界条件（PM$_{2.5}$ 和 O$_3$）的简化模型。考虑前体物排放和区域传输对珠江三角洲 PM$_{2.5}$ 污染形成的影响存在季节差异性，PM$_{2.5}$ 浓度与排放的响应特征也可能存在差异，本书选取 4 月（本地排放主导）和 12 月（外来输送主导）作为例子对比传统 HDDM-RFM 方法和逐步 HDDM-RFM 方法在构建高度非线性简化模型方法的差异。

　　表 8.1 是珠江三角洲 PM$_{2.5}$ 浓度对第三层模拟域污染物排放以及边界条件 O$_3$ 和 PM$_{2.5}$ 浓度扰动响应的相对一阶敏感性和非线性比率。由表 8.1 可见，珠江三角洲 PM$_{2.5}$ 浓度对 NO$_x$、NH$_3$、VOCs 排放以及 O$_3$ 边界条件扰动的响应有明显的非线性特征，其中对 NO$_x$ 排放最为明显，其 4 月和 12 月的非线性比率分别高达 51.6% 和 87.1%。非线性比率越大，表明基准情景敏感性系数的准确预测范围越窄。因此采用逐步 HDDM-RFM 方法构建 NO$_x$、NH$_3$、VOCs 排放以及 O$_3$ 边界条件与 PM$_{2.5}$ 浓度的简化模型，并假设 NO$_x$、NH$_3$、VOCs 排放和 O$_3$ 边界条件的不确定性取值范围为 $[-100\%, 150\%]$。构建的简化模型见公式（8.7）。其中，$\Delta C_{\text{stepwise-ENO}_x, \varepsilon}$、$\Delta C_{\text{stepwise-ENH}_3, \varepsilon}$、

$\Delta C_{\text{stepwise-EVOCs},\varepsilon}$ 和 $\Delta C_{\text{stepwise-BO}_3,\varepsilon}$ 分别表示 $PM_{2.5}$ 浓度变化对 NO_x、NH_3、VOCs 排放和 O_3 边界条件扰动的响应。C_{base} 表示基准情景的 $PM_{2.5}$ 模拟浓度，$S^{(2)}_{\text{base},j,k}$ 表示基准情景的一阶交叉敏感性系数。模型考虑 4 个输入参数，HDDM 计算的交叉敏感性系数总共有 6 个。

$$C_{\text{SB-RFM}} = C_{\text{base}} + \Delta C_{\text{stepwise-ENO}_x,\varepsilon} + \Delta C_{\text{stepwise-ENH}_3,\varepsilon} + \Delta C_{\text{stepwise-BO}_3,\varepsilon}$$
$$+ \Delta C_{\text{stepwise-EVOCs},\varepsilon} + \sum_{j \neq k} \Delta\varepsilon_j \Delta\varepsilon_k \times S^{(2)}_{\text{base},j,k} \tag{8.7}$$

表 8.1　珠江三角洲 $PM_{2.5}$ 污染浓度对污染物排放以及边界条件 O_3 和 $PM_{2.5}$ 浓度扰动响应的相对一阶敏感性和非线性比率　　　　　　（单位：%）

输入参数	4 月		12 月	
	相对一阶敏感性	非线性比率	相对一阶敏感性	非线性比率
SO_2 排放	7.4	9.0	0.6	2.6
NO_x 排放	6.1	51.6	0.4	87.1
NH_3 排放	15.7	27.0	8.5	27.1
VOCs 排放	2.2	21.3	1.1	32.3
$PM_{2.5}$ 排放	30.6	1.2	24.6	0.9
O_3 边界条件	9.4	15.6	4.8	30.3
$PM_{2.5}$ 边界条件	40.3	3.0	61.5	1.4

为了准确预测整个不确定性范围内 $PM_{2.5}$ 浓度对 NO_x、NH_3、VOCs 排放和 O_3 边界条件扰动的响应，根据逐步 HDDM-RFM 方法，每个输入参数需要增加 3~4 个案例情景来修正 $PM_{2.5}$ 污染浓度的响应曲线。根据多次试验的结果，对于 NO_x 排放，增加 NO_x 排放扰动为–90%、–50%、50% 和 150% 的案例情景；对于 VOCs 排放，增加 VOCs 排放扰动为–50%、50% 和 150% 的案例情景；对于 NH_3 排放，增加 NH_3 排放扰动为–75%、–50%、50% 和 150% 的案例情景；对于 O_3 边界条件，增加边界 O_3 浓度扰动为–75%、–50%、50% 和 150% 的案例情景。每个输入参数的转化点最优取值见表 8.2。可见，对于珠江三角洲 $PM_{2.5}$，基准情景下 HDDM 计算的敏感性系数（最高到二阶）的准确预测范围（X_1 和 X_2）大多在 ±25% 左右。

表 8.2　逐步 HDDM-RFM 转化点的取值　　　　　　（单位：%）

月份	输入参数	正扰动				负扰动			
		Case1	Case2	X_1	Y_1	Case1	Case2	X_2	Y_2
4	NH_3 排放	50	150	18.34	83.50	–50	–75	–29.83	–64.54
	NO_x 排放	50	150	23.54	94.87	–50	–90	–27.27	–72.91

续表

月份	输入参数	正扰动				负扰动			
		Case1	Case2	X_1	Y_1	Case1	Case2	X_2	Y_2
4	VOCs 排放	50	150	24.88	101.60	−50	—	−26.73	—
	O_3 边界条件	50	150	29.98	103.70	−50	−75	−21.39	−60.66
12	NH_3 排放	50	150	20.00	87.00	−50	−75	−28.00	−63.00
	NO_x 排放	50	150	23.00	93.00	−50	−90	−28.00	−73.00
	VOCs 排放	50	150	26.90	106.80	−50	—	−23.25	—
	O_3 边界条件	50	150	28.60	107.80	−50	−75	−20.07	−61.13

注：X_1 和 X_2 表示基准情景下敏感性系数的准确预测范围。

1. 对单个输入参数的响应曲线预测

首先对比逐步 HDDM-RFM 与传统 HDDM-RFM 构建的 $PM_{2.5}$ 浓度对单个模型输入参数扰动的响应曲线，其结果如图 8.4 所示。逐步 HDDM-RFM 方法建立的响应曲线能够平滑地穿过所有的实际模型响应点，表明利用逐步 HDDM-RFM 方法建立的响应曲线与实际模型输入-输出的响应曲线接近。相比之下，传统 HDDM-RFM 方法建立的响应曲线与实际响应曲线有明显的差距，模型输入扰动越大，差距越为明显。特别在模型输入扰动为正时，传统 HDDM-RFM 方法常常预测的曲线变化趋势与实际曲线出现截然相反的方向。

珠江三角洲 $PM_{2.5}$ 浓度与 NH_3 排放变化呈现出明显的非线性关系,其原因与贫富氨环境转化相关。由以上分析可知，珠江三角洲大部分地区属于富氨环境。随着 NH_3 排放量减少，珠江三角洲部分处于富氨环境的区域逐渐过渡到贫氨环境，导致 $PM_{2.5}$ 浓度对 NH_3 减排越来越敏感；相反，随着 NH_3 排放量增加，珠江三角洲部分处于贫氨环境的区域逐渐过渡到富氨环境，导致 $PM_{2.5}$ 浓度对 NH_3 减排越来越不敏感。从图 8.4 中可也发现 $PM_{2.5}$ 浓度的下降速度随着 NH_3 排放减少而加快，随着 NH_3 排放增加而缓慢降低。逐步 HDDM-RFM 能够准确地捕捉这一变化趋势，相比之下，传统 HDDM-RFM 则存在显著偏差，尤其当 NH_3 排放增加时，传统 HDDM-RFM 预测的响应曲线呈现出下降的趋势，这与实际响应曲线背道而驰。

NO_x 是 $PM_{2.5}$ 污染的关键前体物,其排放减少会引起 $PM_{2.5}$ 浓度下降,但在以 VOCs 控制为主导的珠江三角洲区域[18]，NO_x 减排会增加 O_3 浓度，进而促进 NO_x 的氧化速率，提高 $PM_{2.5}$ 浓度；相反，NO_x 排放增加会降低 O_3 浓度，抑制 NO_x 的氧化速率，降低 $PM_{2.5}$ 浓度对 NO_x 排放增加的敏感性。这两种影响导致珠江三角洲 $PM_{2.5}$ 浓度与 NO_x 排放变化的非线性特征也非常明显。这种非线性特征能被逐步 HDDM-RFM 准确捕捉。相比之下，传统 HDDM-RFM 则无法准确预测 $PM_{2.5}$ 浓度与 NO_x 排放的非线性响应。当扰动为负时，传统 HDDM-RFM 高估 PM$_{2.5}$ 浓度的响应变化；当扰动为正时，传统 HDDM-RFM 却预测出与实际响应曲线截然相反的变化趋势。

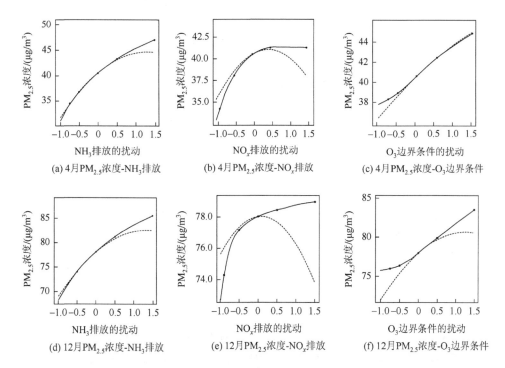

图 8.4　逐步 HDDM-RFM 与传统 HDDM-RFM 预测的 PM$_{2.5}$ 响应曲线对比

实线为逐步 HDDM-RFM 拟合的曲线；虚线为传统 HDDM-RFM 拟合的曲线；黑色点代表 CMAQ 的模拟值。以上所有值均采用粤港空气监控网络站点所在网格的模拟平均值。

总之，相比传统 HDDM-RFM 方法，逐步 HDDM-RFM 方法更适合预测非线性模型与单个输入参数的响应特征，且当输入扰动越大，逐步 HDDM-RFM 方法的优势越为明显。鉴于模型输入参数的不确定性往往都较大，采用逐步 HDDM-RFM 方法能够提高非线性模型的不确定性传递准确性。

2. 对多个输入参数极端扰动的响应预测

输入参数极端扰动下的模型响应预测是否准确对不确定性传递十分重要。基于简化模型的不确定性传递实际上还是利用大量抽样的原理估算模型输出的概率分布。参与不确定性传递的案例根据输入参数的概率分布进行抽样。理论上，大部分参与不确定性传递案例的输入参数扰动都是相对较小的，传统 HDDM-RFM 方法能较好地预测其响应值。但依然有少部分案例的输入参数扰动较大，甚至出现极端值，这些案例对应的响应值也往往较大。当采用概率密度分布曲线描述模型输出的不确定性时，这些案例往往都位于分布函数的尾端，影响了不确定性量化的置信区间。为了评估逐步 HDDM-RFM 方法对输入参数极端扰动响应预测的准确性，以 SO_2、NO_x、NH_3 排放和 O_3 边界条件输入为例，设置了 6 个极端组合情景案例，具体设置如表 8.3 所示。根据排放源清单和边界条件的不确定性，极端案例分别采用[−50%,50%]、[−50%,50%]、[−50%,100%] 和 [−50%,100%] 作为 SO_2、NO_x、NH_3 排放和 O_3 边界条件的扰动取值。

表 8.3　多输入参数同时扰动案例设置详情　　　　（单位：%）

扰动案例	SO_2 排放	NO_x 排放	NH_3 排放	O_3 边界条件
E1	−50	−50	−50	0
E2	50	50	100	0
E1B1	−50	−50	−50	−50
E2B1	50	50	100	−50
E1B2	−50	−50	−50	100
E2B2	50	50	100	100

图 8.5 为逐步 HDDM-RFM 与传统 HDDM-RFM 预测的 $PM_{2.5}$ 浓度响应对比。与传统 HDDM-RFM 相比，逐步 HDDM-RFM 预测的 $PM_{2.5}$ 浓度响应与实际的 $PM_{2.5}$ 浓度响应更为接近。逐步 HDDM-RFM 在 E2 案例的改进效果最为明显，其 R^2 增加了 0.26，FE 降低了 24 个百分点；而在 E1 案例中，R^2 增加了 0.15，FE 降低了 13 个百分点。可见，传统 HDDM-RFM 对极端扰动的模型响应预测存在明显偏差，尤其当输入参数扰动为正时，因此利用传统 HDDM-RFM 方法量化的模型不确定性也必然存在偏差。逐步 HDDM-RFM 方法能准确预测扰动较大的模型响应，其不确定性传递准确性也较高。

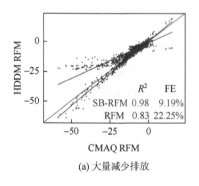

(a) 大量减少排放

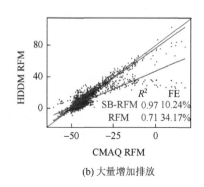

(b) 大量增加排放

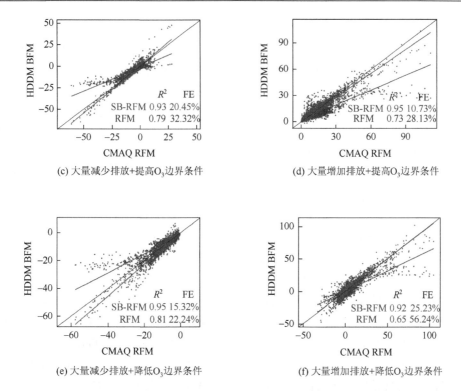

(c) 大量减少排放+提高O_3边界条件　　　　　　(d) 大量增加排放+提高O_3边界条件

(e) 大量减少排放+降低O_3边界条件　　　　　　(f) 大量增加排放+降低O_3边界条件

图 8.5　基于逐步和传统 HDDM-RFM 预测的 $PM_{2.5}$ 浓度响应与实际 $PM_{2.5}$ 浓度响应对比（后附彩图）

红色回归线代表逐步 HDDM-RFM 拟合的曲线，标记为 SB-RFM；蓝色回归线为传统 HDDM-RFM 拟合的曲线，
标记为 RFM。

另外，需要注意的是，随着 O_3 边界条件扰动的加入，逐步 HDDM-RFM 方法预测的准确性也有所下降，这表明输入参数之间的相互作用也存在明显的非线性特征。在本案例构建的简化模型中，输入参数之间的相互作用是利用基准情景的交叉敏感性系数进行预测。然而，基准情景下 HDDM 计算得到的交叉敏感性系数只有一阶，只能准确预测输入参数之间的线性相互作用，无法准确预测具有非线性特征的相互作用。尽管如此，在极端输入扰动的案例中，逐步 HDDM-RFM 还是保持着很高的准确性，所有案例的 R^2 都大于或等于 0.9。

3. 不确定性传递准确性评价

为了验证逐步 HDDM-RFM 在不确定性传递准确性上的改进，继续利用 MCM 方法作为基准，评估逐步 HDDM-RFM 和传统 HDDM-RFM 这两种不确定性传递方法的传递准确性。MCM 是直接通过抽样多次运行原始大气化学传输模型来实现不确定性传递的，准确性高。但如果要准确量化大气化学传输模型输出的不确

定性，采用 MCM 方法理论上至少需要上千次模拟，但考虑到本书主要目的是以
MCM 为基准评价两种 HDDM-RFM 方法在不确定性传递方面的准确性，200 次
随机抽样已经足以满足评价要求，具体过程为：①根据 NO_x、SO_2、NH_3、VOCs
和 $PM_{2.5}$ 排放以及边界条件中 O_3 和 $PM_{2.5}$ 浓度的不确定性分布，采用随机抽样
方法对每个输入参数抽取 200 个扰动比例，组成 200 个 MCM 模拟案例；②采
用原始大气化学传输模型计算每个 MCM 案例的 $PM_{2.5}$ 模拟浓度；③采用逐步
HDDM-RFM 和传统 HDDM-RFM 方法预测每个 MCM 案例的 $PM_{2.5}$ 模拟浓度；
④以原始大气化学传输模型计算的浓度作为基准，采用 NME、NMB、FE、FB 和
R^2 指标评价两种 HDDM-RFM 方法的不确定性传递准确性。

图 8.6 对比了通过 MCM、逐步 HDDM-RFM 和传统 HDDM-RFM 获取的 $PM_{2.5}$
模拟浓度概率密度分布曲线。逐步 HDDM-RFM 获取的概率密度分布曲线整体上
都与实际的概率密度分布曲线相一致，表明逐步 HDDM-RFM 方法的不确定性传
递准确性接近 MCM 方法。相比之下，传统 HDDM-RFM 获取概率密度分布曲线存
在明显的偏差，特别是明显低估了高 $PM_{2.5}$ 浓度的概率，这与传统 HDDM-RFM 低
估输入参数极端正扰动下的模型响应有很大关系。传统 HDDM-RFM 对极端正扰动
的模型响应低估导致模型不确定性被低估。例如，对比传统 HDDM-RFM 和逐步
HDDM-RFM 量化的珠江三角洲 $PM_{2.5}$ 模拟浓度不确定性，发现传统 HDDM-RFM
量化的不确定性范围至少低估了 1%～6%。总体上，相比传统 HDDM-RFM，逐步
HDDM-RFM 更能准确传递大气化学传输模型的不确定性。

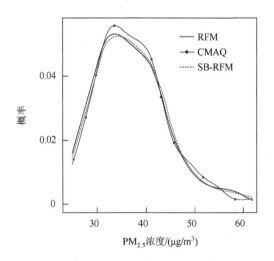

图 8.6　蒙特卡罗（CMAQ）、逐步 HDDM-RFM（SB-RFM）和传统 HDDM-RFM（RFM）获取
的 $PM_{2.5}$ 模拟浓度概率密度分布曲线

另外，不确定性分析也常常应用于风险评估。极端事件发生的概率虽然较低，但通常伴随着高污染、高风险、高损失，更容易受到研究人员和决策者的关注，但风险、损失或者收益等却非常高，是风险评估的重点之一。这一点在我国尤为重要，由于基础数据的缺失，排放源清单、气象场和边界条件等模型输入参数的不确定性往往更为明显，导致不确定性在模型传递过程中更为复杂、扰动更大，也就是说极端事件发生的概率更大。由于其不确定性传递偏差，传统 HDDM-RFM 方法难以准确量化极端事件发生概率，而逐步 HDDM-RFM 改进了对大扰动模拟响应预测，也有助于提高对极端事件概率的量化。

8.4　HDDM-SRSM 方法

8.4.1　HDDM-SRSM 方法的构建思路

为了提高 SRSM 的不确定性传递效率，文献［15］提出更为高效的 HDDM-SRSM 方法。该方法的基本原理是同时采用 HDDM 计算的一阶敏感性系数和原始模型计算的污染物浓度求解建立简化模型，以降低简化模型建立对原始模型运行次数的需求，其思路如图 8.7 所示。

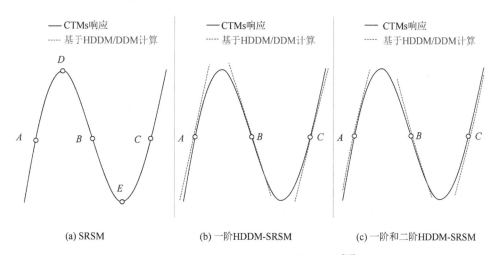

图 8.7　HDDM-SRSM 方法的构建思路[15]

假设原始模型对输入参数的响应为余弦曲线。为准确拟合这条曲线，至少需要 5 个已知点。这些已知点又称为配点，其相对应的模型响应浓度值需通过运行原始模型获取。若配点只有 3 个，仅利用配点的浓度值无法准确拟合曲线，但如果同时提供曲线在配点处的一阶敏感性系数，结合配点的浓度值，便能较为准

确拟合曲线 [（图 8.7（b）]。一阶敏感性系数描述曲线在配点附近的变化趋势，浓度值则是描述该点的响应值，这两个信息等同于两个配点提供的响应浓度信息。因此，同时考虑配点的敏感性系数和响应浓度能够降低简化模型建立对配点个数的需求。DDM/HDDM 是通过直接数值求解模型算法的偏导数方程的方式准确计算模型输出对输入的敏感性系数，并且偏导数方程与模型浓度方程的相似程度高，浓度方程的部分中间计算结果（如 Jacobi 矩阵）能直接用于求解偏导数方法，因此 DDM/HDDM 与大气化学传输模型浓度运行是同步进行的，敏感性系数运算效率高。耦合 DDM/HDDM 和 SRSM 利用 DDM/HDDM 提供的敏感性系数和大气化学传输模型模拟浓度数据，也能够降低简化模型建立对配点数的需求，提高简化模型构建效率和不确定性传递效率。DDM 能够计算大气化学传输模型模拟的污染物浓度对模型输入参数的一阶敏感性。HDDM 是 DDM 的高阶版本，除了一阶敏感性系数，还能够计算模型输出对输入参数的二阶敏感性系数。理论上，一阶敏感性系数和二阶敏感性系数都能参与辅助简化模型的构建。基于上述的改进思路，提出了更为高效的 HDDM-SRSM 不确定性传递方法。

采用 HDDM-SRSM 方法建立简化模型的过程与 SRSM 类似，包括 4 个主要步骤：①随机输入参数的标准化；②基于 Hermite 的随机多项式展开；③待定系数求解；④简化模型收敛性判断。其中，随机输入参数的标准化是将模型输入参数转化为符合标准正态分布的标准随机变量，该步骤与 SRSM 的完全一致，而基于 Hermite 的随机多项式展开和待定系数求解则与 SRSM 有所不同，下面对其过程进行详细介绍。

1）随机输入参数的标准化

HDDM-SRSM 的第一步仍然是随机输入参数的标准化，即将输入参数转化为一系列标准随机变量。由于正态随机变量概率密度平方可积，便于数学计算，HDDM-SRSM 在转化过程中优先选择独立同分布的标准正态随机变量作为标准随机变量。具体的转化方法和公式见第 2 章。

2）基于 Hermite 的随机多项式展开

以 Hermite 多项式为基，将大气化学传输模型输出表示为由标准变量组成的多项式，即简化模型。不同于 SRSM，HDDM-SRSM 不仅需要构建污染浓度的 Hermite 多项式[式（8.8）]，还需构建一阶敏感性和二阶敏感性的一系列偏导数多项式，分别见式（8.9）和式（8.10）

$$y = a_0 + \sum_{i_1=1}^{n} a_{i_1} \Gamma_1\left(\xi_{i_1}\right)$$

$$+ \sum_{i_1=1}^{n} \sum_{i_2=1}^{i_1} a_{i_1 i_2} \Gamma_2\left(\xi_{i_1}, \xi_{i_2}\right) + \sum_{i_1=1}^{n} \sum_{i_2=1}^{i_1} \sum_{i_3=1}^{i_2} a_{i_1 i_2 i_3} \Gamma_3\left(\xi_{i_1}, \xi_{i_2}, \xi_{i_3}\right) + \cdots \quad (8.8)$$

$$\frac{\partial y}{\partial \xi_{i_1}} = a_{i_1} \frac{\partial \Gamma_1 (\xi_{i_1})}{\partial \xi_{i_1}} + \sum_{i_2=1}^{n} a_{i_1 i_2} \frac{\partial \Gamma_2 (\xi_{i_1}, \xi_{i_2})}{\partial \xi_{i_1}} + \sum_{i_2=1}^{n} \sum_{i_3=1}^{i_2} a_{i_1 i_2 i_3} \frac{\partial \Gamma_3 (\xi_{i_1}, \xi_{i_2}, \xi_{i_3})}{\partial \xi_{i_1}} \quad (8.9)$$

$$\frac{\partial^2 y}{\partial \xi_{i_1} \partial \xi_{i_2}} = a_{i_1 i_2} \frac{\partial \Gamma_2 (\xi_{i_1}, \xi_{i_2})}{\partial \xi_{i_1} \partial \xi_{i_2}} + \sum_{i_3=1}^{n} a_{i_1 i_2 i_3} \frac{\partial \Gamma_3 (\xi_{i_1}, \xi_{i_2}, \xi_{i_3})}{\partial \xi_{i_1} \partial \xi_{i_2}} \quad (8.10)$$

其中，a_{i_1}，$a_{i_1 i_2}$ 和 $a_{i_1 i_2 i_3}$ 为多项式的待定系数；$\Gamma_k (\xi_{i_1}, \xi_{i_2}, \ldots, \xi_{i_n})$ 为 k 阶 Hermite 多项式，ξ_i 为模型输入参数，n 为输入参数的个数；$\dfrac{\partial y}{\partial \xi_{i_1}}$ 表示模型输出 y 对模型输入参数 ξ_{i_1} 的一阶敏感性系数，$\dfrac{\partial \Gamma_k (\xi_{i_1}, \xi_{i_2}, \ldots, \xi_{i_n})}{\partial \xi_{i_1}}$ 表示 k 阶 Hermite 多项式对 ξ_{i_1} 的偏导；$\dfrac{\partial^2 y}{\partial \xi_{i_1} \partial \xi_{i_2}}$ 表示模型输出 y 对模型输入参数 ξ_{i_1} 的二阶敏感性系数，其中 ξ_{i_2} 是与 ξ_{i_1} 一致的输入参数，$\dfrac{\partial^2 \Gamma_k (\xi_{i_1}, \xi_{i_2}, \ldots, \xi_{i_n})}{\partial \xi_{i_1} \partial \xi_{i_2}}$ 表示 k 阶 Hermite 多项式对 ξ_{i_1} 的二阶偏导。通过式（8.9）和式（8.10）可获取每一个输入参数的一阶敏感性系数多项式和二阶敏感性系数多项式。如果只考虑一阶敏感性系数时，一次模拟最多可获取 $n+1$ 个多项式；如果同时考虑一阶和二阶敏感性系数时，一次模拟最多可获取 $2n+1$ 个多项式。

3）待定系数求解

有了敏感性系数的辅助，HDDM-SRSM 方法在求解待定系数时对配点个数的需求已经明显下降。为了保证简化模型构建的稳定性和可靠性，本书建议采用回归拟合法作为 HDDM-SRSM 的待定系数求解方法。为准确求解待定系数，回归拟合法要求超定方程组中的方程个数至少为待定系数的 2 倍。在 SRSM 方法中，每个配点只能得到一个表示污染浓度响应的方程，因此配点个数必须为待定系数的 2 倍。但对于 HDDM-SRSM 方法，如果只考虑一阶敏感性系数，每个配点至少能得到 1 个表示污染浓度响应的方程和 n 个表示污染浓度对模型输入参数一阶敏感性系数的方程，即 $n+1$ 个方程。在这种情况下，配点的数量小于方程个数，其个数可通过式（8.11）进行确定。

$$N \geqslant \text{Max} \left(\text{Floor} \left(\frac{2 \times (k+n)!}{k! n! \times m} \right), \ n \times k \right) \quad (8.11)$$

其中，Floor 表示向下取整；k 为 Hermite 多项式的最高阶数；n 为模型输入参数的个数；m 为每次模拟能够获取的一阶敏感性系数个数。如果模型能够同时计算所有输入参数的一阶敏感性系数，那么 m 则为 n。这里建议 HDDM-SRSM 采用的配点的个数不少于 N 个。如果原始大气化学传输模型与输入参数的响应特征较为复杂，配点个数可在 N 个的基础上适当增加，以避免配点太少而导致局部曲面响应特征无法拟合或者过度拟合问题。

另外，除了一阶敏感性系数，二阶敏感性系数也能够用于拟合简化模型，但为了保证有足够的配点拟合简化模型，不建议在一阶敏感性系数的基础上继续压缩配点数量。因此，二阶敏感性系数只用于提高 HDDM-SRSM 拟合简化模型的准确性，不用于提高简化模型的构建效率。例如，图 8.7（c）即使同时利用一阶敏感性系数和二阶敏感性系数，拟合余弦曲线最少还是需要 3 个配点，但二阶敏感性系数能够提高曲线拟合的准确性。

回归拟合方法中配点的选择与 ECM 方法相同，即对于 k 阶响应多项式配点的选取，从 $(k+1)$ 阶 Hermite 多项式的根中进行选取，在实际计算过程中，若零点并非 $(k+1)$ 阶多项式的根，则应将零点加至配点数组中。因此，对于二阶 HDDM-SRSM，配点可选择的值为 $-\sqrt{3}, 0, \sqrt{3}$，所有输入参数可以选取的配点组合数为 3^n（n 为模型输入参数个数）个；对于三阶 HDDM-SRSM，配点可选择的值为 $-\sqrt{3+\sqrt{6}}, -\sqrt{3-\sqrt{6}}, \sqrt{3+\sqrt{6}}, \sqrt{3-\sqrt{6}}, 0$，配点组合数为 5^n 个。随着输入参数和 HDDM-SRSM 阶数的增加，可供选择的配点组合数将大幅度增加。例如，当 $n=9$ 时，二阶和三阶的 HDDM-SRSM 的配点组合将分别达到 19 683 和 1 953 125 个。为减少配点选取对待定系数求解的影响，一般选取位于高概率密度区域配点组成的组合，且尽量使选取的配点组合在取值空间上保持较为均匀的分布。HDDM-SRSM 配点数少，随机抽样无法保证配点在空间上均匀分布，在这种情况下，建议采用正交试验设计的方法选取配点。正交试验设计的配点具备均匀分散、齐整可比的特点，能够很好地满足配点在空间上均匀分布的需求。

在方程组求解方面，由于方程的数目大于未知数的个数，可采用奇异值分解法求解。超定方程组的求解目标是使响应曲面在配点处的最小二乘误差最小。然而，当方程组的待定系数较多而配点又较少时，求解得到的简化模型通常容易存在过度拟合问题，即能够很好地预测配点附近的模型值，但简化模型的泛化能力不高，在距离配点较远的曲面，简化模型的预测准确性有所降低。在不确定性分析中，过度拟合则表现为简化模型无法准确预测远离配点处的模型响应浓度，这在一定程度上会减低不确定性传递的准确性。适当增加配点数量能够适当降低简化模型及不确定性传递的准确性。

4）简化模型收敛性判断

理论上，当简化模型输入参数的个数及相应的取值范围都固定的情况下，简化模型的阶数 k 越高，简化模型的准确性越高，即越能准确表征原始大气化学传输模型与输入的非线性响应特征。但准确性与阶数并非线性关系，而是随着阶数的增加，准确性逐渐收敛。另外，阶数越高，准确拟合简化模型需要的配点数量也越多，不确定性传递效率越低。例如，当考虑的模型输入参数为 10 个时，利用 HDDM-SRSM 方法构建三阶简化模型至少需要 57 个配点，构建四阶简化模型至少需要 200 个配点，构建五阶简化模型至少需要 600 个配点。配点数量随阶数呈现指数型增长。因此，利用 SRSM 和 HDDM-SRSM 构建简化模型都需要在准确性和阶数之间权衡，一般是采用简化模型接近收敛的阶数。

判断 k 阶简化模型是否收敛，可以将 k 阶简化模型与 $k+1$ 阶简化模型进行对比分析，如果两者预测的模型响应或者获取的模型不确定性概率分布接近，则可认为 k 阶简化模型已经收敛，否则应采用更高阶的 Hermite 多项式构建简化模型。另外，还可以将简化模型与 MCM 进行对比。MCM 是直接通过抽样多次运行原始大气化学传输模型来实现不确定性传递，准确性高。如果 k 阶简化模型和 MCM 获取的模型不确定性概率分布接近，也可以认为 k 阶简化模型已经收敛。

8.4.2　HDDM-SRSM 的不确定性传递评价

准确性和传递效率是不确定性传递方法的两个关键，准确性决定不确定性传递方法是否可靠，传递效率决定不确定性传递方法是否具有较高的可行性。本小节从传递效率和准确性这两方面评价 HDDM-SRSM 方法。

首先，以单个节点曙光 CB85-G 刀片（CPU：4×AMD Opteron 6337 HE，48 核，2.2 GHz；内存：32 G）为硬件平台，采用 CMAQ v5.0.2 版本作为大气化学传输模型，分别估算 SRSM 和 HDDM-SRSM 在不同输入参数个数下的原始大气化学传输模型运行次数和时间。采用单个节点刀片开展 CMAQ 单层模拟（152×110 个网格，3 km×3 km 分辨率，18 垂直层）所需的时间大约为 37 min，如果在运算的过程中同步利用 HDDM 计算一阶敏感性系数，每个敏感性系数大概需要 7~11 min 时间，这个时间随着单次运行 CMAQ 模型所计算的敏感性系数增加而降低。这是由于 HDDM 在运算的过程中共用了部分浓度运算的代码和中间计算结果，因此计算的敏感性系数越多，平摊到单个敏感性系数计算的时间也就越少。基于这些计算能力，不同输入参数个数下的 SRSM 和 HDDM-SRSM 计算效率如表 8.4 所示。

表 8.4　不同方法的不确定性传递效率对比

输入参数/个	三阶 SRSM		三阶 HDDM-SRSM			二阶 SRSM		二阶 HDDM-SRSM		
	模型运行次数	构建时间/h	模型运行次数	构建时间/h	相比 SRSM 节约的时间/%	模型运行次数	构建时间/h	模型运行次数	构建时间/h	相比 SRSM 节约的时间/%
3	40	25.0	13	15.4	38.4	20	12.5	6	7.1	43.2
4	70	43.7	17	22.5	48.5	30	18.7	7	9.3	50.3
5	112	70.0	22	31.6	54.9	42	26.2	8	11.5	56.1
6	168	105.0	28	42.7	59.3	56	35.0	9	13.7	60.9
7	240	150.0	34	54.0	64.0	72	45.0	10	15.9	64.7
8	330	206.3	41	70.7	65.7	90	56.3	11	19.0	66.3
9	440	275.0	48	84.0	69.5	110	68.8	12	21.0	69.5
10	572	357.5	57	106.9	70.1	132	82.5	13	24.4	70.4

可见相比 SRSM 方法，HDDM-SRSM 能够大幅度降低大气化学传输模型的运行次数，减少准备模型输入参数的时间和数据存储空间。例如，当输入参数个数为 10 时，采用三阶 SRSM 方法至少需要运行大气化学传输模型 572 次，但对于三阶 HDDM-SRSM，大气化学传输模型的运行次数仅需要 57 次，减少了 90%的运行次数和数据存储空间。运行次数的减少直接提高了简化模型的构建效率。相比 SRSM，HDDM-SRSM 能够减少 40%~70%左右的简化模型构建时间。例如，采用三阶 SRSM 方法构建 1 天的简化模型至少需要消耗 357.5 h，但对于三阶 HDDM-SRSM，仅需要 106.9 h。另外，无论是三阶还是二阶简化模型，当简化模型的输入参数个数越多，HDDM-SRSM 体现出来的优势就越明显。当输入参数仅有 3 个时，HDDM-SRSM 能够节省 40%左右的计算时间，当输入参数上升到 10 个时，HDDM-SRSM 能够节省 70%左右的计算时间。这表明，HDDM-SRSM 能够显著提高多参数复杂模型不确定性传递效率，相比 SRSM 更适合应用于不确定性来源众多的大气化学传输模型不确定性分析中。

SRSM 模型的不确定性传递效率随着输入参数个数的增加而急速衰减，而相比之下，HDDM-SRSM 能够减少不确定性传递效率随输入参数个数增加的衰减速度。在表 8.4 中，对于构建三阶简化模型，当输入参数个数从 3 个增加到 10 个时，SRSM 所需的简化模型构建时间增加了 13.3 倍，但 HDDM-SRSM 仅增加了 5.9 倍；对于二阶简化模型，SRSM 所需的简化模型构建时间增加了 5.6 倍，但 HDDM-SRSM 仅增加了 2.4 倍。

为了继续验证 HDDM-SRSM 的不确定性传递准确性，以珠江三角洲 $PM_{2.5}$ 模拟不确定性分析为例，对比 MCM、SRSM 和 HDDM-SRSM 方法量化的 $PM_{2.5}$ 模拟浓度概率密度分布。考虑的不确定性来源包括 NO_x、SO_2、NH_3、VOCs 和 $PM_{2.5}$ 排放、边界条件（O_3 和 $PM_{2.5}$ 浓度）和气象参数（温度和风速）9 个输入参数。

SRSM 和 HDDM-SRSM 构建的简化模型最高阶数设置为 3，其建立的简化模型分别标记为 SRSM 3rd 和 HDDM-SRSM 3rd，根据本章 8.3 节的逐步 HDDM-RFM 案例评估，三阶简化模型已经足以仿真 $PM_{2.5}$ 浓度与前体物等输入参数的非线性响应。虽然采用四阶简化模型能够进一步提高仿真的准确性，但待求解系数数量也大幅度增加，显著提高了响应曲面模型的构建难度。另外，为了对比不同阶数 HDDM-SRSM 的传递效率和准确性，也利用 HDDM-SRSM 构建二阶简化模型，标记为 HDDM-SRSM 2nd。

另外，需要说明的是，内嵌在 CMAQ v5.0.2 中的 HDDM 仅能计算污染浓度对前体物排放、初始条件、边界条件和化学反应速率的敏感性系数，还无法计算对气象参数的敏感性系数。因此运行一次 CMAQ 模型，能够获取 7 个一阶敏感性系数（NO_x、SO_2、NH_3、VOCs 和 $PM_{2.5}$ 排放以及边界条件中 O_3 和 $PM_{2.5}$ 浓度）。在本章和第 9 章中，仅采用一阶敏感性系数和 HDDM-SRSM 技术构建简化模型，而没有采用二阶敏感性系数。

图 8.8 对比了 MCM、SRSM 和 HDDM-SRSM 获取的 $PM_{2.5}$ 浓度概率密度分布曲线及相应所消耗的计算时间。MCM 方法是直接利用原始大气化学传输模型开展不确定性传递，传递准确性最高，但要准确量化模型输出的不确定性，MCM 方法至少需要模拟 1000 次，传递效率低下。根据测算，本案例中，MCM 方法至少需要运行 812 h 才能较为准确量化模型输出的不确定性。SRSM 方法也具有较高不确定性传递准确性。三阶 SRSM 量化的 $PM_{2.5}$ 浓度概率密度分布曲线与实际的分布曲线（MCM）非常接近，NME 仅有 0.3%，偏差几乎忽略不计。SRSM 方法的不确定性传递效率有提高，相较于 MCM 方法节省了 56% 的运行时间，但在不确定性参数较多的案例中，传递效率仍然较低。在本案例中，传递 9 个参数的不确定性仍然需要消耗 357 h。

HDDM-SRSM 的不确定性传递效率最高，相较于 MCM 方法，三阶 HDDM-SRSM 的不确定性传递效率提高了 5.3 倍；相较于三阶 SRSM，不确定性传递效率提高了将近 2 倍。在不确定性传递效率大幅度提高的同时，HDDM-SRSM 依然保持很高的不确定性传递准确性，其三阶 HDDM-SRSM 的 NME 仅有 1.4%。从图 8.8 中可见，三阶 HDDM-SRSM 方法量化的 $PM_{2.5}$ 浓度概率密度分布曲线同样与实际曲线接近，尤其是峰度特征和右尾端特征。总体上，高阶 HDDM-SRSM 能够在高效传递多个输入参数不确定性的条件下，准确量化复杂大气化学传输模型的不确定性。另外，本案例也评价了二阶 HDDM-SRSM 的不确定性传递。虽然低阶 HDDM-SRSM 不确定性传递效率更高，但其建立的低阶简化模型难以表征大气化学传输模型与输入参数的非线性响应特征，不确定性传递存在明显偏差。

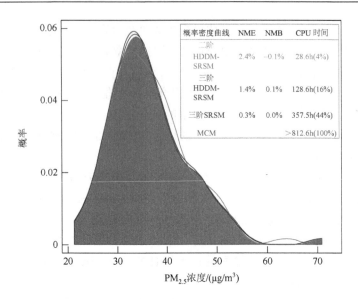

图 8.8　基于 MCM、SRSM 和 HDDM-SRSM 获取的 PM$_{2.5}$ 浓度概率密度分布曲线（后附彩图）

8.4.3　高阶 HDDM-SRSM 的过度拟合问题

相比 SRSM 方法，HDDM-SRSM 所需的配点数量显著减少，虽然这能大幅度提高简化模型的构建效率，但也导致 HDDM-SRSM 构建的简化模型容易存在过度拟合问题。为了探讨过度拟合问题对不确定性传递的影响，采用套索算法（least absolute shrinkage and selection operator，LASSO）代替奇异值分解法求解多项式的待定系数，构建一个新的三阶简化模型，标记为 HDDM-SRSML 3rd。LASSO[16] 方法是由 Robert Tibshirani 于 1996 年提出的一种变量选择技术方法，其基本思想是在回归系数的绝对值之和小于一个常数的约束条件下，使残差平方和最小化，从而能够产生某些严格等于 0 的回归系数，得到可以解释的模[17]。简而言之，这种方法采用多项式系数的绝对值作为惩罚函数来压缩多项式系数，使得一些系数变小，甚至变为 0。通过这样处理可减少系数个数，降低简化模型的过度拟合程度。但同时，多项式系数的减少也意味着简化模型的复杂程度降低，导致简化模型在配点附近的拟合精度也有所下降。对于 LASSO 方法的详细介绍可参见吴喜之的著作[17]。

采用 k 折交叉验证（cross-validation）的方法评估简化模型的过度拟合程度。交叉验证是评价模型对独立于训练数据之外的数据集泛化能力的常用方法，其基本思想是将数据分为训练集和验证集，然后利用训练集建立模型，再利用验证集数据评价模型。HDDM-SRSM 采用的配点在取值空间上分布较为分散，验证集的配点与训练集的配点有明显的空间距离，因此采用交叉验证能够评估简化模型的过度拟合程度。交叉验证的结果偏差越大，简化模型越过度拟合。

图 8.9 对比了二阶 HDDM-SRSM、三阶 HDDM-SRSM 和基于 LASSO 方法求解的三阶 HDDM-SRSM 的交叉验证结果。结果可见，采用 HDDM-SRSM 建立的三阶简化模型（HDDM-SRSM 3rd）对验证集配点的预测效果最差，其 RMSE 和 R^2 分别为 10.20 μg/m^3 和 0.96。对于 R^2，HDDM-SRSM 3rd 的波动范围也是最大的，其上四分位大约为 0.98，而下四分位大约为 0.92。采用 HDDM-SRSM 建立的二阶简化模型（HDDM-SRSM 2nd）也同样存在较为明显预测误差，但与 HDDM-SRSM 3rd 相比，预测误差有所减少（RMSE 下降了 3.90 μg/m^3，R^2 提高了 0.015）。一般来讲，阶数更高的简化模型能够更好地描述模型与输入参数之间的非线性响应特征，但实际上高阶简化模型的交叉验证结果不如低阶简化模型。这表明，高阶 HDDM-SRSM 建立的简化模型明显过度拟合。简化模型的过度拟合问题主要与配点数较少而待定系数较多有关。例如，本案例建立三阶简化模型采用的配点仅有 70 个，但待定系数却高达 220 个，相比之下二阶简化模型的待定系数只有 55 个，在这种情况下，三阶简化模型更加容易出现过度拟合问题。

LASSO 方法能够减少待定系数的个数，降低高阶简化模型的过度拟合程度。由图 8.9 可见，LASSO 方法确实能有效降低高阶简化模型的过度拟合程度。相比 HDDM-SRSM 3rd，LASSO 方法的 RMSE 和 R^2 指标提升非常明显，其中 RMSE 下降了 4.1 μg/m^3，R^2 提高了 0.03。甚至在图 8.9 的三个简化模型中，LASSO 方法具有最好的泛化能力。

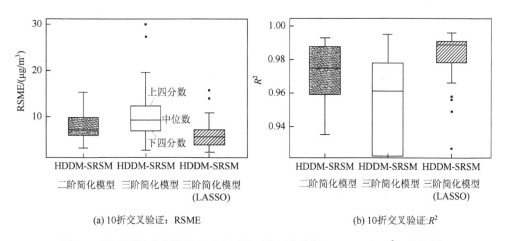

(a) 10折交叉验证：RSME　　　　(b) 10折交叉验证：R^2

图 8.9　用于不同响应模型交叉验证的两种评价指标（RSME 和 R^2）箱线图

过度拟合在一定程度上会降低高阶 HDDM-SRSM 的不确定性传递准确性。这是由于较少的配点难以全面覆盖模型输入参数的整个取值空间，而在距离配点较远的取值空间内，简化模型容易存在预测偏差，进而导致高阶 HDDM-SRSM 的不确定性传递也存在一定的偏差。相比之下，高阶 SRSM 的配点数量多，过度拟合程度较小。因此，正如图 8.9 所展示的结果，HDDM-SRSM 方法的不确定性传递准确性稍微低于 SRSM 方法。减轻过度拟合程度的方法有增加配点个数或者降低简化模型的复杂程度。然而，降低简化模型的复杂程度也会降低对非线性响应的预测能力，进而带来更高的不确定性传递偏差。在这种情况下，增加配点个数成为了减轻 HDDM-SRSM 的过度拟合程度，以提高不确定性传递效率的唯一途径，这也是在 8.4.2 小节中建议适当增加配点个数的原因。

8.5　HDDM-SRSM 与逐步 HDDM-RFM 对比

本章建立了两种新的不确定性传递方法逐步 HDDM-RFM 和 HDDM-SRSM。总体上，这两种方法各有优缺点，鉴于高效性和准确性是开展大气化学传输模型不确定性分析的两大关键，本节便从不确定性传递效率和准确性这两方面对比逐步 HDDM-RFM 和 HDDM-SRSM 方法，并总结两种方法的优缺点。

8.5.1　不确定性传递效率对比

逐步 HDDM-RFM 和 HDDM-SRSM 的不确定性传递效率主要取决于简化模型的构建效率，因此对比不确定性传递效率的重点在于对比简化模型建立所需的模拟时间。同样以单个节点曙光 CB85-G 刀片（CPU：4×AMD Opteron 6337 HE，48 核，2.2 GHz；内存：32 G）为硬件平台，采用 CMAQ v5.0.2 版本作为大气化学传输模型，分别估算逐步 HDDM-RFM 和 HDDM-SRSM 在不同输入参数个数下的原始大气化学传输模型运行时间，结果如表 8.5 所示。

表 8.5　不同方法的不确定性传递效率对比

输入参数/个	构建时间/h			
	HDDM-RFM	逐步 HDDM-RFM[a]	三阶 HDDM-SRSM	二阶 HDDM-SRSM
3	2.1	10.4	15.4	12.5
4	3.0	13.9	22.5	18.7
5	4.0	17.6	31.6	26.2
6	5.1	21.4	42.7	35.0
7	6.5	25.5	54.0	45.0

续表

输入参数/个	构建时间/h			
	HDDM-RFM	逐步 HDDM-RFM [a]	三阶 HDDM-SRSM	二阶 HDDM-SRSM
8	8.0	29.7	70.7	56.3
9	9.6	34.1	84.0	68.8
10	11.45	38.7	106.9	82.5

a：假设每个输入参数都需要采用 3 个额外的 HDDM 情景案例构建模型输出与该输入参数的响应曲线。

逐步 HDDM-RFM 通过运行额外的 HDDM 案例情景克服了传统 HDDM-RFM 在输入扰动明显时响应预测准确性不高的不足,因此相比传统 HDDM-RFM,逐步 HDDM-RFM 的不确定性传递效率有所下降,其下降程度与逐步 HDDM 方法考虑的输入参数个数和采用的额外 HDDM 案例情景数量有关。假设每个输入参数都需要采用 3 个额外的 HDDM 情景案例构建模型输出与该输入参数的响应曲线,逐步 HDDM-RFM 构建简化模型所需的计算时间大致是传统 HDDM-RFM 方法的 3～5 倍。但在实际应用中,并非每一个输入参数的响应曲线都需要采用额外 HDDM 情景案例进行修正,只有当输入参数的不确定性较大且其响应曲线有明显的非线性特征时,才需要修正。例如,8.3 节中的案例考虑了 7 个输入参数,但只有 NO_x、NH_3、VOCs 排放以及 O_3 边界条件与 $PM_{2.5}$ 浓度的非线性响应曲线应用了额外 HDDM 情景案例。根据表 8.5,7 个输入参数的逐步 HDDM-RFM 的时间成本为 25.5 h(这里指模拟时段为 1 天),但案例只消耗了 13.7 h。因此在实际应用中,逐步 HDDM-RFM 方法的不确定性传递效率下降幅度是在可接受范围之内。况且准确性也是大气化学传输模型定量不确定性分析的关键之一,逐步 HDDM-RFM 牺牲一定的传递效率以换取更高的不确定性传递准确性是可取的。

对比逐步 HDDM-RFM 和 HDDM-SRSM 方法,逐步 HDDM-RFM 的不确定性传递效率明显高于 HDDM-SRSM 方法,且效率优势随着输入参数个数的增加而愈发明显。例如,当输入参数只有 3 个时,逐步 HDDM-RFM 与三阶 HDDM-SRSM 相比只节省了 30%的时间成本;当输入参数个数为 10 时,逐步 HDDM-RFM 节省的时间成本能达到 60%以上。逐步 HDDM-RFM 利用泰勒展开式和 HDDM 计算的敏感性系数直接建立简化模型,模型结构简单,只考虑参数之间的低阶相互作用;HDDM-SRSM 采用基于统计的方法建立简化模型,为了降低不同配点组合对简化模型的影响,在求解待定系数时需要采用更多的配点。此外,HDDM-SRSM 建立的简化模型往往都更为复杂,考虑了参数之间的高阶相互作用。简化模型的复杂性和基于统计求解待定系数的方法导致 HDDM-SRSM 的效率比逐步 HDDM- RFM 低。另外,每增加一个输入参数,逐步 HDDM-RFM 增加的原始大气化学传输模型的运行次数则是固定的，而 HDDM-SRSM 方法是呈现指数型增长（表 8.5），因此随输入参数数量的增加，HDDM-SRSM 的效率下降幅度会更加明显一些。

8.5.2　不确定性传递准确性对比

采用蒙特卡罗方法（MCM）评估对比 HDDM-SRSM 和逐步 HDDM-RFM 在不确定性传递方面的准确性，采用与 8.3 节中一致的模拟情景，考虑的不确定性来源包括 NO_x、SO_2、NH_3、VOCs 和 $PM_{2.5}$ 排放以及边界条件中 O_3 和 $PM_{2.5}$ 浓度。

图 8.10 对比了 MCM、三阶 HDDM-SRSM 和逐步 HDDM-RFM 获取的 $PM_{2.5}$ 浓度概率密度分布曲线，其中图 8.10（a）是珠江三角洲监测站点所在网格的平均情况。总体上，HDDM-SRSM 拟合的 $PM_{2.5}$ 浓度概率密度分布曲线（SRSM）与 MCM 获取的分布（CMAQ）更加吻合，尤其是分布曲线的峰度特征，相比之下，逐步 HDDM-RFM（SB-RFM）的峰值则存在较为一定程度的低估。这表明，高阶 HDDM-SRSM 相比逐步 HDDM-RFM 方法具有更高的不确定性传递准确性，更能实现多个输入参数不确定性在大气化学传输模型中的准确传递。导致两种方法准

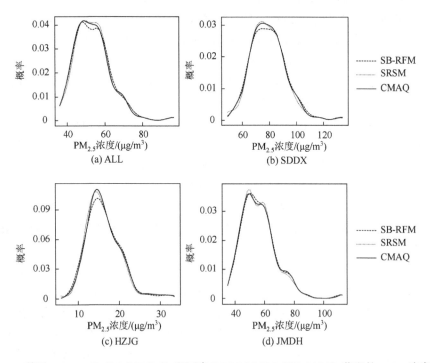

图 8.10　基于 HDDM-SRSM（SRSM）和逐步 HDDM-RFM（SB-RFM）获取的 $PM_{2.5}$ 浓度概率密度分布曲线

ALL 为珠江三角洲所有站点；SDDX 为佛山顺德站；HZJG 为惠州金果湾站；JMDH 为江门东湖站。

确性存在差异的主要原因与其建立的简化模型复杂程度有关：逐步 HDDM-RFM 基于二阶泰勒展开式建立的简化模型较为简单，虽然采用逐步思路提高了模型输出对单一输入参数扰动的非线性响应预测，但仍然忽略了模型输入参数之间的高阶相互作用。在逐步 HDDM-RFM 模型中，输入参数之间的相互作用采用交叉敏感性系数进行描述，然而与一阶敏感性系数一样，在基准情景下通过 HDDM 计算得到的交叉敏感性也是局部敏感性，对于具有明显非线性特征的响应，交叉敏感性同样存在预测准确性不高的问题。不同于逐步 HDDM-RFM,高阶 HDDM-SRSM 能够充分考虑在不确定性范围内模型的非线性响应特征以及输入参数之间的非线性相互作用。特别是当简化模型的输入参数有多个时，输入参数之间的非线性相互作用会更加突出，模型输出的影响更大。因此相比逐步 HDDM-RFM，高阶 HDDM-SRSM 能更加精确地描述模型输出与多个输入参数之间的复杂响应关系。虽然逐步 HDDM-RFM 获取的 $PM_{2.5}$ 浓度概率密度分布与实际分布在峰值有一定的偏差，但在分布曲线的尾端，仍然具有很高的一致性，这是由于逐步 HDDM-RFM 方法提高了简化模型在极端输入参数扰动下的模拟能力。

8.5.3　逐步 HDDM-RFM 和 HDDM-SRSM 的适用范围

简单、高效、扩展性强是逐步 HDDM-RFM 方法的主要优点：第一，逐步 HDDM-RFM 根据泰勒展开式和 HDDM 计算的敏感性系数建立简化模型，方法简单，除了基准案例和用于修正单一输入参数非线性响应曲线的案例情景，无须运行额外的模型模拟。第二，逐步 HDDM-RFM 具有很高的不确定性传递效率，尤其当考虑的输入参数个数较少时，建立简化模型以开展不确定性传递所消耗的计算量仅是传统 MCM 方法的 3%~5%。第三，逐步 HDDM-RFM 建立的简化模型容易拓展，当输入参数的不确定性范围变大或者有新增输入参数个数时，只需要通过增加 HDDM 案例情景便可迅速完成简化模型的更新。第四,逐步 HDDM-RFM 方法相较于传统 HDDM-RFM 方法，不确定性传递准确性明显提高，对极端情景案例和事件有较高的预测准确性。

虽然逐步 HDDM-RFM 提高了模型响应预测的准确性，但与原始大气化学传输模型相比仍然存在一定的预测偏差。导致偏差的主要来源是逐步 HDDM-RFM 忽略了输入参数之间的高阶相互作用。当输入参数个数越多时，输入参数之间的相互作用就会愈发突出，此时逐步 HDDM-RFM 的偏差也可能会更加明显。因此，逐步 HDDM-RFM 建立的简化模型难以准确表征模型输出与多个输入参数之间的复杂响应关系，不适合应用于考虑较多输入参数的复杂模型不确定性分析。另外，受 HDDM 技术的限制，逐步 HDDM-RFM 的输入参数个数限制于排放源清单、边界条件、初始条件和化学反应速率。虽然对于 HDDM 不支持的输入参数，可采用

BFM 计算其敏感性系数，但如果输入参数较多，应用 BFM 方法计算敏感性系数时所需要运行的模型案例数量较多，效率不高。

不同于逐步 HDDM-RFM，HDDM-SRSM 考虑了输入参数之间的高阶相互作用，因此相比逐步 HDDM-RFM，HDDM-SRSM 能够构建更为复杂的简化模型，以更加准确地模拟原始模型输出-输入之间的非线性响应关系。上述的分析也表明，高阶 HDDM-SRSM 在预测模型响应和不确定性传递方面的准确性更高。此外，相比逐步 HDDM-RFM，HDDM-SRSM 对输入参数的支持更加灵活。大气化学传输模型的所有参数型输入都能够作为 HDDM-SRSM 简化模型的输入，对于 HDDM 支持的输入参数，还可以同时利用 HDDM 计算的敏感性系数提高简化模型的构建效率。得益于 HDDM 计算敏感性系数的高效性，HDDM-SRSM 比 SRSM 有更高的不确定性传递效率以及更低的传递效率衰减速度。

HDDM-SRSM 的不足体现在以下三个方面：第一，相比 SRSM，HDDM-SRSM 不确定性传递效率已经有明显提高，但与逐步 HDDM-RFM 相比仍然较低。第二，HDDM-SRSM 具有很高的不确定性传递准确性，但仅限制在模型输入参数的不确定性范围内（95%置信区间）。HDDM-SRSM 根据输入参数的不确定性分布选择配点建立简化模型，因此建立的简化模型在输入不确定性范围内有很高的不确定性，但由于过度拟合问题，HDDM-SRSM 建立的简化模型无法准确预测输入参数不确定性范围之外的模型响应。第三，HDDM-SRSM 建立的简化模型几乎没有扩展能力。受第二点不足的影响，当模型输入参数的不确定性变化或者引入一个新的模型输入参数时，简化模型需要重新构建，而无法在原有的基础上拓展。

不确定性传递效率和准确性对大气化学传输模型定量不确定性分析至关重要，然而这两者并不能同时兼得，为快速开展不确定性分析，需要牺牲一定的不确定性传递准确性（如逐步 HDDM-RFM）；为了提高不确定性传递准确性，需要降低一定的传递效率。对比逐步 HDDM-RFM 和 HDDM-SRSM，逐步 HDDM-RFM 具有更高的不确定性传递效率，但传递准确性相对较低，HDDM-SRSM 则具有很高的不确定性传递准确性，但效率低于逐步 HDDM-RFM。考虑到逐步 HDDM-RFM 的准确性会随着输入参数个数的增加而降低，逐步 HDDM-RFM 方法更加适合于输入参数不多的不确定性分析研究中，而高阶 HDDM-SRSM 能够表征参数之间的高阶相互作用，适合于输入参数较多的不确定性分析研究。

参 考 文 献

[1]　Bergin M S，Noblet G S，Petrini K，et al. Formal uncertainty analysis of a lagrangian photochemical air pollution model[J]. Environmental Science & Technology，1999，33（7）：1116-1126.

[2]　Isukapalli S S，Roy A，Georgopoulos P G. Stochastic response surface methods （SRSMs）for uncertainty propagation：Application to environmental and biological systems[J]. Risk Analysis，1998，18（3）：351-363.

[3] 郑君瑜，付飞，李志成，等. 基于 CMAQ 模型的随机响应曲面不确定性传递分析方法实现与评价[J]. 环境科学学报，2012，32（6）：10.

[4] Sobol I M. Global sensitivity indices for nonlinear mathematical models and their Monte Carlo estimates[J]. Mathematics and Computers in Simulation, 2001，55（1-3）：271-280.

[5] Isukapalli S S，Unal A，Wang S W，et al. Comparative evaluation of computationally ecient uncertainty propagation methods through application to regional-scale air quality models[J]. Aiaa Journal，2006：1-8.

[6] Ziehn T，Tomlin A S. Global sensitivity analysis of a 3D street canyon model—Part I：The development of high dimensional model representations[J]. Atmospheric Environment，2008，42（8）：1857-1873.

[7] Digar A，Cohan D S. Efficient characterization of pollutant-emission response under parametric uncertainty[J]. Environmental Science & Technology，2010，44（17）：6724.

[8] Foley K M，Napelenok S L，Jang C，et al. Two reduced form air quality modeling techniques for rapidly calculating pollutant mitigation potential across many sources，locations and precursor emission types[J]. Atmospheric Environment，2014，98：283-289.

[9] Foley K M，Reich B J，Napelenok S L. Bayesian analysis of a reduced-form air quality model[J]. Environmental Science & Technology，2012，46（14）：7604-7611.

[10] Kerl P Y，Zhang W，Moreno-Cruz J B，et al. New approach for optimal electricity planning and dispatching with hourly time-scale air quality and health considerations[J]. Proceedings of the National Academy of Sciences，2015，112（35）：10884-10889.

[11] Napelenok S L，Foley K M，Kang D，et al. Dynamic evaluation of regional air quality model's response to emission reductions in the presence of uncertain emission inventories[J]. Atmospheric Environment，2011，45（24）：4091-4098.

[12] Rabitz H，Aliş Ö F，Shorter J，et al. Efficient input-output model representations[J]. Computer Physics Communications，1999，117（1-2）：11-20.

[13] Tian D，Cohan D S，Napelenok S，et al. Uncertainty analysis of ozone formation and response to emission controls using higher-order sensitivities[J]. Journal of the Air & Waste Management Association，2010，60（7）：797-804.

[14] Zhang W，Trail M A，Hu Y，et al. Use of high-order sensitivity analysis and reduced-form modeling to quantify uncertainty in particulate matter simulations in the presence of uncertain emissions rates：A case study in Houston[J]. Atmospheric Environment，2015，122：103-113.

[15] Isukapalli，S S，RoyA，Georgopoulos P G. Efficient sensitivity/uncertainty analysis using the combined stochastic response surface method and automated differentiation：Application to environmental and biological systems[J]. Risk Analysis 20（5）：591-602.

[16] Tibshirani R. Regression shrinkage and selection via the Lasso[J]. Journal of the Royal Statistical Society：Series B（Methodological），1996，58（1）：267-288.

[17] 吴喜之. 复杂数据统计方法：基于 R 的应用[M]. 北京：中国人民大学出版社，2012.

第9章 大气化学传输模型定量不确定性
分析案例与应用

　　为了让读者能够更清楚、具体和直观地了解大气化学传输模型定量不确定性分析诊断的过程和方法，明确不确定性的作用和意义，本章以珠江三角洲地区为例，将本书前面章节介绍的不确定性方法体系应用于空气质量模拟诊断与改进中，重点分析珠江三角洲地区 $PM_{2.5}$ 模拟的不确定性，识别其关键不确定性来源，并通过改进其中的关键不确定性来源，验证不确定性诊断在模型模拟改进中的作用。同时，本章还将探讨模型不确定性分析在空气质量概率预报和减排措施可达性风险评估中的应用。

9.1 区 域 概 况

　　珠江三角洲位于广东省中南部、珠江下游，濒临南海，是我国南亚热带最大的冲积平原，雨量充沛，热量充足，四季分布比较均匀，平均气温约为 21.4～22.4℃。珠江三角洲的行政辖域包括广州市、深圳市、珠海市、东莞市、中山市、江门市、佛山市和惠州市的惠城区、惠阳、惠东、博罗，以及肇庆市的瑞州区、鼎湖区、高要、四会等地，总占地面积约 5.6 万 km^2。范围在东经 111°59.7′～115°25.3′，北纬 21°17.6′～23°55.9′，地域分布上，珠江三角洲东至惠东，西至恩平，南至珠江口海岸，北至从化。

　　珠江三角洲是广东省人口最密集的地区。改革开放以来，该地区的人口数量逐年增长。根据国家统计局数据，珠江三角洲九市总面积占全省31.2%，2017 年总人口 5962.67 万人，占全省 53.35%。同时，珠江三角洲也是我国经济最发达的地区之一，不仅成为广东省经济发展的重要引擎，而且也是我国三大经济圈（另外两个为长江三角洲、环渤海）之一。近十年来，珠江三角洲经济持续快速增长，国内生产总值（GDP）从 2001 年的 1.20 万亿元发展到 2019 年的 8.68 亿元，人均GDP 则从 2001 年的 2.73 万元增长到 2019 年的 13.02 万元。

　　珠江三角洲是我国大气污染防治的先行先试地区。自 2013 年国务院印发《大气污染防治行动计划》后，广东省政府与环境保护部签署了《广东省大气污染防治目标责任书》，广东省人民政府印发了《广东省大气污染防治行动方案（2014—

2017 年)》，持续改善全省环境空气质量。在严厉的大气污染控制措施和巨大的投入下，全省大气环境质量显著改善，尤其是珠江三角洲区域，SO_2、CO、细颗粒物等一次污染物浓度大幅下降。2019 年，珠江三角洲 $PM_{2.5}$ 平均浓度为 31 $\mu g/m^3$，细颗粒物年均浓度再创新低，区域空气质量改善效果十分显著。同时，珠江三角洲也是全国最早开始编制区域大气排放源清单的地区之一，从 20 世纪 90 年代后期开始着手区域大气排放源清单的开发。近年来，先后开发了基于 1997 年、2003 年、2006～2017 年的珠江三角洲大气排放源清单。珠江三角洲 1997 年大气排放源清单由广东省环保局和香港环保署联合编制，包括 TSP、NO_x、SO_2、VOCs 以及 NH_3 等主要污染物排放总量的估算；污染源包括能源燃烧、工业源、交通源和 VOCs 排放源。本书作者研究团队自 2007 年成立以来，一直致力于珠江三角洲区域高分辨率排放源清单的编制、改进与应用研究等工作。2009 年，本研究团队采用"自上而下"和"自下而上"相结合的方法，构建了珠江三角洲区域首份满足大气光化学模型输入要求、涵盖主要污染物和污染源的高时空分辨率和大气挥发性有机化合物（VOCs）组分排放源清单，空间分辨率达到 3 km×3 km，部分污染源时间分辨率达小时。随后，研究团队通过不断完善源分类体系、清单表征方法、时空分配方法、排放因子本地化、污染源测试及成分谱建立方法、不确定性分析方法、排放源清单质量控制与校验方法、模式清单高效处理方法等，逐步形成了适应我国数据管理与统计特色的区域高分辨率排放源清单建立技术方法体系，并于 2014 年初，总结和提炼出了《区域高分辨率大气排放源清单建立的技术方法与应用》专著。近年来，为了适应大气污染防治迈向精细化管理和精准施策的需求，研究团队从污染源和污染物组分覆盖、表征方法改进、数据来源多元化与评估、时空精度提升、清单质量控制与校验等方面对排放清单进行了全面提升，建立了 2017 年广东省大气污染物排放源清单，主要包括了固定燃烧源、工业燃烧源、道路移动源、非道路移动源、有机溶剂使用源、农牧源、天然源、生物质燃烧源、污水处理、垃圾处理等污染源的 SO_2、NO_x、CO、PM_{10}、$PM_{2.5}$、BC、OC、VOCs（含 OVOCs 组分）、NH_3、HONO 和 Cl 等排放量估算，是目前该地区比较全面和系统的大气排放源清单。

　　尽管有较为完善的大气排放源清单支持，基于大气化学传输模型的珠江三角洲空气质量模拟仍然不尽如人意。根据最新发表的几篇有关珠江三角洲空气质量模拟的科学论文，$PM_{2.5}$ 模拟偏差仍然较为明显。究其原因是珠江三角洲大气污染排放源清单、气象场输入参数、模型边界条件和二次污染耦合形成机理仍然存在较高的不确定性。例如，根据本书第 4 章量化的排放源清单不确定性，广东省 NH_3 排放的不确定性仍然有近 100%。大气化学传输模型是典型的复杂数值模型，若考虑不同化学机制中的化学反应速率，其不确定性来源可高达上百个。在这种情况下，如何有效评估众多不确定性来源对大气化学传输模型的影响，并识别关键不确定性来源是改进大气化学传输模型模拟性能的关键。本章重点以珠江三角洲地区

PM$_{2.5}$模拟为例,建立以 WRF/SMOKE-PRD/CMAQ 为核心的珠江三角洲空气质量模拟系统,选择典型污染季节与月份,利用第 7 章建立的大气化学传输模型定量不确定性诊断分析方法框架开展珠江三角洲空气质量模拟定量不确定性诊断分析,识别影响珠江三角洲 PM$_{2.5}$ 模拟的关键不确定性来源,从而确定 PM$_{2.5}$ 模拟改进的方向与重点。

9.2 珠江三角洲 PM$_{2.5}$ 模拟的不确定性量化

9.2.1 模拟系统搭建

以 CMAQ v5.0.2 模型为核心,新一代中尺度气象模型 WRF v3.3 提供气象驱动力,本地化的珠江三角洲大气排放源清单处理模型 SMOKE-PRD 建立珠江三角洲空气质量模拟系统,即 WRF/SMOKE-PRD/CMAQ(图 9.1)。

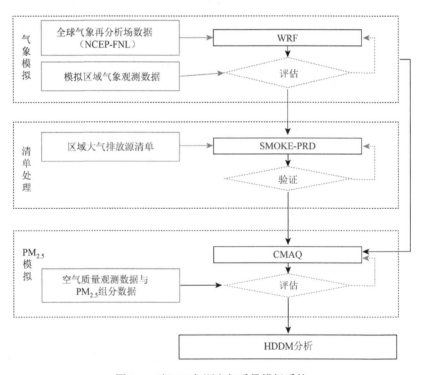

图 9.1 珠江三角洲空气质量模拟系统

1. 研究区域和模型参数设置

模拟系统采用三层单向嵌套的模拟区域,分辨率分别为 27 km×27 km、

9 km×9 km 和 3 km×3 km。其中，CMAQ 模拟区域，第一层模拟区域（D1）覆盖东亚地区、东南亚部分国家以及西太平洋海域，第二层模拟区域（D2）覆盖我国广东省全境，第三层模拟区域（D3）为本案例的主要研究区域，覆盖我国珠江三角洲及我国香港地区。CMAQ 设置 18 层垂直分层结构，并保证大部分垂直层位于 2000 m 高度以下。珠江三角洲 $PM_{2.5}$ 在秋冬季节和春季呈现出不同的污染形成特征，秋冬季节 $PM_{2.5}$ 更加容易受到区域传输的影响，而春季 $PM_{2.5}$ 则更多是源自本地污染排放[1]。因此，案例采用 2013 年 4 月和 2013 年 12 月作为模拟时间，以代表珠江三角洲气溶胶在春季和冬季的形成特征。

WRF 模型是美国国家大气研究中心（national Center for Atmospheric Research，NCAR）和国家环境预报中心（National Centers for Environmental Prediction，NCEP）联合开发的中尺度气象预报模型[2, 3]，是天气预报和大气模拟中广泛应用的新一代中尺度预报模型系统。模型采用 Arakawa C 作为网格化方案，地形跟随质量坐标为垂直分层方案，考虑三阶或者四阶 Runge-Kutta 时间积分，并耦合丰富和详细的物理过程参数化方案。本案例采用 1.0°×1.0° 的 NCEP FNL 分析数据为模拟提供初始场输入及边界条件，MODIS（moderate-resolution imaging spectroradiometer）卫星遥感反演得到的地形数据作为模型所需的地形资料，WSM6 为微物理过程方案，Kain-FRITSCH 为积云对流参数化方案（只用于 D1 和 D2），YSU 为边界层参数化方案，Noah 为陆面过程方案，RRTM 为长波辐射方案，Dudhia 为短波辐射方案。

SMOKE 模型由美国北卡罗来纳州微电子中心（Microelectronics Center of North Carolina，MCNC）环境模型中心开发并由北卡罗来纳大学（University of North Carolina）负责维护与改进，能够对不同格式来源的排放源清单数据（如 IDA、CEM 或者 ORL 等）进行网格化、小时化、垂直分配和物种分配等处理，进而为空气质量数值模型提供排放源输入数据的排放源清单处理系统，是空气质量模拟系统中不可或缺的核心组成部分[4]。案例采用的 SMOKE-PRD 是本书作者团队在 SMOKE 的基础上建立的[5]。SMOKE-PRD 内置了中国区域排放源分类代码和行政区域代码，同时根据珠江三角洲污染源的排放特征，建立了近 200 个本地污染源时间分配因子、150 多种空间分配方案和本土化的物种分配方案。

相比之前的版本（CMAQ v4.7.1），CMAQ v5.0.2 增加了 AERO6 气溶胶模块，考虑 NH_3 和 Hg 的在干沉降中的双向交换过程，调整了有机气溶胶前体物反应活性和光解率模块，新增了液相硫酸盐的催化氧化途径，扩大了化学传输模块中无机气溶胶模块的质量平衡分配范围。AERO6 气溶胶模块在 AERO5 模块的基础上，将 AERO5 中不可识别的细颗粒物继续细分为铵盐、Na^+、Cl^- 以及无机元素 Mg、Al、Si、Ca、Ti、Mn、Fe 和无碳有机物质，同时更新了气溶胶热力平衡模型 ISORROPIA 以细化气溶胶的化学反应过程，提高了 CMAQ 模型在各种污染环境下对气溶胶的模拟能力。另外，CMAQ v5.0.2 内嵌 HDDM 敏感性分析模块，为案例利用 HDDM-SRSM 方法开展不确定性诊断提供技术基础。在参数化选取方面,气溶胶模块采用 AERO6,有机气溶胶采用 SOAP 模块,气相化学机制采用 CB05,垂直扩散方案采用 ACM2。模拟系统采用模型内嵌的静态谱建立边界条件,D2 和 D3 的边界条件分别从 D1 和 D2 的模拟结果提取获得;模拟系统采用模型内嵌的静态谱生成初始条件数据,并设置研究时段前 5 天为 spin-up 时间,以消除初始条件对研究时段模型模拟的影响。

2. 大气排放源清单数据

案例采用本书作者团队建立的 2012 年广东省人为源排放清单、香港环保署提供的 2012 年香港人为源排放清单、MEGAN v2.04 模型在线估算的天然源即生物源挥发性有机物(biogenic volatile organic compounds,BVOCs)排放清单和清华大学提供的 2010 年亚洲人为源排放清单作为模型系统输入。其中,2012 年广东省人为源排放清单的空间分辨率为 3 km×3 km,涵盖 SO$_2$、NO$_x$、CO、PM$_{10}$、PM$_{2.5}$、BC、OC、VOCs 和 NH$_3$ 9 种污染物,电厂排放源、工业燃烧源、民用燃烧源、工业过程源、道路移动源、非道路移动源、有机溶剂使用源、存储与运输源、扬尘源、农牧源和生物质燃烧源等 12 类人为源(电厂排放源、工业燃烧源和民用燃烧源统称为固定燃烧源)。2012 年香港人为源排放清单考虑 SO$_2$、NO$_x$、CO、PM$_{10}$、PM$_{2.5}$ 和 VOCs 6 种污染物,涵盖生物质燃烧源、非燃烧源、民用航空源、船舶源、道路移动源和公用发电源等 7 类人为源。2010 年亚洲人为源排放清单(MIX)是清华大学在诸多区域尺度清单基础上集合建立的大尺度排放源清单,其目的是为开展东亚模型比较计划(Model Inter-Comparison Study for Asia,MICS-Asia III)提供统一的网格化清单数据。MIX 清单集成的清单包括亚洲区域清单(Regional Emission inventory in Asia,REAS)[6]、MEIC、韩国排放源清单和北京大学建立的氨排放等最新的排放源清单成果,涵盖亚洲绝大部分的人为源排放。MIX 的空间分辨率为 0.25°×0.25°,时间分辨率为月,考虑的污染物包括 SO$_2$、NO$_x$、CO、PM$_{10}$、PM$_{2.5}$、VOCs、NH$_3$、CH$_4$、N$_2$O 和 CO$_2$,排放源包括电厂排放源、工业源、移动源、民用燃烧源和农牧源。

在清单设置方面,模拟区域 D2 和 D3 中的广东省及沿海区域采用 2012 年广东省人为源排放清单和 2012 年香港人为源排放清单。对于 D2 和 D3 的其他区域以及 D1,则采用 MIX 清单。D1、D2 和 D3 的 BVOCs 排放采用 MEGAN v2.04 表征。

3. 大气污染物观测数据

本案例采用的观测数据包括:粤港珠江三角洲区域空气监控网络数据、NOAA 气象观测数据以及国家环境空气质量监测网数据,用于评价珠江三角洲空气质量模拟系统、量化气象参数和边界条件的不确定性以及模型改进研究。粤港珠江三角洲区域空气监控网络数据是由广东省环境监测中心和香港环保署于 2003~2005 年联合建立的，包含 16 个空气质量自动监测子站，其中 13 个分布于珠江三角洲地区，3 个分布于香港地区。为保证数据质量，粤港双方设立了粤港空气监控网络质量管理委员会，对各子站的仪器设备、QC/QA、数据传输系统进行全面评估并编制审核报告。

国家环境空气质量监测网由中国环境监测总站建立，监测项目最初只包括 SO_2、NO_2 和 PM_{10} 等。为响应环境空气质量新标准和国务院发布的《大气污染防治行动计划》，监测总站将 $PM_{2.5}$ 纳入必测项目，并要求发布 SO_2、NO_2、PM_{10}、$PM_{2.5}$、O_3 和 CO 等 6 项监测指标的实时小时浓度值。案例获取的监测数据为 2013 年全国 $PM_{2.5}$ 和 O_3 小时监测数据。数据共包含 678 个监测站点，涵盖中国大部分重点城市地区。气象观测数据采用的是 NOAA 提供的全球小时气象观测数据，涵盖风速、风向、温度、压强和相对湿度。

9.2.2 模拟系统评价

案例采用标准平均偏差（NME）、标准平均误差（NMB）、平均偏差（ME）、平均误差（MB）、相关性系数（R）和均方根误差（RMSE）指标评估温度、风速和相对湿度的模拟结果，结果如表 9.1 所示。总体上，WRF 模型对温度和相对湿度都有较为理想的模拟效果。两个模拟时段的 NME 为 10%～15%，相关性系数为 0.8～0.9，表明 WRF 模型能够模拟珠江三角洲地区温度和相对湿度的小时变化趋势以及日变化趋势。在偏差方面，WRF 模型在不同季节则呈现出相反的模拟偏差。4 月的温度明显被高估，其 MB 和 NMB 分别为 1.73℃和 8.2%，但 12 月的温度又被稍微低估，其 MB 和 NMB 分别为-0.17℃和-1.3%。对于相对湿度，模型则表现出完全相反的趋势：4 月的相对湿度稍微被高估，其 MB 和 NMB 分别为 0.03%和 0.2%，但 12 月的相对湿度则明显被低估，其 MB 和 NMB 分别为 1.6%和-3.1%。气温的高估或者低估可能是与模型中无法精细表征现实中复杂的地形环境、城区热岛效应以及海陆风影响有关。

表 9.1 2013 年 4 月和 12 月气象模拟评估（小时数据）

指标	4 月			12 月		
	温度	风速	相对湿度	温度	风速	相对湿度
NME	11.3%	44.5%	10.6%	15.5%	54.2%	14.4%
NMB	8.2%	−5.3%	0.2%	−1.3%	4.1%	−3.1%
ME	2.38℃	1.14m/s	1.43%	1.98℃	1.45m/s	8.5%
MB	1.73℃	−0.14m/s	0.03%	−0.17℃	0.11m/s	1.6%
R	0.82	0.45	0.85	0.89	0.36	0.89
RMSE	3.14℃	1.49m/s	1.90%	2.80℃	1.87m/s	1.12%

WRF 模型对珠江三角洲风速的模拟较差，NME 和 R 分别为 44%～55%和
0.36～0.45，表明 WRF 无法准确模拟风速的部分时间变化趋势。4 月的风速稍微
被低估，其 MB 和 NMB 分别为−0.14 m/s 和−5.3%，但 12 月的风速则稍微被高估，
其 MB 和 NMB 分别为 0.11 m/s 和 4.1%。中国地区风速模拟偏高具有明显的普遍性，
如在 Wu 等和 Zhang 等的研究中，中国地区的风速被 WRF 模型高估 2～3 m/s[1, 7]。
风速模拟的偏高与气象模型中 PBL 机制对地表面粗糙度存在的不确定性相关[8]。
在地形更复杂的地区，这种不确定性所导致的风速模拟偏差会更为明显。本书作
者团队前期通过对比广东省不同地区的气象模拟效果发现，在地形更复杂的粤北
地区，其风速模拟偏差（NMB 为 67.9%）比地形相对简单的珠江三角洲地区更为
明显（NMB 为 3.6%）[9]。

　　总体上，WRF 模型能较好地模拟珠江三角洲地区的气象特征，但模拟偏差也
不容忽视。鉴于温度、风速和相对湿度是影响气溶胶形成的重要气象参数，气象
场的不确定性必然会导致 $PM_{2.5}$ 模拟存在偏差。

　　案例继续采用 NME、NMB、FE、FB 和 R 指标评估 SO_2、NO_2、O_3 日最大
8h 平均浓度（MDA8）、$PM_{2.5}$ 和 PM_{10} 的模拟结果，结果如表 9.2 所示。

表 9.2　2013 年 4 月和 12 月污染模拟评价

时间	指标	SO_2	NO_2	MDA8	$PM_{2.5}$	PM_{10}
4 月	NME/%	63.3	39.7	27.3	45.6	56.1
	NMB/%	−26.7	−21.1	−0.1	−44.5	−55.7
	FE/%	74.1	48.2	27.4	62.8	80.2
	FB/%	−37.9	−28.8	−3.0	−61.3	−79.5
	R	0.35	0.58	0.64	0.74	0.62
12 月	NEE/%	41.2	43.5	20.1	33.4	38.9
	NMB/%	−6.1	−37.7	−3.3	−27.1	−37.8
	FE/%	45.1	57.4	21.1	37.8	48.0
	FB/%	−16.2	−51.1	−3.3	−29.2	−45.5
	R	0.50	0.64	0.68	0.57	0.73

　　模型系统明显低估珠江三角洲地区的 SO_2 和 NO_2 的污染浓度。SO_2 和 NO_2 属
于一次污染物，其污染特征与污染排放特征密切相关，因此这两种污染物的低估
很有可能与排放清单中 SO_2 和 NO_x 低估或时空分配不合理相关。相对一次污染，
二次污染具有明显的区域性，受前体物排放时空分布影响较弱。总体上，O_3 和 $PM_{2.5}$
的模拟效果一般要优于 SO_2 和 NO_2 的模拟效果。对于 O_3 日最大 8h 平均浓度，NME
和 FE 均小于 30%，表明模型系统能较为准确捕捉珠江三角洲地区的 O_3 污染的高

值，虽然总体上低估 O_3 高值，但偏差不大，NMB 和 FB 的绝对值均在 3%左右。但相关系数仅在 0.65 左右，表明 O_3 高值变化趋势的模拟存在一定的不足。

PM$_{2.5}$ 在 4 月和 12 月的 FB 分别为–61.3%和–29.2%，而 PM$_{10}$ 的 FB 分别为–79.5%和–45.5%，这表明模型系统严重低估珠江三角洲 PM$_{2.5}$ 和 PM$_{10}$ 的污染浓度。根据一次污染物和气象的评价结果可推测，颗粒物的低估可能与前体物排放源清单的低估以及静风条件下风速的高估有关。SO$_2$、NO$_2$ 和 NH$_3$ 排放是二次无机气溶胶的重要前体物，这些前体物的低估势必会影响二次无机气溶胶的低估；风场影响气溶胶污染的扩散传输，风速高估除了加强气溶胶的扩散过程之外，也降低了气溶胶前体物在模拟区域的停留时间。除此之外，PM$_{2.5}$ 和 PM$_{10}$ 的一次排放与边界条件的不确定性也可能是导致 PM$_{2.5}$ 和 PM$_{10}$ 模拟偏差的来源。案例采用双产物模型模拟二次有机气溶胶，但国内外很多模型研究表明，双产物模型显著低估 SOA 浓度[10, 11]，因此 SOA 化学机制也是 PM$_{2.5}$ 和 PM$_{10}$ 低估的重要来源。通过对比 PM$_{2.5}$ 和 PM$_{10}$ 的模拟偏差可发现，PM$_{10}$ 低估更为显著。鉴于模型中的 PMC（PMC = PM$_{10}$ – PM$_{2.5}$）几乎来自一次污染源的排放，PM$_{10}$ 的低估可能与 PM$_{10}$ 排放的不确定性关系更为密切。

总体而言，WRF/SMOKE/CMAQ 模型系统对珠江三角洲污染物，尤其是 PM$_{2.5}$ 模拟还存在明显的不确定性。排放源清单、边界条件、气象参数和化学机制都可能是导致其不确定性的主要来源。

9.2.3　模拟的重要敏感性输入识别

PM$_{2.5}$ 模拟涉及的不确定性来源众多。采用敏感性分析能够识别模型重要敏感性输入，剔除不确定性传递过程中的非敏感性输入，进而提高模型的不确定性传递的效率。根据第 7 章建立的方法框架，案例采用 HDDM 与 OAT 相结合的方法识别影响 PM$_{2.5}$ 模拟的重要敏感性输入参数。本案例重点在于评估模型输入参数不确定性对模型的影响，因此评估的模型输入参数只限制于气象参数、排放源清单、边界条件以及 CB05 化学机制的化学反应速率。其中，排放源清单考虑的污染物包括 SO$_2$、NO$_x$、NH$_3$、VOCs 和 PM$_{2.5}$ 一次排放；边界条件中考虑的污染物有 O$_3$、PM$_{2.5}$、HNO$_3$、SO$_2$、NO$_x$ 和 NH$_3$；气象参数涵盖相对湿度（relative humidity，RH）、云覆盖率（cloud cover，CC）、Monin-Obukhov 长度（inverse of Monin-Obukhov length，MOLI）、边界层高度（planetary boundary layer height，PBLH）、气压（pressure，P）、云含水量（liquid water content of cloud，QC）、降雨量（precipitation，PRCP）、摩擦速度（friction velocity，FV）、温度（temperature，T）、风速（wind speed，WS）和风向（wind direction）。化学反应速率则为 CB05 化学机制中 182 个化学反应。对于排放源清单、边界条件和化学反应速率，案例采用 HDDM 计算的一阶敏感性系数进行量化。由于 CMAQ 内嵌的 HDDM 不支持气象参数，案例采用 OAT 方法计算气象参数对 $PM_{2.5}$ 模拟的影响。

4 月的敏感性分析结果（图 9.2）显示，$PM_{2.5}$ 一次排放对珠江三角洲 $PM_{2.5}$ 模拟浓度影响最为明显，相对一阶敏感性系数可达 30.6%，但对硫酸盐（PSO_4）、硝酸盐（PNO_3）和铵盐（PNH_4）气溶胶的影响较小。在这三种二次无机气溶胶中，PSO_4 受到的影响较为显著，其相对一阶敏感性系数为 14.0%。这是由于一些燃烧源（例如电厂排放源和工业燃烧源）排放的 $PM_{2.5}$ 中包含一定比例的硫酸盐，这些硫酸盐是大气 PSO_4 的来源之一。NH_3 排放对珠江三角洲 $PM_{2.5}$ 模拟浓度影响较为明显，相对一阶敏感性系数为 15.7%，NO_x 和 SO_2 排放次之。二次无机气溶胶更容易受到 SO_2、NO_x 和 NH_3 前体物排放的影响，如 PNO_3 对 NH_3 和 NO_x 排放的相对一阶敏感性系数分别为 77.3% 和 54.3%。VOCs 排放是 SOA 的重要前体物，鉴于 SOA 在 $PM_{2.5}$ 中的比例可达 10%~20%，VOCs 排放对 $PM_{2.5}$ 的影响应该不小，但案例计算得到的 VOCs 相对一阶敏感性系数仅为 2.2%。这表明 CMAQ 低估了珠江三角洲 SOA 对 VOCs 排放的响应，这可能与 CMAQ 中基于产率模型的 SOAP 模块在模拟 SOA 形成机制存在不足有关。

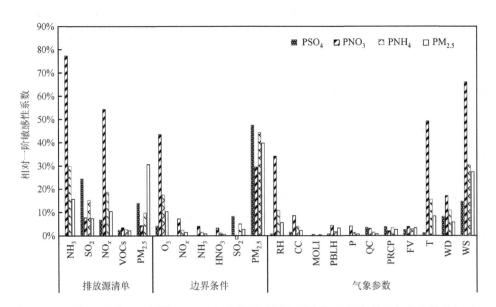

图 9.2　2013 年 4 月珠江三角洲 $PM_{2.5}$ 及组分模拟对排放源清单、边界条件和气象参数的相对一阶敏感性系数

12 月的数据也有类似的结论（图 9.3）。例如，$PM_{2.5}$ 一次排放对珠江三角洲冬季 $PM_{2.5}$ 模拟浓度影响同样最为明显，相对一阶敏感性系数可达 24.6%，NH_3 排放次之，相对一阶敏感性系数为 8.5%。但相比 4 月，所有污染物排放的影响都降低。

受季节风向的影响，珠江三角洲冬季的区域传输过程十分明显，位于上风向的污染物容易传输到下风向地区，这导致珠江三角洲排放的前体物更容易传输到下风向地区，甚至是模拟区域之外，因而冬季珠江三角洲本地排放的污染物对珠江三角洲 $PM_{2.5}$ 形成的贡献相对较小。

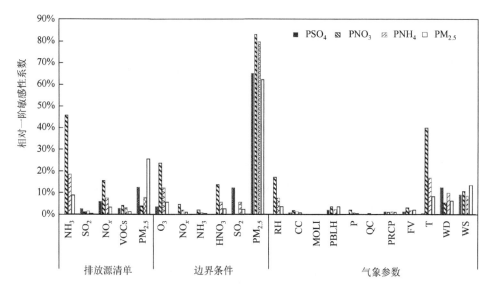

图 9.3 2013 年 12 月珠江三角洲 $PM_{2.5}$ 及组分模拟对排放源清单、边界条件和气象参数的相对一阶敏感性系数

在边界条件所有的污染物当中，$PM_{2.5}$ 浓度对珠江三角洲 $PM_{2.5}$ 模拟的影响最大，O_3 浓度其次。边界条件中的 $PM_{2.5}$ 直接通过对流和扩散传输到珠江三角洲地区，因此其对珠江三角洲 $PM_{2.5}$ 模拟及组分的影响最大。O_3 传输到珠江三角洲地区，有助于促进前体物的氧化过程，因此也对珠江三角洲 $PM_{2.5}$ 模拟有一定的影响，特别是 PNO_3。虽然 NO_x 和 NH_3、HNO_3 和 SO_2 是 $PM_{2.5}$ 污染的重要前体物，但由于化学活性相对较高，其在大气中的停留时间较短，传输距离不如 $PM_{2.5}$ 和 O_3，因而对珠江三角洲 $PM_{2.5}$ 模拟的影响相对较弱。

在评估的所有气象参数中，风速（WS）对珠江三角洲 $PM_{2.5}$ 模拟的影响最为突出，4 月和 12 月的相对一阶敏感性系数分别为 28.3% 和 13.0%。对于 PNO_3 组分，风速的影响更为突出，这可能是由于前体物 NO_x 以及氧化产物 HNO_3 的变化引起的。温度（T）对珠江三角洲 $PM_{2.5}$ 模拟的影响也较为突出，4 月和 12 月的影响比例分别为 8.3% 和 8.0%。不同于风速，温度只影响二次气溶胶的生成，其中最为明显的是 PNO_3，其气-粒分配过程取决于浓度、温度和相对湿度。相对湿度（RH）和 PBLH 对珠江三角洲 $PM_{2.5}$ 模拟的影响相对较小，其中 4 月和 12 月 $PM_{2.5}$ 浓度对相对湿度的相对一阶敏感性系数分别为 5.6% 和 3.6%，PBLH 则分别为 3.3% 和 3.6%。另外，需要说明的是，$PM_{2.5}$ 在降雨时段容易受到湿沉降去除作用影响，但本案例中选择的并非降雨时段，因此 $PM_{2.5}$ 模拟对气象场中降雨的影响不大。

表 9.3 总结了珠江三角洲 $PM_{2.5}$ 模拟对气相化学机制 CB05 化学反应速率的相对一阶敏感性系数。总体上，相比于排放源清单、边界条件和气象参数，CB05 化学反应速率对珠江三角洲 $PM_{2.5}$ 模拟的影响很小，其相对一阶敏感性系数仅有 $-1.20\% \sim 1.80\%$。在这 182 个化学反应速率中，R_1（1.60%）、R_3（−1.20%）、R_7（1.80%）、R_9（1.00%）、R_{169}（1.50%）、R_{28}（−1.00%）和 R_{18}（0.50%）对 $PM_{2.5}$ 的影响较为明显。其中，R_1（NO_2–NO + O）和 R_3（O_3 + NO–NO_2）是参与 O_3 化学反应的重要过程，对 $PM_{2.5}$ 的影响主要来自对 O_3 形成的影响，进而通过影响 NO_x、SO_2 和 VOCs 的氧化过程影响 $PM_{2.5}$ 生成。R_{169}（SO_2 + OH-SULF+HO_2）控制 SO_2 的气相氧化速率。R_{28}、R_7 和 R_{18} 都是与 PNO_3 形成有关的化学过程。CB05 中同样也描述了与 SOA 相关的化学过程：与 SOA 相关的 VOCs 模型物种（包括乙醛 ALD、二甲苯 XYL、甲苯 TOL、苯 BENZENE、萜烯 TERP 和异戊二烯 ISOP 等）被 O_3、OH、NO_3 和 HO_2 等氧化生成挥发性更低的有机气体，随后通过气-粒分配进入颗粒相形成 SOA，然而这些化学过程的化学反应速率对 SOA 的影响几乎可忽略不计。

表 9.3　$PM_{2.5}$ 模拟对 CB05 化学反应速率的相对一阶敏感系数　（单位：%）

编号	CB05 化学反应	PNO_3	PSO_4	PNH_4	$PM_{2.5}$	O_3
R_1	NO_2	1.20	3.40	2.90	1.60	16.60
R_3	O_3 + NO	0.20	−2.90	−2.10	−1.20	−15.70
R_7	NO_2 + O_3	9.20	0.10	3.30	1.80	−3.10
R_9	O_3	−2.10	3.60	1.90	1.00	2.20
R_{10}	O_1D + M	2.00	−3.30	−1.70	−0.90	−2.00
R_{11}	O_1D + H_2O	−2.00	3.40	1.70	0.90	2.00
R_{16}	NO_3 + NO	−2.10	−0.10	−0.80	−0.40	0.40
R_{18}	NO_3 + NO_2	2.60	0.00	1.00	0.50	−0.30
R_{21}	N_2O_5	−2.50	0.00	−0.90	−0.50	0.30
R_{28}	NO_2 + OH	1.30	−3.10	−1.80	−1.00	−8.60
R_{30}	HO_2 + NO	1.40	0.00	0.50	0.40	4.50
R_{35}	HO_2 + HO_2 + H_2O	0.10	−0.30	−0.10	−0.10	−0.40
R_{43}	OH + HO_2	0.20	−0.30	−0.10	−0.10	−0.20
R_{54}	XO_2 + NO	−0.30	0.50	0.20	0.10	0.70
R_{56}	XO_2 + HO_2	0.40	−0.70	−0.30	−0.20	−0.70
R_{63}	ROOH + OH	0.40	−0.60	−0.30	−0.20	−0.30
R_{65}	OH + CO	0.10	0.30	0.20	0.10	3.10

续表

编号	CB05 化学反应	PNO₃	PSO₄	PNH₄	PM₂.₅	O₃
R_{66}	OH + CH₄	0.10	0.10	0.10	0.10	1.20
R_{67}	MEO₂ + NO	−0.50	0.50	0.20	0.10	0.30
R_{68}	MEO₂ + HO₂	0.60	−0.60	−0.20	−0.10	−0.30
R_{73}	FORM + OH	0.20	−0.40	−0.20	−0.10	−0.20
R_{74}	FORM	0.10	2.10	1.60	0.80	3.90
R_{75}	FORM	0.10	−0.40	−0.30	−0.10	−0.90
R_{84}	ALD₂ + OH	−0.10	−0.90	−0.70	−0.40	−1.00
R_{86}	ALD₂	0.00	0.30	0.20	0.10	0.60
R_{87}	C₂O₃ + NO	1.20	1.10	1.30	0.70	4.90
R_{88}	C₂O₃ + NO₂	−1.30	−1.20	−1.40	−0.70	−5.10
R_{89}	PAN	1.20	0.90	1.10	0.60	3.70
R_{99}	ALDX + OH	−0.20	−1.00	−0.80	−0.40	−1.40
R_{101}	ALDX	0.20	0.60	0.50	0.30	1.40
R_{102}	CXO₃ + NO	0.70	0.50	0.60	0.30	2.60
R_{103}	CXO₃ + NO₂	−0.80	−0.50	−0.60	−0.40	−2.70
R_{104}	PANX	0.70	0.40	0.50	0.30	2.00
R_{112}	PAR + OH	0.60	−0.90	−0.50	−0.30	2.10
R_{121}	OH + ETH	0.30	0.10	0.20	0.10	1.30
R_{128}	TOL + OH	0.40	0.20	0.20	0.20	1.10
R_{152}	OPO₃ + NO₂	−0.20	−0.10	−0.20	−0.10	−0.50
R_{154}	OH + XYL	1.00	0.30	0.60	0.40	2.00
R_{155}	OH + MGLY	0.00	−0.30	−0.20	−0.10	−0.50
R_{156}	MGLY	0.30	0.60	0.50	0.30	1.40
R_{169}	SO₂ + OH	−5.10	7.60	3.70	1.50	0.40

通过敏感性分析可知，排放源清单中的 PM₂.₅、NH₃、SO₂ 和 NOₓ 排放、边界条件中的 PM₂.₅ 和 O₃ 浓度以及气象参数中的风速、温度和相对湿度是珠江三角洲 PM₂.₅ 及组分模拟的重要敏感性输入参数。因此，在后续的 PM₂.₅ 模拟定量不确定性分析中，案例将这些重要敏感性输入参数作为不确定性来源。另外，作为 SOA 的重要前体物，在不确定性传递中也考虑了 VOCs 排放，以评估 VOCs 排放不确定性对 PM₂.₅ 和 SOA 模拟的影响。

9.2.4　输入参数的不确定性量化

案例根据第 4 章中提到的方法量化排放源清单、边界条件和气象参数的不确定性，其中排放源清单采用蒙特卡罗方法量化，边界条件和气象参数则根据模拟值与观测值的偏差和文献调研方式推算得到，其结果如表 9.4 所示。

表 9.4　珠江三角洲 $PM_{2.5}$ 模拟模型重要输入参数的不确定性量化结果

输入参数	分布类型	不确定性范围	方法
SO_2 排放	对数正态分布	−20%～30%	
NO_x 排放	对数正态分布	−30%～50%	
NH_3 排放	对数正态分布	−40%～80%	蒙特卡罗模拟的统计分析
VOCs 排放	对数正态分布	−50%～100%	
$PM_{2.5}$ 排放	对数正态分布	−50%～100%	
O_3 边界条件（4 月）	对数正态分布	−50%～65%	
$PM_{2.5}$ 边界条件（4 月）	对数正态分布	−38%～148%	
O_3 边界条件（12 月）	对数正态分布	−44%～100%	
$PM_{2.5}$ 边界条件（12 月）	对数正态分布	−40%～127%	观测值与模拟值对比
温度	正态分布	−3～3℃	
风速	对数正态分布	−50%～60%	
相对湿度	正态分布	−20%～20%	

　　总体上，$PM_{2.5}$、VOCs 和 NH_3 排放的不确定性相对较大，其不确定性范围分别为−50%～100%、−50%～100%和−40%～80%。其中，$PM_{2.5}$ 排放的不确定性主要来自生物质燃烧源、扬尘源、工业过程源和工业燃烧源，VOCs 排放的不确定性主要来自有机溶使用源和天然源，而 NH_3 排放的不确定性则主要来自农牧源。相较于 $PM_{2.5}$、VOCs 和 NH_3，NO_x 和 SO_2 排放的不确定性较小，分别为−30%～50%和−20%～30%，这与本地 NO_x 和 SO_2 排放因子不确定性相对较小有关。

　　边界条件的不确定性根据 D3 模拟区域边界附近 108 个国家环境空气监测网监测子站的模拟偏差进行估算，并假设符合对数正态分布。考虑不同时段的模拟偏差存在差异，案例分别量化了 4 月和 12 月边界条件 O_3 浓度和 $PM_{2.5}$ 浓度的不确定性范围。结果显示，边界条件的不确定性明显，其中 4 月和 12 月边界条件 O_3 浓度的不确定性范围（95%的置信区间）为−50%～65%和−44%～100%，$PM_{2.5}$ 浓度的不确定性范围则为−38%～148%和−40%～127%。与边界条件类似，案例采用气象观测数据和模拟数据估算珠江三角洲模拟温度、风速和相对湿度的不确定性。结果显示，珠江三角洲模拟温度的不确定性范围为−3～3℃，模拟风速的为−50%～60%，模拟相对湿度的为−20%～20%。由于观测数据量不足，案例不考虑其他气象参数不确定性在两个模拟时段的差异。

9.2.5　RFM 模型构建与不确定性传递

由于案例最终考虑不确定性来源较多,且排放与气象不确定性来源之间存在较为明显的相互作用,本案例采用第 7 章建立的 HDDM-SRSM 方法开展不确定性传递,以保证不确定性传递的准确性。案例构建一个包含 10 个不确定来源、286 个未知系数的三阶随机相应曲面模型(简化模型)。未知系数采用基于回归的配点法进行求解。配点的浓度值和敏感性系数采用内嵌 HDDM 的 CMAQ 模型进行计算。在利用 CMAQ 计算配点的 PM$_{2.5}$ 污染浓度的同时,采用 HDDM 计算 PM$_{2.5}$ 浓度对 NO$_x$、SO$_2$、NH$_3$、VOCs 和 PM$_{2.5}$ 排放以及边界条件中 O$_3$ 和 PM$_{2.5}$ 浓度的一阶敏感性系数。在本案例研究中,运行一次 CMAQ 便可获取 7 个敏感性系数。根据第 7 章介绍的配点选取方法,案例共采用 70 个配点构建三阶响应曲面模型。

9.2.6　模拟结果的不确定性量化

相对不确定性和 95%置信区间是描述模型输出不确定性的两种方法,前者方便对比不同污染的不确定性及空间差异性,后者在不确定性范围表达上更加直接,但难以作对比。因此,本小节同时采用相对不确定性和 95%置信区间(95%CI)度量 PM$_{2.5}$ 模拟的不确定性,其结果如表 9.5 所示。为分析不确定性的空间特征,以江门东湖(JMDH)、惠州金果湾(HZJG)、从化天湖(CHTH)、顺德党校(SDDX)、东莞豪岗(DGHG)和广州麓湖(GZLH)为代表站点,统计了 PM$_{2.5}$ 模拟浓度的不确定性。在这六个站点中,JMDH 位于珠江三角洲二次污染生成明显的下风向区域;CHTH 和 HZJG 分别位于珠江三角洲北部边缘和东部边缘,常常处于污染的上风向;SDDX、DGHG 和 GZLH 都位于珠江三角洲中部城区,其周边污染排放强度高。这六个站点能够代表珠江三角洲 PM$_{2.5}$ 污染的形成特征及模拟不确定性。

与排放源清单、边界条件和气象参数相关的珠江三角洲 PM$_{2.5}$ 模拟浓度的相对不确定性总体上为 50%~65%,95%的置信区间可达–39.5%~91.7%,说明珠江三角洲 PM$_{2.5}$ 模拟容易受到排放源清单、气象参数和边界条件不确定性的影响,引起接近模拟基准值一倍的偏差。其中,4 月 PM$_{2.5}$ 模拟的不确定性较大,所有站点的相对不确定性平均值为 60.2%,略高于 12 月的 54.2%,表明 4 月 PM$_{2.5}$ 模拟的不确定性更容易受到排放源清单和气象参数不确定性的影响。从以上敏感性分析也可以看出,春季珠江三角洲 PM$_{2.5}$ 污染形成主要以本地排放为主导作用，气象参数也更容易通过影响二次污染物的形成条件以及前体物的传输过程影响 $PM_{2.5}$ 形成；相反，冬季珠江三角洲 $PM_{2.5}$ 浓度主要受到边界条件的影响。在空间分布上，4 月 $PM_{2.5}$ 模拟不确定性高值区位于排放强度较高的珠江三角洲中心地区，而 12 月 $PM_{2.5}$ 模拟不确定性高值区位于上风向地区，这与春季珠江三角洲 $PM_{2.5}$ 污染形成更容易受到本地排放和气象影响、冬季珠江三角洲 $PM_{2.5}$ 污染形成更容易受到外界传输影响相一致。不同监测站点 $PM_{2.5}$ 模拟的相对不确定性和 95%置信区间如表 9.5 所示。

表 9.5　不同监测站点 $PM_{2.5}$ 模拟的相对不确定性和 95%置信区间　（单位：%）

站点	2013 年 4 月		2013 年 12 月	
	相对不确定性	95%置信区间	相对不确定性	95%置信区间
CHTH	59.3	−40.5～83.4	56.8	−48.7～68.1
DGHG	56.1	−37.2～79.0	50.7	−45.2～50.0
GZLH	63.2	−38.8～98.0	50.0	−43.7～52.4
HZJG	61.3	−38.1～101.6	56.7	−45.5～70.8
JMDH	60.3	−37.4～99.5	53.1	−37.8～73.4
SDDX	64.8	−40.1～106.2	52.4	−35.4～83.5
平均	60.2	−39.5～91.7	54.2	−43.2～64.6

二次无机气溶胶（secondry inorganic aerosol，SIA）是大气 $PM_{2.5}$ 的重要组分，在污染时段其占比通常在 50%以上。案例也量化了珠江三角洲 PNO_3、PNH_4 和 PSO_4 模拟的相对不确定性，结果如图 9.4 所示。总体上，SIA 的相对不确定性普遍高于 $PM_{2.5}$。特别是 PNO_3，其 4 月的相对不确定高达 186.3%，95%的置信区间为−85.5%～274.7%。这说明 PNO_3 模拟极其容易受排放源清单、边界条件和气象参数不确定性的影响，准确模拟难度高。从 PNO_3 模拟的敏感性分析中也可知，NH_3 和 NO_x 排放，边界条件中的 O_3 和 $PM_{2.5}$ 浓度，气象参数中的相对湿度、温度和风速对 PNO_3 模拟都有不同程度的影响，尤其在以本地排放为主导的春季。其中，NH_3 和 NO_x 排放是 PNO_3 的关键前体物，边界条件传输的 O_3 浓度影响 PNO_3 前体物的氧化速率，温度和湿度影响 PNO_3 的气粒分配和潮解，风速则影响 PNO_3 前体物的累积程度。目前发表的文献也指出，无机盐组分中，PNO_3 模拟偏差通常最为突出。例如在美国 Simon 等学者[12]总结的 2006～2012 年美国地区所有 $PM_{2.5}$ 模拟评价结果中，PNO_3（$R^2 = 0.22$）的模拟偏差远远高于 PSO_4（$R^2>0.4$）和 PNH_4（$R^2>0.4$）。

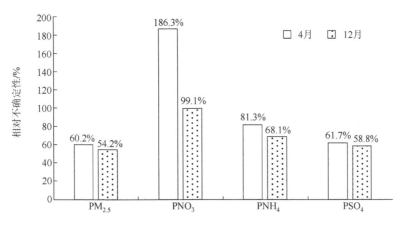

图 9.4　珠江三角洲 PM$_{2.5}$ 组分模拟的相对不确定性

9.3　珠江三角洲 PM$_{2.5}$ 模拟不确定性诊断

9.3.1　结合观测数据的 PM$_{2.5}$ 模拟不确定性诊断

利用观测数据评估模型模拟的不确定性能够：①对比模型不确定性与模拟偏差的离散程度，判断考虑的模型不确定性来源能否解释总体的模型模拟偏差，以及可能存在的模型其他重要不确定性来源；②对比模型不确定性均值与观测值的差异，判断模型是否存在系统偏差；③对比模型不确定性与模拟偏差的相关性，判断不确定性量化结果的可靠性。这些信息都有助于诊断模型模拟的关键不确定性来源。

本章首先对比了 2013 年 PM$_{2.5}$ 模拟不确定性（95%置信区间）与粤港珠江三角洲区域空气监控网络 PM$_{2.5}$ 观测浓度的时间序列。这里选择广州麓湖（GZLH）、江门东湖（JMDH）和从化天湖（CHTH）三个能够分别代表珠江三角洲排放高值区、污染下风向和污染上风向地区的站点做分析，结果如图 9.5 所示。

GZLH 站点 4 月的 PM$_{2.5}$ 模拟不确定性主要受排放源清单和气象参数的影响。与观测值对比发现，CMAQ 模型明显低估 GZLH 站点 4 月的 PM$_{2.5}$ 污染浓度，而大部分时段的 PM$_{2.5}$ 模拟低估都可以通过排放源清单和气象参数的不确定性进行解释。同样，4 月 JMDH 站点的 PM$_{2.5}$ 模拟不确定性也主要受到排放源清单和气象参数的影响，因此这两个不确定性来源很有可能是导致 JMDH 站点 PM$_{2.5}$ 模拟偏差的主要原因。例如，在考虑了气象参数的不确定性之后，4 月 13 日的 PM$_{2.5}$ 模拟不确定性才刚好能够弥补 CMAQ 的模拟偏差。然而在部分时段（如 GZLH 的 11 日和 15 日），量化的不确定性无法覆盖 PM$_{2.5}$ 观测值，表明这些时段 PM$_{2.5}$ 模拟偏差来源另有其因，可能与 CMAQ 模型采用的气溶胶模块严重低估 SOA、

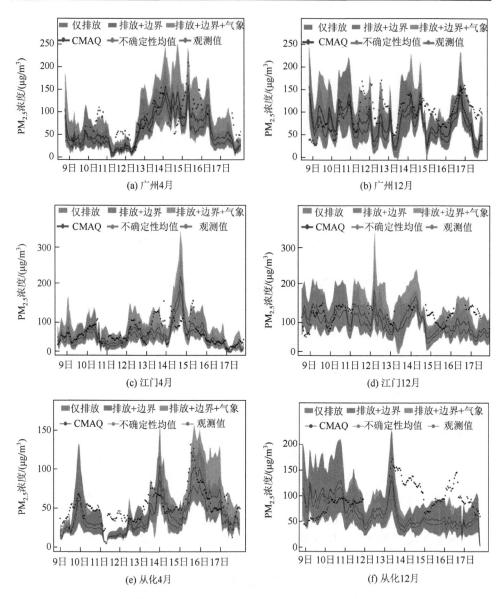

图 9.5　珠江三角洲粤港监测网不同站点的 PM$_{2.5}$ 平均观测浓度与 PM$_{2.5}$ 模拟浓度的 95%置信区间的时间序列（后附彩图）

无机气溶胶结构不确定性、缺乏考虑风向和边界条件等其他气象参数不确定性有关。CHTH 站位于珠江三角洲上风向地区，其 PM$_{2.5}$ 模拟不确定性受气象条件影响：当气象条件以东北风为主导时，CHTH 站点的 PM$_{2.5}$ 模拟不确定性主要受边界条件的影响（9～11 日），当气象条件以西南风为主导时，PM$_{2.5}$ 模拟不确定性主要受排放源清单、温度和风速的影响。与观测数据进行对比，13～17 日模拟时段的 $PM_{2.5}$ 模拟偏差明显可通过排放源清单以及气象参数的不确定性进行解释，但对于 9～12 日模拟时段，边界条件只能解释部分 $PM_{2.5}$ 模拟偏差，剩余的 $PM_{2.5}$ 模拟偏差可能与风向不确定性有关。

不同于 4 月，12 月的珠江三角洲 $PM_{2.5}$ 形成主要受区域传输的影响。从图 9.5 中也可见，GZLH、JMDH 和 CHTH 站点 $PM_{2.5}$ 模拟不确定性受边界条件的影响明显上升，尤其对于位于模拟边界附近的 CHTH 站点，边界条件影响更加突出。GZLH 和 JMDH 位于珠江三角洲污染排放强度较高的地区，因此其 $PM_{2.5}$ 模拟不确定性同时还受到排放源清单以及气象参数的影响。与观测数据进行对比，边界条件、气象参数以及排放源清单的不确定性能够解释大部分 GZLH 和 JMDH 站点的 $PM_{2.5}$ 模拟偏差，但在 12 月 10 日和 13 日，即使考虑了这些不确定性来源，$PM_{2.5}$ 模拟仍然低估。同样模拟时段，CHTH 站点也存在明显低估，且无法通过现有的不确定性进行解释。考虑 CHTH 站点主要受边界条件的影响，边界条件严重低估和风向不确定性可能是导致珠江三角洲在这两个模拟时段低估的主要原因。

根据以上的诊断可知，排放源清单、边界条件和气象参数（风速、温度和湿度）不确定性是珠江三角洲 $PM_{2.5}$ 模拟的重要不确定性来源，这些不确定性能够解释大部分模拟偏差。尽管如此，4 月和 12 月分别有 12%和 20%的观测数据落在 $PM_{2.5}$ 模拟浓度的 95%置信区间之外，34%和 49%的观测数据落在 68.3%置信区间之外（表 9.6）。这说明排放源清单、边界条件和气象参数（风速、温度和湿度）不确定性无法完全解释珠江三角洲 $PM_{2.5}$ 的模拟偏差。另外，相比于基准案例，$PM_{2.5}$ 不确定性均值往往更加接近观测值。这在预期之内，原因是对模型输出不确定性做平均处理能够消除部分模型输入参数的随机误差。尽管如此，模型不确定性均值在大部分情况下依然低估 $PM_{2.5}$ 的观测峰值，暗示 CMAQ 模型本身存在系统误差，这可能与 SOA 系统低估和无机气溶胶模块的结构不确定性有关。对此，将量化的 SIA 不确定性与番禺站点观测的 SIA 浓度进行对比（图 9.6），结果也表明：考虑排放源清单、边界条件和气象参数（风速、温度和湿度）不确定性后，番禺站点的 SIA 模拟浓度（不确定性均值）明显上升，但依然在峰值处存在一定程度的低估，这很有可能与硫酸盐的快速形成机制缺失有关。除了对比不确定性和观测的时间序列图，概率积分变换直方图（PIT）和 FB 评价指标（表 9.6）也能用于判断模型本身是否存在系统模拟偏差，详细方法可参照第 7 章。

表 9.6　珠江三角洲 $PM_{2.5}$ 模拟不确定性评价结果（所有站点）

	2013 年 4 月			2013 年 12 月		
	IEBM	IEB	IE	IEBM	IEB	IE
95%POC/%	88	75	47	80	75	23
68.3%POC/%	66	35	22	51	33	8
SSC	0.61	0.29	0.28	0.17	0.14	0.07
FE-Mean/%	30	33	35	28	30	35
FB-Mean/%	−3	−16	−21	−2	−7	−22

注：68.3%POC/95%POC 分别表示被 $PM_{2.5}$ 模拟浓度的 68.3%和 95%置信区间覆盖的观测数据比例；Mean 表示 $PM_{2.5}$ 模拟不确定性的平均值。

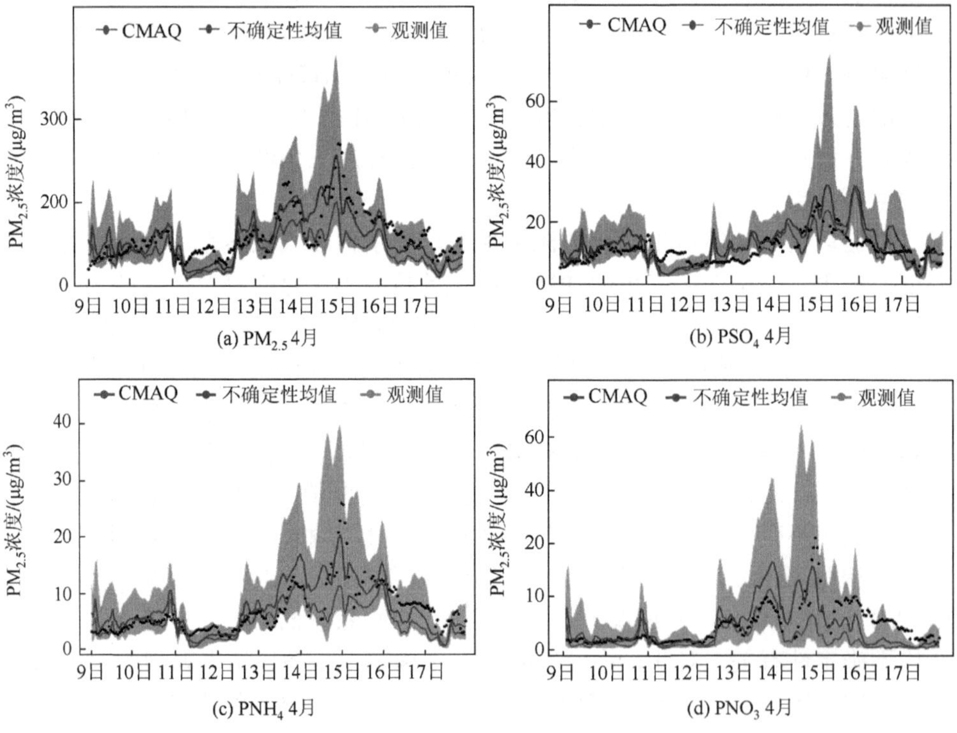

(a) $PM_{2.5}$ 4月　(b) PSO_4 4月

(c) PNH_4 4月　(d) PNO_3 4月

图 9.6　珠江三角洲番禺站点的 $PM_{2.5}$ 及组分观测浓度与 $PM_{2.5}$ 模拟浓度的 95%置信区间的时间序列（后附彩图）

大气化学传输模型的不确定性来源众多。一般情况下，不确定性分析中考虑的不确定性来源越完整，量化的模型不确定性结果越合理、可靠，后续的关键不确定性来源识别也必然可信。这里用第 7 章提到的统计指标分别评价仅考虑排放源清单不确定性（IE）、考虑排放源清单和边界条件不确定性（IEB）和考虑排放源清单、边界条件和气象参数不确定性（IEBM）的珠江三角洲 PM$_{2.5}$ 模拟不确定性，结果如表 9.6 所示。随着考虑的不确定性来源的增加，被 PM$_{2.5}$ 模拟不确定性覆盖的观测数据的比例（95%POC）呈现出明显的增加趋势。当不确定性来源同时考虑排放源清单、边界条件和气象参数时，4 月和 12 月的 95%POC 分别为 88%和 80%，与 IE 相比则分别提高了 41 和 57 个百分点。SSC 是评价不确定性与模拟偏差离散程度相关性的指标，一般情况下，较高的模拟不确定性容易导致模拟偏差也较大，即不确定性离散程度与模拟偏差呈现正相关关系（SSC>0.6 即为正常）。由表 9.6 可见，在考虑了温度和风速的不确定性之后，SSC 明显上升，相比 IEB，4 月的 SSC 提高了 0.32。同样，随着考虑的不确定性来源的增加，PM$_{2.5}$ 不确定性均值的 FE 和 FB 评价指标均呈现明显下降趋势，表明考虑的不确定性来源越多，不确定性均值越能够提高模型的模拟效果。需要说明的是，受到计算资源需求的限制，现实中的模型定量不确定性分析是无法考虑全部的不确定性来源。目前唯一有效的方法是，在开展大气化学传输模型定量不确定性分析之前，利用敏感性分析筛选模型重要输入参数作为考虑的不确定性来源，在提高大气化学传输模型定量不确定性可行性的同时，保证模型不确定性分析的合理性和可靠性。

9.3.2 模拟关键不确定性来源识别

案例采用基于方差的来源解析法识别珠江三角洲地区 PM$_{2.5}$ 和 SIA 模拟不确定性来源，其结果见图 9.7。4 月，风速是珠江三角洲 PM$_{2.5}$ 模拟最大的不确定性来源，平均贡献比例为 39.7%，PM$_{2.5}$ 边界条件和 PM$_{2.5}$ 排放则依次次之，其贡献比例分别为 22.7%和 19.0%；12 月，PM$_{2.5}$ 边界条件成为珠江三角洲 PM$_{2.5}$ 模拟的最大不确定性来源，其平均贡献比例为 55.2%，风速和 PM$_{2.5}$ 排放则依次次之，其比例分别为 22.2%和 12.1%。这些季节差异性与 PM$_{2.5}$ 形成机制有关。4 月珠江三角洲 PM$_{2.5}$ 污染形成主要受本地排放影响，而本地排放出来的前体物在形成 PM$_{2.5}$ 时容易受到气象条件的主导，因此 PM$_{2.5}$ 形成容易受本地排放和气象条件的影响；相反，12 月珠江三角洲 PM$_{2.5}$ 污染形成主要受区域传输的影响，污染排放的影响相比 4 月较弱，因此 12 月的 PM$_{2.5}$ 模拟浓度受温度和风速等气象参数的影响也相对较弱。

三种 SIA 组分的关键不确定性来源都呈现出不同程度的差异。PSO$_4$ 相对稳定，大气中停留时间长，因此 PSO$_4$ 模拟最容易受到边界传输和风速不确定性的影响。尽管 SO$_2$ 排放是 PSO$_4$ 的重要前体物，但其不确定性对 PSO$_4$ 模拟的影响不大，在 4 月贡献比例仅有 5.2%。原因可能有两点：①得益于翔实的活动数据和丰富的本地排放因子，SO$_2$ 排放不确定性相对较低，为-20%～30%；②气溶胶形成机制的不确定性削弱了 PSO$_4$ 对前体物排放的敏感性。与 PSO$_4$ 类似，PNH$_4$ 模拟也最容易受到边界传输和风速不确定性的影响。另外，温度也是 PNH4 模拟的重要不确定性来源，这与硝酸铵的形成受制于温度有关。在三种 SIA 组分中，PNO3 模拟的关键不确定性来源最为复杂。温度、风速和边界条件均是 PNO3 模拟的关键不确定性来源。除此之外，由于本地排放因子的匮乏，NH3 排放还存在较大的不确定性，因此也是 PNO3 模拟的重要不确定性来源。SIA 模拟的不确定性来源也存在与 PM2.5 类似的季节差异，即 4 月本地排放和气象不确定性贡献占主导，12 月区域传输不确定性占主导。

　　除了季节差异性，PM2.5 和 SIA 模拟的关键不确定性来源也存在明显的空间差异性。例如，在大气污染排放强度较高的珠江三角洲中心地区 GZLH 和容易受前体物排放影响的下风向地区 JMDH，排放和气象不确定性对 PM2.5 模拟的影响明显增大，在容易受到边界传输影响的珠江三角洲周边地区 CHTH，边界条件的不确定性对 PM2.5 模拟的影响明显增大。尤其在 12 月，在上下风向地区，边界条件不确定性的贡献占比差距可高达 40%。这说明在不同地区不同时段，大气化学传输模型的关键不确定性来源存在差异。

　　珠江三角洲以及其不同站点的 PM2.5 和 SIA 模拟不确定来源对比分别如图 9.7 和图 9.8 所示。

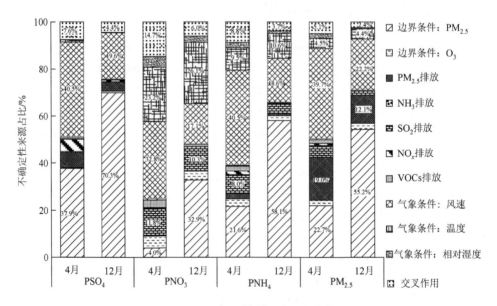

图 9.7　PM2.5 和 SIA 模拟不确定性来源对比

　　从以上的分析可知，在珠江三角洲春冬季时段，风速、边界条件和 PM2.5 排放均是珠江三角洲 PM2.5 模拟的关键不确定性来源。理论上，对这些关键不确定性来源进行改进能有效提高珠江三角洲 $PM_{2.5}$ 的模拟性能。其中，$PM_{2.5}$ 排放清单数据可通过基于卫星或地面观测的反演技术进行校验改进，边界条件可以通过基于地基观测的数据融合方法进行改进，风速也可以通过同化观测数据进行改进。

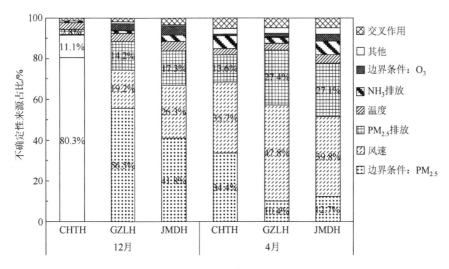

图 9.8　珠江三角洲不同站点的 $PM_{2.5}$ 和 SIA 模拟不确定性来源对比

9.4　基于地基观测数据融合的珠江三角洲 $PM_{2.5}$ 模拟改进

边界条件是珠江三角洲冬季 $PM_{2.5}$ 模拟的关键不确定性来源之一。国内外学者也指出边界条件对区域 O_3 和 $PM_{2.5}$ 模拟有重要影响，能否准确表征边界条件的时空变化特征对区域空气质量模拟至关重要[13-19]。降低边界条件的不确定性理论上能提高珠江三角洲冬季 $PM_{2.5}$ 的模拟效果。为此，本章采用本书作者团队建立的数据融合方法对边界条件进行改进，并以 2013 年珠江三角洲秋冬季为案例，评估边界条件改进对珠江三角洲 $PM_{2.5}$ 模拟的影响。

9.4.1　边界条件改进思路

对于区域模拟，静态边界谱（Fix-BCON）、观测数据以及数值模型模拟是边界条件数据的三个主要来源。其中，静态边界谱是大气化学传输模型默认使用的边界条件数据，但这种边界条件假设污染物浓度在时间和空间上是固定的，不具备差异性，无法反映区域传输的时空变化特征[17]。基于观测数据获取的边界条件

（Obs-BCON）能够准确反映污染物的污染浓度与时间变化特征，但空间分辨率和组分精度往往较低，难以满足模型边界条件输入的需求[20]。通过裁剪更大尺度的空气质量模拟输出是目前获取内层模型边界条件最常用的方式。这种基于空气质量模拟获取的边界条件数据（Mod-BCON）具有很高的时空分辨率，同时包含与区域模型一致的化学物种，应用于大气化学传输模型中一般都能得到较好的模拟效果[15]。

尽管如此，受大尺度空气质量模拟不确定性的影响，Mod-BCON 依然存在不确定性。本案例中珠江三角洲 $PM_{2.5}$ 模拟所采用的边界条件来自第二层模拟域（D2）的模拟结果。可以通过评价边界附近的 $PM_{2.5}$ 和 O_3 模拟效果，判断边界条件是否存在偏差，其结果如表 9.7 所示。CMAQ 明显低估了 D1 和 D2 的 $PM_{2.5}$ 的污染浓度，D1 和 D2 的 NMB 分别为–27.00%和–29.40%。可见，基于模拟结果获取的边界条件存在偏差。

表 9.7　D1 和 D2 模拟区域 $PM_{2.5}$ 和 O_3 模拟评价结果

	D1（本书）		D2（本书）	
	MDA8[b]	小时 $PM_{2.5}$	MDA8	小时 $PM_{2.5}$
FB	–13.70%	–31.30%	–11.60%	–37.70%
FE	25.60%	58.70%	25.20%	52.40%
NMB	–15.60%	–27.00%	–10.60%	–29.40%
NME	28.10%	47.10%	26.30%	42.10%
R	0.51	0.62	0.46	0.64
站点数 [a]	257	257	99	99

a：D1 和 D2 的站点数是观测数据经过网格化平均处理后有观测数据的网格数量。

b：只考虑 30ppbv（1ppbv = 0.5μg/m³）以上的 O_3 日最大 8h 观测浓度。

降低边界条件不确定性有助于提高模型的模拟效果。为此，国外有学者采用卫星数据评价、矫正基于数值模型获取的边界条件[15, 20-24]，提高 O_3 和 $PM_{2.5}$ 模拟的准确性。例如，Shi 等[24]表明基于 TES 卫星数据获取的边界条件和初始条件有助于提高上对流层（小于 500 hPa 的高度）的 O_3 模拟准确性。然而现有研究也指出，现有的卫星观测资料实际上无法精确反演地表面和下对流层污染浓度，其偏差一般都在 20%～30%[25]。在下垫面比较复杂的地区或者气溶胶性质比较特殊的地区，MODIS AOD 存在较大的误差[26, 27]。此外，卫星数据的时间分辨率一般都较低，无法反映一些突发污染事件。

具有更高准确性和时间分辨率的站点观测数据为矫正边界条件提供了另一个思路。然而，站点观测数据的空间覆盖率远低于卫星数据，导致站点观测数据难以直接用于矫正边界条件。空间插值虽然能提高站点观测数据的空间分辨率，但在站点稀疏地区，空间插值结果具有高的偏差。数据融合（data fusion，DF）将站点观测数据和模型网格数据进行合并，使得处理后的数据同时具备观测数据的准确性和网格数据的高时空分辨率，相比空间插值是一种更为可靠的方法。本书作者团队构建了一种基于空间插值的数据融合，其核心思想是通过空间插值的方式矫正模型网格数据，并根据与监测站点的距离控制模型网格数据的矫正程度。在此基础上，利用融合后的模拟网格化数据对边界条件进行校正，以降低边界条件的不确定性。

9.4.2　数据融合方法建立

本书作者团队建立的数据融合方法是对 Friberg 提出方法的改进，是一种基于空间插值的、用于融合观测数据和模型网格化数据的方法。这类数据融合方法的主要过程可以分为三个步骤：①对标准化的站点观测数据进行空间插值，并与平均模拟场合并以得到网格化观测场。网格化观测场同时具备观测数据时间分布特征与模拟场的空间分布特征，因此只有在监测站点附近才具有较高的准确性。②建立反映模拟值与观测值关系的回归模型，并利用回归模型修正模拟场，主要用于修正监测站点稀疏地区的浓度场数据。③根据基于监测站点距离的权重合并步骤①和步骤②的数据，进而得到优化后的数据融合场。原始数据融合方法、偏差方法和混合方法流程图如图 9.9 所示。

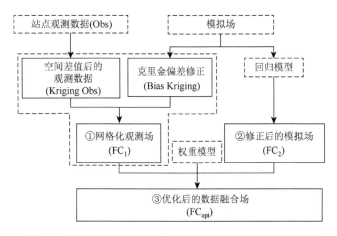

图 9.9　原始数据融合方法、偏差方法和混合方法流程图

1. 步骤一：建立网格化观测场（interpolated observation filed，标记为 FC_1）

（1）对观测数据进行标准化处理，即将每个站点的小时观测数据或者每天平均观测数据 $Obs_m(t)$ 除以研究时段内该站点的观测平均值 $\overline{Obs_m}$。标准化的主要目的是获取站点污染物的时间变化因子，同时降低观测值之间的变异性以提高插值结果的可靠性。

（2）采用普通克里金（ordinary Kriging，OK）对标准化之后的观测数据进行空间插值。克里金是一种基于观测数据空间相关性的地质统计网格化方法，其主要思路是假设观测数据之间相关性与空间距离存在一定的关系，这种关系可采用变差函数模型表示，然后根据预测点与观测值的空间距离和变差函数模型估算预测点的值。克里金的方法有多种，其中 OK 插值是单个变量的局部线性最优无偏估计方法，是最常使用的方法。OK 插值会间接改变模拟场的空间分布，但这可能不利于步骤二的模拟场空间分布矫正，因此需要采用对插值结果进行标准化处理以消除 OK 插值对模拟场空间分布的改变，其方法见式（9.2）。

（3）计算每个站点的观测平均值 $\overline{Obs_m}$ 与模拟平均值 $\overline{Mod_m}$ 的比例，并对结果取自然对数，然后采用 OK 插值对 $\ln\left(\dfrac{\overline{Obs_m}}{\overline{Mod_m}}\right)$ 进行空间插值，以获取网格化的修正因子 $F_{adjust}(s)$，见式（9.3）。

（4）利用 $F_{adjust}(s)$ 修正平均模拟场 $\overline{Mod_{sim}(s)}$，以获取矫正后的平均模拟场 $\overline{Mod_{adjusted}(s)}$，见式（9.4）。

（5）将步骤（1）和（3）中的数据场进行合并，以估算 FC_1，式（9.5）。

$$\mathrm{Krig}(s,t) = \left(\frac{\mathrm{Obs}(m,t)}{\overline{\mathrm{Obs}(m)}}\right)_{\mathrm{Krig}} \tag{9.1}$$

$$\mathrm{Krig}_{norm}(s,t) = \mathrm{Krig}(s,t) \times \frac{N}{\displaystyle\sum_{t}^{N}\mathrm{Krig}(s,t)} \tag{9.2}$$

$$F_{adjust}(s) = \left[\ln\left(\frac{\overline{\mathrm{Obs}_m}}{\overline{\mathrm{Mod}_m}}\right)\right]_{\mathrm{Krig}} \tag{9.3}$$

$$\overline{\mathrm{Mod}_{adjusted}(s)} = \exp\left[F_{adjust}(s)\right] \times \overline{\mathrm{Mod}_{sim}(s)} \tag{9.4}$$

$$\mathrm{FC}_1(s,t) = \mathrm{Krig}_{norm}(s,t) \times \overline{\mathrm{Mod}_{adjusted}(s)} \tag{9.5}$$

其中，s 和 t 分别表示网格的位置和时间。

观测数据能够准确表征污染的时间特征，但在空间分布特征表征方面存在不足。相反模拟场的空间覆盖率高，且具有一定的准确性。这一步的主要目的是融合观测数据和模拟场的优点以提高数据场的时空准确性，因此 FC_1 同时具备观测数据时间分布特征与模拟场的空间分布特征。在监测站点附近，FC_1 的时间变化特征具有很高的准确性，但在缺乏监测站点地区，受空间插值过度解释的影响，FC_1 的准确性明显下降，甚至可能不如模拟场，这是 FC_1 的不足。

2. 步骤二：建立修正后的模拟场（adjusted model field，标记为 FC_2）

（1）建立反映模拟场与观测值关系的回归模型。

（2）利用回归模型修正模拟场。如果数据融合的研究时段较短（如几个月），则可忽略线性回归模型的季节差异性，在这种情况下，可简单采用下式进行估算。

$$FC_2(s,t) = \alpha \times \overline{Mod_{sim}(s,t)}^{\beta} \times \beta_{season}(t)$$
$$FC_2(s,t) = \alpha \times \overline{Mod_{sim}(s,t)}^{\beta} \tag{9.6}$$

其中，α 和 β 分别为线性回归模型的斜率和截距；β_{season} 为季节修正因子。

FC_2 不考虑模型模拟偏差的空间变异性，因此 FC_2 实际上是模拟场的缩放。FC_2 在表征时间变化特征方面的准确性只与模型模拟准确性相关，而不会受到监测站点位置的影响。FC_1 和 FC_2 的优缺点刚好互补：在监测站点附近，FC_1 的准确性更高，但在远离监测站点地区，基于排放源和气象模型估算的 FC_2 更加稳定，因此可通过合并 FC_1 和 FC_2 提高数据场的可靠性。

3. 步骤三：建立数据融合场（optimized fused filed，标记为 FC_{opt}）

为获取更加可靠的数据场，采用基于时间相关性（temporal correlation）的权重函数合并 FC_1 和 FC_2。在这里，时间相关性是描述 FC_1 或者 FC_2 网格数据与观测数据之间的相关性，如果一个网格的时间相关性越高，则表示受观测数据的影响越明显，因此可认为其值的准确性也就越高。基于时间相关性的权重函数便是根据 FC_1 和 FC_2 的时间相关性合并这两个数据场。

对于 FC_1，时间相关性采用指数相关模型进行描述。指数相关（exponential correlogram）模型原本是用来描述站点监测数据的相关性随着站点之间距离的增大而呈现指数下降趋势特征，但由于 FC_1 的时间变化特征是利用观测数据和 OK 插值驱动的，指数相关模型同样也可用于描述 FC_1 网格数据与站点观测数据之间的相关性，详见式（9.7），其中 $R_{obs}(s,t)$ 表示 FC_1 网格数据与离该网格最近站点的时间相关性；$-x(s,t)$ 表示这两者之间的距离；R_{coll} 则是由于观测误差引起的时间相关性损失，如果忽略观测误差，R_{coll} 则为 1，但由于存在观测误差，R_{coll} 一般小于 1，根据 Friberg 的研究成果，$PM_{2.5}$ 的 R_{coll} 分别为 0.93；r 表示 R_{coll} 递减到 e 折（e-folding）的距离。不同污染物的 e 折距离需要通过观测数据进行建模估算。

$$R_{obs}(s,t) = R_{coll} \times e^{-x(s,t)/r} \qquad (9.7)$$

FC_2 的时空分布特征不受监测站点影响，因此其时间相关性 R_{mod} 可采用所有监测站点观测值与模拟值之间的时间相关性进行表示。

在获取 FC_1 和 FC_2 的时间相关性之后，便采用式（9.8）和式（9.9）估算 FC_{opt} 数据场。其中，$W(s,t)$ 为 FC_1 的权重因子，当 $R_{obs}(s,t)$ 为 1 时，$W(s,t)$ 达到最大值，表示 FC_{opt} 完全受 FC_1 影响；当 $R_{obs}(s,t)$ 为 0 时，$W(s,t)$ 达到最小值，表示 FC_{opt} 完全受 FC_2 影响。总体上，在监测站点附近，$R_{obs}(s,t) > R_{mod}$，FC_{opt} 主要受到 FC_1 的影响，而在远离监测站点的地区，$R_{obs}(s,t) < R_{mod}$，FC_{opt} 主要受到 FC_2 影响。采用这种方法合并 FC_1 和 FC_2 能降低空间外插值偏差对 FC_{opt} 的影响，进而提高 FC_{opt} 的可靠性。

$$FC_{opt}(s,t) = W(s,t) \times FC_1(s,t) + (1 - W(s,t)) \times FC_2(s,t) \qquad (9.8)$$

$$W(s,t) = \frac{R_{obs}(s,t) \times (1 - R_{mod})}{R_{obs}(s,t) \times (1 - R_{mod}) + R_{mod} \times (1 - R_{obs}(s,t))} \qquad (9.9)$$

根据基于监测站点距离的权重合并 FC_1 和 FC_2，进而得到优化后的数据融合场。在监测站点附近，FC_{opt} 主要受 FC_1 影响，而在远离监测站点的网格则主要受 FC_2 影响。这种基于空间插值的数据融合能有效地将观测数据和模拟数据结合在一起，站点附近的网格经过观测数据矫正准确性明显提高，而缺乏站点的区域仍然保持模拟场的时空分布特征。方法本身不受监测站点数量的影响，即使只有几个站点，依然能够得到较好的融合数据，当然监测站点越多，FC_{opt} 的总体准确性也就越高。

9.4.3　数据融合方法的应用与评价

本案例采用数据融合方法估算 D1 和 D2 模拟区域 $PM_{2.5}$ 的网格化观测场 FC_1，并与修正后的 CMAQ 模拟场 FC_2 进行合并生成数据融合场 FC_{opt}。应用于 D1 和 D2 模拟区域的原因是数据融合场 FC_{opt} 可用于矫正 D2 和 D3 模拟区域的 $PM_{2.5}$ 边界条件，从而提高区域 $PM_{2.5}$ 的模拟效果。案例选取时间为 2013 年 10~12 月，$PM_{2.5}$ 观测数据是通过网格化处理，减少观测数据的不确定性。为建立 FC_2 数据场，案例采用网格观测数据和模型模拟值的回归模型修正 D1 和 D2 的 CMAQ 模拟场。回归模型的 α 值为 1.13，β 为值为 1。

本章采用 10 折交叉验证（10-CV）和分组交叉验证（G-CV）评价对比原始模拟数据和融合数据。其中，10-CV 将网格观测数据随机平分为 10 组，交叉验证重复 10 次，每次不重复地选择其中一组作为验证数据，剩余 9 组作为训练数据用于

建立 FC_1 和 FC_{opt}，并采用验证数据对其进行评价。G-CV 与 10-CV 相类似，唯一不同的是，G-CV 是根据地理位置将网格数据分为 10 组。由于是随机分组，10-CV 中验证数据与训练数据在空间上总体较为接近，因此 10-CV 主要用于评价融合数据在监测站点附近的信息融合能力。相反，G-CV 中验证数据与训练数据的空间距离一般较远，因此 G-10 主要用于评价融合数据在缺乏监测站点地区的预测能力。

图 9.10 对比了原始模拟数据和融合数据的交叉验证评价结果。由 10-CV 的结果可见，FC_1 和 FC_{opt} 的评价指标结果均优于 CMAQ，表明数据融合能有效提高监测站点附近 $PM_{2.5}$ 的准确性。以 D1 的 $PM_{2.5}$ 为例，经过融合后，CMAQ 模拟偏差几乎被修正，FB 从-25%减低到仅有-0.5%。不同于 10-CV，G-CV 中大部分 FC_1 数据场的准确性相比 CMAQ 并没有明显的提高，反而还出现一定程度的下降。以 D1 中 $PM_{2.5}$ 为例，相比 CMAQ，FC_1 的 RMSE 上升了 12.98 $\mu g/m^3$，R^2 则下降了 0.15。FC_1 预测准确性下降与空间外插值偏差逐渐上升有关。克里金实际上是根据观测数据的空间相关性估算预测点的值，观测数据的空间相关性与距离成反比，因此在缺乏监测站点的区域，空间插值的准确性下降，导致 FC_1 数据场的准确性也下降。然而在合并了 FC_2 之后，融合场 FC_{opt} 的准确性明显提高，且普遍略高于 CMAQ，这表明基于时间相关性权重的 FC_1 和 FC_2 合并可以有效约束空间插值对原始模拟场的异常校正，同时也能提高数据融合在监测站点稀疏区域的准确性。

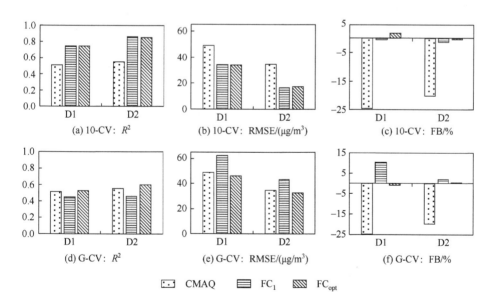

(a) 10-CV: R^2 (b) 10-CV: RMSE/($\mu g/m^3$) (c) 10-CV: FB/%

(d) G-CV: R^2 (e) G-CV: RMSE/($\mu g/m^3$) (f) G-CV: FB/%

CMAQ FC_1 FC_{opt}

图 9.10 数据场交叉验证评价

D1 代表第一层模拟区域；D2 代表第二层模拟区域。

9.4.4　数据融合对珠江三角洲数值模拟的改进效果

本章采用优化方法估算 D1 和 D2 的 PM$_{2.5}$ 的 FC$_{opt}$ 数据场，并利用估算的 FC$_{opt}$ 数据场调整 D2 和 D3 的边界条件，以实现改进珠三角 PM$_{2.5}$ 模拟的最终目的。边界条件是三维数据，具有垂直层分布信息，但基于站点观测数据而建立的 FC$_{opt}$ 只有地表面层的浓度信息，因此在利用 FC$_{opt}$ 调整边界条件时，需要假设模拟场的污染垂直分布不确定性小，即垂直其他层的浓度需要跟随地面层进行同比例调整。

表 9.8 对比了边界条件调整前后 D2 和 D3 珠江三角洲 PM$_{2.5}$ 的模拟评价指标。通过对比评价指标可见，基于数据融合的边界条件调整明显提高了珠江三角洲 PM$_{2.5}$ 的模拟效果。对于 D2 模拟区域，小时 PM$_{2.5}$ 的 FE 和 FB 分别下降了 8.37 个百分点和−6.8 个百分点，模拟值与监测值的相关性 R 则提高了 0.08；对于 D3 模拟区域，小时 PM$_{2.5}$ 的 FE 和 FB 分别下降了 14.94 个百分点和 14.85 个百分点，R 则提高了 0.12。从这些指标的变化可见，边界条件调整有效提高了珠江三角洲 PM$_{2.5}$ 的模拟浓度，从而降低了 PM$_{2.5}$ 的低估问题。另外，R 的改进相对其他指标更加明显一些。例如，对于日均 PM$_{2.5}$ 浓度，D2 和 D3 的 R 分别提高了 0.13 和 0.18，这表明边界条件对珠江三角洲 PM$_{2.5}$ 时间变化的影响更加明显。D3 中珠江三角洲 PM$_{2.5}$ 更容易受到边界条件的影响，因此 D3 模拟区域的 PM$_{2.5}$ 模拟改进更为突出。

表 9.8　边界条件调整前后 D2 和 D3 珠江三角洲 PM$_{2.5}$ 的模拟评价对比

	D2				D3			
	日均 PM$_{2.5}$（24h）		小时 PM$_{2.5}$		日均 PM$_{2.5}$（24h）		小时 PM$_{2.5}$	
	基准	BCON[a]	基准	BCON	基准	BCON	基准	BCON
NME/%	43.18	37.41	46.57	41.43	45.62	35.62	48.48	39.48
NMB/%	−38.26	−34.59	−38.73	−35.03	−42.47	−34.01	−42.50	−33.95
FE/%	55.31	45.92	60.00	51.63	60.04	43.56	63.73	48.79
FB/%	−48.73	−41.88	−49.56	−42.76	−55.68	−40.81	−55.38	−40.53
R	0.57	0.70	0.54	0.62	0.60	0.78	0.54	0.66
RMSE	36.14	31.75	40.24	36.49	37.73	29.79	41.58	34.88

a：BCON 表示调整了边界条件的模拟案例。

图 9.11 为对比边界条件调整前后 PM$_{2.5}$ 模拟的时间序列图，案例选择 DGHG（东莞豪岗）、JMDH（江门东湖）、CHTH（从化天湖）和 HZJG（惠州金果湾）四个代表站点作进一步分析，其中 DGHG 位于珠江三角洲城区，JMDH 位于污染

下风向地区，CHTH 和 HZJG 位于污染上风向地区，且分别靠近北部和东部边界条件。在冬季，北部和东部边界条件往往是珠江三角洲区域传输的通道。由图 9.11 可见，边界条件调整后的 PM$_{2.5}$ 模拟值的大小与变化趋势都与观测值更加接近，并且各个站点 PM$_{2.5}$ 改进前后的浓度变化具有明显的一致性，这说明冬季边界条件对整个珠江三角洲都存在影响。尽管边界条件调整改进了 PM$_{2.5}$ 的整体模拟效果，但珠江三角洲 PM$_{2.5}$ 模拟仍然低估，这可能与 PM$_{2.5}$ 排放和风速等其他参数的模拟依然存在偏差有关。

总体而言，基于数据融合的边界条件不确定性降低有效提高了 PM$_{2.5}$ 模拟的准确性，尤其是在时间变化趋势方面，由于珠江三角洲离 D3 边界条件更为接近，降低 D3 边界条件的不确定性比 D2 更加有助于提高珠江三角洲 PM$_{2.5}$ 的模拟效果，这验证了降低模型的关键不确定性来源能够实现模型模拟改进。

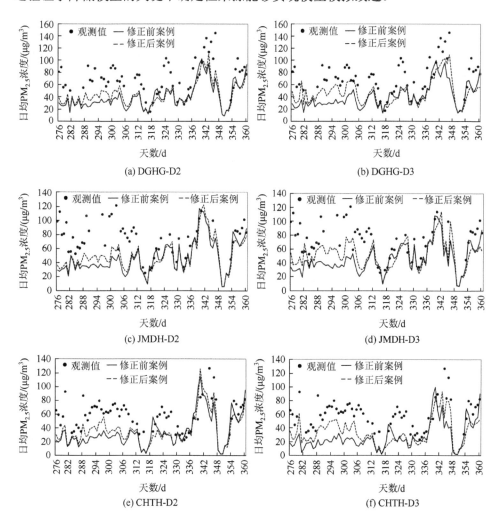

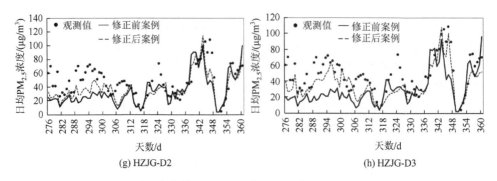

图 9.11　边界条件修正前后珠三角 $PM_{2.5}$ 模拟的时间序列图对比

9.5　不确定性分析与空气质量概率预报

除了用于大气化学传输模型诊断，模型不确定性分析也能用于空气质量概率预报。这里继续利用珠江三角洲案例简单分析模型不确定性分析在空气质量概率预报的可能性。

9.5.1　空气质量概率预报的作用与方法

空气质量预报已经成为我国大气污染防治的重要一环，在支撑政府制定大气污染防治策略、提醒公众提前防范、回避高污染事件等方面发挥了极其重要的作用。2013 年，国务院印发《大气污染防治行动计划》强调环保部门要加强与气象部门的合作，建立重污染天气监测预警体系。到 2014 年，京津冀、长江三角洲、珠江三角洲区域要完成区域、省、市级重污染天气监测预警系统建设；其他省（区、市）、副省级市、省会城市于 2015 年底前完成。目前我国已形成国家—区域—省级—城市四级环境空气质量预报预警系统。其中，国家预报预警中心主要负责国家层面的环境空气质量预报业务，并负责特别严重、影响范围大的跨区域、跨省市的大气污染过程预报，收集全国空气质量预报预警信息，构建全国环境空气质量预报信息网络。全国有京津冀及周边、长江三角洲、珠江三角洲、西北、西南、东北和华南七个区域预报预警中心，负责区域内的环境空气质量总体协调及业务预报、数据共享与预报会商，并参与重大活动环境空气质量保障，指导各省市精细化预报。省级预报中心主要负责辖区内的空气质量预报预警工作、省级业务预报预警工作、对地市级城市预报工作开展技术指导、组织开展重大活动环境空气质量保障等。城市级自行开展环境空气质量预报或者借助省级预报平台及技术支撑开展环境空气质量预报预警工作。

从技术方法来看，目前我国常用的空气质量预报方法有潜势预报、统计预报

（包括回归模型、神经网络等）和数值模型三大类型。潜势预报是较早提出的一种空气污染预报方法，它通过对已发生的污染事件进行归纳总结，得出发生污染事件时特有的天气形势、气象条件和气象指标。该方法具有简单方便的特点，但由于不考虑污染源因素，其预报的精确度较低。目前，潜势预报常用来与其他方法相配合，很少独立使用。

　　统计预报是目前国际上普遍采用且行之有效的空气污染预报方法，它一般是基于历史空气质量观测数据和气象观测数据，利用人工神经网络、多元线性回归、动态统计等数学统计方法预报未来空气质量。统计预报具有简单快捷的特点，在资料翔实的情况下，可以得到较好的结果。然而，作为一种黑箱方法，在理论和应用方面的缺陷也十分明显。第一，它依赖于长时间尺度的环境监测资料，包括污染物浓度、气象条件等，这对于我国多数城市来说都是一件不容易的事；第二，不同城市在气象条件、污染物排放等因子上存在差异，因此一个城市的统计预报模型不能直接应用于其他城市；第三，统计预报模型还假设污染物的排放是不变的，从而无法预测不同污染物消减情况下的空气质量情况；第四，统计模型一般反映较大时空尺度的平均状态，因此很难抓住极端的高污染事件。

　　受益于超级计算机的快速发展，以 CMAQ、CAMx、WRF-Chem 和 NAQPMS 为主的数值模型已经成为国内外城市空气质量预报的主流手段。数值模型基于大气动力学、大气物理、大气化学以及陆面过程等数学物理方程组的数值求解，可研究和分析污染物浓度与排放源、气象条件、大气化学成分、干湿沉降及其他要素之间的定量关系，也可以预测不同减排情境下的空气质量。除采用单个数值模型进行预报外，也有城市采用多模式集合预报、统计模型与数值模型耦合预报、模型同化污染物浓度进行预报。目前我国城市环境空气质量预报使用国外数值模型较多，然而平台搭建过程中对模型参数设置、污染源清单更新、气象参数模型和大气物理化学机理分析还存在较大的不确定性，使得首要污染物、空气质量等级和污染过程的预报准确率较低，导致环境管理部门对预警启动时间、响应级别、污染影响范围、持续时间等关键问题判别略显不足。

　　考虑数值模型的不确定性，开展空气质量概率预报是提高预报准确性的有效手段。实际上，概率预报的概念在 20 世纪 60 年代就被提出，并应用在动力统计结合的天气预报技术中。此技术是利用统计模型进行概率天气预报，其预报方法是将数值模型的输出结果和地面气象要素的观测数据相结合，再利用统计模型对天气要素进行预报。其理论基础是把预报值看成是随机变量，基于概率统计观点，根据初始场（因子）对预报值影响的不确定的物理关系，用统计方法总结出的它们关系的统计规律性，最后概括成统计模型。当前，天气概率预报大多采用集合预报系统实现，多模型平均处理后的单值预报推广到多值概率分布预报，即概率预报。这种预报方法除了提供传统的集合平均或集合中值预报外，还能够提供可信度预报和天气事件出现的概率预报。这些概率预报信息能够给各级防灾减灾、经济和生产管理部门提供决策依据。管理部门可根据某种天气出现的概率值和经济统计决策模型，计算出不同天气对经济的影响，从而采取不同的措施，减少投资，提高经济效益和社会效益。

以天气概率预报为借鉴，近年来国内外学者也提出了空气质量概率预报概念。与天气概率预报类似，空气质量概率预报除了提供单值空气质量指数（air quality index，AQI）和等级预报之外，还能够提供 AQI 的可信度区间和污染等级的概率。传统的空气质量预报只能根据各类污染物的 AQI 值确定预报时段是属于哪一个污染等级和哪种首要污染物，但空气质量概率预报可根据 AQI 的可信度区间给出多个污染等级和多个首要污染物及它们相应出现的概率。根据这些概率预报信息和空气质量管理要求，各级大气环境管理部门可根据污染过程出现的概率制定相应的应急措施。如果预报明后天出现重污染的概率为 20%，正常情况下各级大气环境管理部门大概率不启动重污染天气应急预案，但在国家大型活动空气质量保障期间，大气环境管理部门大概率会启动应急预案。

在众多学者提出来的空气质量概率预报方法当中，集合模拟是最简单最常见的方法，即将多模型平均处理后的单值预报推广到多值概率分布预报。例如，加拿大学者 Monache 和 Stull[28]早在 2003 年就尝试采用 4 个空气质量数值模型集合模拟的方式提高欧洲地区臭氧污染峰值的模拟水平。Galmarini 等在 2004 年发表的文章中系统地介绍了空气质量集合模拟的概念、方法和评估指标，并提到了在空气质量概率预报中的应用[29]。然而，不同于天气数值模型，大气化学传输模型的不确定性来源不仅包括初始场浓度、边界场浓度和物理化学机制的参数化方案，排放源清单也是重要的参数型不确定性来源。一般的集合模拟系统中通常考虑天气初始场和物理过程参数化方案的不确定性，很少考虑排放源清单的不确定性。另外，集合模拟也无法考虑参数型不确定性的概率分布。为了弥补这一不足，美国学者 Pinder 等[30]提出将模型不确定性分析方法和集合模拟相结合，应用于空气质量概率预报。相比集合预报，模型不确定性分析能够考虑排放清单、边界条件等参数型的不确定性概率分布，并提供更为平滑的空气质量概率预报结果。

9.5.2　案例展示

本书提出的不确定性分析方法，如逐步 HDDM-RFM 和 HDDM-SRSM 方法，也能够应用于空气质量概率预报。这里，继续以珠江三角洲为例，将 2013 年 4 月各污染物模拟的不确定性分析结果转化为 AQI 不确定性及各污染等级出现的概率。根据《环境空气质量指数（AQI）技术规定（试行）》（HJ633—2012）中的规定，AQI 是在 SO_2、NO_2、PM_{10}、$PM_{2.5}$、CO、O_3 六项污染物浓度单项空气质量指数中取最大值，因此在计算 AQI 不确定性时，需要考虑不确定性到六项污染物的传递，具体做法与 PM$_{2.5}$ 模拟不确定性传递类似。根据各个模型输入参数的分布类型和分布参数抽取 1000 个样本，然后将每个模型输入抽取的结果作为 1000 个组合代入简化模型，运行得到六项污染物的模拟结果；计算每一项污染物的空气质量分指数（IAQI），然后取其中最大的 IAQI 作为该组合的 AQI；统计 1000 个组合下的 AQI 概率分布，获取 AQI 的不确定性和置信区间；根据 AQI 的分布计算轻度污染（101～150）、中度污染（151～200）和重度污染（201～300）发生的概率。

　　本案例选取一个站点的结果为例子进行分析，结果如图 9.12 所示。由于二次污染模拟存在偏差，传统单值预报的 AQI 指标与观测 AQI 相比存在较为明显的低估现象，必然导致污染等级总体低估，部分污染过程无法准确在预报中体现。但在考虑了模型的不确定性之后，每天预报的 AQI 置信区间能覆盖大多观测 AQI 值，其 AQI 不确定性均值相比单值预报的 AQI 更加接近观测值。此外，根据 AQI 的置信区间还能计算各污染等级发生的概率，这也能够提高污染等级预报的可靠性。这里具体以 4 月 14 日的等级预报为例进行详细说明。根据观测值，4 月 14 日的 AQI 值为 166，属于中度污染，但是由于模拟偏低，传统单值预报的 AQI 为 145，属于轻度污染，出现污染等级错报。如果利用 AQI 不确定性信息，可以知道 4 月 14 日有可能出现轻度、中度和重度污染，并且出现轻度污染的概率为 21%，重度污染的概率仅为 9%，而出现中度污染的概率则高达 70%。据此，有信心判断

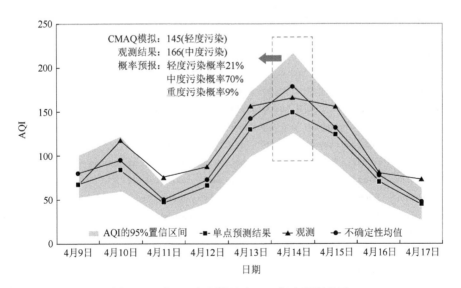

图 9.12　珠江三角洲某站点 AQI 概率预报结果

4 月 14 日的污染等级大概率为中度污染，这与观测结果不谋而合。由此可见，基于不确定性分析能够应用于空气质量概率预报，进而大大提高空气质量等级预报的准确性。

参 考 文 献

[1]   Wu D，Fung J，Teng Y，et al. A study of control policy in the Pearl River Delta region by using the particulate matter source apportionment method[J]. Atmospheric Environment，2013，76：147-161.

[2]   Skamarock W C，Klemp J B，Dudhia J，et al. A Description of the advanced research WRF version 2[J]. NCAR Technical Notes，2005，113：7-25.

[3]   Wang W，Bruyère C，Duda M，et al. WRF ARW Version 3 Modeling System User's Guide[Z].2013.

[4]   SMOKE v3.5.1 User's Manual[Z]. The Institute for the Environment - The University of North Carolina at Chapel Hill，2013.

[5]   Wang S S，Zheng J Y，Fei F，et al. Development of an emission processing system for the Pearl River Delta Regional air quality modeling using the SMOKE model：Methodology and evaluation[J]. Atmospheric Environment，2011，45（29）：5079-5089.

[6]   Kurokawa J，Ohara T，Morikawa T，et al. Emissions of air pollutants and greenhouse gases over Asian regions during 2000—2008：Regional Emission inventory in ASia（REAS）version 2[J]. Atmospheric Chemistry and Physics，2013，13（21）：11019-11058.

[7]   Mass C，Ovens D. WRF Model Physics：Problems，Solutions and A New Paradigm for Progress[R]. Boulder，CO：WRF Users' Workshop，NCAR，2010.

[8]   Huang Z，Wang S，Zheng J，et al. Modeling inorganic nitrogen deposition in Guangdong province，China[J]. Atmospheric Environment，2015，109（5）：147-160.

[9]   Volkamer R，Jimenez J L，Martini F S，et al. Secondary organic aerosol formation from anthropogenic air pollution：Rapid and higher than expected[J]. Geophysical Research Letters，2006，33（17）．

[10]   Carlton A G，Bhave P V，Napelenok S L，et al. Model Representation of secondary organic aerosol in CMAQv4.7[J]. Environmental Science & Technology，2010，44（22）：8553-8560.

[11]   Simon H，Baker K R，Phillips S. Compilation and interpretation of photochemical model performance statistics published between 2006 and 2012[J]. Atmospheric Environment，2012，61：124-139.

[12]   Borge R，Lopez J，Lumbreras J，et al. Influence of boundary conditions on CMAQ simulations over the Iberian Peninsula[J]. Atmospheric Environment，2010，44（23）：2681-2695.

[13]   Pfister G G，Parrish D D，Worden H，et al. Characterizing summertime chemical boundary conditions for airmasses entering the US West Coast[J]. Atmospheric Chemistry and Physics，2010，11（4）：1769-1790.

[14]   Andersson E，Kahnert M，Devasthale A. Methodology for evaluating lateral boundary conditions in the regional chemical transport model MATCH（v5.5.0）using combined satellite and ground-based observations[J]. Geoscientific Model Development，2015，8（11）：3747-3763.

[15]   Tang Y H，Lee P，Tsidulko M，et al. The impact of chemical lateral boundary conditions on CMAQ predictions of tropospheric ozone over the continental United States[J]. Environmental Fluid Mechanics，2009，9：43-58.

[16]   Song C K，Byun D W，Pierce R B，et al. Downscale linkage of global model output for regional chemical transport modeling：Method and general performance[J]. Journal of Geophysical Research：Atmospheres，2008，113（D8）：D08308.

[17] Qin M，Wang X，Hu Y，et al. Formation of particulate sulfate and nitrate over the Pearl River Delta in the fall：Diagnostic analysis using the Community Multiscale Air Quality model[J]. Atmospheric Environment，2015，112（7）：81-89.

[18] Akritidis D，Zanis P，Katragkou E，et al. Evaluating the impact of chemical boundary conditions on near surface ozone in regional climate-air quality simulations over Europe[J]. Atmospheric Research，2013，134（12）：116-130.

[19] Henderson B H，Akhtar F，Pye H O T，et al. A database and tool for boundary conditions for regional air quality modeling：Description and evaluation[J]. Geoscientific Model Development Discussions，2014，7（1）：339-360.

[20] Zhang Y，Zhang X，Wang L T，et al. Application of WRF/Chem over East Asia：Part I. Model evaluation and intercomparison with MM5/CMAQ[J]. Atmospheric Environment，2016，124：285-300.

[21] Pongprueksa P. Application of satellite data in a regional model to improve long-term ozone simulations[J]. Journal of Atmospheric Chemistry，2013，70（4）：317-340.

[22] Lee D，Byun D W，Kim H，et al. Improved CMAQ predictions of particulate matter utilizing the satellite-derived aerosol optical depth[J]. Atmospheric Environment，2011，45（22）：3730-3741.

[23] Biazar P A，McNider R T，Newchurch M，et al. Evaluation of NASA Aura's Data Products for Use in Air Quality Studies over the Gulf of Mexico[R]. Washington，D C：U.S. Department of the Interior，2010.

[24] Shi C，Fernando R J S，Seto R Y W，et al. The efficacy of satellite information in improving CMAQ/Models-3 prediction of ozone episodes in the US–Mexico border[J]. Air Quality，Atmosphere & Health，2010，3（3）：159-169.

[25] 蔡兆男，王永，Liu X，等. 利用探空资料验证 GOME 卫星臭氧数据[J]. 应用气象学报，2009，20（3）：337-345.

[26] Levy R C，Remer L A，Martins J V，et al. Evaluation of the MODIS aerosol retrievals over ocean and land during CLAMS[J]. Journal of the Atmospheric Sciences，2005，62（4）：974-992.

[27] Hutchison K D，Smith S，Faruqui S J. Correlating MODIS aerosol optical thickness data with ground-based $PM_{2.5}$ observations across Texas for use in a real-time air quality prediction system[J]. Atmospheric Environment，2005，39（37）：7190-7203.

[28] Monache L D，Stull R B. An ensemble air-quality forecast over western Europe during an ozone episode[J]. Atmospheric Environment，2003，37（25）：3469-3474.

[29] Galmarini S，Bianconi R，Klug W，et al. Ensemble dispersion forecasting：Part I：Concept，approach and indicators[J]. Atmospheric Environment，2004，38（28）：4607-4617.

[30] Pinder R W，Gilliam R C，Appel K W，et al. Efficient probabilistic estimates of surface ozone concentration using an ensemble of model configurations and direct sensitivity calculations[J/OL]. Environmental Science and Technology，2009，43（7）：2388-2393.

第 10 章　展望与建议

本书前面章节对大气污染物排放源清单和大气化学传输模型的不确定性分析方法及应用进行了相对较为系统性的介绍。虽然这些工作是本书作者根据多年来开展的相关研究实践总结提炼出来的，但也存在一定的局限性。例如，本书在排放源清单质量评估及排放因子不确定性数据集构建方法等方面进行了一些探讨，但由于其复杂性，还存在很大的完善与提升空间和改进。对于不确定性分析在排放源清单、大气化学传输模型以及在大气环境管理的应用，还有很多研究工作急需加强和提升。本章根据本书作者团队对不确定性的认识和思考，对未来不确定性分析相关研究的重点或方向，提几点建议，供读者批评和参考。

10.1　排放源清单不确定性分析发展展望与建议

本书前面章节介绍的不确定性分析与质量评估方法主要针对大气污染基准年排放源清单的不确定性分析和质量评估，这些方法应用到其他类型排放清单时还需要进行修订和调整。本节根据不同类型排放源清单的特征、应用场景以及制约排放源清单质量提升急需解决的关键问题和工作等方面，探讨排放源清单不确定性分析的未来发展方向与工作重点。

1. 建立不同类型排放源清单的质量评估与不确定性分析方法

虽然在大多数情形下排放源清单常常指的是基于基准年建立的排放源清单。但事实上，排放源清单的内涵与外延是非常丰富的，从不同的维度去划分可以分为不同类型的排放源清单，基准年排放源清单只是其中的一种类型。根据本书作者团队的认识和理解，排放源清单的类型可以从时间、空间和管理三个维度划分。从时间维度上，包括历史趋势清单、基准年清单、未来预测清单，以及现在大家经常提到的动态排放源清单，都是从时间这个维度去定义的，主要体现排放源清单的时间特征。从空间维度上，可以划分为全球尺度、国家尺度、区域尺度、城市尺度、区县尺度、园区与企业尺度、街区尺度等。从管理维度上，包括控制情景清单、减排潜力清单、应急管控清单等。这三个维度不是互相割裂的，一份排放源清单常常涉及这三个维度。例如，城市尺度清单可以是历史趋势、基准年、预测清单，也可以是控制情景清单、减排潜力清单等。不同类型清单的作用、内容、特点、数据需求和质量要求都不一样，因而影响这些清单建立的不确定性和质量因素也不尽相同。这就决定了评估这些类型清单不确定性和质量评估的方法与本书主要介绍的基准年排放源清单不确定性分析与质量评估方法有所差异。然而，目前研究人员与清单用户对非基准年类型排放源清单的不确定性分析和质量评估甚少关注，或者有意无意地忽视或忽略。例如，我国善于通过目标规划来指导未来发展的政策实施，生态环境各类规划是其中的重要内容。在这些规划中，对未来环境质量的预测和目标设定是与未来排放趋势预测（预测排放源清单）密切关联的，从某种角度讲，预测排放源清单的准确性直接影响规划的科学性和可靠性。相对于基准年，预测排放源清单受到的各类不确定性因素更多，不确定性也更大，但是现有我国各类生态环境规划或空气质量达标（改善）规划甚少考虑预测排放源清单不确定性对规划的影响，以及这些不确定性可能带来的决策风险。

随着我国大气污染迈向精细化管控的新阶段，不同类型排放源清单的应用场景日益广泛和深入，排放源清单结果通过影响污染控制措施的制定从而间接影响到管控效果，因此这些不同类型排放源清单的数据质量评估和不确定性分析也显得日益重要。在未来的研究工作中，需要针对不同排放源清单的特点，加强基于不同类型的排放源清单数据质量评估和不确定性分析技术方法研究。在基准年排放源清单质量评估的方法流程基础上，根据不同类型排放源清单在基础数据和建立方法的不同，建立更加完整、可涵盖更多排放源清单类型的数据质量评估和不确定性分析流程。在应用过程中，将质量评估和不确定性分析作为清单建立不可缺少的重要环节，从而提高各种类型排放源清单的准确性，提升相关研究或规划的科学性，降低决策风险。

2. 加强排放源清单时空分配、化学成分谱建立的质量评估与不确定性分析

排放源清单除了直接支撑减排政策或措施的制定以外，同时还是大气化学传输模型的关键输入数据。在模型使用清单的过程中，需要将基准年排放源清单处理成网格化、时间化和物种化的模型输入清单，在这个过程中，除了排放源清单总量不确定性可能对模拟结果带来影响以外，时空分配以及化学成分谱的建立都对模型模拟结果不确定性带来较大影响。近年来，越来越多的研究者也开始关注由于时空分配不确定性、化学成分谱的质量对模型模拟结果的影响。然而，本书中提到的排放源清单质量评估和不确定性分析主要是针对排放源清单排放量的估算过程，对时空分配和化学成分谱建立的质量评估和不确定性分析方法和流程讨论较少。未来的研究需要针对排放源清单不同的时空分配方法以及时空分配系数建立，加强排放源清单时空分配的质量评估和不确定性分析方法研究。另外，对于化学成分谱，虽然不同研究机构在我国不同地区都陆续开展了针对重点排放源的化学成分谱测试，但由于缺乏规范的测试方法和流程，不同针研究团队对同一个排放源建立的化学成分谱

差异很大，成分谱数据质量参差不齐，如何建立规范化的化学成分谱测试流程，评估不同化学成分谱的质量和不确定性，构建我国广泛认可和经过严格科学评估的成分谱数据库，从而降低由于成分谱的不确定性而导致对模型模拟结果以及源解析结果的不确定性，是政府相关管理部门亟待加强组织的重要基础性工作。

3. 构建规范、开放、统一的中国排放因子与成分谱数据库

排放因子法是排放源清单编制使用最为广泛的方法之一，是 EEA、U.S. EPA、IPCC 等国际组织排放源清单编制指南与手册广泛推荐的清单编制方法。排放因子是使用排放因子法核算排放源清单的基础，其代表性、可靠性直接影响清单结果的合理性，也是影响排放源清单准确性最为重要的不确定性来源之一。目前欧盟、美国等相继建立了较为全面详细的排放因子数据库，用以支持环境保护部门主导的排放源清单编制。在我国，近年来不少学者与研究机构开展了大量污染源排放测试，政府在污染源普查等重大行动中建立了本地化排放因子或排放系数。从2014 年环保部发布首个大气污染源排放清单编制技术指南以来，一系列清单指南与手册中推荐的排放因子已经广泛应用于我国各地大气污染源排放清单编制，这些指南与手册推荐的各类污染源排放因子初步形成了公开发布的排放因子数据库，对推动我国业务化清单的编制工作起了重大作用。然而，由于这些指南推荐的排放因子或系数并没有进行严格的论证与评估，其合理性与代表性存疑，甚至不同排放源清单指南中相同污染物、相同排放源的排放因子有时存在较大差异。在各地使用的过程中，不断发现清单编制指南或手册推荐的一些排放源或污染物排放因子存在严重偏离实际排放情况的现象，使用者对指南和手册的排放因子来源、测试方法、测试对象等具体细节存疑，影响清单使用者对清单结果可靠性的信心。

为了降低我国排放源清单的不确定性，提升排放源清单质量，建议我国尽早建立经过科学评估论证的、规范、开放、统一的排放因子数据库。①在规范性方面，为避免不同人员采用的排放因子测试方法导致的排放因子差异，建议在国家层面针对不同排放源与污染物排放特征，建立规范的排放因子构建方法指南，规范建立排放因子需要使用的采样与分析仪器、测试流程、排放因子核算方法、样本数量、不确定性信息等；②在开放性方面，为避免重复开展测试建立排放因子浪费人力物力财力，建议在国家层面核查我国各地排放特征接近的排放源，由有污染源深厚研究基础的机构，采用国家认可的规范方法建立排放因子，上传至国家主管部门，并召集专家评估论证排放因子合理性与代表性，经专家论证审定后再入库，并通过国家排放因子数据库公开发布；③在统一性方面，建议在国家层面建立各类污染源、各类污染物汇总统一的、便于查询排放因子数据库，使用者可根据关注的污染源与污染物筛选目标排放因子，提升清单编制的简洁性。特别地，对于 VOCs、$PM_{2.5}$、Hg 等多物种或多形态的复杂污染物，各类毒性、活性组

分的排放清单也是排放源清单编制的关键基础数据，应该采用与排放因子数据库相同的规范建立国家层面的成分谱数据库。毋庸置疑，这是一项极具统筹难度且富有挑战性的基础数据能力建设工作，同时也是提高我国排放清单质量、空气质量预报预警准确性、控制对策科学性等空气质量管理水平必须完成的一项基础数据建立工作。否则，投入大量人力、物力、财力开展的污染源普查工作质量问题以及长期困扰的污染底数不清等问题，将永远会成为老生常谈的问题。

4. 发布大气排放源清单不确定性分析与编制质量评估指南

排放源清单的不确定性分析是大气排放源清单研究或编制工作中的重要环节之一。为科学、规范指导我国排放源清单的不确定性分析工作，发布有关大气排放源清单不确定性分析与编制质量评估指南则尤为重要。2011 年本书作者团队在"十一五" 863 计划重大项目的支持下，参考 IPCC 等国外研究机构排放源清单不确定性分析的技术与方法，编制了《排放源清单不确定性分析方法指南》（简称《指南》），从定义、排放源清单来源、排放源清单不确定性分析框架、输入不确定性量化、不确定性传递以及排放源清单 QA/QC 等方面指导排放源清单不确定性工作的开展，并作为"十一五" 863 计划重大项目研究成果提交到科技部。然而，随着近十年大气排放源清单在大气环境管理中的作用越来越突出，清单编制涵盖的内容、表征技术和应用场景都发生了显著变化，先前的《指南》已经无法满足当前精细化大气污染物和温室气体排放源清单评估的需求，《指南》涉及的内容需要进一步修订和完善。具体表现在以下几个方面：①完善 QA/QC 流程。QA/QC流程重点在于修正排放源清单编制中的系统偏差和人为错误，是对排放源清单不确定性分析的有效补充。从可行性出发，《指南》中的 QA/QC 需要明确 QA/QC框架具体流程、内容、方法以及各类排放源清单、典型排放源和表征方法的 QA/QC要点。②将排放源清单编制质量评估方法纳入《指南》。全面评估一份排放源清单编制工作质量是规范化排放源清单编制的关键之一。在《指南》中需要明确排放源清单编制质量的定义、一般评估方法框架以及基于排放源清单类型差异化的评估内容和评估指标。本书作者团队提出的排放源清单编制质量评估方法可作为参考，但也需要进一步论证和完善。③针对不同类型排放源清单的不确定性分析方法流程。当前大部分《指南》只关注基准年排放源清单不确定性分析，但除了基准年排放源清单，预测排放源清单、减排清单和情景清单也广泛应用在各类生态环境规划、空气质量达标规划、应急管控方案制定中。同时，随着"碳达峰和碳中和"工作的开展，温室气体排放源清单编制工作也正在成为我国各地市的常态化工作，其编制要求和内容与大气污染物排放源清单有所差别。对于这些不同类型的排放源清单，《指南》中也需要明确相应的不确定性分析方法和质量评估流程。④强化半定量不确定性分析方法。在定性、半定量和定量分析方法中，定性分析方法简单但分析结果参考价值低，定量分析方法能够定量分析不确定性来源对排放源清单的贡献，但对排放源清单基础数据收集要求高，对于业务化排放源清单开展全面的定量不确定性分析难度较高。相比之下，目前半定量分析方法在数据要求和可行性方面具有较好的平衡，也能够分析排放模型结构和数据代表性等引起的不确定性，对于当前基础数据较为缺乏的清单研究和其他类型排放源清单（如减排清单、情景清单和预测清单），可能是一种更具有普适性的不确定性分析方法。然而，先前《指南》中的半定量不确定性分析方法的等级评价体系过于简单，可参考 DQI 或者 NUSAP 方法对评价体系进行完善，将表征方法、代表性等维度以及活动水平数据的动态特性等纳入评价内容。

　　虽然本书尝试性地提出了排放源清单不确定性分析和编制工作质量评估体系，但也仅是作者研究团队一家之识，不可避免存在一定的片面性和局限性。鉴于量化分析排放源清单不确定性和保障编制工作质量对业务化排放源清单质量提升与政策制定和规划管理至关重要，如何针对不同用途的业务化大气排放源清单，形成一套规范化的排放源清单不确定性分析和编制工作质量评估指南，在我国排放源清单编制技术体系的完善中具有重要意义，也是我国生态环境管理部门提升我国环境基础数据质量，解决长期以来排放底数不清问题、不同口径数据"打架"等现象必须完成的工作。

5. 开展基于大数据动态表征技术的大气排放源清单不确定性分析方法研究

　　随着我国大气污染防控逐渐进入精细化阶段，科学研究和大气环境管理对大气排放源清单的时效性和精度的要求也越来越高。物联网的快速发展也使得大数据在排放源清单动态表征中的应用越来越广，利用大数据表征大气排放源清单正在逐渐成为排放源清单建立技术的热点与前沿方向之一。虽然大数据能够大幅度提高排放源清单表征的精度、时效性，从一定程度可以降低基于统计数据建立的排放源清单不确定性，但基于大数据建立的排放源清单依然存在不确定性。基于大数据的大气排放源清单动态表征过程不仅涉及大量数据与算法集成与运算，还涉及多个排放环节和更加精细化的活动水平与排放因子需求。目前基于大数据的动态排放源清单不确定性的来源主要有以下几个方面：首先，排放源活动水平数据来源发生了质的变化，其可能引入不确定性的数据形式和参数种类更多。以生物质开放燃烧排放为例，其动态表征活动水平的变化主要依赖卫星遥感技术的火点监测，数据处理过程中不仅要考虑卫星遥感监测本身的不确定性，从卫星直接监测结果到能够量化的活动水平转换过程中也涉及大量参数和算法处理。例如，多源卫星火点融合参数、生物质开放燃烧辐射功率时间分布特征以及从火点辐射能量到生物质燃烧量的换算系数等均可能是基于大数据的排放源活动水平的不确定性来源。其次，大数据为排放源表征提供了精度更高的活动水平，这就要求有与之相对应的排放因子数据集，但目前还缺少这样精细的排放因子。以机动车排放动态表征为例，传统的基准年排放源清单编制时，由于活动水平精度的限制，通常忽略了上坡、下坡、加减速、交通拥堵等工况的排放差异而采用综合的平均排放因子计算。在基于大数据的排放动态表征时，大数据提供了高精度的活动水平，能够准确识别启停、加减速以及上下坡等多个机动车行驶工况，但是，由于现有的本地化实际道路测试不足，排放因子精细程度未得到相应程度的提升，导致基于大数据建立的机动车排放源清单仍然存在较大不确定性。最后，与基准年排放源清单相比，基于大数据的源排放动态表征技术涉及的计算过程也更加复杂，加之其活动水平和不确定性来源增加，排放源清单不确定性传递算法亦需与时俱进。鉴于此，未来基于大数据建立的动态大气排放源清单研究中，除了需要从算法角度完善动态表征和不确定性分析方法外，还应注重大数据质量及其到活动水平换算之间的不确定性量化。同时，开展精细化的本地排放因子实测，建立满足精细化表征和与活动水平相适应的排放因子库，并评估其不确定性。

6. 高度重视温室气体排放源清单建立与碳汇核算的不确定性分析研究

自习近平主席在第七十五届联合国大会提出了"二氧化碳排放力争于2030年前达到峰值，努力争取2060年前实现碳中和"的目标和愿景以来，碳排放成为全社会关注的热点，各部门和各地市争先恐后拉开了"碳达峰和碳中和"工作的大幕。生态环境部着手编制《"十四五"应对气候变化专项规划》和《二氧化碳排放达峰行动计划》等政策，提出与碳达峰目标相衔接的二氧化碳排放降低目标，并作为约束性指标纳入《中华人民共和国国民经济和社会发展第十四个五年规划和 2035 年远景目标纲要》。各省级和市级相关部门也陆续将碳达峰纳入"十四五"规划，制定了相应的二氧化碳排放达峰目标和行动方案。截至 2021 年，中国已经有近 100 个城市提出了二氧化碳排放达峰目标。在这些规划和行动方案编制过程中，温室气体排放清单编制与碳汇核算是最为基础性的工作之一。在国家低碳发展的政策背景下，越来越多的地区和城市已经或者正在开展温室气体清单的编制工作。例如，按照《中华人民共和国国民经济和社会发展第十三个五年规划纲要》、《国家应对气候变化规划（2014—2020 年）》和《"十三五"控制温室气体排放工作方案》要求，国家发展改革委分别于 2010 年、2012 年和 2017 年组织开展了三批低碳省区和城市试点。这些试点的 81 个城市也基本完成了城市温室气体排放源清单的编制工作。

可以预见的是，温室气体排放核算及排放源清单编制工作将成为我国各个城市和地区的常态化工作。因此，科学准确评估和核算温室气体排放是制定区域或城市碳减排措施、制定可持续发展方案、应对气候变化的重要基础，也为国际"碳谈判"中谋求国家发展空间，反对国际上各种借应对气候变化之名，行贸易保护之实的单边"绿色保护主义"提供科学依据。因此，相比大气污染物排放清单，温室气体核算和清单建立工作显得更为严肃和谨慎，其对不确定性的分析更需要科学依据的支撑。然而，我国当前温室气体排放源清单编制和碳汇核算的相关规范和指南并不完善，排放基础数据也较为薄弱，清单编制人员专业知识水平不一，容易导致温室气体排放源清单编制沦为数字游戏，排放源清单质量良莠不齐。在这种情况下，构建针对温室气体排放源清单的不确定性分析方法和质量评估规范化流程显得更为迫切和重要。国外研究机构在这方面尤为重视，认为不确定性分析是一个完整温室气体排放源清单的基本组成之一。《京都议定书》和 IPCC、U.S. EPA 和 EEA 等发布的系列指南提供了温室气体排放源清单核算以及不确定性分析的基本方法和参数，明确了温室气体排放源清单建立过程中不确定性分析的重要性，并尽可能地降低不确定性。然而，由于数据统计口径和排放表征方法的差异，国外研究机构建立的不确定性分析指南方法不一定适合我国不同尺度（国家、省级、城市和企业）温室气体排放源清单不确定性分析的需要。根据不同尺度排放源清单表征方法的差异和质量评估要求，结合数据获取途径、特点和质量水平，我国相关政府管理部门有必要也有责任构建一套合适我国的温室气体排放源清单与碳汇核算的不确定性分析和质量评估方法，从方法学层面提升各级政府主导的温室气体排放源清单编制质量。

作为回答"碳达峰和碳中和"目标和愿景能否实现的关键基础数据，温室气体排放源清单不确定性也会导致"碳达峰和碳中和"判断存在不确定性，而如何量化"碳达峰和碳中和"相关研究的不确定性，并将这些不确定性信息有效传递给决策者对科学制定碳减排措施和行动方案十分重要。然而，不同于基准年温室气体排放源清单，"碳达峰和碳中和"判断的不确定性量化则要复杂得多。除了历史温室气体排放源清单不确定性，"碳达峰"判断还受到活动水平增长预测不确定性、预测模型不确定性和政策措施不确定性等的影响，"碳中和"预测则在此基础上还受到各类碳汇途径估算不确定性的影响，包括森林、城市绿地、海洋、农业和湿地等物理固碳和生物固碳途径。下一阶段研究需要建立起相应的不确定性分析方法学，用于科学量化"碳达峰和碳中和"目标实现过程中的不确定性和亟待解决的基础数据与科学问题，为我国参与国际气候谈判提供科学和有说服力的碳排放源清单与碳汇数据。

10.2　大气化学传输模型不确定性分析展望与建议

本书虽然从方法框架上探讨了大气化学传输模型的不确定性，然而无论在方法学层面还是在应用方面，对大气化学传输模型的不确定性分析国内外都仍处于起步阶段。针对大气化学传输模型的不确定性分析研究与应用，未来的工作需要在以下几方面进一步加强。

1. 加强对大气化学传输模型不确定性分析的认识和重视

本书反复强调了不确定性分析在模型诊断和模型应用方面的重要性。作为模型诊断的一种有效手段，不确定性分析能够用于诊断模型缺陷、模型误差和主要不确定性来源，进而指导模型改进。在模型应用中量化不确定性信息，可评估模型取值或者目标事件的概率分布或风险，能将模型应用从确定论向概率论转变，为管理部门决策、判断提供更有价值的科学依据。例如，通过量化预报结果的不确定性，可以评估污染过程发生以及确定污染程度的概率，将确定性预报提升为概率预报；在减排情景评估中考虑模型模拟的不确定性，可以评估减排情景的达标风险。虽然大部分决策者和模型研究人员都清楚模型存在不确定性这个客观事实，但目前总体上对大气化学传输模型不确定性分析依然不够重视。很少研究人员和决策者会关注模型的不确定性以及其对模型应用的影响。例如，在达标规划中，大气化学传输模型常常用于评估减排情景的成效，确定可实现空气质量目标达标的减排情景。然而，由于排放源清单和大气化学传输模型的不确定性，确定的减排情景不能保证可以完全实现空气质量目标达标，存在一定的风险。评估、量化减排情景达标的风险并告知决策者，能够提高减排措施方案制定的科学性和可靠性，但实际中绝大部分达标规划研究并未对减排情景的不确定性和达标风险进行评估。

不确定性分析难度高以及缺乏系统的方法学指导是导致不确定性在大气化学传输模型中不受重视的根源。模型不确定性分析涉及模型输入参数的不确定性量化、模型不确定性传递、模型不确定性输入量化与溯源等过程，其中需要建立的模型输入数据和运行的模拟量是开展单次模型模拟的几十倍甚至上百倍。不确定性分析结果重复利用性低，每次运行新的模拟方案时，都需要重新评估当前区域和模拟时段的模型不确定性。对于大部分决策者和研究人员而言，这种需要通过高强度和复杂计算获取的不确定性信息显得不那么经济。因此，为了提高对模型不确定性分析的重视，首先需要对方法学进一步优化，形成具有普适性，甚至可在业务化应用的方法流程。本书建立的大气化学传输模型不确定性分析方法框架可提供参考，但在不确定性传递方面需要简化，可适当降低不确定性的传递准确性，换取不确定性的传递效率。其次，开发 Python、R 或者 Matlab 等模型不确定性分析工具包，集成多种不确定性传递方法、不确定性评估方法、贝叶斯校正方法和溯源方法，降低专业人员开展模型不确定性分析的技术门槛。最后，编制有关大气化学传输模型应用和不确定性分析相关的指导手册或指南，将不确定性分析作为模型应用（如减排政策评估、空气质量预报等）和模型评估的关键组成，并从不确定性输入量化、传递方法、不确定性和概率预报评估方法、不确定性传达和结果表达等方面规范化模型不确定性量化和应用。

2. 突破不确定性传递计算瓶颈，提高结构和输入参数不确定性传递效率

不确定性传递是开展大气化学传输模型定量不确定性的核心，也是限制模型高效不确定性传递的瓶颈。尽管本书提出了多种基于简化模型的不确定性传递方法，大大降低了模型不确定性分析对计算资源的需求，但不确定性传递方法还需要进一步突破。一方面，基于简化模型的不确定性传递效率会随着考虑的不确定性来源增加而快速降低，因此只适应不确定性来源较少的情形（一般＜10）。对于不确定性来源较多的研究，现有的不确定性传递方法还无法高效实现。另一方面，尽管简化模型不确定性传递效率已经较为高效，但如果要业务化应用于空气质量概率预报和减排措施评估不确定性量化中，不确定性传递效率还无法实现在预报和模拟的同时快速量化模拟不确定性。对于业务化应用，短期预报（3～5 天）的模拟时间窗口通常只有 4～6 h，而基于简化模型的不确定性传递依然需要消耗大量的计算资源，难以将模拟任务压缩在 4～6 h 内完成。因此，在不确定性传递方法学研究方面，还需要继续突破模型不确定性传递的效率瓶颈问题，构建更为高效的不确定性分析方法。

高效的不确定性传递如何在模型结构上实现也是需要突破的技术难点。除了排放源清单、气象场数据和初始边界条件等模型输入参数，模型结构也是模型模拟偏差的主要来源之一，尤其与化学过程相关的机制方案。例如，有研究表明 H_2O_2 氧化过程被低估、过渡金属协同作用、硝酸盐光解作用以及偏酸性条件下 NO_2 协同作用途径的缺失可能是华北地区硫酸盐模拟低估的主要原因。另外，当前主流模型的大部分机制是基于国外的大气污染特征建立的，这并不能准确表征我国复杂的污染形成过程。为了厘清我国的大气污染形成机制，国内学者和研究团队陆续提出了多个大气化学新机制，包括硫酸盐生成新途径、$ClNO_2$ 生成机制、N_2O_5 摄取新方案、POA 挥发老化、VOCs 氧化生成 IVOCs、SOA 液相反应、环氧异戊二烯和乙二醛生成 SOA 新途径、多元成核的新粒子生成机制和卤素/海盐化学机制等，有望弥补模型在二次污染方面的模拟偏差，实现二次污染及组分的模拟和预报准确性。然而这些基于实验室建立的多种新机制也存在不确定性，耦合到模型中也需要经过系统的不确定性诊断和评估。当前的大部分模型不确定性分析研究仅仅只考虑模式输入参数的不确定性，很少会同时考虑模型结构的不确定性和输入参数的不确定性。究其原因是模型结构的不确定性复杂且难以量化。首先，模型结构的不确定性很难采用置信区间或者概率分布函数准确量化；其次，当前模型结构的不确定性传递主要采用随机抽样方法开展，效率极低。为了克服这些不足，如何构建能够准确快速传递模型结构的不确定性传递方法是开展模型机制耦合和改进研究的关键，也是下一步模型不确定性诊断研究需要攻克的难点。

3. 拓展模型不确定性分析应用的维度

本书探讨了模型不确定性的主要应用，包括作为模型诊断的主要手段识别模型模拟的关键不确定性来源、应用于预报中将单值预报提升为概率预报、评估减排情景或防治措施方案的空气质量目标可达性风险等。除此之外，不确定性分析还可以继续拓展至其他模型应用中。例如，在解析大气污染形成和来源时，如果能够考虑排放源清单、气象场数据或化学过程等不确定性的影响，便可量化不同排放源、区域排放和跨界传输对污染形成贡献范围，而不像大部分研究只能提供不确定是否可靠的单一数值。现有研究也会经常评估历史排放变化或未来排放变化对空气质量的影响，但由于趋势排放清单本身，尤其是未来排放趋势清单存在不确定性，加上模型结构和其他输入参数的不确定性，评估的空气质量影响通常也有很大的不确定性，这些不确定性都可以借鉴本书建立的方法进行量化，进而获得更具有信心的评估结果。

不同的模型应用研究采用的不确定性分析方法和考虑的不确定性来源有所差异。在这方面，需要进一步研究针对不同模型应用场景的不确定性评估方法和流程。例如，对于概率预报，重点应该考虑关键模型输入参数和模型结构不确定性的影响，采用的不确定性传递方法需结合集合模拟和简化模型法，在业务化应用之前还需要通过不确定性评估，尤其是检验概率预报的准确性；对于评估减排情景或防治措施方案的空气质量目标可达性风险，重点应该考虑减排清单的不确定性，采用的不确定性传递方法以简化模型法为主；对于评估大气污染形成和来源解析的不确定性，重点应考虑边界条件、排放源清单、气象场数据和重要化学过程的不确定性，采用的不确定性传递方法同样需结合集合模拟和简化模型法。另外，如果排放影响研究还涉及气候变化、人体健康风险、生态环境等评估，则需要考虑的不确定性来源更为广泛和复杂。在越来越多的研究中，大气污染防控不仅仅要评估排放对大气污染的影响，也要评估大气污染与气候变化、人体健康风险、生态环境和社会经济发展之间的内在联系，以制定适合区域经济发展、人体健康和环境保护的大气污染防治策略。实际上，运用系统分析的理念解决环境问题一直都是国际研究机构的常用手段，也是我国下一阶段开展大气污染防治和气候变化协同应对，实现环境与经济的协调和可持续发展的技术需求。在系统评估中，不确定性来源及影响是逐层递进的。例如，排放清单不确定性影响大气化学传输模型模拟，而模型模拟不确定性又会传递给健康风险评估。换而言之，系统分析的不确定性来源是多层次的，为此也需要建立相应的不确定性分析方法学。

10.3　不确定性沟通展望与建议

许多决策问题都可以总结为"事实不确定，价值存在争议，决策事关重大"。不确定性分析的重要性不言而喻，而作为连接"科学—决策"的桥梁，如何向决策者有效传递不确定性也同等重要。然而不确定性沟通并非一件简单的事情，向决策人员传达不确定性需要考虑多方面的因素，应用到统计学、心理学、社会学等多门学科的专业知识。研究人员不仅需要清楚研究对象的不确定性因素来源、不确定性的影响和意义，也需要充分弄清楚不确定性沟通的对象，包括了解沟通对象的知识背景和所关注的问题，考虑沟通对象如何处理和使用不确定性信息等方面，确定沟通过程中采用何种不确定性表达和沟通方式。国外管理和研究机构对不确定性沟通研究十分重视，陆续针对各自国家的决策方式和管理需求，编制了一系列相关的指导手册、指南和报告。例如，荷兰环境评估机构和荷兰国家公共卫生与环境研究所一直将不确定性沟通作为一个重要而独特的研究方向，编制了《不确定性沟通指南：详细指南》（2003）、《不确定性沟通指导手册》（2005）、《不确定性沟通：问题与实践》（2007）和《评估和沟通不确定性指南》（2013）；美国国家科学院在 2013 年出版了《面对不确定性的环境决策》一书；IPCC 在 2004 年也发布了《关于描述气候变化中的科学不确定性以支持风险分析和意见分析的研讨会》报告等。相比之下，国内目前在不确定性沟通方面的研究几乎还是一片空白。随着我国大气环境管理迈向精细、科学管控，不确定性和风险信息在各级政府决策中的重要性将慢慢显现。虽然国外已有的不确定性沟通方法和流程有一定的借鉴作用，但如何针对我国环境管理和决策方式建立适合我国国情的不确定性沟通方法学，并使之成为我国大气环境政策和防控措施制的关键一环，还需要继续开展深入研究。由于篇幅和能力限制，本书作者团队也仅仅是在参考国外一些指南文档的基础上，结合自己的理解在定义、内容和不确定性表达方式等方面对不确定性沟通做了一个简要的介绍，旨在对后续更为深入的不确定性沟通研究抛砖引玉。未来的研究需要继续深入的内容包括：针对不同研究领域的不确定性沟通流程、沟通方式与沟通内容，针对不同沟通对象（政府、公众和学者）的不确定性表达方式，以及不确定性沟通指南或者指导手册编制等。

附录　AuvToolPro 2.0 关键算法与主要功能模块

不确定性定量分析软件工具 AuvToolPro 2.0（Analysis of Variability and Uncertainty Tool Progress）是在 AuvToolPro 1.0 版本上更新的，以自展模拟、蒙特卡罗模拟技术为核心，用于模型输入差异性与不确定性分析、排放源清单等简单模型不确定性定量分析和关键不确定性来源识别的软件工具。本附录主要介绍 AuvToolPro 2.0 的关键算法、主要功能模块以及更新功能，具体的使用操作参见软件操作说明书（www.auvtool.com）。

1. AuvToolPro 2.0 的关键算法

AuvToolPro 以自展模拟和蒙特卡罗模拟为基础，集成成熟的数值算法，能够完整地在计算机平台上实现基于数值模拟的排放源清单等简单模型的不确定性定量分析过程。AuvToolPro 2.0 的关键算法与 AuvToolPro 1.0 一致，主要理论基础参见本书第 2 章和第 3 章，附录仅简要介绍其中关键算法。

①蒙特卡罗模拟。AuvToolPro 2.0 的整体框架设计是蒙特卡罗模拟技术的实现，模型输入随机样品生成以及伪随机数生成算法是蒙特卡罗模拟的关键基础。AuvToolPro 采用了目前成熟的伪随机数生成算法，实现了多种常用概率分布类型的抽样。

②自展模拟。AuvToolPro 2.0 中采用 Christopher Frey 教授和本书作者郑君瑜教授提出的经验分布自展模拟算法等算法开展输入变量的不确定性定量分析。

③参数概率分布模型。AuvToolPro 2.0 提供了正态分布（Normal），对数正态分布（Lognormal）、贝塔分布（Beta）、伽马分布（Gamma）、韦布尔分布（Weibull）、均匀分布（Uniform）、对称三角分布（Symmetric triangle）等 7 种双参数形式的参数概率分布模型的参数估值与随机抽样算法，以较大程度地满足用户在不同场景下描述变量的差异性或不确定性的需求。

④概率分布模型参数估计。AuvToolPro 2.0 使用了矩匹配法和最大似然法对参数概率分布模型的参数进行估值。针对不同分布类型，最大似然法使用了解析方法和 Powell 优化算法，其中正态分布和对数正态分布采用解析方法估算参数，贝塔分布、伽马分布、韦布尔分布和对称三角分布采用 Powell 优化算法估算参数。

⑤分布拟合优度检验：AuvToolPro 2.0 中使用了 K-S 检验和 A-D 检验两种统计检验来评估拟合概率分布的优度。用户也可以通过直观的累积概率分布图来判

断概率分布模型与经验数据的吻合程度，选用合适的概率分布类型。

⑥概率分布模型抽样算法：AuvToolPro 2.0 使用了以伪随机数生成器为基础的概率分布模型抽样算法。对于 CDF 的反函数存在闭合解时，AuvToolPro 2.0 采用伪随机数生成器和 CDF 的反函数抽取该分布的随机样本，如韦布尔分布、均匀分布和对称三角分布等；当 CDF 函数不存在闭合解，AuvToolPro 使用接受拒绝法（acceptance-rejection method），如正态分布、对数正态分布、贝塔分布和伽马分布。对于经验分布，AuvToolPro 采用重抽样（re-sampling）技术生成随机样本。

⑦皮尔逊相关系数：皮尔逊相关系数可以用于评价输入参数与模型输出之间的线性关系强弱；相关系数的值越大，输入不确定性和输出不确定性之间的相关关系就越强，表明该输入为关键不确定性来源。

⑧Hazen 方法：累积分布函数给出了分位数与分位点之间的关系。分位点有时候也称作百分位点。AuvToolPro2.0 使用 Hazen 方法从数据中估计出分位点。

2. AuvToolPro 2.0 的主要功能模块

AuvToolPro 2.0 重点在 1.0 版本的基础上内置了本书第 4 章建立的中国排放因子不确定性数据集，新增了模型输入不确定性数据集管理、中英文语言切换、用户登录与管理等功能，同时专门针对建模过程和模型运行分析结果等进行了优化，提高了软件工具的易用性和兼容性。附录对 AuvtoolPro 2.0 的主要功能模块以及其相应的主要特点进行简单介绍（附图 1）。

①数据录入、导入与导出：数据录入、导入和导出模块为用户提供数据输入或输出。用户可以通过键盘输入数据，从现有的 auv 格式数据加载数据文件，使用导入功能从".csv"，".txt"或".xls"等格式文件将数据导入。这个模块还允许用户保存到一个 auv 文件格式的数据或输出在 Excel 中支持的文件格式的数据。

②排放因子不确定性数据集管理：该模块内置了本书第 4 章建立的中国排放因子不确定性数据集，并提供了数据集规范化管理功能，是 AuvToolPro 2.0 的重点新增功能。中国排放因子不确定性数据集是作者团队在收集大量的排放因子数据的基础上，严格按照排放因子不确定性量化方法建立的，根据当前主流的大气污染源分类进行分析，共计 478 条排放因子不确定性信息，包含 SO_2、NO_x、$PM_{2.5}$、PM_{10}、NH_3、VOCs、CO、BC 和 OC 共 9 种常规污染物，以及部分生产工艺的燃料含硫量、灰分含量和污染物去除效率等。后续该不确定性数据集将持续更新，覆盖更多的污染源和污染物。该模块将模型输入的不确定性数据按照一致格式进行管理与调用，提供规范化的模型输入不确定性量化分析、信息录入、编辑、删除、筛选查询以及导出等功能，进而允许用户建立自己的模型输入不确定性数据集（包括排放因子等）。

③不确定性建模模块：该模块提供了 4 种模型单元（包括常数工具、变量工具、子模型工具和公式工具）以及 15 种方程运算工具。可用数学运算符包括：（+）、（−）、（*）、（/）、（pow）、（ext）、（log）、（In）、（sum）、（mod）、（sin）、（cos）、（tan）、（cot）。不同于 AuvToolPro1.0 版本，AuvToolPro 2.0 中不确定性建模可直接调用数据集数据对变量进行赋值，降低了不确定性建模的难度，提升不确定性分析的效率；同时保存赋值采用的数据来源信息，支持不确定性分析 QA/QC。

④不确定性传递模块：不确定性传递模块允许用户选择适当的传递方法（目前仅支持蒙特卡罗方法）和重复抽样次数将模型输入不确定性或差异性传递到模型输出，并对模拟结果进行总结。AuvToolPro 2.0 版本在该模块中增加了不确定性传递之前的建模变量和常数赋值信息检查步骤，并优化了模拟结果展示窗口的布局。

⑤敏感性分析模块：敏感性分析模块提供 Pearson 相关系数、Spearman 相关系数以及散点图等方法来识别模型输入中关键的差异性和不确定性来源。

⑥差异性和不确定性分析模块：用户能够根据模型输入变量的样本数据进行差异性和不确定性分析。该模块提供了 7 种概率分布模型，矩匹配法和最大似然法两种参数估值方法，以及 K-S 检验和 A-D 检验两种拟合优度检验方法。该模块同时使用自展模拟和二维蒙特卡罗模拟来定量分析差异性和不确定性。这些模拟基于之前参数估算结果及所选的分布类型进行。相比 AuvToolPro1.0，AuvToolPro 2.0 简化了不同输入数据情景的不确定性和差异性分析交互逻辑，让用户更容易区分不确定性和差异性分析的操作步骤。

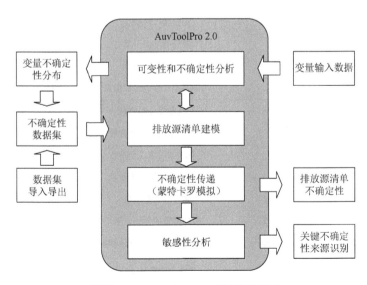

附图 1　AuvToolPro 2.0 系统模块组成

3. 模型输入不确定性数据集管理与输入不确定性/差异性分析

1）输入不确定性数据集的格式

输入不确定性数据集分为用户版本和官方版本（内置版本）。官方版本保存在服务器中，由管理员通过网页后台管理，不定期进行更新。官方版本数据集来自本书第 4 章建立的排放因子不确定性数据集。用户版本则为保存在用户计算机中的所有不确定性数据集，允许用户自行进行修改。用户下载安装客户端之后，可将最新的输入不确定性数据集更新到用户计算机中，形成用户版本。不确定性数据集有 5 部分信息（附表 1），分别为源信息、不确定性信息、差异性信息、样本数据信息和自定义列。其中源信息用于描述模型输入对象的信息；不确定性信息用于描述模型输入的不确定性分布类型、参数值、参数估算方法、样本量（NA表示缺失）、不确定性均值、不确定性 95% 置信区间和单位；差异性信息用于描述模型输入的差异性分布类型、参数值、参数估算方法、样本量（NA 表示缺失）；样本数据信息用于记录导入到软件中用于分析差异性或不确定性的样本数据；自定义列为保留值，方便用户自行备注。

附表 1　不确定性数据集格式

分布信息	列名	描述	数据检查时的状态
源信息（Source Info）	ID	不确定性数据 ID 或 SCC，表格唯一值	最后检查时不能为空
	Level1	源分类-1 级分类	最后检查时不能为空
	Level2	源分类-2 级分类	可以为空
	Level3	源分类-3 级分类	可以为空
	ParaName	污染物或者参数名称信息	最后检查时不能为空
不确定性信息（uncertainty info）	Distype	不确定性分布类型	最后检查时不能为空
	Para1	分布类型的第一个参数	最后检查时不能为空
	Para2	分布类型的第二个参数	最后检查时不能为空
	Para3	分布类型的第三个参数	可以为空
	SampleSize	采样的数据个数	最后检查时不能为空
	EstMethod	模型参数的估计方法	最后检查时不能为空
	TFbootstrap	是否需要开展 bootstrap 模拟	最后检查时不能为空
	Mean	不确定性数据均值	空值情况下，可通过 Case1 计算获取
	UNRange	不确定性范围（%）	空值情况下，可通过 Case1 计算获取

续表

分布信息	列名	描述	数据检查时的状态
不确定性信息 （uncertainty info）	UNRangeV	不确定性范围（数值），本次修改	空值情况下，可通过 Case1 计算获取
	Unit	单位（字符型，可空）本次新增	可以为空
差异性信息 （Variability Info） bootstrap=T，才生效	VarDisTpye	可变性的分布类型	可以为空
	VarPara1	差异性分布类型的第一个参数	可以为空
	VarPara2	差异性分布类型的第二个参数	可以为空
	VarPara3	差异性分布类型的第三个参数	可以为空
	VarSampleSize	差异性采样的数据个数	可以为空
	VarEstMethod	差异性分布模型参数的估计方法	可以为空
样本数据信息	OriginData	样本数据	可以为空
自定义列	Info1	保留自定义列	可以为空
	Info2	保留自定义列	
	Info3	保留自定义列	
	Info4	保留自定义列	

2）输入不确定性数据集管理

提供输入不确定性数据集描述信息展示、数据集分布信息展示、数据集管理、不确定性数据建立与编辑等功能。用户可将自行建立的数据集导入到 AuvToolpro 中，或将 AuvToolpro 中的数据集导出到本地电脑。用户也可通过筛选或者搜索快速定位到合适的数据。

3）输入不确定性分布信息编辑

输入不确定性分布信息编辑模块允许用户自定义输入的不确定性信息，或者根据变异性信息或导入的样本数据计算不确定性的参数信息（附图2）。窗口展示的信息包括不确定性和差异性信息、数据源信息（ID、Level1、Level2、Level3 和 ParaName）、不确定性概率密度函数分布图以及样本数据等。

开展数据分析之前要求先录入"数据源信息"和确定 TFbootstrap 选项。根据初步录入的信息，开展数据分析。①如果录入的信息没有样本数据且 TFbootstrap 设置为 F，该分析情景定义为 Case1，功能是根据不确定性分布信息（至少需要有 DisType，Para1，Para2）填充均值和不确定性范围；②如果录入的信息没有样本数据且 TFbootstrap 设置为 T，该分析情景定义为 Case2，功能是根据录入的差异性信息（至少需要有 VarDisType，VarPara1，VarPara2，VarSampleSize）开展自举抽样，计算不确定性信息；③录入的信息有样本数据且 TFbootstrap 设置为 F，该分析情景定义为 Case3，主要功能是通过拟合样本数据确定不确定性的分布信息（至少需要有样本数据 OriginData）；④录入的信息有样本数据且 TFbootstrap 设置为 T，该分析情景定义为 Case4，主要功能是通过自举抽样分析样本数据，计算差异性和不确定性信息（至少需要有样本数据 OriginData）。

附图 2　数据分布信息窗口

4）样本数据概率分布拟合

当数据分析情景为 Case1 和 Case3，点击数据分布信息窗口（附图 2）右下方的"数据分析"按钮时，弹出"拟合分布"窗口。二者的差异在于 Case1 的分布类型和分布参数已经确定，无法改变，仅通过"拟合"按钮重新计算均值和不确定性范围（95%置信区间）；Case3 的分布类型和分布参数未知，需要通过样本数据拟合计算。具体分析步骤参见 AuvtoolPro 2.0 使用说明手册。

5）变量不确定性分析模块

当数据分析情景为 Case2 和 Case4，点击数据分布信息窗口（附图 2）右下方的"数据分析"按钮时，弹出"拟合分布"窗口分析样本数据的差异性。二者的差异在于 Case2 的差异性信息已知，通过自举抽样计算均值和不确定性范围（95%置信区间）；Case4 的差异性信息未知，需要通过样本数据拟合计算。窗口左下角的 bootstrap 按钮可用，当分布信息拟合后，点击 bootstrap 按钮，弹出"不确定性分析"窗口，通过自举抽样继续计算不确定性信息。

4. 建模与分析主要步骤

1）新建模型工程和打开模型工程

用户在软件主界面通过点击文件（<u>F</u>）→新建（<u>N</u>）→新建模型（<u>M</u>）新建一个模型工程进行排放源清单建模，也可以通过点击文件（<u>F</u>）→打开模型（<u>O</u>）打开一个模型工程文件（*.auv 格式），即可打开已有模型编辑窗口进行修改编辑等。

2）模型编辑

用户可以通过鼠标拖拽的方式将模型工具栏或主菜单上的四种模型单元图标拖到模型显示区域以添加模型单元，模型单元的位置和大小可调。用户可通过双击模型单元对应的控件或点击右键菜单"编辑/Edit"，打开模型单元的编辑窗口，对模型单元的具体信息进行编辑，各个模型单元的右键菜单都提供了对模型单元的重命名操作、删除操作和编辑操作。用户也可在建模窗口底部直接编辑模型单元的"名称"、"标签"以及常量的"值"。常量、公式和子模型具体信息的操作以及各单元的公有操作与 AuvtoolPro 1.0 版本一致。

3）变量的不确定性信息编辑

双击变量模型（或点击变量模型单元的右键菜单 Edit ）可打开变量模型单元的编辑窗口。可对标签名、描述进行设定，以及在不确定性数据集中选择合适的不确定性/差异性信息对变量进行赋值。如果不确定性数据集中没有合适的信息，需要用户先在不确定性数据集管理窗口新增合适的不确定性/差异性信息，再返回建模窗口完成变量赋值。

4）不确定性传递及关键不确定性来源识别

在菜单中选择模型（<u>M</u>）→运行模型（<u>R</u>），弹出模型模拟窗口。其中窗口的模拟选项卡负责模拟运行参数设置和执行操作，结果选项卡负责显示运行结果。用户可加载已经建立的模型工程文件，并在随机种子设定中设置产生随机数的种子，输入模拟次数；不确定性传递的检查功能能详细列出变量赋值的不确定性信息、常量的赋值以及各层次模型的公式，方便用户在开展模拟之前做 QA/QC，如果发现变量与常量有问题，可直接对变量和常量重新进行赋值修正；点击"模拟"按钮，开始模拟运行模型；模型运行完毕，点击结果选项卡查看运行的结果；在模型模拟窗口的结果选项卡中点击"敏感性分析"，弹出敏感性分析窗口。

索　引

"十三五"国家重点出版物出版规划项目
大气污染控制技术与策略丛书

书名	作者	定价（元）	ISBN 号
大气二次有机气溶胶污染特征及模拟研究	郝吉明等	98	978-7-03-043079-3
突发性大气污染监测预报及应急预案	安俊岭等	68	978-7-03-043684-9
烟气催化脱硝关键技术研发及应用	李俊华等	150	978-7-03-044175-1
长三角区域霾污染特征、来源及调控策略	王书肖等	128	978-7-03-047466-7
大气化学动力学	葛茂发等	128	978-7-03-047628-9
中国大气 $PM_{2.5}$ 污染防治策略与技术途径	郝吉明等	180	978-7-03-048460-4
典型化工有机废气催化净化基础与应用	张润铎等	98	978-7-03-049886-1
挥发性有机污染物排放控制过程、材料与技术	郝郑平等	98	978-7-03-050066-3
工业挥发性有机物的排放与控制	叶代启等	108	978-7-03-054481-0
京津冀大气复合污染防治：联发联控战略及路线图	郝吉明等	180	978-7-03-054884-9
钢铁行业大气污染控制技术与策略	朱廷钰等	138	978-7-03-057297-4
工业烟气多污染物深度治理技术及工程应用	李俊华等	198	978-7-03-061989-1
京津冀细颗粒物相互输送及对空气质量的影响	王书肖等	138	978-7-03-062092-7
清洁煤电近零排放技术与应用	王树民	118	978-7-03-060104-9
室内污染物的扩散机理与人员暴露风险评估	翁文国等	118	978-7-03-064064-2
挥发性有机物（VOCs）来源及其大气化学作用	邵敏等	188	978-7-03-065876-0
黄磷尾气净化及资源化利用技术	宁平等	198	978-7-03-060547-4
室内空气污染与控制	朱天乐等	150	978-7-03-066956-8
排放源清单与大气化学传输模型的不确定性分析	郑君瑜等	158	978-7-03-071848-8

彩　图

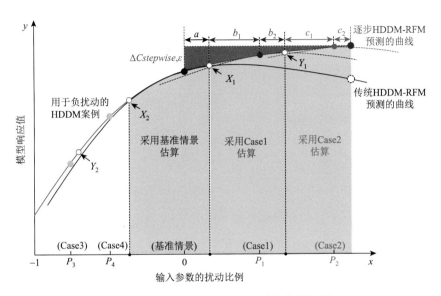

图 8.3　逐步 HDDM-RFM 方法概念框架图

$X_1/X_2/Y_1/Y_2$ 为转化点，蓝/绿色实心点为相对基准情景扰动为正的案例情景（分别为：蓝-Case1，绿-Case2），黄色实心点代表基准情景扰动为负的案例情景（分别为：Case3 和 Case4），黑色实心点为基准情景。每个情景获取的敏感性系数最高阶数为 2。框架图重点以正扰动为例子介绍逐步 HDDM-RFM 建立过程；其中红色实线为逐步 HDDM-RFM 预测的响应曲线，黑色虚线为传统 HDDM-RFM 预测的响应曲线。

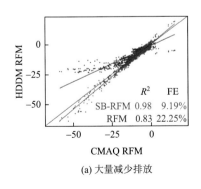

(a) 大量减少排放

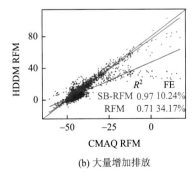

(b) 大量增加排放

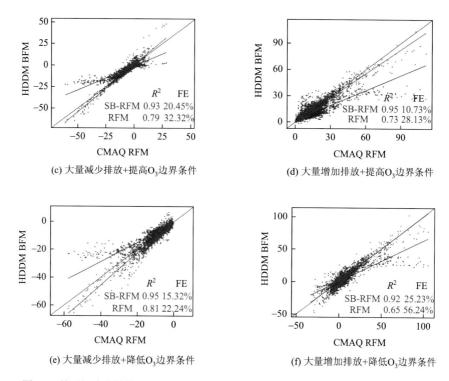

(c) 大量减少排放+提高O₃边界条件

(d) 大量增加排放+提高O₃边界条件

(e) 大量减少排放+降低O₃边界条件

(f) 大量增加排放+降低O₃边界条件

图 8.5　基于逐步和传统 HDDM-RFM 预测的 PM₂.₅ 浓度响应与实际 PM₂.₅ 浓度响应对比

红色回归线代表逐步 HDDM-RFM 拟合的曲线，标记为 SB-RFM；蓝色回归线为传统 HDDM-RFM 拟合的曲线，标记为 RFM。

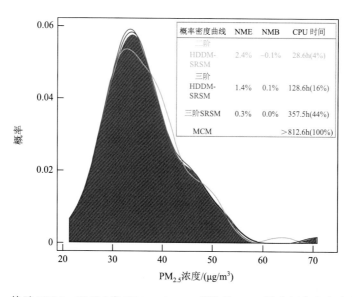

图 8.8　基于 MCM、SRSM 和 HDDM-SRSM 获取的 PM₂.₅ 浓度概率密度分布曲线

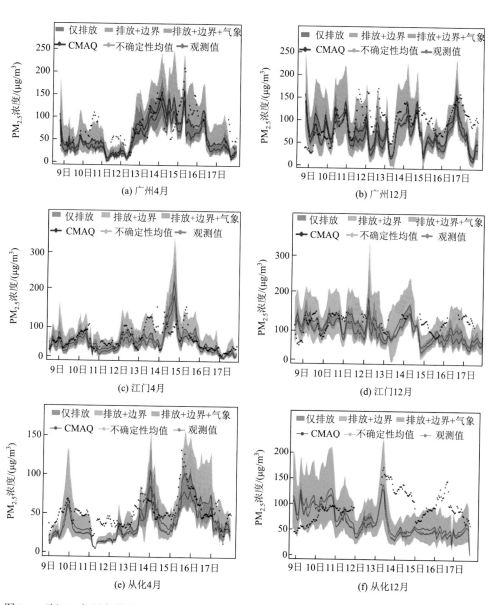

图9.5 珠江三角洲粤港监测网不同站点的PM₂.₅平均观测浓度与PM₂.₅模拟浓度的95%置信区间的时间序列

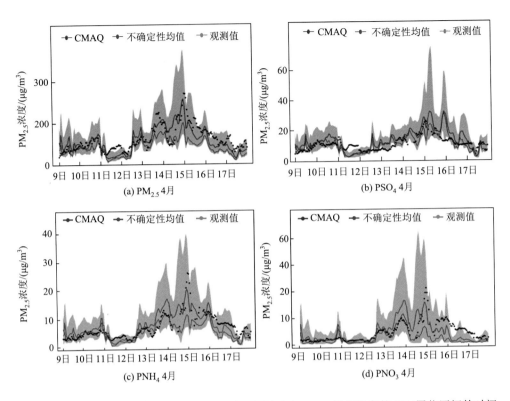

图 9.6　珠江三角洲番禺站点的 PM$_{2.5}$ 及组分观测浓度与 PM$_{2.5}$ 模拟浓度的 95% 置信区间的时间序列